江西理工大学优秀学术著作出版基金资助

电镀污泥中
有价金属提取技术

熊道陵　李　英　李金辉　编著

北　京
冶 金 工 业 出 版 社
2013

内容提要

本书共分为9章。第1章介绍了电镀基础知识及电镀行业的发展；第2章介绍了电镀污泥概况；第3章介绍了电镀污泥中金属与非金属元素的分析测定方法；第4~8章分别介绍电镀污泥中的有价金属铁、铜、铬、镍、锌的提取技术；第9章介绍了电镀污泥中有价金属提取工厂实例。

本书可供从事电镀污泥处理、电镀废水处理及其资源化工程的设计人员、科研人员及管理人员等参考，也可供高等院校相关专业的师生参考。

图书在版编目(CIP)数据

电镀污泥中有价金属提取技术/熊道陵，李英，李金辉编著.—北京：冶金工业出版社，2013.10

ISBN 978-7-5024-6369-4

Ⅰ.①电… Ⅱ.①熊… ②李… ③李… Ⅲ.①电镀污泥—有价金属—金属提取 Ⅳ.①X781.1

中国版本图书馆CIP数据核字(2013)第217942号

出 版 人 谭学余
地　　址 北京北河沿大街嵩祝院北巷39号，邮编100009
电　　话 (010)64027926 电子信箱 yjcbs@cnmip.com.cn
责任编辑 杨秋奎 美术编辑 彭子赫 版式设计 孙跃红
责任校对 李 娜 责任印制 李玉山
ISBN 978-7-5024-6369-4
冶金工业出版社出版发行；各地新华书店经销；北京慧美印刷有限公司印刷
2013年10月第1版，2013年10月第1次印刷
169mm×239mm；19印张；370千字；291页
58.00元

冶金工业出版社投稿电话：(010)64027932 投稿信箱：tougao@cnmip.com.cn
冶金工业出版社发行部 电话：(010)64044283 传真：(010)64027893
冶金书店 地址：北京东四西大街46号(100010) 电话：(010)65289081(兼传真)
（本书如有印装质量问题，本社发行部负责退换）

前　言

电镀污泥是电镀行业中废水处理后产生的含重金属污泥废弃物，被列入国家危险废物名单中的第十七类危险废物。电镀废水的有价重金属最终会转移到电镀污泥中。对这些电镀污泥若置之不理，不仅会对环境和人体健康造成极大的危害，而且也会造成资源浪费。近些年，国内外的学者们在这方面做了很多工作，不断进行电镀污泥的减量化、无害化、资源化研究，取得了许多阶段性的成果。本书综合国内外先进技术，重点对电镀污泥中常见的有价金属提取技术进行论述，希望能为相关领域的研究者及技术人员提供新思路，为整个社会创造良好的经济效益、社会效益及环境效益。

本书是基于全国乃至全世界环境污染、资源二次利用的问题而提出的，详细介绍了电镀行业、电镀污泥处理的概况，总结了电镀污泥中金属与非金属元素的分析测定方法，重点对电镀污泥中铁、铜、铬、镍、锌的提取技术、相关原理及国内外先进技术路线进行总结归纳，按照相关标准设计了一个工厂，实现理论与实践的结合。

全书共分为9章：第1章介绍了电镀基础知识及电镀行业的发展，对电镀的工作原理、材料的分类及性质、镀前及镀后工艺的影响、电镀废液的处理方法及电镀行业的发展概况分别讲述；第2章介绍了电镀污泥的概况，对电镀污泥的来源、成分及性质进行分类，总结目前国内外电镀污泥处理现状，对实验用电镀污泥的预处理方式进行总结，为后续有价金属的回收奠定了基础；第3章是对电镀污泥中金属与非金属元素的分析测定，主要对不同元素分析时可能用的仪器设备及相关原理进行阐述，为整个分析测定步骤提供可靠依据；第4~8章分别对有价金属铁、铜、铬、镍、锌的提取技术进行探究，从资源概况、分析测定方法、提取技术三个方面进行讨论，对每种提取方法的原理、工艺流程及工业应用进行了详细的论述；第9章是电镀污泥中有价金属提取工厂实例，根据以上8章理论知识的介绍，从经济效益、社会效益、清洁生产、环境评价等角度考虑，自行设计工厂及技术路线图，真正达到工业生产的目的。

本书得到了江西理工大学优秀学术著作出版基金、国家自然科学基金（51364014）和江西省科技厅项目（20122BAB213011，20132BAB216021）的资助，以及各位同仁对编写工作的大力支持，作者谨在此一并表示衷心的感谢。

由于作者水平所限，书中不妥之处，恳请广大读者及同行不吝指教。

作　者

2013.6

目　　录

1　电镀基础知识及电镀行业的发展 …… 1

1.1　电镀的基本概念及工作原理 …… 1

1.2　镀层的选用原则及分类 …… 2

1.2.1　镀层的选用原则 …… 2

1.2.2　镀层的分类 …… 3

1.3　电镀材料的分类 …… 6

1.4　电镀基体材料的分类 …… 7

1.4.1　钢铁基体材料 …… 7

1.4.2　塑料基体材料 …… 8

1.5　镀前、镀后处理 …… 13

1.5.1　镀前处理 …… 14

1.5.2　镀后处理 …… 32

1.6　电镀废液的处理 …… 34

1.6.1　电镀废液处理的基本原则 …… 34

1.6.2　电镀废液净化的方法 …… 35

1.7　电镀行业概况 …… 43

参考文献 …… 46

2　电镀污泥概况 …… 47

2.1　电镀污泥的来源、成分及性质 …… 47

2.1.1　电镀污泥的来源 …… 47

2.1.2　电镀污泥的成分 …… 48

2.1.3　电镀污泥的性质 …… 48

2.2　电镀污泥处理现状 …… 48

2.2.1　电镀污泥的无害化处理及综合利用 …… 49

2.2.2　电镀污泥的处理技术 …… 50

2.3　实验用电镀污泥的预处理 …… 55

2.3.1　电镀污泥的干化 …… 55

2.3.2 电镀污泥的研磨和筛分 …… 56
2.3.3 电镀污泥样品的保存 …… 56
2.3.4 电镀污泥中目标产物的浸提 …… 56
参考文献 …… 56

3 电镀污泥中金属与非金属元素的分析测定 …… 59

3.1 金属元素分析测定 …… 59
3.1.1 定性分析 …… 59
3.1.2 定量分析 …… 62
3.1.3 分析结果准确度提高的方法 …… 65
3.1.4 重金属元素测定 …… 67
3.2 非金属元素分析测定 …… 71
3.2.1 总氮的测定 …… 71
3.2.2 总磷的测定 …… 71
3.3 元素测定常用仪器 …… 71
3.3.1 高频电感耦合等离子体原子发射光谱仪 …… 72
3.3.2 电感耦合等离子体质谱仪 …… 73
3.3.3 X射线荧光光谱仪 …… 74
3.3.4 原子吸收光谱仪 …… 76
3.3.5 原子荧光光谱仪 …… 77
3.3.6 紫外–可见光谱仪 …… 78
3.3.7 傅里叶变换红外光谱仪 …… 80
3.3.8 分子荧光光谱仪 …… 81
参考文献 …… 82

4 有价金属铁的提取技术 …… 84

4.1 铁及铁资源概述 …… 84
4.1.1 铁的物理化学性质 …… 84
4.1.2 铁资源概述 …… 86
4.2 铁的分析测定方法 …… 86
4.2.1 铁的定性检验 …… 86
4.2.2 铁的定量检验 …… 87
4.3 铁的提取技术 …… 91
4.3.1 溶剂萃取法 …… 92
4.3.2 磁选机分选法 …… 94

4.3.3 化学沉淀法 …… 95
4.3.4 吸附法 …… 98
4.3.5 结晶法 …… 100
4.3.6 电解法 …… 103
4.3.7 生物处理法 …… 104
4.3.8 膜分离法 …… 105
参考文献 …… 109

5 有价金属铜的提取技术 …… 111

5.1 铜及铜资源概述 …… 111
5.1.1 铜的物理化学性质 …… 111
5.1.2 铜及铜产品的分类 …… 112
5.1.3 铜的主要用途 …… 113
5.2 铜的分析测定方法 …… 114
5.2.1 碘量法 …… 114
5.2.2 原子吸收光谱法 …… 115
5.2.3 二乙胺基二硫代甲酸钠萃取光度法 …… 117
5.2.4 紫外-可见分光光度法 …… 117
5.2.5 其他光度分析法 …… 118
5.3 铜的提取技术 …… 120
5.3.1 浸出 …… 120
5.3.2 分步沉淀法 …… 123
5.3.3 结晶法 …… 129
5.3.4 置换法 …… 135
5.3.5 液膜法 …… 141
5.3.6 溶剂萃取法 …… 148
5.3.7 吸附法 …… 156
参考文献 …… 159

6 有价金属铬的提取技术 …… 162

6.1 铬及铬资源概述 …… 162
6.1.1 铬的物理化学性质 …… 162
6.1.2 重金属铬的危害及限定标准 …… 164
6.1.3 铬矿分布 …… 165
6.2 铬的分析测定方法 …… 166

6.2.1 Cr^{6+}的测定方法 …… 166
6.2.2 总铬的测定方法 …… 169
6.2.3 铬的仪器测定方法 …… 171
6.3 铬的提取技术 …… 175
6.3.1 铬的提取技术的研究和发展 …… 175
6.3.2 酸浸—氧化法 …… 177
6.3.3 中温焙烧—钠化氧化法 …… 177
6.3.4 氨络合转化—铁氧体法 …… 179
6.3.5 酸浸—H_2O_2还原法 …… 179
6.3.6 高温碱性氧化法 …… 181
6.3.7 溶剂萃取法 …… 183
6.3.8 电解回收法 …… 185
6.3.9 微生物法 …… 185
6.3.10 冶炼回收法 …… 185
参考文献 …… 186

7 有价金属镍的提取技术 …… 190

7.1 镍及镍资源概况 …… 190
7.1.1 镍的物理化学性质 …… 190
7.1.2 国内外镀镍研究进展 …… 190
7.1.3 环境中镍离子的来源及影响 …… 192
7.1.4 含镍电镀废水的排放标准 …… 193
7.2 镍的分析测定方法 …… 193
7.2.1 滴定法 …… 193
7.2.2 质量法 …… 194
7.2.3 分光光度法 …… 194
7.2.4 原子吸收光谱法 …… 195
7.2.5 电化学分析法 …… 196
7.2.6 分子荧光光谱法 …… 196
7.2.7 电感耦合等离子体原子发射光谱（质谱）法 …… 196
7.2.8 其他方法 …… 196
7.3 镍的提取技术 …… 197
7.3.1 浸出法 …… 197
7.3.2 膜分离法 …… 203
7.3.3 结晶法 …… 206
7.3.4 铁氧体沉淀法 …… 209

7.3.5 硫化物沉淀法 …… 210
7.3.6 螯合沉淀法 …… 212
7.3.7 混凝沉淀法 …… 213
7.3.8 催化还原法 …… 214
7.3.9 气浮法 …… 215
7.3.10 离子交换法 …… 217
7.3.11 电解法 …… 221
7.3.12 溶剂萃取法 …… 224
7.3.13 吸附法 …… 225
7.3.14 生物法 …… 236
参考文献 …… 243

8 有价金属锌的提取技术 …… 247

8.1 锌及含锌电镀废水概述 …… 247
8.1.1 锌的物理化学性质 …… 247
8.1.2 含锌电镀废水的来源、危害及治理现状 …… 248
8.2 锌的分析测定方法 …… 249
8.2.1 滴定法 …… 249
8.2.2 原子吸收分光光度法 …… 249
8.2.3 催化褪色光度法 …… 250
8.2.4 催化光度法 …… 250
8.2.5 双硫腙分光光度法 …… 251
8.2.6 双波长分光光度法 …… 252
8.3 锌的提取技术 …… 252
8.3.1 中和沉淀法 …… 252
8.3.2 硫化物沉淀法 …… 253
8.3.3 铁氧体沉淀法 …… 253
8.3.4 絮凝沉降法 …… 254
8.3.5 离子交换法 …… 255
8.3.6 膜分离法 …… 255
8.3.7 溶剂萃取法 …… 257
8.3.8 吸附法 …… 263
8.3.9 电解法 …… 271
8.3.10 生物法 …… 272
8.3.11 植物修复法 …… 277

参考文献 …… 277

9 电镀污泥中有价金属提取工厂实例 …… 281

9.1 有价金属提取工艺流程 …… 281
9.2 电镀污泥中有价金属提取工艺所需设备 …… 281
9.2.1 主要工艺设备 …… 281
9.2.2 配备监控仪器与设备 …… 282
9.3 经济效益分析 …… 283
9.3.1 电镀污泥资源化中试试验 …… 283
9.3.2 生产成本 …… 283
9.3.3 直接效益 …… 283
9.4 社会效益分析 …… 284
9.5 清洁生产 …… 285
9.5.1 清洁生产的目的和意义 …… 285
9.5.2 电镀企业清洁生产的内容 …… 285
9.6 环境评价分析 …… 286
9.6.1 环境评价重点 …… 286
9.6.2 环境评价范围 …… 286
9.6.3 环境评价采用的主要技术方法 …… 286
9.6.4 环境影响因子识别和评价因子筛选 …… 287
9.6.5 环境空气质量现状评价 …… 289
9.6.6 环境经济损益分析 …… 290
参考文献 …… 291

1　电镀基础知识及电镀行业的发展

1.1　电镀的基本概念及工作原理

电镀被定义为一种电沉积过程，是利用电极通过电流，使金属附着于物体表面上。对这个过程形象的说法，就是给金属或非金属基体穿上一件金属“外衣”，这层金属“外衣”就称为电镀层。在进行电镀时，将被镀件接在阴极与电源的负极相连，要镀覆的金属接在阳极与电源正极相连；然后，把它们一起放在电镀槽中。电镀槽中盛有电镀液，电镀液由含有镀覆金属的离子、导电的盐类、缓冲剂、pH值调节剂和添加剂等的水溶液组成。当直流电源和电镀槽接通时，就有电流通过，阳极的金属形成金属离子进入电镀液，以保持被镀覆的金属离子的浓度。电镀液中欲镀的金属离子在电位差的作用下便在阴极上沉积下来，形成镀层。

在有些情况下，如镀铬，是采用铅、铅锑合金制成的不溶性阳极，它只起传递电子、导通电流的作用。电解液中的铬离子浓度需依靠定期地向镀液中加入铬化合物来维持。电镀时，阳极材料的质量、电镀液的成分、温度、电流密度、通电时间、搅拌强度、析出的杂质、电源波形等都会影响镀层的质量，需要适时进行控制。

电镀的发展过程可以从以下几个方面做出讨论：

（1）从电源设备来说，早期多用蓄电池和直流发电机，之后出现了硒或硅整流器及可控硅电源设备，现在又有开关电源等新型直流电源和大功率油浸温度控制电镀电源设备。在供电方式上，由过去的直流电发展到现在的周期换向电流、交直流叠加和脉冲电流。

（2）从操作方式上来看，以前多采用手工操作，劳动强度大、生产效率低，现在逐步采用机械化和自动化设备。各种各样的电镀机器已在我国各地投入使用，使用自动线的电镀加工企业数量已经超过使用半自动线和手动线的企业数量。电镀自动线完成各类电镀工序几乎不需要手工操作，而是通过机械和电气装置自动地完成全部电镀工序过程，可以大幅度提高劳动生产率、稳定产品质量、降低工人劳动强度，并可改善劳动条件。自动线的广泛使用，说明我国电镀行业的质量提升和档次提升。

（3）从电镀品种来说，常用的单金属电镀有10多种，合金电镀有20多种，而进行过研究的合金镀层有250多种。电镀品种繁多，所用的电解液需要一一对应，只有很好地控制工艺规范，才能得到合格的镀层。

电镀的目的是在基材上镀上金属镀层，改变基材表面的特性或尺寸。例如赋予金属光泽，物品的防锈、防止磨耗，提高导电度、润滑性、强度、耐热性、耐候性，热处理使之防止渗碳、氮化，尺寸错误或磨耗的零件修补。20世纪以来，电镀工艺作为重要的表面工程技术，其工业化程度不断提高，汽车、机械装备、船舶、航空、航天、电子、轻工业等领域对产品表面的处理都离不开电镀。随着我国社会主义建设事业的发展，黑色金属、有色金属及非金属材料零件的数量不断增加，电镀已从一般的装饰防护向高耐腐蚀及功能性方向发展，电镀行业有着巨大的发展机遇。

1.2 镀层的选用原则及分类

镀层可以提高金属零件在使用环境中的抗蚀性能；装饰零件的外表，使其光亮美观；提高零件的工作性能。具有应用价值的电镀层必须符合以下要求：(1) 镀层与基体之间应有良好的结合力。(2) 镀层在零件的主要表面上，应有比较均匀的厚度和细致的结构。(3) 镀层应具有规定的厚度和尽可能少的孔隙。(4) 镀层应具有规定的各项指标，如表面粗糙度、硬度、色彩以及盐雾试验耐蚀性。

1.2.1 镀层的选用原则

每一种镀层都具有独特的性质和用途，在选择镀层时除需考虑镀层的应用性质外，还应考虑加工工艺及成本等问题，具体有：

(1) 零件的工作环境及要求。绝大多数零件的镀层要求有良好的防护性。环境因素是金属材料发生腐蚀的根本条件，如大气环境（工业性大气、海洋性大气）、工作温度、湿度、介质性质、力学条件等，所以环境因素是选择镀层首要的考虑因素。与此同时，还应考虑电性能、磁性能等特定的功能。

(2) 零件的种类与性质。基体材料的种类和物理化学性质对选择镀层的种类和结构有着很大的影响，如钢铁材料在一般性大气中的防护镀层应采用阳极性镀锌层简单结构。由于铜、镍、铬相对于钢铁都是阴极性镀层，要求镀层应有较小的孔隙率和适当的厚度，而且还应根据材料的种类与其相应的前处理工艺，才可以获得与基体结合良好的镀层。

(3) 零件的结构、形状及尺寸公差。结构复杂或带有深孔的零件，应选用覆盖能力及分散能力良好的镀液，否则在凹洼或深孔的表面无法镀上镀层或镀层不均匀。一般情况下，对于较细的管状零件，其内壁很难得到完整的镀层，则通常采用化学镀的方法，能很好地解决这一问题。对于尺寸公差较小、要求严格的精密零件，必须采用性能良好的薄层。

（4）镀层的性能及使用寿命。镀层可以改变基体材料的表面性质，可以延长零件的使用寿命，但并非是永久性的。特别是防护性镀层，经过一定的时间需要进行修复或更换。选用镀层的性质与寿命要和零件的具体要求相适应，满足预期的目的，使得零件在使用期内能够安全、可靠地工作[1]。

1.2.2 镀层的分类

镀层有多种分类方法：一是按镀层的用途分类；二是按镀层与基体金属的电化学性质分类；三是按镀层组成分类。

1.2.2.1 按镀层的用途分类

按镀层的用途不同，镀层可分为防护性镀层、防护－装饰性镀层和功能性镀层三类。

A 防护性镀层

防护性镀层的主要作用是保护基体金属免受腐蚀，不规定对产品的装饰要求。通常，镀锌层、镀锡层、镀镉层及锌基合金镀层属于此类镀层。黑色金属零件在一般大气条件下常用镀锌层来保护，在海洋性气候条件下常用镀镉层来保护；当要求镀层薄而抗蚀能力强时，可用锡镉合金来代替镉镀层；铜合金制造的航海仪器，可使用银镉合金保护；对于接触有机酸的黑色金属零件，如食品容器，则用镀锡层来保护，它不仅防蚀能力强，而且腐蚀产物对人体无害。

B 防护－装饰性镀层

防护－装饰性镀层不仅保护基体金属，还使零件美观。主要是在铁金属、非铁金属及塑料上的镀铬层，如钢的铜－镍－铬层，锌及钢上的镍－铬层。为了节约镍，人们已能在钢上镀铜－镍/铁－高硫镍－镍/铁－低固分镍－铬层。与镀铬层相似的锡/镍镀层，可用于分析天平、化学泵、阀和流量测量仪表上。

C 功能性镀层

功能性镀层除具有一定的保护作用外，主要用于特殊的工作目的。这种镀层种类很多，细分起来则有导电性镀层、磁性镀层、抗高温氧化镀层、修复性镀层、钎焊性镀层、耐磨和减磨镀层、光学镀层、吸热镀层等。如：提高与轴颈的相容性和嵌入性的滑动轴承罩镀层，有铅－锡、铅－铜－锡、铅－铟等复合镀层；用于耐磨的中、高速柴油机活塞环上的硬铬镀层，这种镀层也可用在塑料模具上，具有不粘模具和使用寿命长的特点；在大型人字齿轮的滑动面上镀铜，可防止滑动面早期拉毛；用于防止钢铁基体遭受大气腐蚀的镀锌；防止渗氮的铜锡镀层；用于收音机、电视机制造中钎焊并防止钢与铝间的原电池腐蚀的锡－锌镀层；适用于修复和制造的工程镀层，有铬、银、铜等，它们的厚度都比较大，硬铬层可以厚达300μm。

1.2.2.2 按镀层与基体金属的电化学性质分类

按镀层与基体金属的电化学性质不同，镀层可分为阳极性镀层和阴极性镀层两大类。

A 阳极性镀层

阳极性镀层即镀层金属的活泼性比基体大。在使用条件下，当镀层完整时对金属基体和外界起隔离作用而保护基体；当镀层破损后镀层金属又会在电化学腐蚀中充当阳极率先腐蚀而保护基体不受腐蚀，具有牺牲镀层保护基体的特点。影响镀层性能的主要因素是镀层的厚度。钢铁表面常见阳极性镀层有：（1）锌镀层。锌镀层在大气条件下对于钢铁零件为阳极性镀层，经彩色钝化后，提高了镀层的保护性能并改善了外观。主要用于防止钢铁零件的腐蚀，其镀层价格低廉，耐腐蚀性能优良，应用量大、面广。（2）镉镀层。镉镀层在海洋和高温大气的环境中，对钢铁零件为阳极性镀层，镀层比较稳定，耐腐蚀性强，润滑性能好，在航空及电子工业中应用较为广泛。

B 阴极性镀层

阴极性镀层金属基体的活泼性比金属镀层的大。在使用条件下，只有镀层完整地将基体包覆起来使之与外界隔离，才能起到保护基体的作用。如果镀层不完整或有孔隙、破损，当发生腐蚀时，基体会先受到腐蚀而损坏，镀层反而因受到阳极保护而不发生腐蚀，并且因而使基体腐蚀速度更快。使用阴极性镀层时，镀层的厚度、孔隙率等都要符合用户的要求。例如，在钢铁基体上镀锡，当镀层有缺陷时，铁、锡形成腐蚀电偶，但锡的标准电极电位比铁正，它是阴极，因而腐蚀电偶作用的结果将导致铁阳极溶解，而氢在锡阴极上析出。这样一来，镀层尚存，而其下面的基体却逐渐被腐蚀，最终镀层也会脱落下来。因此，阴极性镀层只有当它完整无缺时，才能对基体起机械保护作用，一旦镀层损伤，不但保护不了基体，反而加速了基体的腐蚀，所以阴极性镀层要尽量减少孔隙率。由于金属的电极电位随介质发生变化，因此镀层究竟属于阳极性镀层还是阴极性镀层，需视介质而定。例如，锌镀层对钢铁基体来讲，在一般条件下是典型的阳极性镀层，但在70～80℃的热水中，锌的电位变得比铁正，因而变成了阴极性镀层；锡对铁而言，在一般条件下是阴极性镀层，但在有机酸中却成为阳极性镀层。并非所有比基体金属电位负的金属都可以用作防护性镀层，因为镀层在所处的介质中如果不稳定，将迅速被介质腐蚀，失去对基体的保护作用。如锌在大气中能成为黑色金属的防护性镀层，就是由于它既是阳极镀层，又能形成碱式碳酸锌保护膜，所以很稳定；但在海水中，尽管锌对铁仍是阳极性镀层，但在氯化物中不稳定，从而失去保护作用，所以，航海船舶上的仪器不能单独用锌镀层来防护，而是用镉镀层或代镉镀层较好。

1.2.2.3 按镀层组成分类

按镀层组成的不同，可分为以下几类：

（1）铬镀层。铬是一种微带天蓝色的银白色金属。电极电位虽很负，但它有很强的钝化性能，在大气中很快钝化，显示出具有贵金属的性质，所以铁零件镀铬层是阴极性镀层。铬层在大气中很稳定，能长期保持其光泽，在碱、硝酸、硫化物、碳酸盐以及有机酸等腐蚀介质中非常稳定，但可溶于盐酸等氢卤酸和热的浓硫酸中。铬层硬度高，耐磨性好，反光能力强，有较好的耐热性。在500℃以下，光泽和硬度均无明显变化；温度大于500℃时，开始氧化变色；大于700℃时，开始变软。由于镀铬层的性能优良，被广泛用作防护－装饰性镀层体系的外表层和功能镀层。

（2）铜镀层。铜镀层呈粉红色，质柔软，具有良好的延展性、导电性和导热性，易于抛光，经过适当的化学处理可得古铜色、铜绿色、黑色和本色等装饰色彩。铜镀层易在空气中失去光泽，与二氧化碳或氯化物作用，表面生成一层碱式碳酸铜或氯化铜膜层，受到硫化物的作用会生成棕色或黑色硫化铜，因此，作为装饰性的铜镀层需在表面涂覆有机覆盖层。

（3）镉镀层。镉是银白色有光泽的软质金属，其硬度比锡硬，比锌软，可塑性好，易于锻造和辗压。镉的化学性质与锌相似，但不溶解于碱液中，溶于硝酸和硝酸铵中，在稀硫酸和稀盐酸中溶解很慢。镉蒸气和可溶性镉盐都有毒，必须严格防止镉污染。因为镉价格昂贵，污染后的危害很大，所以通常采用锌镀层或合金镀层来取代镉镀层。目前国内生产中应用较多的镀镉溶液类型有：氨羧络合物、酸性硫酸盐和氰化物。此外，还有焦磷酸盐镀镉、碱性三乙醇胺镀镉和羟基亚乙基二膦酸镀镉等。

（4）锡镀层。锡具有银白色的外观，相对原子质量为 118.7，密度为 7.3 g/cm^3，熔点为232℃，为 +2 价和 +4 价，其电化当量分别为 2.12g/(A · h) 和 1.107g/(A · h)。锡具有抗腐蚀、无毒、易铁焊、柔软和延展性好等优点。锡镀层有如下特点和用途：1）化学稳定性高；2）在电化学中锡的标准电位比铁正，对钢铁来说是阴极性镀层，只有在镀层无孔隙时才能有效地保护基体；3）锡导电性好，易焊；4）锡从 －130℃起结晶开始发生变异，到 －300℃将完全转变为另一种晶型的同素异构体，俗称“锡瘟”，此时已完全失去锡的性质；5）锡同锌、镉镀层一样，在高温、潮湿和密闭条件下能长成晶须，称为长毛；6）镀锡后在232℃以上的热油中重溶处理，可获得有光泽的花纹锡层，可作日用品的装饰镀层。

（5）锌镀层。锌易溶于酸，也能溶于碱，故称它为两性金属。锌在干燥的空气中几乎不发生变化。在潮湿的空气中，锌表面会生成碱式碳酸锌膜。在含二氧化硫、硫化氢以及海洋性气氛中，锌的耐蚀性较差，尤其在高温、高湿含有机酸的气氛里，锌镀层极易被腐蚀。锌的标准电极电位为 －0.76V，对钢铁基体来说，锌镀层属于阳极性镀层，它主要用于防止钢铁的腐蚀，其防护性能的优劣与镀层厚度关系很大。锌镀层经钝化处理、染色或涂覆护光剂后，能显著提高其防护性和装饰性。随着镀锌工艺的发展及高性能镀锌光亮剂的采用，镀锌已从单纯的防护目的进入防护－装饰性应用。镀锌溶液有氰化物镀液和无氰镀液两类。氰化物镀液中分微氰、低氰、中氰和高氰几类。氰化镀锌溶液均镀能力好，得到的镀层光滑细致，在生产中被长期采用。但由于氰化物有剧毒，对环境污染严重，近年来已趋向于采用低氰、微氰、无氰镀锌溶液。无氰镀液有碱性锌酸盐镀液、铵盐镀液、硫酸盐镀液及无氨氯化物镀液等。

（6）镍镀层。镍镀层对钢铁零件为阴极性镀层，它具有较高的硬度，抗蚀性比铜高，能耐碱，也比较能耐酸；常用于钢铁零件的镀铜/镍/铬防护－装饰性镀层的中间层及酸性镀铜前的预镀。

（7）银镀层。银镀层对于常用金属为阴极性镀层，其导电、钎焊性能优良，化学性质稳定，主要用于电器工业中的导电部件及其焊接部位，还用于防护－装饰性镀层，如乐器、餐具、光学仪器及工艺品。

1.3 电镀材料的分类

电镀材料主要包括：

（1）阳极袋。用棉布或化纤织物制成的，套在阳极上以防止阳极泥渣进入溶液用的袋子。

（2）光亮剂。为获得光亮镀层在电解液中所使用的添加剂。

（3）阻化剂。能够减缓化学反应或电化学反应速度的物质。

（4）表面活性剂。在添加量很低的情况下也能显著降低界面张力的物质。

（5）乳化剂。能降低互不相溶的液体间的界面张力，使之形成乳浊液的物质。

（6）络合剂。能与金属离子或含有金属离子的化合物结合而形成络合物的物质。

（7）绝缘层。涂于电极或挂具的某一部分，使该部位表面不导电的材料层。

（8）挂具（夹具）。用来悬挂零件，以便于将零件放于槽中进行电镀或其他处理的工具。

（9）润湿剂。能降低制件与溶液间的界面张力，使制件表面容易被润湿的物质。

（10）添加剂。在溶液中含有的能改进溶液电化学性能或改善镀层质量的少量添加物。

（11）缓冲剂。能够使溶液 pH 值在一定范围内维持基本恒定的物质。

（12）移动阴极。采用机械装置使被镀制件与极杠一起做周期性往复运动的阴极。

（13）汇流排。连接整流器（或直流发电机）与镀槽，供导电用的铜排或铝排。

（14）助滤剂。为防止滤渣堆积过于密实，使过滤顺利进行，而使用细碎程度不同的不溶性惰性材料。

（15）配位剂。能与金属离子或原子结合而形成配位化合物的物质。

（16）隔膜。把电解槽的阳极区和阴极区彼此分隔开的多孔膜或半透膜。

（17）整合剂。能与金属离子结合形成螯合物的物质。

（18）整平剂。在电镀过程中能够改善基体表面微观平整性，以获得平整光滑镀层的添加剂。

1.4 电镀基体材料的分类

在实际电镀生产中，电镀基体材料种类繁多，除铁基的铸铁、钢和不锈钢外，还有非铁金属，或 ABS 塑料、聚丙烯、聚砜和酚醛塑料等，但塑料电镀前，必须经过特殊的活化和敏化处理。

1.4.1 钢铁基体材料

1.4.1.1 不锈钢基体材料

不锈钢具有良好的耐蚀性，出于一些特殊用途的需要，常常在其表面进行电镀一层金、银、镍、铬等金属。不锈钢基体材料在表面直接电镀得到的大多是粗糙与结合力差的镀层，主要原因是不锈钢的表面存在强氧化膜影响镀层的结合力，且不锈钢过电位较高，由于阴极有氢气还原析出而使镀层金属原子不易沉积。有资料显示，不锈钢基体材料电镀时，镀前处于拉应力状态时，镀层与基体结合力差；处于应力时，结合力较好。因此对不锈钢基体材料电镀时，镀前需要进行特殊处理，如采用喷砂、喷丸和预镀处理后镀层质量才能有所保证。

1.4.1.2 普通钢铁渗氮、碳基体材料

钢铁渗氮、碳和淬火后，基体材料表面组织一般会有大量小颗粒状碳化物（氧化皮），碳原子与微量元素结合形成的未溶碳化物对晶界起钉扎作用，在沉积过程中，到达阴极表面的金属原子会沿着基体金属延伸的压力来占据与结构相连续的位置。但这些未溶碳化物破坏了原有的应力场，使得金属原子沉积难以均衡吸引到基体表面形成稳定的结构。有时某些晶粒向上生长得快一些而其他晶粒向上生长得慢一些，甚至停止，使镀层粗糙不连续。故钢铁渗氮、碳基体材料电镀一般先除去氧化产物和预镀处理后再电镀需要的金属，才能使镀层的结合力提高。

1.4.1.3 冷轧硬化基体材料

根据不同的机加工方法，冷轧硬化基材表面和基材内部具有不同的结晶组

织，表面晶格发生剧烈变形，并覆盖一层氧化膜。由于基体表面金属结构与镀层金属结构相差较大，镀覆金属不能以正常晶格连续生长。另外，加工过程中产生的一些杂质也会阻止正常晶格的生长或抑制晶粒的长大，有时某些晶粒向上生长得快一些，而其他晶粒向上生长得慢一些甚至停止，因此难以形成连续的生长面，这样的基材表面被称为材料的弱表面，要提高镀层的结合力就需要避免或除去弱表面层（冷作硬化层、氧化层）。

1.4.1.4 铸铁件基体材料

在实际生产中，铸铁件镀镍、锌、铜都很常见。镀层的主要问题是沉积困难和镀后腐蚀较快；难以使镀层附着其表面而质地疏松，大量微孔及夹砂使其表面起伏高低不平；在施镀过程中，氢气容易进入孔隙，在周围介质温度变化及其他因素的影响下，留在铸件内的氢气力图通过镀层释放出来，氢气对镀层施加较大的压力而将镀层与铸件撕开，减弱镀层与铸件的结合力。另外，铸铁中碳极少与铁形成固溶体，大多以游离态（石墨）或化合态（渗碳体）存在，因而在其表面析氢反应强烈，金属离子不易发生还原反应而沉积在基体材料上，故使镀层质量不佳，表面粗糙多孔。同时，铸铁件基体材料的微孔隙（砂孔）对镀层的质量影响也极大，施镀时电解液渗入孔隙内，并达到一定深度不易清洗干净，过一段时间之后电解液就外流与镀层发生反应，破坏镀层，出现大量黑斑而影响防护性能和外观。另外，铸铁中大量的游离碳也会促进微电池的产生而加速镀层的腐蚀。

1.4.1.5 焊接组合基体材料

电镀过程中焊接基体材料的零件焊接接口组合部位的镀层质量效果不好，是受基体的表面状态影响。由于氢气在粗糙面的过电位小于光滑表面，因而氢气易析出使镀层不易沉积。要改善镀层的覆盖能力必须提高基体的表面光洁度。因为焊接接口区的组织是焊接熔池，从液相变成固相的一次结晶过程。它不同于铸造过程中金属收缩产生裂纹，大量来不及逸出的氢、氧、氮等气体形成的气孔，以及焊条、助焊剂与母材夹层在冶金反应过程中生成的夹杂物造成焊接区结晶组织的复杂性、多样性，也必将影响到电镀过程中的覆盖能力。要得到好的镀层质量，就要严格控制好镀前处理，清理焊缝使焊接口光滑平整。

1.4.2 塑料基体材料

1.4.2.1 ABS 塑料

ABS 塑料是由丙烯腈、丁二烯和苯乙烯三单体共聚而得到的聚合物塑料。ABS 的外观为不透明呈象牙色的粒料，无毒、无味、吸水率低，其制品可着成各种颜色，并具有 90% 的高光泽度。ABS 同其他材料的结合性好，易于表面印刷、涂层和镀层处理。ABS 是一种综合性能良好的树脂，在比较宽的温度范围内具有较高的冲击强度和表面硬度，热变形温度比 PA、PVC 高，尺寸稳定性好。

ABS 有优良的力学性能，其冲击强度极好，可以在极低的温度下使用。即使 ABS 制品被破坏，也只能是拉伸破坏而不会是冲击破坏。ABS 的耐磨性能优良，尺寸稳定性好，又具有耐油性，可用于中等载荷和转速下的轴承。ABS 的蠕变性比 PSF 及 PC 大，但比 PA 和 POM 小。ABS 的弯曲强度和压缩强度属塑料中较差的。ABS 的力学性能受温度的影响较大。

ABS 属于无定形聚合物，无明显熔点；熔体黏度较高，流动性差，耐候性较差，紫外线可使其变色；热变形温度为 70～107℃，制品经退火处理后还可提高 10℃左右。ABS 对温度、剪切速率都比较敏感；在 -40℃时仍能表现出一定的韧性，可在 -40～85℃的温度范围内长期使用。

ABS 的电绝缘性较好，并且几乎不受温度、湿度和频率的影响，可在大多数环境下使用。ABS 不受水、无机盐、碱醇类和烃类溶剂及多种酸的影响，但可溶于酮类、醛类及氯代烃，受冰乙酸、植物油等侵蚀会产生应力开裂。

1.4.2.2 聚丙烯（PP）塑料

聚丙烯简称 PP。PP 粒料为本色、圆柱状颗粒，颗粒光洁，粒子的尺寸在任意方向上为 2～5mm，无臭无毒，无机械杂质。以高纯度丙烯为主要原料，乙烯为共聚单体，采用高活性催化剂在 62～80℃及低于 4.0MPa 的压力下经气相反应生产聚丙烯粉料，再经干燥、混炼、挤压、造粒、筛分、均化成聚丙烯颗粒。它是通用塑料中最轻的一种。聚丙烯树脂具有优良的力学性能和耐热性能，同时具有优良的电绝缘性能和化学稳定性，几乎不吸水，与绝大多数化学品接触不发生作用。它耐腐蚀，抗张强度为 30MPa，强度、刚性和透明性都比聚乙烯好；其缺点是耐低温冲击性差，较易老化，但可分别通过改性和添加抗氧剂予以克服。与发烟硫酸、发烟硝酸、铬酸溶液、卤素、苯、四氯化碳、氯仿等接触有腐蚀作用。可用作工程塑料，适用于制电视机、收音机外壳、电器绝缘材料、防腐管道、板材、储槽等，也用于生产扁丝、纤维、包装薄膜等。

PP 是一种半结晶性材料。它比 PE 要更坚硬并且有更高的熔点。由于均聚物型的 PP 温度高于 0℃以上时非常脆，因此许多商业的 PP 材料是加入 1%～4% 乙烯的无规则共聚物或更高比率乙烯含量的钳段式共聚物。共聚物型的 PP 材料有较低的热扭曲温度（100℃）、低透明度、低光泽度、低刚性，但是有更强的抗冲击强度。PP 的强度随着乙烯含量的增加而增大。PP 的维卡软化温度为 150℃。由于结晶度较高，这种材料的表面刚度和抗划痕特性很好。均聚物型和共聚物型的 PP 材料都具有优良的抗吸湿性、抗酸碱腐蚀性、抗溶解性。

1.4.2.3 聚砜（PSF）塑料

PSF 是热塑型塑料的缩写，中文为聚砜。PSF 是略带琥珀色非晶型透明或半透明聚合物，力学性能优异，刚性大，耐磨、高强度，即使在高温下也保持优良的机械性能是其突出的优点，其范围为 -100 ~ 150℃，长期使用温度为 160℃，短期使用温度为 190℃，热稳定性高，耐水解，尺寸稳定性好，成型收缩率小，无毒，耐辐射，耐燃，自熄性。在宽广的温度和频率范围内有优良的电性能。化学稳定性好，除浓硝酸、浓硫酸、卤代烃外，能耐一般酸、碱、盐，在酮、酯中溶胀。耐紫外线和耐候性较差。耐疲劳强度差是主要缺点。PSF 成型前要预干燥至水分含量小于 0.05%。

PSF 可进行注塑、模压、挤出、热成型、吹塑等成型加工，熔体黏度高，控制黏度是加工关键，加工后宜进行热处理，消除内应力，可做成精密尺寸制品。PSF 主要用于电子电气、食品和日用品、汽车、航空、医疗和一般工业等部门，制作各种接触器、接插件、变压器绝缘件、可控硅帽，绝缘套管、线圈骨架、接线柱，印刷电路板、轴套、罩、电视系统零件、电容器薄膜，电刷座，碱性蓄电池盒、电线电缆包覆。PSF 还可做防护罩元件、电动齿轮、蓄电池盖、飞机内外部零配件、宇航器外部防护罩、照相器挡板、灯具部件、传感器。代替玻璃和不锈钢做蒸汽餐盘、咖啡盛器、微波烹调器、牛奶盛器、挤奶器部件、饮料和食品分配器。卫生及医疗器械方面有外科手术盘、喷雾器、加湿器、牙科器械、流量控制器、起槽器和实验室器械，还可用于镶牙，粘接强度高，还可做化工设备（泵外罩、塔外保护层、耐酸喷嘴、管道、阀门容器）、食品加工设备、奶制品加工设备、环保控制传染设备。聚芳砜（PASF）和聚醚砜（PES）耐热性更好，在高温下仍保持优良机械性能。

1.4.2.4 聚碳酸酯（PC）塑料

聚碳酸酯（PC）塑料是碳酸酯类的高分子聚合物，冲击强度高，尺寸稳定性好，无色透明，着色性好，电绝缘性、耐腐蚀性、耐磨性好，吸湿小，但对水敏感，需经干燥处理。成型收缩率小，易发生熔融开裂和应力集中，故应严格控制成型条件，塑件须经退火处理。熔融温度高，黏度高，塑胶流动性差，模具浇注系统以粗、短为原则，宜设冷料井，浇口宜取大，模具宜加热。料温过低会造成缺料，塑件无光泽，料温过高易溢边，塑件起泡。模温低时收缩率小、伸长率小、抗冲击强度低，抗弯、抗压、抗张强度低。模温超过 120℃ 时塑件冷却慢，易变形粘模。塑件壁不宜太厚，应均匀，避免有尖角和缺口。

1.4.2.5 聚苯乙烯（PS）塑料

聚苯乙烯（PS）塑料电绝缘性（尤其高频绝缘性）优良，无色透明，透光率仅次于有机玻璃，着色性、耐水性、化学稳定性良好，强度一般，但质脆，易产生应力脆裂，不耐苯、汽油等有机溶剂，适于制作绝缘透明件、装饰件及化学仪器、光学仪器等零件。其无定型料，吸湿小，不需充分干燥，不易分解，但热膨胀系数大，易产生内应力，流动性较好，可用螺杆或柱塞式注射机成型。宜用高料温、高模温、低注射压力，延长注射时间有利于降低内应力，防止缩孔变形。可用各种形式浇口，浇口与塑件圆弧连接，以免去除浇口时损坏塑件。脱模斜度大，顶出均匀。塑件壁厚均匀，最好不带镶件，如有镶件应预热。

1.4.2.6 聚氯乙烯（PVC）塑料

软质聚氯乙烯一般含增塑剂30%～50%，其质地柔软、强度较高，具有良好的气密性和不透水性。硬质聚氯乙烯只加少量的增塑剂制成，其质地坚硬、机械强度高、耐化学腐蚀性能好。聚氯乙烯塑料耐热性差，强度受温度影响较大，－20℃时比20℃时的强度下降80%。因此，薄膜制品不易在低温下保存、使用；软制品使用温度不超过45℃，硬制品不超过60℃，长期光照时会老化变脆。聚氯乙烯薄膜在加工时，为防止加热分解，需加入热稳定剂。由于热稳定剂含有铅盐等，使聚氯乙烯塑料有毒性，故不能用作食品包装物。聚氯乙烯塑料与有机溶剂和萘等防虫药剂接触，会产生发黏、溶化现象，并且容易吸收异味；由于增塑剂挥发性较强，故不宜储藏过久。

1.4.2.7 聚甲醛（POM）塑料

聚甲醛（POM）是广泛使用的工程塑料品种之一。聚甲醛是一种表面光滑、有光泽的、硬而致密的材料，淡黄或白色，薄壁部分呈半透明。燃烧特性为容易燃烧，离火后继续燃烧，火焰上端呈黄色，下端呈蓝色，发生熔融滴落，有强烈的刺激性甲醛味、鱼腥臭。POM为白色粉末，一般不透明，着色性好。POM的长期耐热性能不高，但短期可达到160℃，其中均聚POM短期耐热比共聚POM高10℃以上。POM极易分解，分解温度为240℃。分解时有刺激性和腐蚀性气体产生，故模具钢材宜选用耐腐蚀性的材料制作。POM强度、刚度高，弹性好，减磨耐磨性好。其力学性能优异，比强度可达50.5MPa，比刚度可达2650MPa，与金属十分接近。POM的力学性能随温度变化小，共聚POM比均聚POM的变化稍大一点。POM的冲击强度较高，但常规冲击不及ABS和PC；POM对缺口敏感，有缺口可使冲击强度降低90%之多。

POM的电绝缘性较好，几乎不受温度和湿度的影响；介电常数和介电损耗在很宽的温度、湿度和频率范围内变化很小；耐电弧性极好，并可在高温下保持。POM的介电强度与厚度有关，厚度为0.127mm时，介电强度为82.7kV/mm，厚度为1.88mm时，介电强度为23.6kV/mm。

POM不耐强碱和氧化剂，对稀酸及弱酸有一定的稳定性。POM的耐溶剂性良好，可耐烃类、醇类、醛类、醚类、汽油、润滑油及弱碱等，并可在高温下保持相当的化学稳定性。POM吸水性小，尺寸稳定性好。POM的耐候性不好，长期在紫外线作用下，力学性能下降，表面发生粉化和龟裂。

1.4.2.8 聚甲基丙酸甲酯（PMMA）

以丙烯酸及其酯类聚合所得到的聚合物统称丙烯酸类树脂，相应的塑料统称聚丙烯酸类塑料，其中以聚甲基丙烯酸甲酯应用最广泛。聚甲基丙烯酸甲酯缩写代号为PMMA，俗称有机玻璃，有极好的透光性能，可透过92%以上的太阳光、73.5%的紫外线；机械强度较高，有一定的耐热耐寒性，耐腐蚀、绝缘性能良好，尺寸稳定，易于成型，质地较脆，易溶于有机溶剂，表面硬度不够，在里面加入一些添加剂可以对其性能有所提高，如耐热、耐摩擦等。PMMA是迄今为止合成透明材料中性质最优异的。

1.4.2.9 酚醛树脂（PF）

酚醛树脂（PF）是最早开发的合成树脂塑料。PF树脂最重要的特征就是耐高温性，即使在非常高的温度下，也能保持其结构的整体性和尺寸的稳定性。正因为这个原因，PF树脂才被应用于一些高温领域，例如耐火材料、摩擦材料、黏结剂和铸造行业。PF树脂一个重要的应用就是作为黏结剂。PF树脂是一种多功能，与各种各样的有机和无机填料都能相容的物质。设计正确的PF树脂，润湿速度特别快，并且在交联后可以为磨具、耐火材料、摩擦材料以及电木粉提供所需要的机械强度、耐热性能和电性能。水溶性PF树脂或醇溶性PF树脂被用来浸渍纸、棉布、玻璃、石棉和其他类似的物质为它们提供机械强度、电性能等。典型的例子包括电绝缘和机械层压制造，离合器片和汽车滤清器用滤纸。在温度大约为1000℃的惰性气体条件下，PF树脂会产生很高的残碳，这有利于维持PF树脂的结构稳定性。PF树脂的这种特性，也是它能用于耐火材料领域的一个重要原因。与其他树脂系统相比，PF树脂系统具有低烟低毒的优势。在燃烧的情况下，用科学配方生产出的PF树脂系统，将会缓慢分解产生氢气、碳氢化合物、水蒸气和碳氧化物。分解过程中所产生的烟相对少，毒性也相对低。这些特点使PF树脂适用于公共运输和安全要求非常严格的领域，如矿山和建筑业等。交联后的PF树脂可以抵制任何化学物质的分解，例如汽油、石油、醇、乙二醇和各种碳氢化合物。热处理会提高固化树脂的玻璃化温度，可以进一步改善树脂的各项性能。玻璃化温度与结晶固体如聚丙烯的熔化状态相似。PF树脂最初的玻璃化温度与在最初固化阶段所用的固化温度有关。热处理过程可以提高交联树脂的流动性促使反应进一步发生，同时也可以除去残留的挥发酚，降低收缩、增强尺寸稳定性、硬度和高温强度。同时，树脂也趋向于收缩和变脆。树脂后处理升温曲线将取决于树脂最初的固化条件和树脂系统。

1.4.2.10 三醋酸纤维素（TCA）塑料

三醋酸纤维素是热塑性好、透明、力学性能良好的片基材料，是用于制造高强度、不燃性感光胶片基片的理想材料。

1.4.2.11 尼龙（PA）塑料

尼龙是聚酰胺塑料的商品名。它的性能变化范围很宽，机械强度、刚度、硬度、韧性高，耐老化性能好，机械减振能力好，滑动性良好，耐磨性优异，机械加工性能好；用于精密有效控制时，无蠕动现象、抗磨性能良好、尺寸稳定性好。广泛用于化工机械、防腐设备的制齿轮及零件坯料、耐磨零件、传动结构件、家用电器零件、汽车制造零件、丝杆防止机械零件、化工机械零件、化工设备等。

1.4.2.12 聚乙烯对苯二酸酯（PET）

聚乙烯对苯二酸酯（PET）塑料分子结构高度对称，具有一定的结晶取向能力，故而具有较高的成膜性。PET 塑料具有很好的光学性能和耐候性，非晶态的 PET 塑料具有良好的光学透明性。另外，PET 塑料具有优良的耐磨性、尺寸稳定性和电绝缘性。PET 做成的瓶具有强度大、透明性好、无毒、防渗透、质量轻、生产效率高等优点而受到了广泛的应用。PBT 与 PET 分子链结构相似，大部分性质也是一样的，只是分子主链由 2 个亚甲基变成了 4 个，所以更加柔顺，加工性能更加优良。

PET 是乳白色或浅黄色高度结晶性的聚合物，表面平滑而有光泽。耐蠕变、抗疲劳性、耐摩擦性好，磨耗小而硬度高，具有热塑性塑料中最大的韧性；电绝缘性能好，受温度影响小，但耐电晕性较差。无毒、耐候性、抗化学药品稳定性好，吸水率低，耐弱酸和有机溶剂，但不耐热水浸泡，不耐碱。

1.4.2.13 聚乙烯（PE）

聚乙烯（PE）是最常用的塑料品种之一。聚乙烯无臭，无毒，手感似蜡，具有优良的耐低温性能，化学稳定性好，能耐大多数酸碱的侵蚀（不耐具有氧化性的酸），常温下不溶于一般溶剂，吸水性小，但由于其为线性分子可缓慢溶于某些有机溶剂，且不发生溶胀，电绝缘性能优良；但聚乙烯对于环境应力（化学与机械作用）是很敏感的，耐热老化性差。聚乙烯的性质因品种而异，主要取决于分子结构和密度。聚乙烯的韧性好，介电性能和耐化学腐蚀性能优良，成型工艺性好，但刚性差，燃烧时少烟，低压聚乙烯使用温度可达 100℃。

1.5 镀前、镀后处理

对于大多数成熟的表面处理工艺，镀前处理和镀后处理往往是决定产品性能的重要因素。镀前处理是指金属零件在进入镀液之前的加工处理和清理工序。金属零件的镀前处理是获得优质镀层的关键。镀后处理主要是为了提高镀层的耐腐蚀性能或者保持镀层原有的特性，在电镀、化学镀、热浸镀等行业中占有重要的地位。

镀前处理的常用方法主要有以下几种：

（1）机械法。采用机械设备，磨削清除制品表面明显的缺陷，如毛刺、氧化皮、焊接残渣等。机械法包括磨光、抛光、滚光、喷砂等。

（2）化学法。依靠化学作用除去油污或氧化物。如在碱性溶液或有机溶剂中除油，在酸性溶液中浸蚀等。

（3）电化学法。用电化学方法强化化学除油和浸蚀过程，有时也用于弱浸蚀。

镀后处理主要包括水洗、出光、钝化、驱氢、抗变色处理、防锈处理、干燥等。其中最主要的镀后处理是驱氢处理和钝化处理[2]。

1.5.1 镀前处理

1.5.1.1 金属制品镀前表面处理的重要性

金属零件的镀前处理是能否获得优质电镀层的重要环节，生产实践表明，电镀层出现脱壳、起泡，甚至镀不上等质量事故大多数并不是由于电镀的工艺本身所造成的，而是由于镀前处理不当和欠佳所致。主要有以下几点：

（1）金属表面状态。零件表面可能有氧化膜和锈蚀物、油污或其他有机物。电镀之前必须除去这些油物和氧化物，消除表面的粗糙状态，达到清洁和一定的光洁度，并进行电镀前的活化处理。

（2）电化学性质。电镀是金属和电解液接触界面上的电化学反应过程。它要求保证电解液和金属零件表面间良好的接触。如果金属表面附着各种污物，它将成为阻碍电解液和金属表面直接接触的中间夹层，使零件表面产生介电、钝态、电阻大等不良状况，阻碍电流的通过，给金属离子放电带来阻力，会降低镀层结合力，甚至产生疏松、起泡脱皮等质量事故。

（3）维护电镀液。零件的油污、氧化物等杂质会污染电解液，增加电解液中的有害杂质，以致引起电解液不能正常工作，造成不应有的损失。

1.5.1.2 镀前处理的方法

A 粗糙表面的整平

a 磨光

磨光是借助粘有磨料的特制磨光轮（或带）的旋转，切削金属零件表面的过程。磨光可去掉零件表面的毛刺、锈蚀、划痕、焊瘤、焊缝、砂眼、氧化皮等各种宏观缺陷，以提高零件的平整度和电镀质量。磨光可根据零件表面状态和质量要求高低进行一次磨光和几次（磨料粒度逐渐减小）磨光，磨光后零件表面粗糙度 R_a 值可达 0.4μm，油磨效果更好。磨光适用于加工一切金属材料和部分非金属材料。磨光效果主要取决于磨料的特性和质量、磨光轮的刚性韧性和轮轴的旋转速度。磨光主要有以下几种类型：

（1）磨光轮磨光。磨光是靠磨光轮的高速旋转，通过磨料将被加工零件表面粗糙不平的地方削平，使其逐渐变得平滑的过程。在磨光所用磨轮的轮周上，以骨胶或皮胶胶黏剂黏结各种磨料。常用的磨料有人造刚玉、金刚砂、碳化硅、硅藻土、石英砂等。磨料根据其颗粒尺寸分为磨粒、磨粉、微粉和超微粉。通常根据制品的材质、材料表面原始状态和加工后表面的质量要求来选择磨料的种类和颗粒尺寸，具体见表1－1。

表1－1 磨料种类和颗粒尺寸

种 类	粒 度 号	基本颗粒尺寸范围/μm
磨粒	8号～80号	160～3150
磨粉	100号～280号	40～160
微粉	W40～W5	35～40
超微粉	W3.5～W1.5	0.5～3.5

铝和铝合金一般选用人造金刚砂、硅藻土、金刚砂为磨料。

磨光用的磨料主要有以下几种：

1）人造金刚砂（碳化硅）。外观：紫色闪光晶粒。使用范围：生铁、黄铜、青铜、锌、锡等有脆性而强度低的材料的磨光。

2）人造刚玉。外观：洁白至灰暗各色晶粒。使用范围：可锻铸铁、锰青铜等有韧性而强度高的材料的磨光。

3）金刚砂（杂刚玉）。外观：灰红至黑色砂粒。使用范围：一般金属的磨光。

电镀前处理中的研磨通常使用120、130磨料，依次加大磨料的号码，由粗到细分几道工序进行研磨。如果基体材料表面原始状态很粗糙，则应先用比120更粗的磨料进行粗磨。另外，磨轮转速也直接影响被加工表面的平整程度。一般来说，转速越高，磨光的精度越低。因此，精磨所用的磨轮转速应低于粗磨所用的转速。

（2）磨光带磨光。磨光带是由安在电机上的接触轮带动，由另一从动轮使其具有一定的张力，以便对零件进行磨光。磨光带由衬底、胶黏剂和磨料三部分组成。衬底可用1～3层不同类型的纸或布。胶黏剂一般用合成树脂，也可以用骨胶或皮胶。接触轮越硬，对零件的磨削量越大；表面越粗糙，磨光带上磨料的损耗也越快。

（3）振动磨光。在滚光的基础上发展起来的磨光称做振动磨光，它是利用装有被加工零件和磨料介质的容器上下左右地振动，使零件与磨料相互摩擦达到光饰目的的一种加工过程。该过程通过振动电机或电磁系统的作用使容器振动。振动磨光比滚光的效率高，能加工各种零部件，包括加工比较大的零件，而且一次加工量大，可以自动卸料，可随时检查，控制加工质量，极适于批量加工。振动磨光所采用的磨料要求粒度均匀，硬度高，常用的磨料有鹅卵石、石英石、氧化铝、碳化硅及钢球等。将磨料放入水中，水的用量一般为零件及磨料总体积的4%～5%，同时还要加入少许碱及表面活性剂。

可以从以下几个方面判断工件是否磨光好：

(1) 色泽。磨光后的钢铁件应为光亮的银灰白色，铜件为光亮的玫瑰红色，铜合金件应为光亮的铜合金本色。

(2) 粗糙度。磨光后的工件的表面粗糙度 R_a 值不能高于0.8μm，磨光后表面应平整光亮。

允许的缺陷有：

(1) 铸件允许有残存的砂眼。

(2) 不易加工的面，死角处质量要求允许适当降低。

(3) 工件边缘，孔眼周围允许有不影响工件工艺性能的轻微变形。

不允许的缺陷有：

(1) 要求磨光的部位没磨到。

(2) 磨光后的工件变形走样，带刻度工件的刻度被磨掉。

(3) 磨光后的工件表面留有锉道印、刀痕、砂轮道、麻点，或带有磕碰伤痕和划痕。

(4) 工件表面带有污物和残渣。

b 抛光

抛光是为了使金属制品表面粗糙度降低，以获得光亮、平整表面的金属制品。常用的抛光方法有机械抛光、化学抛光或电化学抛光等。

(1) 机械抛光。机械抛光一般是在磨光的基础上进行，用以进一步清除被加工金属工件表面上的微细不平，使其具有镜面般的光泽，它可用于工件的镀前准备，也可用于镀后的精加工。抛光过程与磨光不同，不存在显著的金属损耗。对抛光过程的机理的一般看法是：高速旋转的布轮与金属摩擦时产生高温，使金属表面发生塑性变形从而平整了金属表面的凹凸；同时使金属表面在周围大气的氧化下瞬间形成的极薄的氧化膜反复地被抛光下来，而使其光亮。抛光过程既有机械的切削作用，又有物理和化学的作用。

机械抛光应注意如下问题：

1) 根据镀层硬度选择抛光轮的圆周速率。镀层硬度越高，要求抛光轮的圆周速率越大，反之抛光轮的圆周速率应越小。对于一般钢铁件，镍、铬镀层的抛光以30～35m/s为宜，铜及铜合金镀层22～25m/s就可以了，锌、银等软金属镀层应更小些，以防抛损。一般抛光机不能任意调节速度，为达到理想的圆周速率，可以采用不同直径的抛光轮来调节（抛光轮的直径大小与圆周速率是成正比的）。

2) 根据镀层硬度选择抛光膏。常用的抛光膏有3种，即绿油抛光膏、白油抛光膏和黄油抛光膏。绿油抛光膏由三氧化铬为主配成，又称氧化铬抛光膏，这种抛光膏具有较强的磨损性，主要用于铬镀层和不锈钢件的抛光。白油抛光膏由抛光石灰为主配成（抛光石灰主要成分是氧化钙和氧化镁），这种抛光膏性能适中，最适宜抛铜及铜合金、镀镍层和铝等金属。白油抛光膏接触空气易风化，需要密封保存（可放在塑料袋内）。黄油抛光膏由氧化铁为主配成，主要用于钢铁件磨光后的油光。

3）抛光技巧的掌握。镀层一般都较薄，操作时稍有疏忽，镀层就可能被抛漏。尤其是镀件的边缘和孔眼周围，这些部位抛光轮与镀层表面间的摩擦系数大，镀层磨损快，为防止这种现象，抛光轮走至镀件的边缘或孔眼周围时要减轻镀件与抛光轮的压力，减缓抛削速度。

4）粗抛与精抛。镀层抛光分粗抛与精抛两个步骤进行。镀层经粗抛后表面粘有油膏，这些油膏会掩盖抛光面的缺陷，如粗抛的纹路、接痕和未抛处。若在粗抛后的镀层复镀其他镀层，镀后会出现无法弥补的粗糙、发雾、不亮的弊病。粗抛后再精抛，上述问题即可获得解决，精抛之前先将原使用的抛光轮上的油膏用旧砂轮块清理干净，使抛光轮松软，然后在布轮上涂上白油抛光膏，将已经粗抛的镀层表面在此布轮上再均匀有序地轻抛一遍，即能获得清晰、镜面般的光亮镀层。

5）重视布轮维护。布轮使用后要单独存放，以防受到金刚砂粒的污染，使抛光面出现明显划痕。

6）合理使用抛光工具。抛光细长、薄片、框架和细小镀件时需使用相应衬、垫、套、夹等工具，以防镀件变形、折弯、掉地摔坏，发生工伤事故。

7）抛光后处理注意事项。经精抛的镀层表面有的是成品，有的还需继续电镀，但都需清洁处理，可用脱脂棉布或专用棉织毛巾揩擦，切勿用湿布揩擦，否则镀层会发花或出现锈迹。

（2）化学抛光。化学抛光是金属表面通过有规则溶解达到光亮平滑。在化学抛光过程中，钢铁零件表面不断形成钝化氧化膜和氧化膜不断溶解，且前者要强于后者。由于零件表面微观的不一致性，表面微观凸起部位优先溶解，且溶解速率大于凹下部位的溶解速率；而且膜的溶解和膜的形成始终同时进行，只是其速率有差异，结果使钢铁零件表面粗糙得以整平，从而获得平滑光亮的表面。抛光可以填充表面毛孔、划痕以及其他表面缺陷，从而提高疲劳阻力、腐蚀阻力。化学抛光在应用上主要有两大类，即碱性化学抛光和酸性化学抛光。其中，碱性化学抛光虽然成本较低，但不如在酸性溶液中所获的光亮度好，且操作工艺上也较繁杂，因而在应用上还不够普及；酸性化学抛光应用较多。

化学抛光工艺流程为：化学（或电化学）除油→热水洗→流动水洗→除锈（10%硫酸）→流动水洗→化学抛光→流动水洗→中和→流动水洗→转入下道表面处理工序。

钢铁零件化学抛光，可以作为防护装饰性电镀的前处理工序，也可以作为化学成膜如磷化发蓝的前处理工序。如不进行电镀或化学成膜而直接应用，可喷涂氨基清漆或丙烯酸清漆，烘干后有较好的防护装饰效果。若喷漆前浸防锈钝化水剂溶液，抗蚀防护性将会进一步提高。

化学抛光的优点是：化学抛光设备简单，可以处理形状比较复杂的零件。

化学抛光的缺点是：

1）化学抛光的质量不如电解抛光。

2）化学抛光所用溶液的调整和再生比较困难，在应用上受到限制。

3）在化学抛光操作过程中，硝酸散发出大量黄棕色有害气体，环境污染非常严重。

（3）电化学抛光。电化学抛光又称电解抛光，简称电抛光。抛光的基本原理与化学抛光相似，都是靠电池的作用使金属表面平整光滑，不过化学抛光是靠化学溶液与金属表面的腐蚀电池作用，所以速度慢、效率低；而电化学抛光是靠电抛光液和外加的电流共同作用使金属表面溶解整平，因此抛光的效率高、质量好。

电化学抛光是将抛光件放进配制好的电解质抛光溶液内并作为阳极，用耐蚀导电性能好的材料做辅助阴极，通电后工件表面即发生阳极溶解。根据尖端放电的原理，工件表面微小凸出部位优先溶解，然后溶解产物和抛光液组成了电阻高的黏稠性膜层，微小凸出部位的膜层薄、电阻小、电流密度大，从而继续保持较大的溶解速度，而凹洼部位溶解的膜层厚、电阻高、电流小，所以溶解缓慢。与此同时，电化学抛光溶液都是由强氧化性的物质组成，使在抛光过程中金属表面不断生成氧化膜，而由于阳极电流的作用氧化膜又不断被溶解。由于电流分布与液膜的关系使微小凸出部位氧化膜的生成和溶解速度都大于凹洼部位。这些作用经过一段时间的通电后，微小凸出的部位逐步被溶解削平，直至消失，使原来的凸凹部位基本达到一致，工件的表面显得平滑光亮，达到抛光的目的。

从电化学抛光的原理及过程可知，电化学抛光可以通过控制电流的强度和操作时间得到粗糙度不同的表面，达到工件表面需要粗抛或精抛，甚至镜面抛光的要求，因此在电镀表面装饰等表面处理工程中得到广泛推广应用。

化学抛光与电化学抛光既可以做单独的表面处理方法以替代机械抛光，也可以用来做金属表面装饰，如电镀、电泳涂装、表面着色等的前处理。在抛光过程中有一定程度的表面溶解，所以对精密的零件要考虑尺寸和外形的富余量。化学抛光和电化学抛光除了能得到表面光滑和光泽之外，也有其他的应用效果，例如消除表面的冷作硬化层，减少显微毛糙，改善摩擦，减少磨损量，去除锐棱，消除毛刺，提高磁导率，减少磁耗等。

化学抛光、电化学抛光和通常的机械方法不同，抛光效果与金属材料表面的组织有很大关系。由于抛光过程伴有表面溶解，故不宜抛得时间太长，抛光速度较快对节省劳力很有效，因此这种方法更适合于做最后的精饰而不是粗抛或初步处理，与初步的机械加工配合应用效果不错。化学抛光可以省去电化学抛光所需要的电源和电流分配设备，省去完成抛光所需要的电费用，所以投资节约比较明显，但化学抛光是仅依靠化学溶液的作用完成抛光的，消耗的化学药物量大，而动力不如电化学抛光，所以无论是抛光的效率或抛光后的表面光洁度都不如电化学抛光。化学抛光受金属材料表面组织结构的影响更大，因而不是每种材料都能得到很好的效果或用得很好，所以化学抛光或电化学抛光多用作最后增加光亮为主的精饰处理。

c 滚光

滚光是将零件放入盛有磨料和化学药品溶液的滚桶中做低速旋转，凭借零件与磨料、零件与零件之间的相互摩擦以及滚光液对零件的化学作用，而除去零件表面的油污、氧化皮和锈蚀产物，从而达到降低零件表面粗糙度和清理零件表面的目的。滚光适用于大批量的小型零件及难以磨光和抛光零件表面的光亮加工。对带孔、带沟槽、带螺纹的零件滚光时，其效果相对差一些。滚光可以全部或部分替代镀前的磨光和抛光工序。滚光主要有以下几种类型：

（1）普通滚光。普通滚光是将零件与磨削介质放入滚筒中，低速旋转滚筒，靠零件和磨料的相对运动进行光饰处理的过程。滚光时各部位的磨削程度一致，其顺序是锐角—棱边—外表面—内表面，深孔和小的内表面很难产生好的滚光效果。普通滚光主要用于大批量生产的小型零件。这种方法所用设备成本低，但滚光时间较长，加工过程中不能检查零件质量，且被加工零件尺寸受限制。滚光的效果与滚筒的类型、形状、尺寸、转速以及滚筒中磨料、溶液的性质、金属零件的种类、形状等均有密切关系。

滚筒的类型有：

1）倾斜式开口滚筒。倾斜式开口滚筒呈多边筒形，其磨削能力较低，用于轻度滚光。有时加入适量的木屑等吸水性磨料和零件一起滚动，对零件有干燥、出光作用。

2）卧式封闭滚筒。卧式封闭滚筒为六边或八边筒形，零件和滚磨介质从开口处放入，进行水平旋转滚光，应用最为广泛。

3）卧式浸没式滚筒。卧式浸没式滚筒的结构与滚镀的滚筒相似，滚筒上有小孔，滚光时滚筒浸入液体介质中，进行水平旋转滚光。这种滚筒的特点是滚磨下来的锈蚀、金属屑等污物可在运行中不断从筒上小孔中流出来，减轻了滚光后零件的清洗量。

为了提高滚筒的利用率，防止同批次不同零件的混杂，可将卧式封闭滚筒和卧式浸没式滚筒分隔成若干小间，这样一次便可分别装入不同零件进行滚光。

滚光参数的选择如下：

1）滚筒类型与尺寸的选择。根据零件材料、形状及表面状态的不同选择适宜类型与规格尺寸的滚筒。一般硬金属零件用磨削力强和加长的滚筒，这样可缩短滚光时间和提高产量。滚筒的直径尺寸一般在300～800mm之间，长度为600～800mm，加长的可在800～1500mm范围内。

2）零件的装载量及磨料/零件比值的选择。零件的装载量一般控制在占滚筒体积的60%，不得大于75%和少于30%。装载量过大，滚磨作用减弱，滚光时间延长；装载量过少，滚光作用过强，表面粗糙。

3）滚筒的旋转速度和滚光时间。滚筒的旋转速度与磨削量成正比，但超过一定数值后又会下降，这是因为速度过高，零件会被离心力带到滚筒上端，减少了相互摩擦的机会，且再跌下来又会造成零件间的碰撞而使零件变得粗糙。一般旋转速度控制为20～45r/min。滚筒直径越大，速度应选得越小一点。依据零件原始表面状况和加工要求的不同，滚光时间可在数小时和数天内变化。

4）磨料与滚光溶液的选择。为了使零件表面，特别是零件的凹处获得光泽，应加入磨料。常用的磨料有铁钉头、型钢头、石英砂、陶瓷片、浮石、皮革角等，磨料的尺寸一般应大于或小于孔径的1/3。用铁质磨料滚光铜件和钢件时，磨料应分开使用。当要求磨光零件表面粗糙度值较低时，应加入滚光体进行磨光，常用的滚光体是钢球（珠），对软质金属应采用玻璃球或瓷球。滚光体一旦破碎，就应更换，否则易划伤零件表面。

当零件有少量油污时，可以加入少量的碳酸钠、肥皂、皂角粉等物质，或加入少量乳化剂。如果零件表面有锈，则加入一定量的硫酸或盐酸。滚光液的加入量一般控制在零件、磨料、溶液体积总和达到滚筒体积的90%。

不同金属制品滚光液配方及操作条件见表1－2。

表1－2 不同金属制品滚光液配方及操作条件

基材	黑色金属			铜合金	锌合金
型号	1	2	3	1	1
硫酸/$g \cdot L^{-1}$	15～25	20～40	—	5～10	0.5～1
氢氧化钠/$g \cdot L^{-1}$	—	—	20～30	—	—
皂角粉/$g \cdot L^{-1}$	3～10	—	3～10	2～3	2～5
H促进剂/$g \cdot L^{-1}$	—	2～4	—	—	—
OP乳化剂/$g \cdot L^{-1}$	—	2～4	—	—	—
滚光时间/h	2～3	1～2	1～2	2～3	2～4

（2）离心滚光。离心滚光是在普通滚筒滚光的基础上发展起来的高能表面整平方法。它是在一个转塔内的周围安放一些装有零件和磨削介质的转筒，工作时，转塔高速旋转，而转筒则以较低的速度反方向旋转。转塔旋转时产生的离心

力（约0.98N）能使转筒中的装载物压在一起，从而使磨料介质对零件产生滑动磨削，起到去毛刺、整平表面的效果。

离心滚光属高能光饰方法，有如下特点：

1）大大缩短了加工时间，通常只有普通滚光和振动滚光加工时间的1/50。

2）离心滚光时，零件之间的碰撞小，即使是易碎的零件也能保持高的尺寸精度和表面光饰质量。因此，高精密度零件宜采用这种方法进行光饰加工。

3）这种方法的突出特点是能使零件表面产生高的压应力，从而能提高零件的疲劳强度。这一特点对于轴承、飞机发动机零件、弹簧、压缩机和泵的零件等很有意义。较之用其他方法加工后再做喷丸处理效果要好得多，且成本低，效率高。

4）当工艺条件相同时，不同批次加工的零件，其表面质量一致。故适用于表面质量要求较高的大批量零件的加工。

5）离心滚光设备的运动速度可变。改变转塔和转筒的运动速度，便可得到不同的磨削效果，这样就扩大了适用范围，可以加工多种多样的零件。同时还可以一次分步对多种要求的同种零件进行加工。例如，某种零件需进行去毛刺并对表面进行光饰时，就可以用控制转塔、转筒运动速度的办法把两种加工合在一起分步进行。选用硬而低磨损的磨料介质，当高速运转时，可起到去毛刺的作用，而降至低速运转时，就能起到光饰表面的效果。

离心滚光的缺点是只能处理小零件，加工过程中不能检查零件加工质量，且设备成本高。

d 刷光

刷光是在装有刷光轮的抛光机上进行的。刷光轮用金属丝（如钢丝、黄铜丝、不锈钢丝、镍－银丝等）、动物鬃毛或合成纤维制成。在高速旋转下，刷光轮上的金属丝或其他丝的端面和侧面具有相当的切刮能力，可以清理金属零件表面的毛刺、划痕、污物、锈蚀产物等，从而对金属零件表面起到清洁加工作用。刷光还可以对零件表面进行装饰性底纹加工，如有规律的丝纹刷光、缎面修饰等。刷光具有基本不改变零件的几何尺寸和形状的特点。

刷光可以湿刷，也可以干刷。常用的刷轮一般由钢丝、黄铜丝等材料制成。有时为了特殊的目的，也用其他材料。零件材料较硬时，应选择硬金属丝刷光轮；零件材料较软时，则选用软金属丝或人造纤维刷光轮。

刷光轮的旋转速度一般在1200～2800r/min之间。直径大的刷光轮应采用较低的转速，硬质材料的零件，应选用较高的转速。进行湿法刷光时，一般都用水作刷光液。黑色金属的镀前刷光，可用水作刷光液，如需去污，则宜采用具有除油功能的清洗剂。

刷光轮的种类很多，决定刷光性能的主要是材料及其形状。现就刷光轮的几种主要类型及如何根据零件材料、性质、要求选择合适的刷光轮简述如下：

（1）刷光轮的类型。按其制作的材料可分金属丝刷光轮和非金属丝刷光轮两类。常用金属丝刷光轮的规格及用途见表1－3。

表1－3 常用金属丝刷光轮的规格及用途

金属丝类型		主要用途
黄铜丝	很细	得到细致的缎面
	细	得到缎面
	中、粗	得到粗糙的缎面，进行丝纹刷光
	很粗	对浸蚀后的铜、黄铜、铸铁表面进行清理
镍－银丝	很细	使用场合基本上与黄铜丝相同，但只用于要求用金属丝刷轮处理后仍保持白色的软金属零件的加工
	细	
	中、粗	
	很粗	
钢丝	很细	得到缎面，进行丝纹刷光
	细、中	丝纹刷光
	粗、很粗	表面清理，去毛刺
不锈钢丝	很细	使用场合与钢丝刷相似，但可防止零件表面变色和生锈，因价格贵很少用
	细、中	
	粗、很粗	

（2）刷光轮与刷光参数的选择。前面介绍了刷光轮的类型及一般使用范围，但在具体加工时，对刷光轮及刷光参数的选择还要视零件的材料、性质和具体的技术指标要求而定。现以零件的刷光要求进行分述。

1）表面清理。清理零件表面的锈皮、焊渣、旧漆层时，需要高的切削力，常选用刚性大的钢丝刷光轮。同时选用比较高的转速进行干刷清理，其刷轮旋转速度在2000r/min以上。清除零件表面的一般污物或浸蚀后残留的浮灰时，则选用切削力低的，刚性小的黄铜丝、猪鬃或纤维丝刷光轮。其旋转速度与压力要适中，一般控制在1800～2000r/min之间。这种刷光可采用干刷，也可用湿刷。对去浮灰的湿刷，刷光液用自来水即可，如需去污，则采用有除油功能的清洗剂。

2）去毛刺。去毛刺需要刷光轮具有相当高的切削力。对于外表面棱边的毛刺，常采用直径为0.3mm的短丝密排辐射刷光轮，刷光轮的线速度一般为33m/s。对于圆孔棱边的毛刺常采用杯形刷光轮，其线速度一般为22～33m/s。对于内螺纹的毛刺，则要用小型刷轮。

3）丝纹刷光。丝纹刷光要根据零件材料、形状和装饰要求的不同，选用不同类型和材料的刷光轮。对于较软的金属材料（铜、黄铜、铝、银等），刷光应选用黄铜丝或镍－银丝刷光轮；钢质等硬金属材料则选用钢丝刷光轮；铝铭牌、面板则常用含细磨料的织物（俗称百洁布）作刷光工具。

刷光轮的类型则以欲求丝纹纹路选定，比如要得到圆弧形的丝纹，采用环形刷光轮；要求表面呈直线丝纹时，则选用辐射刷光轮。进行丝纹刷光时，压力不能太大，否则刷丝侧面与零件接触，便产生不了丝纹效果。丝纹刷光的速度也不宜太大，一般控制在刷光速度范围的中下限，具体以被刷光基材而定。丝纹刷光可以干刷，也可以湿刷。当零件表面洁净无锈蚀、油污时，可进行干刷；湿刷时，刷光液采用无腐蚀作用的清洗剂。

4）缎面修饰。所谓缎面修饰，就是使用软而细的刷轮，将零件表面刷成无光缎面的加工。通常使用的是刚性小的波形刷光轮，采用细而软的金属丝，有时也用猪鬃或纤维刷光轮。刷光速度要小，一般在 15～25m/s 之间。缎面刷光压力要低，掌握在使金属丝轻轻擦过零件表面，刷痕应均匀一致，要与零件的轮廓线平行。湿法缎面刷光时，用浮石粉和水作刷光剂。

通过以上不同刷光轮参数的选择，不同类型刷光轮的特点与用途见表 1－4。

表 1－4 不同类型刷光轮的特点与用途

刷光轮类型	特 点	主 要 用 途
成组的辐射刷光轮	用金属丝编织而成，刚性大，切削力强，使用寿命长，应做动平衡处理	用作清除零件表面的锈皮、焊渣、旧漆层等，也用于除去网状传送带网孔中的残留物
波形辐射刷光轮	用呈小波纹状的，较长金属丝编织而成，刚性小，切削力不大	用于去除一般污物或浸蚀后的残留浮灰，也用于缎面修饰、丝纹刷光和手工刷平零件表面
短丝密排辐射刷光轮	用较短的金属丝紧密编织而成，刚性大，切削力强	主要用于去毛刺
杯形刷光轮	用金属丝编织成杯形	用于零件表面一般污物和浸蚀后残留物的清理以及去毛刺，也用作丝纹刷光，还适于便携式电动工具上使用
普通宽面刷	用金属丝编织而成，应做动平衡处理	用作表面清洗，主要用于冶金工厂的板材电镀、涂漆等生产线上
条形宽面刷	用金属丝间断编织而成	用于用普通宽面刷会因受力刷光轮不稳定的场合
小型刷光轮	用金属丝编织而成的不同形状的小型刷光轮	用于对内型面的清理或去毛刺

e 喷砂

喷砂是利用机械的方法或压缩空气，将砂粒高速喷向零件表面，借助砂粒流对零件表面强大的冲击力，将零件表面的熔渣、毛刺、氧化物、锈蚀、焊渣、旧镀层、污垢等除去，并使零件表面达到均匀粗糙度的一种表面处理方法。喷砂处理在电镀生产中多用于铸件及锻件的镀前处理，也用于热喷涂、涂装等前处理及非金属镀前的粗化处理，有时为了使最后镀层具有缎面或无光泽状态，也可进行喷砂处理。喷砂也适合于处理某些不宜用化学方法进行前处理的零件表面，如清理高强度钢零件热处理后表面上的氧化物、清理镁合金的表面、用于改善磷化结晶的前处理等。

B 除油

进入电镀车间的金属制品，由于经过各种加工和处理，不可避免地会黏附一层油污，因此在电镀或氧化、磷化之前，为保证镀层与基体的牢固结合，保证氧化、磷化的顺利进行和转化膜的质量，必须清除零件表面上的油污。加工、处理和运转过程中黏附的油污包括三类：矿物油、动物油和植物油；按其化学性质又可归为两大类，即皂化油和非皂化油。动物油和植物油属皂化油，这些油能与碱作用生成肥皂。各种矿物油如石蜡、凡士林、多种润滑油等，它们与碱不起皂化作用，故统称非皂化油。根据油的特性和在零件表面的沾污程度，就可有针对性地选择除油方法。常用的除油方法有：有机溶剂除油、化学除油、电化学除油、超声波除油、机械除油、手工除油等。

a 有机溶剂除油

有机溶剂除油是一常用的除油方法，它利用有机溶剂对油脂的物理溶解作用将制件表面的油污除去，对可皂化油和不可皂化油均适用。其特点是除油速度快，一般不腐蚀制件，但多数情况下除油不彻底。当附着在零件上的有机溶剂挥发后，其中溶解的油仍残留在零件上，所以有机溶剂除油常作为初步处理，还必须再采用化学除油或电化学除油进行补充除油处理。另外，大多数有机溶剂易燃，有一定毒性。

常用的有机溶剂分为烃和氯代烃两类，烃类有汽油、煤油、苯类（苯、甲苯、二甲苯）和丙酮、酒精等，具体见表1－5。其特点是脱脂能力很强，挥发快，毒性小，对大多数金属无腐蚀作用，但易燃，多用于冷态浸渍或擦拭除油。生产中主要用汽油或煤油来刷洗或浸洗零件。氯代烃类有二氯甲烷、四氯化碳、三氯乙烷、三氯乙烯、四氯乙烯等。生产中应用最多的是三氯乙烯和四氯化碳。与烃类溶剂相比，氯代烃溶剂的特点是除油效率高、稳定、挥发性小、不易燃、可加温操作，对除铝、镁以外的大多数金属无腐蚀作用。其缺点是有剧毒，生产中需要有良好的安全措施，除油设备应配备完善的通风装置。

表1－5 常用有机溶剂的物理化学特性

名称	分子式	相对分子质量	密度/g·cm^{-3}	沸点/℃	蒸气相对于氢气的密度	燃烧性	爆炸性	毒性
汽油		85～140	0.69～0.74		—	—	—	—
酒精	C_2H_5OH	46	0.789	78.4	—	—	—	—

续表 1-5

名称	分子式	相对分子质量	密度/g·cm^{-3}	沸点/℃	蒸气相对于氢气的密度	燃烧性	爆炸性	毒性
苯	C_6H_6	78.11	0.8786	80.1	2.77	易	易	有
甲苯	$C_6H_5CH_3$	92.13	0.866	110.6	3.14	易	易	有
二甲苯	$C_6H_4(CH_3)_2$	106.2	0.86	138~144	3.66	易	易	有
丙酮	C_3H_6O	58.08	0.79	56.5	1.93	易	易	无
二氯甲烷	CH_2Cl_2	84.94	1.3266	39.8	2.93	不	易	有
三氯乙烷	$C_2H_3Cl_3$	133.42	1.322	74.1	4.55	不	不	无
三氯乙烯	C_2HCl_3	131.4	1.456	86.9	4.45	不	不	有
四氯化碳	CCl_4	153.8	1.585	76.7	5.3	不	不	有
四氯乙烯	C_2Cl_4	165.85	1.613	121.0	5.83	不	不	无

常用有机溶剂除油的方法有：

（1）浸洗法。将带油的工件浸泡在有机溶剂槽内，溶剂槽可安装搅拌装置及加热设备，根据实际情况的需要决定是否搅拌、加热。因为加热或搅拌都可以加速工件表面油污的溶解，但又容易使有机溶剂蒸发，造成损失，所以在考虑提高除油的效率的同时要节省溶剂及成本。

（2）喷淋法。喷淋法是将有机溶剂直接喷淋到工件表面，将表面的油污不断地溶解而带走，新的溶剂又喷上，如此反复不断地进行，直至喷洗干净为止，喷淋液可以是室温的，也可以加热后再喷。加热喷淋的溶解效率高，但要有加热装置先加热。另外，喷淋法也可以改为喷射法，就是将有机溶剂加入一定压力，通过喷嘴喷射到工件的表面，油污受到冲击及溶解的作用而脱离工件的表面，这种方法的效率也要比一般的喷淋法高，但设备比较复杂。除易挥发的有机溶剂，如丙酮、汽油、乙醚及二氯甲烷等不能用此法外，不易挥发及性能稳定的都可以采用。在使用时，必须在特别而方便操作的密闭容器内进行，而且要有一套安全操作的技术规范。

（3）蒸气除油法。蒸气除油是将有机溶剂装在密闭容器的底部，将带油的工件吊挂在有机溶剂的水平面上。容器的底部有加热装置将溶剂加热，有机溶剂变成蒸气不断地在工件表面上与油膜接触并冷凝；将油污溶解后掉下来，新的有机溶剂蒸气又不断地在表面凝结溶解油污，最终将油污清除干净。由于有机溶剂多数是易燃、易爆、有毒及易分解的物质，特别是成为蒸气后更具危险性，因此要做好安全使用的工作，要有良好的安全设备以及完善的通风装置，避免事故的发生。

b 化学除油

化学除油是利用热碱溶液对油脂的皂化和乳化作用，将零件表面油污除去的过程。碱性溶液包括两部分：一部分是碱性物质，如氢氧化钠、碳酸钠等；另一部分是硅酸钠、乳化剂等表面活性物质。碱性物质的皂化作用除去可皂化油，表面活性剂的乳化作用除去不可皂化油。化学除油具有工艺简单、操作容易、成本低、除油液无毒、不易燃等特点。但是常用的碱性化学除油工艺的乳化能力较弱，因此当零件表面油污中主要是矿物油时，或零件表面附有过多的黄油、涂料乃至胶质物质时，在化学除油之前先用机械方法或有机溶剂除去，这一工序不可疏忽。在生产上化学除油主要用于预除油，然后再进行电化学除油将油脂彻底除尽。

化学除油原理为：

(1) 皂化作用。皂化反应是皂化油与除油液中的碱性物质发生化学反应而生成肥皂和甘油的过程。当把带有油污的制品放入碱性除油溶液时，由于发生上述皂化反应而使油污除去。一般动植物油的成分可用通式 $(RCOO)_3C_3H_5$ 表示，其中 R 为高级脂肪酸烃基，含 17～22 个碳原子。油脂在热碱液中发生的化学反应为：

$$(RCOO)_3C_3H_5 + 3NaOH \longrightarrow 3RCOONa + C_3H_5(OH)_3$$

若 R 中碳原子数为 17，即为硬脂酸钠（肥皂），硬脂酸钠能溶于水，是一种表面活性剂，对油脂溶解起促进作用。

(2) 乳化作用。矿物油或其他不可皂化油是不能用碱皂化的，但它们在表面活性剂的作用下能被乳化而形成乳浊液而除去。乳化是使两种互不相溶液体中的一种呈极细小的液滴分散在另一种液体中形成乳浊液的过程，具有乳化作用的表面活性物质称为乳化剂。在化学除油中可采用阴离子型或非离子型表面活性剂，如硅酸钠、硬脂酸钠、OP 乳化剂等。在除油过程中，首先是乳化剂吸附在油与溶液的分界面上，其中亲油基与零件表面的油发生亲和作用，而亲水基则与除油水溶液亲和。在乳化剂的作用下，油污对零件表面的附着力逐渐减弱，在流体动力因素共同作用下，油污逐渐从金属零件表面脱离，而呈细小的液滴分散在除油液中，变成乳浊液，达到除去零件表面油污的作用。加热和搅拌除油溶液都会加速油污进入溶液，因而可加大除油的速度，提高除油的效果，故在化学除油时，一般采用较高的温度和搅拌措施，也可用超声波来加速除油过程。

酸性除油液是由有机或无机酸加表面活性剂混合配制而成的。这是一种除油、除锈一步法工艺。零件在这种除油液中，表面上的锈蚀氧化层溶于浸蚀剂中，而油污则借助于表面活性剂的乳化作用而被除去。这种方法简化了预处理工艺，减少了设备用量，节省了占地面积、水及化工原料。生产中一般只用于对油污和锈蚀不太严重的金属零件进行镀前预处理。至于选用何种浸蚀剂、乳化剂的工艺，则取决于零件材料及其表面状态。

c 电化学除油

电化学除油又称电解除油，是在碱性溶液中，以零件为阳极或阴极，采用不锈钢板、镍板、镀镍钢板或钛板为第二电极，在直流电作用下将零件表面油污除去的方法。电化学除油液与碱性化学除油液相似，但其主要依靠电解作用强化除油效果，通常电化学除油比化学除油更有效、速度更快、除油更彻底。

电化学除油原理为：电化学除油除了具有化学除油的皂化与乳化作用外，还具有电化学作用。在电解条件下，电极的极化作用降低了油与溶液的界面张力，溶液对零件表面的润湿性增加，使油膜与金属间的黏附力降低，使油污易于剥离并分散到溶液中乳化而除去。在电化学除油时，不论是制件作为阳极还是阴极，其表面上都有大量气体析出。当零件为阴极时（阴极除油），其表面进行的是还原反应，析出氢气；零件为阳极时（阳极除油），其表面进行的是氧化反应，析出氧气。电解时金属与溶液界面所释放的氧气或氢气在溶液中起乳化作用。因为小气泡很容易吸附在油膜表面，随着气泡的增多和长大，这些气泡将油膜撕裂成小油滴并带到液面上，同时对溶液起到搅拌作用，加速了零件表面油污的脱除速度。

电化学除油可分为阴极除油、阳极除油及阴-阳极联合除油。阴极除油的特点是在制件上析出氢气，即

$$2H_2O + 2e \longrightarrow H_2 + 2OH^-$$

除油时析氢量多，分散性好，气泡尺寸小，乳化作用强烈，除油效果好，速度快，不腐蚀零件。

阳极除油的特点是在制件上析出氧气，即

$$4OH^- \longrightarrow O_2 + 2H_2O + 4e$$

除油时，一方面氧析出泡少而大，与阴极电化学除油相比，其乳化能力较差，因此其除油效率较低；另一方面由于氢氧根离子放电，使阳极表面溶液的pH值降低，不利于除油。同时阳极除油时析出的氧气促使金属表面氧化，甚至使某些油脂也发生氧化，以致难以除去。此外，有些金属或多或少地发生阳极溶解。所以，有色金属及其合金和经抛光过的零件不宜采用阳极除油。但阳极电化学除油没有“氢脆”，镀件上也无海绵状物质析出。据以上利弊关系的比较，采用单一的阳极电化学除油是不适宜的。

阴极除油的优点是：除油速度快、一般不腐蚀零件。

阴极除油的缺点是：（1）容易渗氢，阴极上析出的氢容易渗到钢铁基体里，对于高强度钢铁零件和弹性零件则可能渗氢引起氢脆而被毁坏，对于一般零件电镀时容易起小泡；（2）当电解液中含有少量锌、锡、铅等金属时，零件表面将有海绵状金属析出。

阳极除油的优点是：基体没有发生氢脆的危险；能除去零件表面上的浸蚀残渣和某些金属薄膜，如锌、锡、铅、铬等。

阳极除油的缺点是：（1）除油速度比阴极除油速度低；（2）在阳极除油时，

铝、锌、锡、铅、铜及其合金零件会遭受腐蚀，因此不宜采用阳极除油。当溶解度低、温度低和电流密度高时，特别是当电化学除油液中含有氯离子时，钢铁件也可能遭受斑点腐蚀。

由于阴极除油和阳极除油各有优缺点，生产中常将两种工艺结合起来，即阴-阳极联合除油，取长补短，使电化学除油方法更趋于完善。在联合除油时，最好采用先阴极除油再短时间阳极除油的操作方法。这样既可利用阴极除油速度快的优点，同时也可消除“氢脆”。因为在阴极除油时渗入金属中的氢气，可以在阳极除油的很短时间内几乎全部除去。此外，零件表面也不至于氧化或腐蚀。实践中常采用电源自动周期换向实现阴-阳极联合除油。

对于黑色金属制品，大多采用阴-阳极联合除油。对于高强度钢、薄钢片及弹簧件，为保证其力学性能，绝对避免发生“氢脆”，一般只进行阳极除油。对于在阳极上易溶解的有色金属制件，如铜及其合金零件、锌及其合金零件、锡焊零件等，可采用不含氢氧化钠的碱性溶液阴极除油。若还需要进行阳极除油以除去零件表面杂质沉积物，电解时间要尽量短，以免零件遭受腐蚀。

d 超声波除油

将黏附有油污的制件放在除油液中，并使除油过程处于一定频率的超声波场作用下的除油过程，称为超声波除油。引入超声波可以强化除油过程、缩短除油时间、提高除油质量、降低化学药品的消耗量。尤其对复杂外形的零件、小型精密零件、表面有难除污物的零件及绝缘材料制成的零件有显著的除油效果，可以省去费时的手工劳动，防止零件的损伤。

超声波除油的效果与零件的形状、尺寸、表面油污性质、溶液成分、零件的放置位置等有关，因此，最佳的超声波除油工艺要通过试验确定。超声波除油所用的频率一般为30kHz左右。零件小时，采用高一些的频率；零件大时，采用较低的频率。超声波是直线传播的，难以达到被遮蔽的部分，因此应该使零件在除油槽内旋转或翻动，以使其表面上各个部位都能得到超声波的辐照，得到较好的除油效果。另外，超声波除油溶液的浓度和温度要比相应的化学除油和电化学除油低，以免影响超声波的传播，也可减少金属材料表面的腐蚀。王洪奎介绍了超声波的发生原理、超声波清洗工艺中功率、频率、温度及清洗剂等因素的影响，并举例说明了超声波技术的普及应用是电镀生产实现现代化的又一途径，将为企业带来良好的经济效益和社会效益[3]。

e 机械除油

机械除油就是用机械的方法通过擦拭摩擦方法将油污除去。常用方法是将工件装入滚筒内，滚筒内装有磨料，滚筒转动，工件随滚筒的旋转而互相摩擦，促使工件上的油污与滚筒内的药水或磨料加速作用而将油除掉。此方法对大工件、易变形的工件、精密度高的工件不太适合。

f 手工除油

手工除油是手工对工件进行清洗和擦拭而除去油污。一般对于批量很小或体积很大的工件可以考虑手工进行除油。

C 浸蚀

金属零件进入酸性或碱性溶液中除去锈蚀产物或氧化膜的过程，称之为浸蚀。按照浸蚀的作用和用途可以分为强浸蚀（溶去厚层氧化皮和零件的废旧镀层）、一般镀层（除去轻度锈蚀产物和氧化膜）、光亮浸蚀（可提高零件表面的光亮度）、弱浸蚀（是在零件进入镀液之前进行的，起到中和残碱溶液和再度除去薄层氧化膜的作用，使金属表面活化，提高镀层附着力）。按照采用的方法，可以分为化学浸蚀和电化学浸蚀。浸蚀通常在除油工序之后进行。

a 化学浸蚀

化学浸蚀是利用浸蚀液和零件表面上锈蚀产物的溶解作用，达到除去锈皮和氧化膜的目的。化学浸蚀方法简单，成本低，效果好，在生产上广泛采用。

钢铁制件表面氧化物的成分一般为 Fe_2O_3（红锈即氧化铁红）和少量的 FeO。而经热处理后的钢铁制件，其表面的氧化皮则由 Fe_2O_3、Fe_3O_4（黑氧化皮即氧化铁黑）和少量 FeO 组成，外层为 Fe_2O_3 和 Fe_3O_4，内层为 FeO。通常采用硫酸、盐酸或硫酸-盐酸混合溶液清理表面氧化物，使之成为可溶性的 $FeSO_4$、$Fe_2(SO_4)_3$、$FeCl_2$ 和 $FeCl_3$ 等盐类和水。酸洗时的化学反应为：

$$FeO + 2H^+ = Fe^{2+} + H_2O$$

$$Fe_2O_3 + 6H^+ = 2Fe^{3+} + 3H_2O$$

$$Fe_3O_4 + 8H^+ = 2Fe^{3+} + Fe^{2+} + 4H_2O$$

当氧化皮中夹杂着铁或氧化皮有空洞时，酸还可以通过疏松、多孔的氧化皮渗透到内部与基体铁反应，使铁溶解并放出大量的氢气。

$$Fe + 2H^+ = Fe^{2+} + H_2$$

放出的氢气可以强化浸蚀过程。因为反应过程中形成新生态的氢有很强的还原性，能把高价铁还原成低价铁，有利于氧化物的溶解和难溶黑色氧化皮的剥落。另外，铁的溶解使氧化层与基体之间出现孔隙，析出的氢气对难溶的黑色氧化皮起着冲击与剥落等机械作用，提高了酸洗的效率。但是基体容易引起过腐蚀，导致零件的几何尺寸有所改变，同时大量析氢可能导致制件发生氢脆而降低力学性能，特别是高碳钢、弹簧制件往往由于发生氢脆而造成报废。

采用硫酸浸蚀时，由于所生成的硫酸盐尤其是 $Fe_2(SO_4)_3$ 的溶解度很小，因此硫酸对金属氧化物的溶解能力较弱，此时析氢反应相对起着重要作用，故氧化层的去除主要是依靠氢气的机械剥离作用，而化学溶解居于次要地位。而采用盐酸浸蚀时，由于 $FeCl_2$ 和 $FeCl_3$ 的溶解度较大，因此盐酸对金属氧化物具有较强的溶解能力，但对钢铁基体溶解较缓慢，析氢作用相对减小，因此在盐酸中氧化层的去除主要是靠盐酸的化学溶解作用。同时，盐酸浸蚀时，由于析氢作用较弱，不易发生过腐蚀和严重的氢脆。当金属制件表面只有疏松的锈蚀物时（其中主要是 Fe_2O_3），可单独用盐酸浸蚀。

除硫酸和盐酸之外，硝酸、磷酸、氢氟酸、铬酐也可用于某些金属制件表面的浸蚀处理。硝酸是强氧化性酸，浸蚀能力强。低碳钢在30%硝酸中浸蚀，表面洁净光亮。铜及其合金在硝酸或混合酸中浸蚀，可获得具有光泽的浸蚀表面。在硝酸中加入适量的盐酸或氢氟酸，可用来浸蚀不锈钢和耐热钢。用硝酸浸蚀时，会放出大量的有毒气体（氮氧化物）和热量，需要良好的通风和冷却装置。室温下，磷酸对金属氧化物的溶解能力较弱，因此需加温。磷酸浸蚀后工件表面能转变成磷酸盐膜，适用于焊接件和组合件涂漆前的浸蚀。磷酸与硫酸、硝酸或铬酐组成的混合酸常用于钢铁、铜、铝及其合金制品的光泽浸蚀。氢氟酸能溶解硅化合物及铝、铬的氧化物，常用于铸件和不锈钢的浸蚀。氢氟酸的毒害性和浸蚀性相当强，使用时应加以注意。当金属制件表面的锈蚀物和氧化皮中高价铁的氧化物含量多时，可以采用混合酸进行浸蚀处理，这样既能发挥氢对氧化皮的剥离作用，又加速了 Fe_2O_3 和 Fe_3O_4 的化学溶解。选用什么样的酸进行化学浸蚀，要据钢铁制件表面锈蚀物的组成和结构而定。其选择原则是既要浸蚀速度快，又要生产成本低，还要尽可能不改变金属制件的几何尺寸及渗氢。

为了防止和减轻钢铁制件在浸蚀过程中的过腐蚀和渗氢，通常需要在酸浸蚀溶液中添加缓蚀剂。缓蚀剂是一种表面活性物质，分子中带有各种极性基团，能够吸附在金属表面的微阴极区和微阳极区，抑制电极反应，减少腐蚀电流，降低金属的溶解速度，防止基体过腐蚀。但缓蚀剂不吸附在金属氧化物表面，故不影响氧化物的溶解速度。通常在盐酸溶液中加入六次甲基四胺（即乌托洛品）、苯胺等阳离子型缓蚀剂，其离解出的阳离子吸附在金属表面微阴极区，使析氢过电位升高，阻碍阴极过程，阴极反应速度下降，同时金属表面阳离子浓度升高，使铁的溶解过电位增加，金属溶解困难，起到缓蚀作用。在硫酸溶液中主要添加二邻甲苯硫脲（若丁）、尿素、磺化煤焦油等阴离子型缓蚀剂，其离解出的阴离子吸附在金属表面微阳极区，使铁的溶解过电位升高。为提高缓蚀效果，可加入一些 NaCl、KI 等卤化物，因为 Cl^-、I^- 等阴离子能吸附在金属表面形成表面配合物，有助于提高金属溶解过电位和析氢过电位。应当指出，缓蚀剂的加入并不意味着钢铁基体不再受到腐蚀，只是使其腐蚀速度降低。因此，切不可随意延长制件在浸蚀液中的浸蚀时间。缓蚀剂的用量很少，一般加 0.5～5g/L 缓蚀效果即明显。

酸的浓度和温度对钢铁制件表面氧化物的浸蚀具有重要的影响。酸的浓度或温度过低，浸蚀速度变慢；过高时易使钢铁基体发生过腐蚀。实践表明，对应于最大浸蚀速度存在一个最适宜的酸浓度和溶液温度。通常控制硫酸浸蚀液的浓度为25%（质量分数）以下，温度为40～60℃；盐酸浸蚀液的浓度为15%～20%，温度为30～40℃。

随着浸蚀过程的进行，浸蚀溶液中的铁盐浓度逐渐升高，将影响浸蚀速度和浸蚀质量。当高价铁离子积累过多时，将与基体发生下述反应，使基体遭受腐蚀，降低制品表面的浸蚀质量：

$$2Fe^{3+} + Fe = 3Fe^{2+}$$

因此，浸蚀溶液中应经常补加一些新酸。但当溶液中含铁量达90g/L时，应更换新溶液，此时溶液中剩余的酸约为3%～5%，这是浸蚀溶液的控制指标。

b 电化学浸蚀

电化学浸蚀是零件在电解质溶液中通过电解作用除去金属表面的氧化皮、废旧镀层及锈蚀产物的方法。金属制品既可以在阳极上加工，也可以在阴极上加工。对电化学浸蚀，一般认为当金属制品作为阴极时，主要借助于猛烈析出的氢气对氧化物的还原和机械剥离作用的综合结果。当金属制品作为阳极进行电化学浸蚀时，主要借助于金属的化学和电化学溶解，以及金属材料上析出的氧气泡对氧化物的机械剥离作用的综合结果。

采用电化学浸蚀时，清除锈蚀物的效果与锈蚀物的组织和种类有关。对于具有厚而平整、致密氧化皮的基体金属材料，直接进行电化学浸蚀效果不佳，最好先用硫酸溶液进行化学浸蚀，使氧化皮变疏松之后再进行电化学浸蚀。当基体金属表面的氧化皮疏松多孔时，电化学浸蚀的速度是很快的，此时可以直接进行电化学浸蚀。与化学浸蚀相比，电化学浸蚀的优点是浸蚀效率高、速度快、溶液消耗少、使用寿命长；缺点是要耗费电能，对于形状复杂的零件不易将表面锈蚀物均匀除净，设备投资较大。

电化学浸蚀中的阳极浸蚀和阴极浸蚀各有特点。在选择阳极或阴极浸蚀时，必须考虑到它们各自的特点。阳极浸蚀有可能发生基体材料的腐蚀现象，称为过浸蚀，因此对于形状复杂或尺寸要求高的零件不宜采用阳极浸蚀。而阴极浸蚀时，基体金属几乎不受浸蚀，零件的尺寸不会改变，但是由于阴极上有氢气析出，可能会发生渗氢现象，使基体金属出现氢脆。为避免阴极浸蚀和阳极浸蚀的这些缺点，常在硫酸浸蚀液中采用联合电化学浸蚀，即先用阴极进行浸蚀将氧化皮基本除净，而后转入阳极浸蚀以清除沉积物和减少氢脆，并且通常阴极过程进行的时间要比阳极过程长一些。

黑色金属阳极浸蚀时，常用的电解液是H_2SO_4 15%～20%，有时也采用含低价铁的酸化过的盐溶液，以加速浸蚀过程。这种溶液的成分为H_2SO_4 1%～2%、$FeSO_4$ 20%～30%、NaCl 3%～5%。阳极浸蚀通常在室温下进行，必要时可加热至50～60℃。电流密度是影响表面质量的重要因素，随着电流密度升高，浸蚀速度加快。但电流密度不可过高，否则会引起金属钝化，电能消耗也太大。通常阳极电流密度为5～10A/dm²。在电解液中加入3～5g/L的邻二甲苯硫脲，可以防止基体金属的过腐蚀。黑色金属阴极浸蚀时，可以用前述的硫酸溶液，也可用含硫酸及盐酸各约5%的混合液，再加入约2%的氯化钠。因为阴极浸蚀时，基体金属（铁）无明显的溶解过程，所以适当加入含Cl^-的化合物，可促使零件表面氧化皮的疏松并加快浸蚀速度。阴极浸蚀时，在电解液中可加入乌洛托品作缓蚀剂。在浸蚀液中添加一些氢过电位较高的铅、锡等金属离子，通电以后，在去掉了氧化皮的部分铁基体上会沉积一层薄薄的铅或锡。由于氢不易在铅或锡上析出，因此铅或锡层可防止金属的过腐蚀并减少析氢，从而也可防止氢脆的发生。经阴极浸蚀后，表面覆盖的铅或锡层可在如下碱性溶液中用阳极处理除去：氢氧化钠85g/L；阳极电流密度5～7A/dm²；磷酸钠30g/L；阴极为铁板；温度50～60℃。阴极电化学浸蚀法，特别适用于去除热处理后的氧化皮，操作温度为60～70℃，阴极电流密度为7～10A/dm²，阳极采用硅铸铁。

1.5.2 镀后处理

根据金属或非金属电镀制品的用途或设计目的，又可以将其后处理分为三类，即提高或增强防护性、装饰性和功能性，具体介绍如下：

（1）防护性后处理。除了镀铬以外，所有其他防护性镀层如果是作为表面镀层时，都必须进行适当的后处理，以保持或增强其防护性能。最常用的后处理方法是钝化法。对防护要求比较高的还要进行表面涂覆处理，比如进行罩光涂料处理；从环保和成本方面考虑，可以采用水性透明涂料。

（2）装饰性后处理。装饰性后处理是非金属电镀中较多见的处理流程。如镀层的仿金、仿银、仿古铜、刷光、着色或者染色以及其他艺术处理。这些处理也大都需要表面再涂覆透明罩光涂料。有时还要用彩色透明涂料，比如仿金色、红色、绿色、紫色等颜色的涂料。

（3）功能性后处理。有些非金属电镀制品是出于功能需要而设计的，在电镀之后还要进行某些功能性处理。比如作为磁屏蔽层的表面涂膜，用作焊接性镀层的表面焊料涂覆等。

1.5.2.1 驱氢处理

驱氢对于电镀产品显得尤为重要，因为在电镀体系中，被镀金属离子在阴极上得到电子，氢离子也同样会得到电子，生成原子态的氢，渗透到金属镀层内部，使镀层产生疏松，当搁置一段时间后，原子态的氢会结合生成氢气而体积膨胀，这样就导致镀层产生针孔、鼓泡甚至脱落等不良缺陷，如果渗透到基体还会导致整个构件的氢脆现象，特别是对于高强度钢，一旦渗氢容易导致构件的脆断。因此，电镀后要在一定的温度下热处理数小时，以驱除渗透到镀层下面或者基体金属中的氢。

相对于钝化处理来说，驱氢处理的方法比较单一和简单，一般都是采用热处理的方式把原子态的氢驱逐出来，对于常用的镀锌构件，一般是在带风机的烘箱中，220℃恒温条件下保温2h，这个工序一般是在钝化之前，这样不会造成由于驱氢而导致钝化层的破裂。不锈钢化学镀镍后经过400℃、1.5h的热处理，可以显著提高其硬度，降低脆性。Fe－Mn合金镀层经过100℃、150℃、200℃，1.5h的除氢处理后，拉伸结合强度分别提高了49.5%、75.5%和121.8%[4]，可见，除氢处理对于提高镀层的性能具有重要作用。

由上可见，驱氢处理通常是选择一个最佳的温度区间（200～300℃）和时间（2～3h）进行热处理，但是针对不同的镀层稍有差异，而且不同的处理温度和处理时间对镀层的性能也有一定的影响。因此，除氢既要保证有效地去除渗透到镀层或者金属基体的原子态的氢，又不能引起镀层破裂。

1.5.2.2 钝化处理

钝化处理是指在一定的溶液中进行化学或电化学处理，在镀层上形成一层坚实致密的、稳定性高的薄膜的表面处理方法。钝化使镀层的耐腐蚀性能进一步提高并增加表面光泽和抗污染的能力。

钝化处理按照钝化膜的化学成分可分为无机盐钝化和有机类钝化两类；根据钝化膜组成成分对人体的危害性可分为铬酸钝化和无铬钝化。铬酸钝化是无机盐钝化的一个分支。目前国内外研究较多的无铬钝化有：钼酸盐溶液、钨酸盐溶液、硅酸盐溶液、钛盐[5]、含锆溶液、含钴溶液、稀土金属盐溶液、三价铬溶液、磷酸盐钝化（磷化处理）[6]等无机盐钝化和有机类钝化等。

钝化工艺能提高镀层的防护能力，同时也在很多情况下使镀层外观更美观。镀锌层、铜及铜合金镀层、镀银层和镀铬层常做镀后钝化处理。

（1）镀锌层钝化。从目前市场上需求来看，镀锌层钝化按色泽主要有以下几种：彩色（又称黄锌）、蓝白、白色、黑色、军绿色。从抗蚀能力看，军绿色最好、黑色次之、彩色更次之、蓝白色和白色最差。一般工件要求彩色钝化就有很好的抗蚀性。

传统的彩色钝化液是高浓度的。铬酐的含量在100～200g/L，成本高，废水处理费用高。现在大多采用低铬钝化，铬酐含量大多为3～5g/L，成本低、废水处理费用低。目前流行三价铬彩色钝化，是出于环保要求，但工艺尚不成熟。

蓝白钝化主要用在标准件和日用五金件的生产。六价铬蓝白钝化适用于标准件等小零件的钝化，三价铬蓝白钝化适用于较大工件钝化。

黑色钝化主要用于一些特殊工件，如光学仪器、太阳能行业的一些工件上。

军绿色钝化应用较少，主要用于一些特殊工件，在要求抗蚀性强的设备上使用。而白色钝化主要用在日用五金件上。

（2）铜及铜合金镀层的钝化处理。铜及铜合金镀层为了提高防护性能，除可采用电镀层或涂漆保护外，对在较好介质环境中使用的零件广泛使用酸洗钝化的办法来提高抗蚀能力。酸洗钝化的工艺特点是操作简便，生产效率较高，成本低。质量良好的钝化膜层能赋予零件一定的抗蚀能力。

（3）镀银层的钝化处理。对普通镀银，可进行化学钝化，即浸入重铬酸盐溶液中，在表面形成铬酸银薄膜。通常浸亮和化学钝化结合为一个工艺。电化学钝化的防变色效果比化学钝化要好得多。光亮镀银可直接进行电化学钝化，普通镀银一般先经过化学钝化之后再进行化学钝化。

（4）镀铬彩色钝化。铬层彩色钝化膜层结合牢固，能在强酸中浸渍数分钟不变色。

1.6 电镀废液的处理

随着经济与科技的高速发展，我国已经成为世界制造业的中心，与此同时制造业的发展也带来了大量的污染，在各种污染源中电镀废水以其毒性大、排放量大、难治理尤其值得关注。

电镀废水主要来源是在电镀生产过程中的镀件清洗用水、镀液过滤用水、钝化废水、镀件酸洗废水、刷洗地坪和极板的废水以及由于操作或管理不善引起的“跑、冒、滴、漏”产生的废水，另外还有废水处理过程中自用水的排放以及化验室的排水等。

电镀废水的性质主要决定于化学清洗液和电镀液的性质，一般可分为四类，分别为含氰废水、含铬废水、酸性废水和碱性废水。废水中主要的污染物质为各种金属离子，其次是酸类和碱类物质，有些电镀液还使用了颜料等其他物质，这些物质大部分是有机物。

电镀废液中含有大量的贵、重金属，若不回收利用也造成资源的浪费。如果能将电镀废液中的重金属离子加以回收利用，不但可以消除环境污染，还可以降低电镀的成本，提高经济效益。

1.6.1 电镀废液处理的基本原则

电镀液经过一段时间的使用后，成分会发生一定的变化，导致镀层的质量受到影响。此时，需要对电镀液进行分析，确定产生问题的原因，采取适当的方法净化电镀液。不同的电镀液或不同的杂质，常常需要用不同的方法进行处理。有时，一种杂质还有几种不同的处理方法。但是究竟用哪一种好，需要根据具体的情况进行比较。比较的基本原则是：

（1）处理后的电镀液性质和镀层质量要好。

（2）处理费用（包括用料和处理时电镀液成分的损耗）要低。

（3）处理时操作要简便、迅速。

1.6.2 电镀废液净化的方法

1.6.2.1 电解法

电解处理也是电镀过程，所不同的只是在阴极上不吊挂零件，而是改为吊挂以去除杂质而制作的电解板（又称假阴极）。在通电的情况下，使杂质在阴极电解板上沉积、夹附或还原成相对无害的物质。在少数情况下，电解去除杂质也有在阳极上进行的，使某些能被氧化的杂质在通电的情况下，到达阳极上氧化为气体逸出或变为相对无害的物质。

电解法适用于去除容易在电极上除去或降低其含量的杂质。

A 电解条件的选择

这里所指的电解，目的是要去除镀液中的杂质，但是在电解去除杂质的同时，往往也伴随有溶液中主要金属离子的放电沉积。为了提高去除杂质的速率，减慢溶液中主要金属离子的沉积速率，就要注意电解处理的操作条件：

（1）电流密度。电解处理时，以控制多大的电流密度为好，原则上要按照电镀时杂质起不良影响的电流密度范围。也就是说，在电镀过程中，若杂质的影响反映在低电流密度区，那么电解处理时应控制在低电流密度下进行，假使杂质的影响反映在高电流密度区，则应选用高电流密度进行电解；如果杂质在高电流密度区和低电流密度区都有影响，那么可先用高电流密度电解处理一段时间，然后再改用低电流密度电解处理，直至镀液恢复正常。在一般情况下，凡是用低电流密度电解可以去除的杂质，为了减少镀液中主要放电金属离子的沉积，一般都采用低电流密度电解。事实上，电镀生产中，多数杂质的影响反映在低电流密度区，所以通常电解处理的电流密度控制在0.1~0.5A/dm^{2}之间。

（2）温度和pH值。电解处理时，原则上也要根据电镀时杂质引起不良的影响选择较大的温度和pH值范围。例如镀镍溶液中的铜杂质和NO_3^-杂质，在pH值较低时的影响较大，所以电解去除镀镍溶液中的铜杂质和NO_3^-杂质时，应选用低pH值进行电解，在这样的条件下，去除杂质的速率较快。有些杂质在电解过程中会分解为气体（如NO_3^-在阴极上还原为氮氧化物或氨，Cl^-在阳极上氧化为Cl_2），这时就应选用高温电解，使电解过程中形成的气体挥发逸出（气体在溶液中的溶解度一般随温度升高而降低），从而防止它溶解于水而重新污染镀液。

按照一般规律，随着镀液温度的升高，电解去除杂质的速率也增大，所以当加温对镀液主要成分没有影响时，电解处理宜在加温下进行。但究竟以控制在什么温度为好，最好通过小试验确定。

（3）搅拌。电解处理既然是依靠杂质在阴极（或阳极）的表面上反应而被除去，那么就应创造条件，使杂质与电极表面有充分的接触机会。搅拌可以加速杂质运动，使它与电极的接触机会增多，所以为了提高处理效果，电解时应搅拌镀液。国外资料介绍，在电解处理时用超声波搅拌镀液可提高处理效果。因此，有条件的单位，电解处理时应尽量加速对镀液的搅拌。

B 电解处理的要求

电解处理的要求有：

（1）要查明有害杂质是否来源于电解过程。电解处理可以去除某些杂质，但有时也会产生杂质。例如有害杂质来源于不纯的阳极，电解处理时仍用这种阳极，那么随着电解过程的进行，杂质会越积越多；又如杂质来源于某些化合物在电极上的分解，那么电解将使这类分解产物逐渐增多。这样的电解处理不但不能净化镀液，反而会不断加重镀液的污染。因此，在电解处理前，要进行必要的检查，预防处理过程中产生有害杂质。

（2）电解用的阴极（假阴极）面积要尽可能大。用电解法去除杂质，大多是在阴极表面上进行的，所以增大阴极面积，可以提高去除杂质的效率。同时为了在不同的电流密度部位电解去除镀液中不同杂质或同一种杂质，要求电解用的阴极做成凹凸的表面（如瓦楞形），这样可以提高电解处理的效果。但阴极上的凹处不宜太深，以防止电流密度过小而使杂质不能在这些部位沉积或还原。

（3）电解过程中，要定时刷洗阴极。由于电解处理的时间一般都比较长，在长时间的电解过程中，阴极上可能会产生疏松的沉积物，它的脱落会重新污染镀液，因此在电解一段时间后，应将阴极取出刷洗，把阴极上疏松或不良的沉积物刷去后再继续电解。

（4）电解处理前，最好先做小试验估计一下电解处理的效果和时间。有些杂质用电解处理很难除去，若盲目地采用电解处理，可能花了很长时间也不能使镀液恢复正常。

由于小试验所取的镀液少，杂质的总量也少，因此在通入足够的电量时，在不长的时间里就能看出电解处理是否有果。例如取2 L有故障的镀液，挂入$2dm^2$左右的阴极（瓦楞形），电流2A，电解4h镀液基本好转，5h镀液恢复正常，则小试验表明：1L有故障的镀液，通入5A·h电量就能使镀液恢复正常。由此可以估计，若需要处理的有故障的镀液为1000L，则需通入5000A·h左右的电量。假如电解处理时控制电流为100A，那么约需电解50h。由于小试验与大槽电解时的操作条件不完全相同，因此小试验不能作为大槽电解处理的依据，只能作为一种预先的估计。

C 电解处理操作方法

电解处理可以用间歇法和连续法两种。间歇法是当镀液被杂质污染到影响镀层质量时，就停止生产，阴极上改为吊挂电解板，进行电解处理，直至镀液恢复正常后再转为正式电镀生产。

连续法是在电镀槽旁边放置一个小型的辅助槽，这个辅助槽专用于电解去除杂质，其中用一台泵把需要电解处理的镀液从电镀槽抽入辅助槽，同时在辅助槽上面开一个溢流口，使经过电解处理的镀液返回到电镀槽内，以保持电镀槽中镀液恒定地来回循环。连续法可以使电镀和电解处理同时并行，不必停止生产。此法适用于电镀过程中杂质含量会逐渐增长的操作，例如锌制品镀镍，镀镍液中锌杂质容易增长；光亮硫酸盐镀铜后镀镍，镀镍液中铜杂质容易增长，假使在这类镀镍槽旁边放置一个辅助电解槽，进行连续电解，可以抑制锌或铜杂质的增长。

连续法只能在杂质含量还未上升到影响产品质量时进行，否则，若杂质含量已到达影响镀层质量，那么只得先用间歇法把杂质的含量降低至允许范围内，然后再转为连续法进行电解。

电解法具有去除率高、无二次污染、所沉淀的再金属可回收利用等优点。但该法缺点是不适用处理含较低浓度的金属废水，并且电耗大，成本高，一般经浓缩后再电解经济效益较好。此外，可采用铁屑（铁粉）内电解法处理综合性电镀废水。铁屑内电解处理法利用微电池原理所引起的电化学和化学反应及物理作用，包括催化、氧化、还原、置换、絮凝、吸附、共沉淀等多种处理原理的综合作用，将废水中的重金属离子除掉。铁屑内电解处理法具有操作简便，协同性强，综合效果好，投资少，运行费用低等特点。随着研究的深入，该技术应用于处理电镀废水将会有着广阔的发展前景[7,8]。

1.6.2.2 高 pH 值沉淀法

高 pH 值沉淀法又称碱化沉淀法。它是用碱提高镀液的 pH 值，使镀液中的金属杂质生成难溶于水的氢氧化物沉淀。如：

$$Fe^{2+} + 2OH^- = Fe(OH)_2 \downarrow$$
$$Fe^{3+} + 3OH^- = Fe(OH)_3 \downarrow$$
$$Cu^{2+} + 2OH^- = Cu(OH)_2 \downarrow$$
$$Zn^{2+} + 2OH^- = Zn(OH)_2 \downarrow$$
$$Cr^{3+} + 3OH^- = Cr(OH)_3 \downarrow$$
$$Pb^{2+} + 2OH^- = Pb(OH)_2 \downarrow$$
$$Ni^{2+} + 2OH^- = Ni(OH)_2 \downarrow$$

高 pH 值沉淀法仅适用于弱酸性的镀液，如镀镍、铵盐镀锌和无铵氯化物镀锌液等。处理时，究竟用什么碱提高镀液的 pH 值，应根据镀液的具体情况而定。一般是氯化钾镀锌液中用 KOH，氯化钠镀锌液中应先用 $NiCO_3$ 或 $CaCO_3$ 等碳酸盐提高 pH 值至 5.5 左右，然后再用 NaOH 或 $Ba(OH)_2$ 提高到所要求的 pH 值。

在向镀液中加碱提高 pH 值前，应将镀液加热至 65～70℃，以防止在提高 pH 值时生成的氢氧化物形成胶体，使之容易过滤而除去沉淀。

1.6.2.3 难溶盐沉淀法

难溶盐沉淀法是向镀液中加入适当的沉淀剂，使之与镀液中的有害杂质生成溶度积较小的难溶盐沉淀，然后过滤除去。

难溶盐沉淀法应用范围较广，既可以去除金属杂质，也可以去除有害的阴离子。例如：在氰化物镀液中，用硫化物去除铅杂质，用氢氧化钙或氢氧化钡去除 Na_2CO_3：

$$Pb^{2+} + S^{2-} = PbS\downarrow$$

$$Na_2CO_3 + Ca(OH)_2 = CaCO_3\downarrow + 2NaOH$$

$$Na_2CO_3 + Ba(OH)_2 = BaCO_3\downarrow + 2NaOH$$

在镀镍溶液中，用亚铁氰化钠去除铜杂质，用 Fe^{3+} 去除 PO_4^{3-} 杂质及用铅盐去除铬酸根杂质等：

$$2Cu^{2+} + Na_4[Fe(CN)_6] = Cu_2[Fe(CN)_6]\downarrow + 4Na^+$$

$$PO_4^{3-} + Fe^{3+} = FePO_4\downarrow$$

$$CrO_4^{2-} + Pb^{2+} = PbCrO_4\downarrow$$

在镀铬液中，用 Ag_2CO_3 去除 Cl^- 及用 $BaCO_3$ 去除过量的 SO_4^{2-}：

$$2HCl + Ag_2CO_3 = 2AgCl\downarrow + CO_2\uparrow + H_2O$$

$$H_2SO_4 + BaCO_3 = BaSO_4\downarrow + CO_2\uparrow + H_2O$$

在氨三乙酸－氯化铵镀锌液中，用磷酸盐去除铁杂质等：

$$Fe^{3+} + PO_4^{3-} = FePO_4\downarrow$$

沉淀处理时，一般应将镀液加热，以加快沉淀反应速度和增大沉淀颗粒，使之易于过滤。在加入沉淀剂时，若还能与溶液中的主金属离子生成沉淀的话，那么处理时应强烈搅拌，以促使沉淀剂与杂质作用。沉淀剂加入量不宜太多，以避免主盐损失较多而增加处理费用。

1.6.2.4 氧化—还原法

氧化—还原法利用氧化—还原的原理，如镀液中还原性的杂质影响镀液性能和镀层质量时，可以选用适当的氧化剂加入溶液，将杂质氧化除掉或氧化为相对无害的物质，或者氧化成容易用其他方法除去的物质。同理，假使镀液中有氧化性的杂质影响镀液性质和镀层质量时，也可以加入适当的还原剂，将其还原除掉或还原为相对无害的物质，或者还原成容易用其他方法除去的物质。例如：在碱性镀锡或氰化物－锡酸盐电镀铜锡合金的镀液中有二价锡存在时，会使镀层灰黑或出现毛刺，这时可用双氧水将二价锡氧化为四价锡，变有害为无害。在焦磷酸盐镀铜液中，有少量氰根存在时，会使镀层粗糙，零件的深凹处呈暗红色，这也可以加入双氧水，将它氧化分解除去。

在某些电镀液中，部分有机杂质会造成镀液故障，它可以用双氧水或高锰酸钾氧化为 CO_2 和 H_2O，或氧化为容易被活性炭吸附除去的物质。

镀液中的 Fe^{2+} 往往比 Fe^{3+} 难除去，这可以用少量双氧水将 Fe^{2+} 氧化为 Fe^{3+}，然后再用其他方法将 Fe^{3+} 除去。

Cr^{6+} 在大多数的镀液中，会降低电流效率，有时甚至使镀件的低电流密度区镀不上镀层，危害性较大。在某些情况下，可以用连二亚硫酸钠（保险粉）或亚硫酸氢钠等还原剂将 Cr^{6+} 还原成 Cr^{3+}。在某些镀液中，少量的 Cr^{3+} 对镀液影响不大，则可以不必除去。但在有些镀液中 Cr^{3+} 也有影响，那就应提高镀液 pH 值，使生成 $Cr(OH)_3$ 沉淀或用其他方法将它除去。

各类镀锌液或电镀锌的合金镀液中，有铜杂质或铅杂质影响时，可以用锌粉置换，将它们还原为金属铜或金属铅，然后过滤除去：

$$Cu^{2+} + Zn = Cu + Zn^{2+}$$

$$Pb^{2+} + Zn = Pb + Zn^{2+}$$

镀镍溶液中的铜杂质，也可以用镍粉（或镍阳极板头子）在低 pH 值条件下置换还原为金属铜而除去：

$$Cu^{2+} + Ni = Cu + Ni^{2+}$$

用氧化—还原法处理杂质时，选用的氧化剂或还原剂必须符合下列要求：

（1）氧化剂或还原剂不能使镀液成分分解为有害物质；

（2）氧化剂或还原剂本身反应后的产物必须无害或容易被去除；

（3）过量的氧化剂或还原剂要易于除去。

双氧水的还原（或氧化）产物是水，而且过量的双氧水用加热的方法容易除去，所以在一般情况下，大多用双氧水作为氧化剂。但是双氧水对氨三乙酸-氯化铵镀锌液有影响，它与镀液中的硫脲作用产生有害物质，使镀层发黑，所以这类镀液最好不要用双氧水处理杂质。

在某些情况下，由于双氧水的氧化能力不够强，不能起到分解有机杂质的作用，因此需要用更强的氧化剂——高锰酸钾进行处理。高锰酸钾在不同的介质中，还原的产物是不同的。在强酸性溶液中，还原产物为 Mn；在弱酸性或中性溶液中，还原产物为 MnO_2；在强碱性溶液中，还原产物为 MnO_4^{2-}。其中 MnO_2 是不溶于水的沉淀物，容易过滤除去，但由于它沉淀时夹带一定量的溶液，使溶液损失较多，所以不常用。Mn^{2+} 和 MnO_4^{2-} 对一般镀液影响不大。但是，不管是哪一种氧化剂或还原剂，对镀液是否有影响，在没有前人的经验证明可用的情况下，一般都应通过小试验验证后方能使用。

1.6.2.5 活性炭吸附法

活性炭是由胡桃壳、玉米芯和木材等含碳物质炭化后经过多种药品活化而成的。它具有巨大的表面积，1g 活性炭约有 500～1500m^2 的表面积。由于它的比表面积大，表面能高，因此它对其他物质具有较大的吸附能力。

不同的活性炭对不同物质常具有不同的吸附能力。试验表明：N 型颗粒活性炭对香豆素的分解产物有较好的吸附效果，而粉末的活性炭吸附效果较差，但后者对1，4－丁炔二醇的分解产物吸附效果较好；又如E－82整平性镀镍光亮剂（吡啶类衍生物）在镀镍液中使用了一段时间后，用粉末状活性炭处理后，镀层的光亮度提高，光亮范围扩大，可见这种活性炭对E－82光亮剂的分解产物有较好的吸附效果。相反，若用颗粒状活性炭处理这类镀液，处理后镀层就不光亮，说明颗粒状的活性炭对光亮剂有较强的吸附能力。在试验新工艺时发现，一种电镀液使用了一段时期，镀层发暗不亮，经一般的粉末状活性炭处理后，不补充任何原料，获得了镜面光亮的全光亮镀层，再镀一段时期，镀层又不亮了，再经粉末状活性炭处理，又获得了全光亮镀层。可见这种活性炭能吸附光亮剂的分解产物，而对光亮剂本身，基本上不吸附或很少吸附。由此可见，活性炭的吸附，在某些情况下是有选择性的。现在国外已有多种活性炭针对性地应用于某些光亮镀液，有些活性炭具有只吸附或较多地吸附光亮剂的分解产物，而对光亮剂不吸附或较少地吸附，所以常在连续过滤的过滤器内，添加一定量的活性炭，通过连续过滤，不断除去光亮剂和其他有机添加剂的分解产物，过滤器使用了一段时间后，再换上新的活性炭，以使镀液中有机物的分解产物含量不至于过高，从而保证电镀产品的质量。

针对各种光亮剂，研制出具有选择性吸附光亮剂分解产物的各种活性炭，是一项具有实际意义的工作，应该引起有关部门重视，这样可以减少处理时镀液中有效成分的损失，提高处理效果。

活性炭是一种固体吸附剂，它对气体液体和固体微粒（吸附质）都有一定吸附能力，在吸附质被活性炭吸附的同时，也存在着吸附质脱离活性炭表面的相反过程——解吸，吸附与解吸几乎是同时进行的。当活性炭表面有吸附力的点完全被吸附质占据时，即达吸附饱和，此时吸附与解吸的速度相等，即达到动态平衡，在吸附达饱和后，即使再延长吸附时间，吸附量也不能提高了。

活性炭的吸附过程是放热的，应该说，在低温下，活性炭吸附杂质的量多，在一般情况下，低温有利于吸附，高温加速解吸。但在电镀液的一般处理时，常采用加温下操作，那是为了使活性炭易于润湿和分散。

净化镀液时，活性炭的用量应根据有机杂质污染的程度而定，较少的有机杂质只需用1g/L左右的活性炭就可以了；较多的有机杂质需用8～10g/L，甚至更多；在一般情况下，可用3～5g/L进行处理。

在用活性炭处理镀液时，应注意活性炭的质量，防止活性炭中的杂质进入镀液。若活性炭中含有锌杂质，处理镀镍液后，会使镍层发黑或出现条纹。另外，在过滤除去镀液中的活性炭时，一定要把它过滤干净，以免小颗粒的活性炭透过滤芯进入镀液，使该镀液在电镀时出现粗糙、灰暗、针孔或橘皮状的镀层。

有时为了更好地去除有机杂质，在用活性炭处理前，先用氧化剂（双氧水或高锰酸钾）进行氧化处理，即所谓氧化剂－活性炭联合处理。常用的是双氧水－活性炭处理。在进行这种操作时，一定要将过量的双氧水除掉后再加活性炭，否则，双氧水是氧化剂，活性炭有还原性，相互之间会发生氧化—还原反应（$2H_2O_2 + C = 2H_2O + CO_2\uparrow$）；另外由于双氧水会分解出 O_2，它会堵塞活性炭有吸附力的细孔，降低活性炭的吸附能力。最好在加入活性炭前，先检验一下镀液中是否还有过剩的双氧水存在，检验的方法如下：

（1）称 5g KI 溶解于 100mL 水中，加入 5g 可溶性的淀粉，加热至溶解；

（2）吸一滴镀液滴在干净的滤纸上；

（3）把两滴碘化钾－淀粉溶液滴在滤纸上沾有镀液的部位；

（4）观察颜色。假使在 5s 内出现蓝色，表明有过剩的双氧水存在（碘化钾－淀粉溶液是不稳定的，最好现配现用）。

活性炭的吸附过程是比较快的，大多数的有机杂质在开始接触的几分钟内就被吸附了，因此，处理时过长时间的搅拌是不必要的，一般只要连续搅拌 30min 左右就可以了。活性炭吸附法除了强氧化性的镀铬液不能使用外，其他几乎所有的镀液都可应用。

1.6.2.6 离子交换法

离子交换技术已广泛应用于电镀废水的处理。它是利用离子交换树脂上一种可交换的离子与溶液中的离子进行交换。当需要交换除去溶液中的阳离子时，就采用阳离子交换树脂，反之，用阴离子交换树脂。从理论上讲，电镀溶液中的离子型杂质都可以用离子交换法去除，但是遗憾的是，由于离子交换去除杂质的同时，溶液中的主金属离子或其他主要成分也有可能与离子交换树脂上的离子进行交换而除去，限制了离子交换法在净化镀液方面的应用。

一般来讲，当镀液中的杂质离子与主要成分离子的电性不相同时，那么这类杂质，原则上可以用离子交换法进行去除。例如镀铬液中的 Fe^{3+}、Ni^{2+}、Cu^{2+} 等杂质与主要成分 $Cr_2O_7^{2-}$、CrO_4^{2-} 和 SO_4^{2-} 的电性不同，所以可以用阳离子交换树脂进行处理。

以强酸性阳离子交换树脂为例，离子交换的原理是：

$$nRSO_3H^+ + Me^{n+} = (RSO_3^-)_nMe^{n+} + nH^+$$

阳离子交换树脂脱附金属杂质离子是由于镀铬液是强氧化性作用，在进行离子交换操作时，选用的树脂要经得起镀液的氧化浸蚀。一般的树脂经不起高浓度镀铬液的氧化，所以通常需要将高浓度的镀铬液稀释后进行离子交换。例如用 732 号强酸性阳离子交换树脂去除镀铬液中的杂质，需要将镀铬液稀释至 CrO_3 含量小于 130g/L 后才能用。

用 732 号阳离子交换树脂处理镀铬液中的金属杂质，虽然效果很好，但由于处理后还须将镀液浓缩至工艺要求，还要用适当的方法产生 Cr^{3+}，操作较为麻烦，因此很少应用。

1.6.2.7 掩蔽法

掩蔽法是向镀液中加入一种对杂质起掩蔽作用的掩蔽剂，从而消除杂质有害影响的方法。这种方法既不需要过滤镀液，又不需要其他处理设备，是一种简便可行的好方法。如氨三乙酸-氯化铵镀锌液中有少量铜杂质存在时，会使镀锌层的钝化膜光泽不好，这时只要适当提高镀锌液中硫脲的含量，少量铜杂质就被掩蔽，那种不良影响很快就消失。硫酸盐镀铜液中有少量砷和锑存在时，会使镀层发暗，表面略有粗糙，这时只要加入适量的明胶和丹宁酸，就能掩蔽这些有害影响。焦磷酸盐镀铜液中，若有少量铁杂质影响镀层质量时，可加入适量的柠檬酸盐进行掩蔽。光亮镀镍液中有少量的锌杂质存在时，会使镀件低电流密度区的镀层灰暗甚至发黑，这时只要加入适量的"NT"镀镍液杂质掩蔽剂，搅拌片刻，有害影响立即消失，获得了全光亮的镀层。这些掩蔽剂既不与有害杂质生成沉淀，也不需要用活性炭等其他方法做进一步的处理，所以这是净化镀液最简便的方法，可惜现在有效的掩蔽剂不多，还需电镀工作者不断研发。

1.6.2.8 电渗析法

电渗析是一种薄膜技术。利用对废水通以低压直流电时，阴阳离子定向运动并选择性地透过阴、阳薄膜的性质而将电解质浓缩在一定的区域，另一些区域则得到较纯净的水。

由于要求处理水具有足够的电导以提高渗析效率，因此处理水中电解质浓度不能过低。例如，电渗析用于处理镀镍液时，要求镍盐浓度不低于1.5g/L。目前电渗析法主要用于镀镍生产中。

电渗析的主要优点是浓缩液与淡液的浓缩比可达100倍左右，比反渗透浓缩比高，浓缩后的溶液可以回用于镀槽。电渗析法最好能与离子交换法结合使用。

1.6.2.9 反渗透法

反渗透法是利用对废液施加较高的压力时，作为溶剂的水透过特种半透膜而溶质难以透过的原理对废水进行浓缩的方法，这种方法投资较少，占地面积不大，操作控制方便，能够回收有用材料，可以实现对废水的"零排放"。经反渗透器浓缩后，浓缩液一般只能达到镀槽槽液浓度的1/3左右，要直接回到镀槽，往往还需与蒸发器混合使用。为了避免杂质的积累，最好再与离子交换法组合起来使用。反渗透法目前多用于镀镍废液的处理。新型反渗透膜的问世，也可以处理其他电镀液。

对电镀废液的处理方法，各国都在大力研究。除了以上介绍的一些常用处理方法以外，还有有机溶剂萃取法、表面活性剂法、磁分离法等一些处理方法。

目前，我国电镀废液的处理方法应用较多的是化学法、离子交换法、电解法，并逐步趋向完善，存在的问题也在逐步解决之中，同时开始注意技术经济的合理性。系统开发不同工艺的有效组合，是电镀废水处理技术研究的主要内容和发展方向[9]。但是，废水的末端治理只是治标不治本，从工业整体发展趋势和效益来看，电镀行业水污染控制的出路在以下几个方面：

（1）实施循环经济，推行清洁生产。提高电镀物质、资源的转化率和循环利用率，从源头上削减重金属污染物的产生。同时采用全过程分布式智能控制[10]、结合废水综合治理、最终实现废水零排放。

（2）采用槽边循环与车间循环相结合的电镀废水处理方法。实践表明，此方法既能消除水污染，又能将处理后的水循环使用以节约水资源，具有投资少、效果好、选用灵活的特点，可实现电镀废水循环复用不排放[11]。

（3）综合一体化技术是未来重金属废水处理技术的热点。针对各种重金属行业和工艺的差异，仅使用一种废水处理方法往往有其局限性，达不到理想的效果，只有综合多种处理技术特点的一体化技术应用，才能达到理想效果。

1.7 电镀行业概况

电镀是对基体表面进行装饰、防护以及获得某些特殊性能的一种表面工程技术。最先公布的电镀文献是 1800 年由意大利 Brugnatelli 教授提出的镀银工艺，1805 年他又提出了镀金工艺；到 1840 年，英国 Elkington 提出了氰化镀银的第一个专利，并用于工业生产，这是电镀工业的开始，他提出的镀银电解液一直沿用至今；同年，Jacobi 获得了从酸性溶液中电铸铜的第一个专利；1843 年，酸性硫酸铜镀铜用于工业生产，同年 R. Bottger 提出了镀镍工艺；1915 年实现了在钢带表面酸性硫酸盐镀锌；1917 年 Proctor 提出了氰化物镀锌；1923 ~ 1924 年，C. G. Fink 和 C. H. Eldridge 提出了镀铬的工业方法，从而使电镀逐步发展成为完整的电化学工程体系。

电镀合金开始于 19 世纪 40 年代的铜锌合金（黄铜）和贵金属合金电镀。由于合金镀层具有比单金属镀层更优越的性能，人们对合金电沉积的研究也越来越重视，已由最初的获得装饰性为目的合金镀层发展到装饰性、防护性及功能性相结合的新合金镀层的研究上。到目前为止，电沉积能得到的合金镀层大约有 250 多种，但用于生产上的仅有 30 余种。具有代表性的镀层有：Cu – Zn、Cu – Sn、Ni – Co、Pb – Sn、Sn – Ni、Cd – Ti、Zn – Ni、Zn – Sn、Ni – Fe、Au – Co、Au – Ni、Pb – In 等。

随着科学技术和工业的迅速发展，人们对自身的生存环境提出了更高的要求。1989 年联合国环境规划署工业与环境规划中心提出了“清洁生产”的概念，电镀作为一种重污染行业，急需改变落后的工艺，采用符合“清洁生产”的新工艺。美国学者 J. B. Kushner 提出了逆流清洗技术，大大节约了水资源，受到了各国电镀界和环境保护界的普遍重视。在电镀生产中研发各种低毒、无毒的电镀工艺，如无氰电镀，代六价铬电镀，代镉电镀，无氟、无铅电镀，从源头上消减了污染严重的电镀工艺。达克罗（Dacromet）与交美特（Geomet）技术作为表面防腐的新技术在代替电镀锌、热镀锌等方面得到了应用，在实现对钢铁基体保护作用的同时，减少了电镀过程中产生的酸、碱、锌、铬等重金属废水及各种废气的排放。

电镀分单金属电镀和金属合金电镀。单金属电镀有镀锌、镍、铜、镉、锡、银、金、钴、铁、铂等数十种；合金电镀有镀铜－锌合金、锌－镍合金、锌－铁合金、锡－镍合金、锡－钴合金、金－钴合金等数十种。这些电镀层有的用于防腐蚀，有的用于装饰，有的用于抗磨损，还有用于表面润滑。其中电镀锌的应用最广，主要用于钢铁工件预防大气腐蚀和土壤腐蚀。在海洋气候中，镀镉比镀锌好，但镉有毒，只在某些特定要求的场合下使用。电镀镍和铬的用途也相当广泛，镍的抗蚀性好，广泛应用于食品蒸锅、造纸滚筒和抗化学腐蚀场合；镀铬的抗腐蚀性很好，广泛应用于汽车、自行车、机械及仪器零件等，另外，镀铬的耐磨性较其他金属强，镀硬铬广泛用于量具、刀具、模具、机械及仪器零件等。

我国为解决氰化物污染问题，从20世纪70年代开始无氰电镀的研究工作，陆续使无氰镀锌、镀铜、镀镉、镀金等投入生产；大型制件镀硬铬、低浓度铬酸镀铬、低铬酸钝化、无氰镀银及防银变色、三价铬盐镀铬等相继应用于工业生产；并实现了直接从镀液中获得光亮镀层，如镀光亮铜、光亮镍等，不仅提高了产品质量，也改善了繁重的抛光劳动；在新工艺与设备的研究方面，出现了双极性电镀、换向电镀、脉冲电镀等；高耐蚀性的双层镍、三层镍、镍铁合金和减磨镀层也用于生产；刷镀、真空镀和离子镀也取得了可喜的成果。

改革开放之后，我国的电镀工业得到了突飞猛进的发展。尤其是在锌基合金电镀、复合镀、化学镀镍磷合金、电子电镀、纳米电镀、各种花色电镀、多功能性电镀及各种代氰、代铬工艺的开发取得重大进展。

随着世界制造产业不断向我国转移，中国香港、中国台湾、东南亚、韩国以及其他一些发达国家和地区的电镀企业纷纷到我国长三角、珠三角、渤海湾这些地区设厂，这一时期外资、合资、民营企业纷纷崛起，涌现出一大批具有一定规模、技术先进的电镀企业。据不完全统计，全国有近20000个电镀厂点，其中40%的电镀厂点集中在珠三角、长三角，这两个地区的产值占全国产值的60%。电镀企业分布在各行各业，主要有：机械33.8%、五金工业50%～60%、轻工业10%～20%、电子工业5%～15%，其余分布在航空、航天及仪器仪表工业。电镀加工中涉及最广的是镀锌、铜、镍、铬，其中镀锌占35%～45%，镀铜、镍、铬各占约20%，电子产品镀铅、锡、金约占5%[12]。

我国已成为电镀大国，但还不是电镀强国，特别在电镀化学品的研发、制造及应用上与国外同行存在着较大的差距。近些年来，由于电镀行业积极推动清洁生产和环境保护，电镀技术和电镀化学品不断创新，我国的电镀工艺也已经接近国际先进水平，已经能制造出计算机控制全自动电镀生产线、国际先进的电镀废水、废气处理装置。我国无氰镀金、无氰镀铜打底工艺也取得进展；特别是信息产业正快速地向小型化、集约化、高密度化发展，以微米计算厚度的镀层已经取代了以毫米计算厚度的加工件，节约了宝贵的资源。电镀作为制造业的中间工序，也必须随之提高竞争力，而新一代信息技术、节能环保、新能源、生物、高端装备制造、新材料、新能源汽车等七项战略性新兴产业需要更高质量电镀产品的跟进。由于电镀加工给产品带来特定的装饰性和功能性，并随着工艺技术的不断改进和发展，电镀行业已成为我国国民经济发展过程中的一个不可缺少、也不可替代的发展型行业。例如手机、电脑等越来越轻型化，首先必须归功于 PCB 电镀技术的进步，信息时代的核心原件——芯片的基本制造离不开电镀。因此，“十二五”各行业的发展必将带动电镀事业的大发展，更为电镀化学品的发展提出了更高的要求与标准。

但是电镀工业蓬勃发展的同时也带来一些问题，就是污染的问题。因此我国电镀工业在 1995 年以后到现在又兴起一个高潮，就是以清洁生产为标志，研究一些新的节能、减排的技术。

近些年来，由于电镀行业积极推动清洁生产和环境保护，电镀技术和添加剂不断创新，取得了大量研究成果。这些成果为我国建成电镀强国打下良好基础，电镀不是夕阳产业，而是朝阳产业。我国电镀行业以强政策、低能耗、低污染、低排放为基础的绿色经济模式正宣告一个全新时代的到来，具备此战略眼光，而且拥有绿色技术储备的国家或企业，即将在新一轮角逐中赢得先机，电镀行业将迎来高速发展期。

电镀是制造业的基础工艺之一。由于电化学加工所特有的技术经济优势，不仅很难被完全取代，而且在电子、钢铁等领域还不断有新的突破。“十二五”期间，电镀技术的应用热点将继续由机械、轻工等行业向电子、钢铁行业扩展转移，由单纯防护性装饰镀层向功能性镀层转移，由相对分散向逐渐整合转移。

电镀企业的发展方向严格说应该随着国家制造业的发展而发展。就制造业而言，许多先进的设备和先进的制造方法也同时向中国转移，为之配套的电镀行业也要顺应现代制造业的发展。

中国是电镀大国，许多先进技术在中国都有体现。电镀工业还有着广阔的应用前景，只是热点的领域有所变化，企业数量可能会有所下降，但产值、利润却有很大机会得到提升，先进制造业必然会推动先进的电镀业。

参考文献

[1] 王翠平. 电镀工艺实用技术教程 [M]. 北京：国防工业出版社，2007.

[2] 钱苗根，姚寿山，张少宗. 现代表面技术 [M]. 北京：机械工业出版社，1998.

[3] 王洪奎. 超声波清洗在镀前处理中的应用 [J]. 电镀与精饰，2009，31 (7)：31 ~ 33.

[4] 李庆伦，海杰. Fe - Mn 合金镀层结合强度的研究 [J]. 材料保护，2002，33 (2)：5 ~ 7.

[5] BOOSE C A，STANCU R. Chromate free passive layers on zinc and zinc alloy coating [J]. UPB Sci Bull Ser B，2001，36 (3)：105 ~ 110.

[6] 柳长福，涂元强，郭玉华. 镀锡板的无铬钝化 [J]. 武钢技术，2003，41 (5)：47 ~ 49.

[7] 李勇. 微电解法处理电镀废水的进展 [J]. 广东化工，2008 (1)：56 ~ 59.

[8] 陈海燕. 微电解电化学法处理高浓度电镀废水 [J]. 广东化工，2004，31 (2)：49，50.

[9] 胡翔，陈建峰，李春喜. 电镀废水处理技术研究现状及展望 [J]. 新技术新工艺，2008 (12)：6 ~ 9.

[10] 兰文峰，陈益平，张军，等. 电镀废水处理分布式智能控制系统 [J]. 广东化工，2004，25 (8)：96 ~ 98.

[11] 曾祥德. 电镀废水处理技术的综合应用 [J]. 电镀与精饰，2000 (1)：39 ~ 41.

[12] 陈金龙. 电镀化学品现状及未来发展趋势 [J]. 电镀与精饰，2012，34 (3)：I0001 ~ I0002.

2　电镀污泥概况

2.1　电镀污泥的来源、成分及性质

电镀工业废水的特点是废水量大、成分复杂、COD 高、重金属含量高，如不经处理任意排放，会导致严重的环境污染。电镀废水处理的目的，就是要使废水中的几种在电镀过程中使用过的重金属浓度降低，达到有关排放标准。电镀废水处理的同时将形成大量的电镀污泥，这些电镀污泥如果处置不当将造成更严重、更长久的二次污染，这正是我们面临的问题之一。

2.1.1　电镀污泥的来源

一般的电镀工业生产工艺由三部分组成：第一部分为前处理工艺，清洁和活化金属表面，其处理工序包括除油、清洗、酸浸、清洗等；第二部分为电镀工艺，利用电化过程将一层较薄的金属沉淀于导电的工件表面上；第三部分为后处理工艺，主要包括清洗及干燥工作。在整个生产过程中，前处理阶段和电镀之后的工件都需要用大量的水冲洗镀件，由此形成电镀废水，如图 2－1 所示。

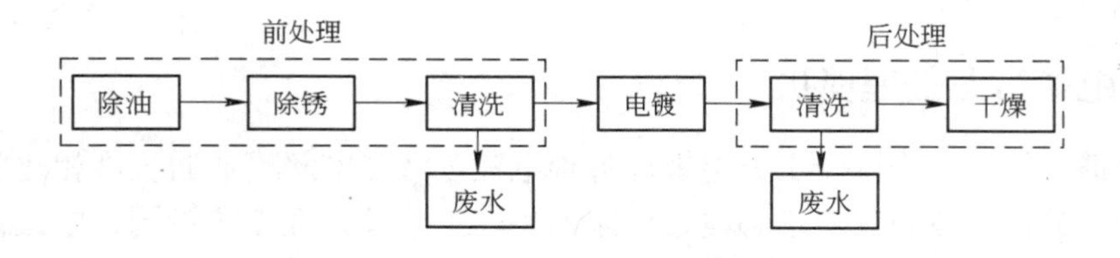

图 2－1　电镀废水的形成

镀件经过除锈清洗后产生的废水，一般是酸性废水。镀件电镀后清洗形成的废水主要含有微量金属元素，如铜、铬、镍、锌、镉和有机金属光亮剂等。

针对电镀生产工艺过程中所产生废水的性质和特点，对不同的金属离子的电镀废水有不同的处理方法。一般来说，电镀废水普遍采用酸碱中和、絮凝沉淀法进行处理，对含有铬、镍等金属的废水，用过量的碱液与其进行离子反应形成氢氧化物沉淀，通过自然沉降或滤床使之与水分离。对含锌的电镀废水，在 pH 值约为 8. 5 时进行沉淀，因为氢氧化锌属于两性化合物，酸性或过碱性均可使之溶解。由以上这些方法处理电镀废水后形成的沉淀物，称为电镀污泥。

2.1.2 电镀污泥的成分

电镀污泥是电镀废水处理过程中所产生的以铜、铬等重金属氢氧化物为主要成分的沉淀物，成分复杂。刘燕等人[1]调研发现：电镀污泥中主要含铬、铁、镍、铜、锌等重金属化合物及其可溶性盐类。陈永松等人[2]在分析了广东省境内几家电镀企业产生的电镀污泥的化学组成及微观结构后，发现污泥中常规化合物主要有：Al_2O_3、Fe_2O_3、CuO、SiO_2、MgO 等，其他还含有 Co_2O_4、SrO、Nb_2O_5、ZrO_2 等，试样中 Al_2O_3、Fe_2O_3、CaO、CuO、SiO_2、SO_3 等的质量分数均比较高。刘刚等人[3]对取自杭州某工业废物处理有限公司的电镀污泥研究后发现，该污泥中铬、镍、铜、铅、汞等重金属的质量分数相当高。毛谙章等人[4]研究表明，电镀污泥中还存在硫酸根及其他一些阴离子。

2.1.3 电镀污泥的性质

电镀污泥具有含水率高、重金属组分热稳定性高且易迁移等特点，若不妥善处理，极易造成二次污染。陈永松等人[2]分析了 12 种不同来源的电镀污泥试样的含水率、灰分、pH 值等基本理化特性，结果显示：电镀污泥属于偏碱性物质，pH 值为 6.70 ~9.77，水分、灰分均很高，分别为75% ~90%和76% 以上；电镀污泥的组分分布极为不均，属于结晶度比较低的复杂混合体系。Espinosa 等人[5]用带质谱仪的热重分析仪分析电镀污泥的热特性，经过焚烧后发现：污泥有34%的质量损失了，这是由于污泥部分转化为 CO_2、H_2O 和 SO_2，但 99.6 %的铬仍残留在焚烧灰渣中。

2.2 电镀污泥处理现状

电镀污泥主要来源于工业电镀厂各种电镀废液和电解槽液通过液相化学处理后所产生的固体废料，由于各电镀厂家的生产工艺及处理工艺不同，电镀污泥的化学组分相当复杂，主要含有铬、铁、铜、镍、锌等重金属化合物及可溶性盐类。特别是含铬化合物属国家一级危险废物，加上各电镀企业简单处理时没有专业技术和专用设备，导致处理不彻底、流失性大、二次污染危害高。

电镀企业在初步处理电镀污泥时，都需要将电镀废液中的各种重金属盐类转化为相应的氢氧化物并沉淀固化，因而一般电镀厂家在处理电镀废液时都加入了相关的还原剂、中和剂及絮凝剂等化学药品，导致电镀污泥中化学组分增多，各种重金属化合物在组分中分散而含量偏低。特别是某些电镀企业采用石灰或电石作为中和剂，在中和处理时通过化学反应产生大量石膏或氢氧化钙，更使电镀污泥的总量增大、重金属组分含量降低，以致进一步的无害化处理、分离和综合利用较为困难。刘燕等人[1]经过实地调查发现，一般新处理产生的电镀污泥含水率很高，达75%～80%，铬、镍、铁、铜及锌的化合物含量一般约为0.5%～3%（以氧化物计），石膏（硫酸钙）含量为8%～10%，其他水溶性盐类及杂质含量在5%左右。

由于各电镀厂产量小、点多，各种重金属污染扩散和流失可能性很大，加之各电镀企业的原料和工艺不同，电镀污泥处置方法不一样，单独处理和综合利用成本很高，长期堆存又将导致环境污染和有用资源的浪费。因此，如何采取有效的技术处理处置电镀污泥，并实现其稳定化、无害化，将所有不同组分的电镀污泥进行彻底地处理和综合利用，使之全部资源化而不再产生二次污染，这一直都是国内外的研究重点。

2.2.1 电镀污泥的无害化处理及综合利用

电镀污泥的无害化处理工艺原理为：根据各类电镀污泥的化学组分和相关特性，作者通过反复研究、试验以及处理剂的选择和综合利用配方的调整，确定了先进行常温湿法解毒，再进行化学分离、提纯和脱水，然后配入其他原料和着色剂生产各色陶瓷色料或进而生产工业硫酸铜、硫酸镍，该技术工艺独特、先进，电镀污泥中所有的化学组分被全部资源化，处理过程及生产过程全部采用清洁生产工艺，无任何新的“三废”产生，无二次污染排放。其工艺流程如图2－2所示。

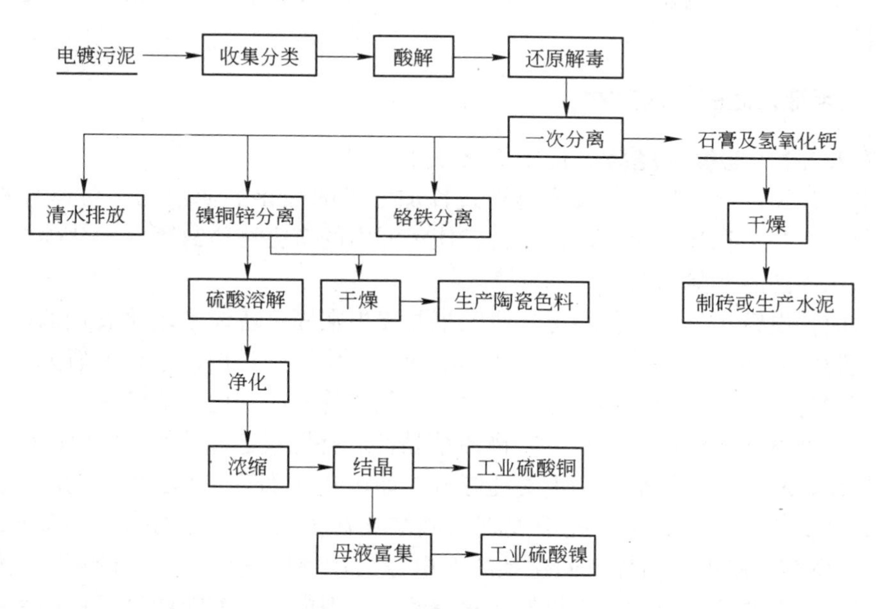

图2－2 电镀污泥处理工艺流程

相关化学反应有：

$$2Cr(OH)_3 + 3H_2SO_4 = Cr_2(SO_4)_3 + 6H_2O$$

$$2Fe(OH)_3 + 3H_2SO_4 = Fe_2(SO_4)_3 + 6H_2O$$

$$Cu(OH)_2 + H_2SO_4 = CuSO_4 + 2H_2O$$

$$Ni(OH)_2 + H_2SO_4 = NiSO_4 + 2H_2O$$

$$Zn(OH)_2 + H_2SO_4 = ZnSO_4 + 2H_2O$$

$$2Cr_2O_7^{2-} + 3S_2O_5^{2-} + 10H^+ = 4Cr^{3+} + 6SO_4^{2-} + 5H_2O$$

$$Cr^{3+} + 3OH^- = Cr(OH)_3$$

$$Fe^{3+} + 3OH^- = Fe(OH)_3$$

$$Ni^{2+} + 2OH^- = Ni(OH)_2 \text{ 或 } Ni^{2+} + CO_3^{2-} = NiCO_3$$

$$Cu^{2+} + 2OH^- = Cu(OH)_2 \text{ 或 } Cu^{2+} + CO_3^{2-} = CuCO_3$$

$$Zn^{2+} + 2OH^- = Zn(OH)_2 \text{ 或 } Zn^{2+} + CO_3^{2-} = ZnCO_3$$

通过上述解毒处理及综合利用，原来化学组分复杂且污染性很强的各类电镀污泥都得到了全部彻底的处理，存在于电镀污泥中的六价铬被彻底还原解毒，各种重金属离子全部以各自的氢氧化物或碳酸盐形式分离沉淀，进而作为工业原料在以后的资源化利用中或以极其稳定的氧化物形式存在于尖晶石型陶瓷色料中，或被转化为硫酸铜和硫酸镍等工业产品，从而不会再造成二次污染。全部电镀污泥的各种组分都得到了充分合理的资源化利用，同时由于处理过程中的干燥脱水，原来体积及质量较大的含铬电镀污泥被转化成体积和质量都很小的陶瓷和化工原料。

2.2.2 电镀污泥的处理技术

2.2.2.1 电镀污泥的固化稳定化技术

电镀污泥的固化稳定化技术是通过投加常见的固化剂如水泥、沥青、玻璃、水玻璃等，与污泥加以混合进行固化，使污泥内的有害物质封闭在固化体内不被浸出，从而达到解除污染的目的[6~8]。

目前，电镀污泥的固化稳定化研究主要集中在固化块体稳定化过程的机理和微观机制等方面。Roy 等人[9]以普通硅酸盐水泥作为固化剂，系统地研究了含铜电镀污泥与干扰物质硝酸铜的加入对水泥水化产物长期变化行为的影响，发现硝酸铜与含铜电镀污泥对水泥水化产物的结晶性、孔隙度、重金属的形态及 pH 值等微量化学和微结构特征都有重要的影响，如固化体的 pH 值随硝酸铜添加量的增加而呈明显的下降趋势，孔隙度则随硝酸铜添加量的增加而增大。Asavapisit 等人[10]研究了水泥和粉煤灰固化系统对电镀污泥的固化作用，分析了固化体的抗压强度、淋滤特性及微结构等的变化特性，发现电镀污泥能明显降低两系统最终固化块体的抗压强度，原因是覆盖在胶凝材料表面上的电镀污泥抑制了固化系统的水化作用，但粉煤灰的加入不仅能使这种抑制作用最小化，而且还能降低固化体中铬的浸出率，原因可能是粉煤灰部分取代高碱度的水泥后，使混合系统的碱度降到了有利于重金属氢氧化物稳定化的水平。Sophia 等人[11]认为，单一水泥处理电镀污泥的抗压强度优于水泥和粉煤灰混合系统，但只要水泥与粉煤灰的配比适宜，同样能满足对铬的固化需要。而固化过程中粉煤灰的使用对铜的长期稳定性并无益处[12]。

添加剂的使用能改善电镀污泥的固化效果[13]。在电镀污泥的固化处置中，根据有害物质的性质，加入适当的添加剂，可提高固化效果，降低有害物质的溶出率，节约水泥用量，增加固化块强度。在以水泥为固化剂的固化法中使用的添加剂种类繁多，作用也不同，常见的有活性氧化铝、硅酸钠、硫酸钙、碳酸钠、活性谷壳灰等。

2.2.2.2 电镀污泥的热化学处理技术

热化学处理技术（如焚烧、离子电弧及微波等）是在高温条件下对废物进行分解，使其中的某些剧毒成分毒性降低，实现快速、显著地减容，并对废物的有用成分加以利用。近年来，利用热化学处理技术实现对危险废物电镀污泥的预处理或安全处置正引起人们的重视[14,15]。

目前，有关电镀污泥热化学处理技术的研究中，以对在焚烧处理电镀污泥过程中重金属的迁移特性等问题的研究比较突出。Espinosa 等人[5]对电镀污泥在炉内焚烧过程的热特性及其中重金属的迁移规律进行了研究，发现焚烧能有效富集电镀污泥中的铬，灰渣中铬的残留率高达99%以上，而在焚烧过程中，绝大部分污泥组分以 CO_2、H_2O、SO_2 等形态散失，因此减容减重效果非常明显，减重可达34%。Barros 等人[15]利用水泥回转窑对混合焚烧电镀污泥过程进行了研究，分析了添加氯化物（KCl、NaCl 等）对电镀污泥中 Cr_2O_3 和 NiO 迁移规律的影响，认为氯化物对 Cr_2O_3 和 NiO 在焚烧灰渣中的残留情况几乎没有任何影响，焚烧过程中 Cr_2O_3 和 NiO 都能被有效地固化在焚烧残渣中。刘刚等人[16]利用管式炉模拟焚烧炉研究电镀污泥的热处置特性时，分析了铬、铅、锌、铜等多种重金属的迁移特性，认为焚烧温度在700℃以下时，污泥中的水分、有机质和挥发分就能被很好地去除，且高温能有效抑制污泥中重金属的浸出，但这种抑制对各种重金属的影响各不相同，如镍是不挥发性重金属，在焚烧灰渣中的残留率为100%，铬在灰渣中的残留率也高达97%以上，而锌、铜、铅的析出率则随焚烧温度的升高而有不同程度的增大。

在离子电弧、微波等其他热化学处理研究方面，Ramachandran 等人[17]用直流等离子电弧在不同气氛下对电镀污泥进行处理，并对处理后的残渣及处理过程中产生的粉末进行了研究，认为此法在实现铜、铬等有价金属回收的同时可将残渣转化成稳定的惰性熔渣。Gan 等人[18]通过微波辐射对电镀污泥进行了解毒和重金属固化实验，发现微波辐射处理对电镀污泥中重金属离子的固化效果显著，原因可能是在高温干燥与电磁波的共同作用下，有利于重金属离子同双极聚合分子之间发生强烈的相互作用而结合在一起，而经微波处理的电镀污泥具有粒度细、比表面积高、易结团等特性。

此外，热化学处理有利于降低电镀污泥中铬的毒性。Ku 等人[19]研究了高温热处理电镀污泥过程中铬的毒性价态变化，认为高温热处理能将 Cr^{6+} 转化成 Cr^{3+}，且温度越高转化效果越明显；在经高温处理的电镀污泥中，主要以 Cr^{3+} 为主。Cheng 等人[20]将电镀污泥与黏土的混合物分别在900℃和1100℃的电炉中热养护4h后，对其中铬的价态进行了分析，发现在经900℃热养护处理的混合物中，Cr^{6+} 占有绝对优势，而经1100℃热养护处理的混合物中，铬则主要以 Cr^{3+} 存在。

2.2.2.3 电镀污泥中有价金属的回收技术

A 酸浸法和氨浸法

酸浸法是固体废物浸出法中应用最广泛的一种方法[21]，具体采用何种酸进行浸取需根据固体废物的性质而定。对电镀、铸造、冶炼等工业废物的处理而言，硫酸是一种最有效的浸取试剂，因其具有价格便宜、挥发性小、不易分解等特点而被广泛使用。Silva 等人[22]以磷酸二异辛酯为萃取剂，对电镀污泥进行了硫酸浸取回收镍、锌的研究实验。Vegli 等人[23]的研究显示，硫酸对铜、镍的浸出率可达95%～100%，而在电解法回收过程中，二者的回收率也高达94%～99%。也可用其他酸性提取剂（如酸性硫脲）来浸取电镀污泥中的重金属[24]。Paula 等人利用廉价工业盐酸浸取电镀污泥中的铬[25]，浸取时将5mL工业盐酸（纯度为25.8%，质量浓度为113g/mL）添加到大约1g预制好的试样中，然后在150r/min的摇床上振动30min，铬的浸出率高达97.6%。

氨浸法提取金属的技术虽然有一定的历史，但与酸浸法相比，采用氨浸法处理电镀污泥的研究报道相对较少，且以国内研究报道居多。氨浸法一般采用氨水溶液作浸取剂，原因是氨水具有碱度适中、使用方便、可回收使用等优点。采用氨络合分组浸出—蒸氨—水解渣硫酸浸出—溶剂萃取—金属盐结晶回收工艺，可从电镀污泥中回收绝大部分有价金属，铜、锌、镍、铬、铁的总回收率分别大于93%、91%、88%、98%、99%[26]。针对适于从氨浸液体系中分离铜的萃取剂难以选择的问题，祝万鹏等人[27]开发了一种名为N510的萃取剂，该萃取剂在煤油－H_2SO_4 体系中能有效地回收电镀污泥氨浸液中的 Cu^{2+}，回收率高达99%。王浩东等人[28]对氨浸法回收电镀污泥中镍的研究表明，含镍污泥经氧化焙烧后得焙砂，用 NH_3 的质量分数为7%，CO_2 的质量分数为5%～7%的氨水对焙砂进行充氧搅拌浸出，得到含 $Ni(NH_3)_4CO_3$ 的溶液，然后对此溶液进行蒸发处理，使 $Ni(NH_3)_4CO_3$ 转化为 $NiCO_3 \cdot 3Ni(OH)_2$，再于800℃煅烧即可得商品氧化镍粉。

酸浸或氨浸处理电镀污泥时，有价金属的总回收率及同其他杂质分离的难易程度主要受浸取过程中有价金属的浸出率和浸取液对有价金属和杂质的选择性控制。酸浸法的主要特点是对铜、锌、镍等有价金属的浸取效果较好，但对杂质的选择性较低，特别是对铬、铁等杂质的选择性较差；而氨浸法则对铬、铁等杂质具有较高的选择性，但对铜、锌、镍等的浸出率较低。

B 生物浸取法

生物浸取法的主要原理是：利用化能自养型嗜酸性硫杆菌的生物产酸作用，将难溶性的重金属从固相溶出而进入液相成为可溶性的金属离子，再采用适当的方法从浸取液中加以回收，作用机理比较复杂，包括微生物的生长代谢、吸附以及转化等[29]。就目前能查阅的文献来看，利用生物浸取法来处理电镀污泥的研究报道还比较少[30]，原因是电镀污泥中高含量的重金属对微生物的毒害作用大大限制了该技术在这一领域的应用。因此，如何降低电镀污泥中高含量的重金属对微生物的毒害作用，以及如何培养出适应性强、治废效率高的菌种，仍然是生物浸取法所面临的一大难题，但也是解决该技术在该领域应用的关键。

C 熔炼法和焙烧浸取法

熔炼法处理电镀污泥主要以回收其中的铜、镍为目的。熔炼法以煤炭、焦炭为燃料和还原物质，辅料有铁矿石、铜矿石、石灰石等。熔炼以铜为主的污泥时，炉温在1300℃以上，熔出的铜称为冰铜；熔炼以镍为主的污泥时，炉温在1455℃以上，熔出的镍称为粗镍。冰铜和粗镍可直接用电解法进行分离回收。炉渣一般作建材原料。焙烧浸取法的原理是先利用高温焙烧预处理污泥中的杂质，然后用酸、水等介质提取焙烧产物中的有价金属。用黄铁矿废料作酸化原料，将其与电镀污泥混合后进行焙烧，然后在室温下用去离子水对焙烧产物进行浸取分离，锌、镍、铜的回收率分别为60%、43%、50%。

2.2.2.4 电镀污泥的材料化技术

电镀污泥的材料化技术是指利用电镀污泥为原料或辅料生产建筑材料或其他材料的过程。

A 制陶瓷材料

Ract[31]开展了以电镀污泥部分取代水泥原料生产水泥的实验，认为即使是含铬电镀污泥在原料中的加入量高达2%（干基质量分数）的情况下，水泥烧结过程也能正常进行，而且烧结产物中铬的残留率高达99.9%。Magalhaes等人[32]分析了影响电镀污泥与黏土混合物烧制陶瓷的因素，认为电镀污泥的物化性质、预制电镀污泥与黏土混合物时的搅拌时间是决定陶瓷质量优劣的主导因素，如原始电镀污泥中重金属的种类（如铝、锌、镍等）和含量明显地决定着电镀污泥及其与黏土混合物的淋滤特性，而预制电镀污泥与黏土混合物时，剧烈或长时间的搅拌作用则有利于混合物的均匀化和烧结反应的进行。此外，将电镀污泥与海滩淤泥混合可烧制出达标的陶粒。

B 污泥铁氧体化处理

由于电镀污泥是电镀废水投加铁盐后调 pH 值及投加絮凝剂后发生沉淀的产物，故电镀污泥中一般含有大量的铁离子，尤其在含铬废水污泥中，采用适当的技术可使其变成复合铁氧体，电镀污泥中的铁离子以及其他多种金属离子被束缚在反尖晶石面型立方结构的四氧化三铁晶格格点上[33]，其晶体结构稳定，达到了消除二次污染的目的。

铁氧体化分为干法和湿法两种工艺，文献［34］利用上海电机厂、上海水泵厂产生的实际电镀污泥为原料，通过湿法工艺合成了铁黑产品，并以铁黑颜料为原料开发了 C43－31 黑色醇酸漆、Y53－4－2 铁黑油性防锈漆等多项产品。随后又在原来的基础上开发了新型干法工艺，即在湿法合成铁氧体后干法还原烘干，通过这一工艺，可以合成性能优良的磁性探伤粉，而且具有工艺简单、成品率高、无二次污染、处理成本低等优点。此外，经电镀污泥合成的铁氧体还可以作为防电磁波的屏护罩，可以有效地吸收电磁波。

C 制作磁性材料

最适合制作磁性材料的含铬污泥是由铁氧体法产生的污泥。电解法和亚硫酸氢钠法产生的污泥也可制作磁性材料。为了使制作的磁性材料具备较强的磁性，在采用铁氧体法时，一定要控制好硫酸亚铁的加入量、加空气的程度、加温转化的温度，同时要将沉渣中的硫酸钠洗脱干净。国内利用含铬污泥制作磁性材料铁淦氧，制成了 MX－400 中波天线磁棒——一种锰锌铁氧体。在该磁性材料中，Cr_2O_3 以含量不大于 4% 的杂质掺入，其主要成分是 Fe_2O_3、$MnCO_3$ 和 ZnO。4 种物质按一定比例混合球磨预烧再球磨压形，再在 1290～1300℃下进行烧结。该磁棒主要参数磁导率及 Q 值均好。根据资料，有人还用氧铁体沉淀制成了 MX－2000 磁棒。制作磁性材料的困难在于污泥成分很不固定，每次制作前都要求沉渣进行分析，再调整材料成分，否则产品质量难以保证，给生产带来一些麻烦。

2.2.2.5 电镀污泥堆肥处理

电镀污泥进行堆肥化处理的研究还不多见，文献［35］对来源于某厂电镀车间的含铬污泥进行堆肥化处理，经过 24 天的堆肥处理可以使 1g 污泥中 Cr^{6+} 含量由原来的 4.060mg 降至 0.028mg，使大部分重金属固化，大大降低了其毒性，通过堆肥后污泥施用于花卉的盆栽试验，显示了较好的生长响应，并且避开了人类食物链，为含铬污泥的处理及其资源化开辟了一条新路。但我国电镀污泥一般重金属含量较高，性质复杂，采用堆肥处理后的污泥农用仍有一定的难度和风险，加上堆肥周期长、程序复杂，也限制了电镀污泥的堆肥化处理研究。

2.2.2.6 电镀污泥烧砖

烧砖法是真正能够大量消纳污泥而且能够得以维持的电镀污泥处置和利用方法。将电镀污泥与黏土按一定比例制成红砖和青砖，对样品砖进行浸出实验的结果表明，青砖浸出液中无 Cr^{6+} 检出，是安全可行的，但要采用合适的配比，否则其他金属的浓度可能超过国家标准。在日本还有将电镀污泥掺入炉渣中制造炉渣砖。我国已比较广泛地应用这些技术，特别是将电镀污泥掺入黏土中烧砖，但由于烧砖过程要破坏大量土地，因此从长远来看应寻找新的电镀污泥处置方法。

电镀污泥的处理一直是国内外的研究重点，虽然有关人员在该领域已经开展了很多研究并取得了一定成果，但仍存在许多急需解决的问题，如传统的以水泥为主的固化技术、以回收有价金属为目的的浸取法存在对环境二次污染的风险等，要解决这些问题必须采取新的研究途径。近年来，利用热化学处理技术实现对电镀污泥的预处理或安全处置为未来电镀污泥的处理提供了更广阔的发展空间和前景。新近的研究显示，热化学处理技术在电镀污泥的减量化、资源化及无害化方面都有明显的优势，因此，必将成为未来电镀污泥处理领域的一个重要研究方向。

然而，由于热化学处理技术在电镀污泥处理方面的应用与研究还比较少，许多问题还需进一步探索，如对热化学处理电镀污泥过程中重金属的迁移特性、重金属在灰渣中的残留特性、热化学处理过程中重金属的析出特性及蒸发特性等都需要深入研究。

2.2.2.7 电镀污泥处理技术的发展方向

今后有关电镀污泥处理方法和技术的发展主要集中在以下几个方面：

（1）电镀污泥的资源化利用，将电镀污泥加工成各类工业原料，通过这一途径真正做到废物利用，极大减少对环境的危害。

（2）利用化学方法处理电镀污泥，并回收利用部分有用重金属。这种方法能以高品质的金属单质或高品位的化工试剂加以回收，经济效益十分可观。所以化学方法处理电镀污泥技术的改进和优化将成为今后研究的热点。

（3）生物技术在环境污染治理方面已展示了强大的优势，利用生物技术去除城市污水、污泥中的重金属已取得可喜的研究成果，生物方法将为电镀污泥处理提供新的发展方向。

2.3 实验用电镀污泥的预处理

2.3.1 电镀污泥的干化

污泥的干化是指通过渗滤或蒸发等作用，从污泥中去除大部分水分的过程，一般采用污泥干化场等自蒸发设施或采用蒸汽、烟气、热油等热源的干化设施。

赵永超[36]采用焚烧预处理电镀污泥，不仅降低了电镀污泥的水分，使其体积及质量都大幅度减少，达到减量化的目的；同时提高了焚烧渣的重金属含量，为进一步回收利用污泥中的铜、镍等金属创造了有利条件。

2.3.2 电镀污泥的研磨和筛分

干化后的污泥样品用有机玻璃棒或木棒研碎后，过2mm尼龙布，去除2mm以上的沙砾。用四分法弃取的样品，另装瓶备用。留下的样品，充分摇匀，装瓶备用分析。在制备样品时，必须注意样品不要被所分析的化合物或元素污染。

2.3.3 电镀污泥样品的保存

制备的污泥样品通常需要保存半年至一年，以备必要时查核。样品或对照样品则需要长期妥善保存。在保存试样时，应注意避免阳光高温潮湿和酸碱气体等的影响。玻璃材质容器是常用的优质储存容器，将干化试样储存于洁净的玻璃容器中，在常温、阴凉、避光、密封的条件下保存。

2.3.4 电镀污泥中目标产物的浸提

污泥中大多数目标物的分析方法均要求分析试样为液体，因此，将污泥用蒸馏水或有机溶剂浸提，使其中的目标物由污泥相转移到浸提液中，是实现目标物定量测定的重要环节，主要的浸提步骤为：

（1）称取试样。称取100g干化的污泥，置于浸出容积为2L的带盖广口玻璃瓶中，加水1L。

（2）振荡摇匀。将瓶子垂直固定在水平往复振荡器上，调节振荡频率为（150 ± 10）次/min，振幅为40mm，在室温下振荡8h，静置16h。

（3）过滤。通过0.45mm滤膜过滤，滤液按各分析项目要求进行保护，在合适的条件下储存备用。

参考文献

[1] 刘燕．电镀污泥的无害化处理及综合利用技术［J］．化工设计通讯，2007，33（2）：56 ~60.

[2] 陈永松，周少奇．电镀污泥的基本理化特性研究［J］．中国资源综合利用，2007，25（5）：2 ~6.

[3] 刘刚，池涌，蒋旭光，等．电镀污泥焚烧后的灰渣分析［J］．动力工程，2006，26（4）：576 ~603.

[4] 毛谙章，陈志传．电镀污泥中铜的回收［J］ 化工技术与开发，2004，33（2）：45 ~47.

[5] ESPINOSA D C R, TENRIO J A S. Thermal behavior of chromium electroplating sludge［J］. Waste Management，2001，21（4）：405 ~410.

[6] 龙军，俞珂，陈志义．电镀污泥与黏土混合制砖重金属浸出毒性实验［J］．石油化工环

境保护，1995，(3)：43～46.

[7] VIGURI J，ANDRES A，RUIZ C. Cement – waste and clay – waste derived products from metal hydroxides wastes：environmental characterization [J]. Process Safety and Environmental Protection，2001，79 (1)：38～44.

[8] GORDON C C Y，KAO K L. Feasibility of using a mixture of an electroplating sludge and a calcium carbonate sludge as a binder for sludge solidification [J]. Journal of Hazardous Materials，1994，36 (1)：81～88.

[9] ROY A，CARTLEDGE F K. Long – term behavior of a Portland cement – electroplating sludge waste form in presence of copper nitrate [J]. J Hazard Mater，1997，52 (2～3)：265～286.

[10] ASAVAPISIT S，NAKSRICHUM S，HARNWAJANAWONG N. Strength leachability and microstructure characteristics cement – based solidified plating sludge [J]. Cement Concrete Res，2005，35 (6)：1042～1049.

[11] SOPHIA A C，SWAMINATHAN K. Assessment of the mechanical stability and chemical leachability of inmobilized electroplating waste. Chemosphere，2005，58 (1)：75～82.

[12] ASAVAPISIT S，CHOTKLANG D. Solidification of electroplating sludge using alkal – activated pulverized fuel ash as cementious binder [J]. Cement Concrete Res，2004，34 (2)：349～353.

[13] JITKA J，TATNA S，ROMANA N. Recovery of Cu – concentrates from waste galvanic copper sludges [J]. Hydrometallurgy，2000，57 (1)：77～84.

[14] ROSSINI G，BERNARDES A M. Galvanic sludgemetals recovery by pyrometallurgical and hydrometallurgical treatment [J]. J Hazard Mater，2006，131 (1～3)：210～216.

[15] BARROS A M，TENORIO J A S，ESPINOSA D C R. Chloride influence on the incorporation of Cr_2O_3 and NiO in clinker a laboratory evaluation [J]. J Hazard Mater，2002，93 (2)：221～232.

[16] 刘刚，蒋旭光，池涌，等. 危险废物电镀污泥热处理特性研究 [J]. 环境科学学报，2005，25 (10)：1354～1360.

[17] RAMACHANDRAN K，KIKUKAWA N. Plasma in – flight treatment of electroplating sludge [J]. Vacuum，2000，59 (1)：244～251.

[18] GAN Q. A case study of microwave processing of metal hydroxide sedment sludge from printed circuit board manufacturing wash water [J]. Waste Manage，2000，20 (8)：695～701.

[19] KU C C，WANG H P，LEE P H，et al. Speciation of chromium in an electroplating sludge during thermal stabilization [J]. B Environ Contam Tox，2003，71 (4)：860～865.

[20] N CHENG，Y L WEI，L H HSU，et al. XAS study of chromium in thermally cured mixture of clay and Cr – containing plating sludge [J]. J Electron Spectrosc，2005，144：821～823.

[21] JHA M K，KUMAR V，SINGH R J. Review of hydrometal lurgical recovery of zinc from industrial wastes [J]. Resour Conserv Recy，2001，33 (1)：1～22.

[22] SILVA J E，PAIVA A P，SOARES D，et al. Solvent extraction applied to the recovery of heavy metals from galvanic sludge [J]. J Hazard Mater，2005，120 (1～3)：113～118.

[23] VEGLI O F，QUARESINA R，FORNARI P，et al. Recovery of valuable metals from electronic and galvanic industrial wastes by leaching and electrow inning [J]. Waste Manage，2003，23

(3)：245 ~ 252.
[24] 吴小令．硫脲法从电镀污泥中提金工艺研究［J］．中国资源综合利用，2005，23（8）：3 ~ 5.
[25] DE SOUZAE SILVA P T，et al. Extraction and recovery of chromium from electroplating sludge［J］. J Hazard Mater，2006，128（1）：39 ~ 43.
[26] 祝万鹏，杨志华．溶剂萃取法回收电镀污泥中的有价金属［J］．给水排水，1995，21（12）：16 ~ 18，26.
[27] 祝万鹏，杨志华，李力佟．溶剂萃取法提取电镀污泥浸出液中的铜［J］．环境污染与防治，1996，18（4）：12 ~ 15.
[28] 王浩东，曾佑生．用氨浸从电镀污泥中回收镍的工艺研究［J］．化工技术与开发，2004，33（1）：36 ~ 38.
[29] FOURNIER D，LEMIEUX R，COUILLARD D. Essential interactions between thiobacillus ferrooxidans and heterotrophic microorganisms during a waste water sludge bioleaching process［J］. Environ Pollut，1998，101（2）：303 ~ 309.
[30] 赵晓红，张敏．SRV 菌去除电镀废水中铜的研究［J］．中国环境科学，1996，16（4）：288 ~ 292.
[31] RACT P G，ESPINOSA D C R，TENIO J A S. Deterination of Cu and Ni incorporation ratios in Portland cement clinker［J］. Waste Manage，2003，23（3）：281 ~ 285.
[32] MAGALHAES J M，SILVA J E，CASTRO F P，et al. Role of the mixing conditions and composition of galvanic sludges on the inertization process in clay - based ceramic［J］. J Hazard Mater，2004，106（2 ~ 3）：169 ~ 176.
[33] 贾金平，何翊，陈兆娟．富铁电镀污泥合成磁性探伤粉的研究［J］．上海环境科学，1996，15（4）：31 ~ 33.
[34] 贾金平，杨骥．电镀重金属污泥的处理及综合利用现状［J］．上海环境科学，1999，18（3）：139 ~ 146.
[35] 周建红，刘存海，张学忠．含铬污泥的堆肥化处理及其复合肥的应用效果［J］．西北轻工业学院学报，2002，20（2）：8 ~ 10.
[36] 赵永超．电镀污泥焚烧预处理研究［J］．河南化工，2006，9（23）：20，21.

3 电镀污泥中金属与非金属元素的分析测定

3.1 金属元素分析测定

3.1.1 定性分析

定性分析必须通过一系列的试验去完成，如果试验结果与预期相符，称为得到一个“正试验”，或称试验阳性，也就是说某组分在试样中是存在的；反之，得到一个“负试验”或试验阴性表示某组分不存在。组分存在与否的根据是：(1) 物质的物理特性，如颜色、臭味、密度、硬度、焰色、熔点、沸点、溶解度、光谱、折射率、旋光性、磁性、导电性能、放射性、晶型等，有时可利用放大镜或显微镜获得物质组分的重要线索；(2) 物质在发生化学反应时，会发生特征颜色、荧光、磷光的出现或消失，沉淀的生成或溶解，特征气体和特征臭味的出现，光和热的产生等；(3) 生物学现象，如只要存在痕量的某些重金属元素，就能促进或抑止某些微生物的生长；也可以利用酶的特殊选择性去检出物质，如尿素酶能使尿素分解为二氧化碳和氨，但不与硫脲、胍、甲基脲作用。

3.1.1.1 分析方法

定性分析方法分干法分析和湿法分析，前者所用的试样不需制成溶液，如熔珠分析、焰色分析、原子发射光谱法、X 射线荧光光谱分析法等。湿法分析则要将试样配成溶液，常用的溶剂有水、酸、碱溶液。不溶于上述溶剂的试样可用碳酸钠、过氧化钠、硫酸钾等助熔剂使试样熔融分解，然后再溶于水或稀酸。

A 铁光谱比较法

铁光谱比较法是目前最通用的方法，它采用铁的光谱作为波长的标尺，来判断其他元素的谱线。铁光谱作标尺有如下特点：谱线多，在 210 ~ 660nm 范围内有几千条谱线。谱线间相距都很近，在上述波长范围内均匀分布。对每一条铁谱线波长，人们都已进行了精确的测量。标准光谱图是在相同条件下，把 68 种元素的谱线按波长顺序插在铁光谱的相应位置上而制成的。铁光谱比较法实际上是与标准光谱图进行比较，因此又称为标准光谱图比较法，如图 3－1 所示。上面是元素的谱线，中间是铁光谱，下面是波长标尺。这种光谱图是将实际光谱图放大了 20 倍制成的。

做定性分析时，在试样光谱下面并列拍摄铁光谱。将这种谱片置于光谱投影仪的谱片台上，在白色屏幕上得到放大 20 倍的光谱影像。先将谱片上的铁谱与

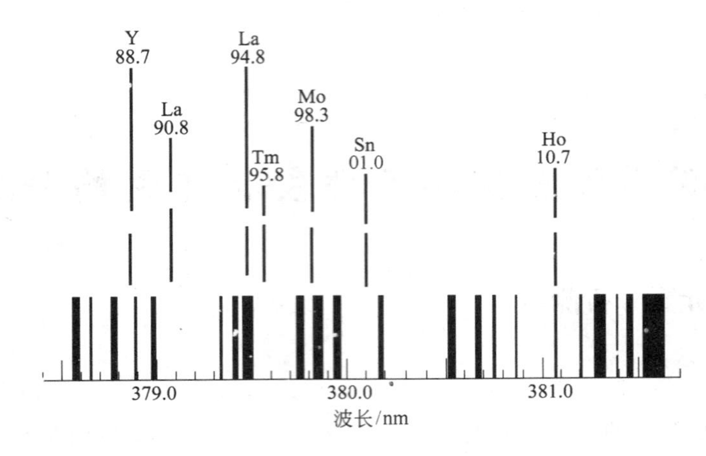

图 3-1 铁光谱图

标准光谱图上的铁谱对准，然后检查试样中的元素谱线。若试样中的元素谱线与标准图谱中标明的某一元素谱线出现的波长位置相同即为该元素的谱线。例如，将包括 Cu 324.754nm 和 Cu 327.396nm 谱线组的元素光谱图置于光谱投影仪的屏幕上，使元素光谱图的铁谱与谱片放大影像的铁谱完全重合。看试样光谱中在 Cu 324.754nm 和 Cu 327.396nm 位置处有无谱线出现。如果有的话，则表明试样中含铜；反之，则说明试样中不含铜或铜的含量低于检出限。

如果在试样光谱中有谱线的重叠现象，说明有干扰存在，这就需要根据仪器、光谱感光板的性能和试样的组分进行综合分析，才能得出正确的结论。

B 标样光谱比较法

将要检出元素的纯物质和纯化合物与试样并列摄谱于同一感光板上，在映谱仪上检查试样光谱与纯物质光谱。若两者谱线出现在同一波长位置上，即可说明某一元素的某条谱线存在。例如，欲检查某 TiO_2 试样中是否含有 Pb，只需将 TiO_2 试样和已知含 Pb 的 TiO_2 标准试样并列摄于同一感光板上，比较并检查试样光谱中是否含有 Pb 的谱线存在，便可确定试样中是否含有 Pb。显然，这种方法只适应试样中指定元素的定性，不适应光谱全分析。

如果两吸收光谱的形状和吸收峰的数目、位置、拐点等完全一致，就可初步判定未知物与标准物是同一种物质。

C 分段曝光法

在实际工作中，多采用直流电弧作激发光源。但由于样品的复杂性（不同元素的激电位不同等），要想获得准确、完整的定性信息，需采用分段曝光法，具体做法如图 3-2 所示。

3.1.1.2 选择性和灵敏度

在湿法分析中，一个理想的试验应该具有较好的分辨力、较高的选择性和灵

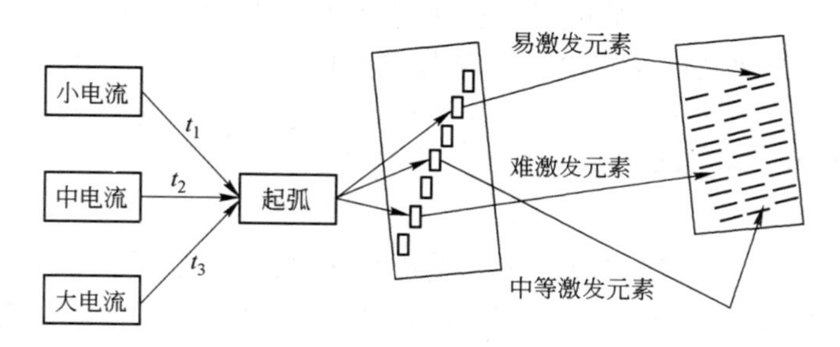

图 3－2　分段曝光法

敏度。分辨力指反应时出现的现象和生成的产物是否容易辨认。只有少数几种物质能起同样响应的试验称为选择性高的试验，所用的试剂被称为选择性高的试剂。如果只有一种物质能与某种试剂起作用，则该试剂称为专一性试剂，该试验称为专一性试验。但只有在一定条件下，专一性试验才能显示出它的专一性。

试验灵敏与否常用下面几种方式表示：（1）检出限或鉴定极限，指能得出正试验的物质绝对量（质量，常以微克计）；（2）极限浓度，指物质能显示一个正试验的最低浓度（质量/体积，常以微克/毫升计）；（3）稀释极限，指稀释到什么程度还能给出一个正试验（常以 1 比若干来表示）。

各种定性分析操作法所用的试样体积约为：显微分析 0.01mL；点滴试验（用点滴板或滤纸）0.05mL；微型试管中用 1mL；常量试管中用 5mL。如果某一试验在滤纸上能检出 1μg 的物质，那么这一试验的鉴定极限为 1μg；极限浓度为 20μg/mL；稀释极限为 1∶50000。

3.1.1.3　干扰

试验因共存物质而受到阻碍的现象称为干扰。干扰物质与被检物质有相同的反应时，引起的干扰称正干扰，例如以铬酸盐沉淀 Ba^{2+} 时，Pb^{2+} 也可以 $PbCrO_4$ 形式沉淀，两者的颜色也近似。如果干扰物质抢先与试剂起反应，会使被检物与试剂之间的反应受阻碍，则引起负干扰。例如在 F^- 存在下 Fe^{3+} 与 SCN^- 反应，由于 F^- 优先与 Fe^{3+} 反应，生成无色的 $[FeF_6]^{3-}$，使红色的 $[Fe(SCN)_6]^{3-}$ 不能出现，即 F^- 隐蔽了 Fe^{3+}，使它不能与 SCN^- 反应。有时还会碰到正负难分的干扰，例如正干扰生成红色沉淀，负干扰生成蓝色沉淀，结果得到紫色沉淀，难以分辨。一个试验受到干扰后，将会变得毫无价值，或者使灵敏度大为降低。在定性分析中，人们用极限比来表示干扰的尺度，它是在还能得出正试验时，被检物质与干扰物质的最小质量比。消除干扰的方法有：（1）用各种分离方法将干扰物质除去；（2）用隐蔽法将干扰物质隐蔽起来，例如 F^- 的干扰常用加硼酸根使其变为很稳定的 BF，进而起隐蔽作用；在用 H_2S 检验 Cd^{2+} 时，如果有 Cu^{2+} 存在，在 CdS 沉淀时，也会产生 CuS，如果加入 KCN 产生稳定的 $[Cu(CN)_3]^{2-}$，

使 Cu^{2+} 隐蔽，可使反应正常进行。隐蔽的反义词是解蔽，后者指把被隐蔽的物质重新释放出来。例如，在用以上方法检验 Cd^{2+} 时，产生 CdS 沉淀，把它滤掉，在清液中加强酸，即可将 $[Cu(CN)_3]^{2-}$ 破坏，使 Cu^{2+} 解蔽。

3.1.1.4 定性分析要求

定性分析要求有：

（1）试样必须要有代表性，必须注意试样来源和要求分析的项目。例如在分析金属材料的表面镀层时，不应取基体部分作为试样。毫克量和微克量试样要用微量分析方法或微损分析方法。

（2）一个理想的定性分析方法要求操作简单、迅速，分析步骤越少越好，以免引入干扰物质。

（3）所用仪器以普通仪器为主。

（4）根据具体要求和实验室的设备条件选择分析方法。各种方法都有优缺点，干法分析比较简单，但应用范围较窄。原子发射光谱法非常灵敏，且可以检出多种元素，但不能确认该元素以什么形态存在。点滴试验很灵敏、简便，但一些特殊的显色剂难以买到。分部分析只适用于单项分析；如果要对物料进行全分析则要用系统分析。

（5）在检测各组分的同时，还须从分析过程中的现象（如颜色深浅、沉淀量的多少）来估计组分的大致含量，即它们是主量、中等量还是痕量。例如，只说某一物料中含有铁、铝、钛、硅，这种分析的作用不大，因为这一结果无法判断这种物料究竟是含有铝、钛、硅的铁矿石，还是含有铁、钛、硅的铝合金或铝土矿，或者是含有铁、铝、硅的钛合金或钛矿石，或者是一种含铁、铝、钛的石英砂。

3.1.2 定量分析

3.1.2.1 取样

样品或试样是指在分析工作中被采用来进行分析的物质体系，它可以是固体、液体或气体。分析化学要求被分析试样在组成和含量上具有一定的代表性，能代表被分析的总体。否则分析工作将毫无意义，甚至可能导致错误结论，给生产或科研带来很大的损失。

采样的通常方法是：从大批物料中的不同部分、深度选取多个取样点采样，然后将各点取得的样品粉碎之后混合均匀，再从混合均匀的样品中取少量物质作为分析试样进行分析。

3.1.2.2 试样的分解

定量分析中，除使用特殊的分析方法可以不需要破坏试样外，大多数分析方法需要将干燥好的试样分解后转入溶液中，然后进行测定。分解试样的方法很多，主要有溶解法和熔融法。实际工作中，应根据试样性质和分析要求选用适当的分解方法。如测定补钙药物中钙含量，试样需要先用酸溶解转变成溶液后再进行；沙子中硅含量的测定，试样则需要先进行碱熔，然后再将其转变成可溶解产物，溶解后进行测定。

3.1.2.3 消除干扰

复杂物质中常含有多种组分，在测定其中某一组分时，若共存的其他组分对待测组分的测定有干扰，则应设法消除。采用加入试剂（称掩蔽剂）来消除干扰在操作上简便易行。但在多数情况下合适的掩蔽方法不易寻找，此时需要将被测组分与干扰组分进行分离。目前常用的分离方法有沉淀分离、萃取分离、离子交换和色谱法分离等。

3.1.2.4 测定

各种测定方法在灵敏度、选择性和适用范围等方面有较大的差别，因此应根据被测组分的性质、含量和对分析结果准确度的要求，选择合适的分析方法进行测定。如常量组分通常采用化学分析方法，而微量组分需要使用分析仪器进行测定。

根据测定原理、分析对象、待测组分含量、试样用量的不同，定量分析方法有：

（1）化学分析法。化学分析法是以物质的化学反应为基础的分析方法。主要有滴定分析法和质量分析法。

1）滴定分析法。滴定分析法是通过滴定操作，根据所需滴定剂的体积和浓度，以确定试样中待测组分含量的一种方法。滴定分析法分为酸碱滴定法、沉淀滴定法、配位滴定法和氧化还原滴定法。

2）质量分析法。质量分析法是通过称量操作测定试样中待测组分的质量，以确定其含量的一种分析方法。质量分析法分为沉淀质量法、电解质量法和气化法。

（2）仪器分析法。仪器分析法是以物质的物理性质和物理化学性质为基础的分析方法。由于这类分析都要使用特殊的仪器设备，因此一般称为仪器分析法。常用的仪器分析方法有：

1）光学分析法。它是根据物质的光学性质建立起来的一种分析方法。主要有：分子光谱法（如比色法、紫外－可见分光光度法、红外光谱法、分子荧光及磷光分析法等）、原子光谱法（如原子发射光谱法、原子吸收光谱法等）、激光拉曼光谱法、光声光谱法、化学发光分析法等。

2）电化学分析法。它是根据被分析物质溶液的电化学性质建立起来的一种分析方法。主要有：电位分析法、电导分析法、电解分析法、极谱法和库仑分析法等。

3）色谱分析法。它是一种分离与分析相结合的方法。主要有：气相色谱法、液相色谱法（包括柱色谱、纸色谱、薄层色谱及高效液相色谱）、离子色谱法。

随着科学技术的发展，近年来，质谱法、核磁共振波谱法、X 射线、电子显微镜分析以及毛细管电泳等大型仪器分析法已成为强大的分析手段。仪器分析由于具有快速、灵敏、自动化程度高和分析结果信息量大等特点，备受人们的青睐。

（3）无机分析和有机分析。若按物质的属性来分，分析方法主要分为无机分析和有机分析。无机分析的对象是无机化合物；有机分析的对象是有机化合物。另外还有药物分析和生化分析等。

（4）常量分析、半微量分析和微量分析。按被测组分的含量来分，分析方法可分为常量组分（含量大于 1%）分析、微量组分（含量为 0.01% ~1%）分析、痕量组分（含量小于 0.01%）分析；按所取试样的量来分，分析方法可分为常量试样（固体试样的质量大于 0.1g，液体试样体积为 10mL）分析、半微量试样（固体试样的质量在 0.01 ~0.1g 之间，液体试样体积为 1 ~10mL）分析、微量试样（固体试样的质量小于 0.01g，液体试样体积小于 1mL）分析和超微量试样（固体试样的质量小于 0.1mg，液体试样体积小于 0.01mL）分析。

常量分析一般采用化学分析法，微量分析一般采用仪器分析法。

3.1.2.5 分析结果计算及评价

根据分析过程中有关反应的计量关系及分析测量所得数据，计算试样中有关组分的含量。应用统计学方法对测定结果及其误差分布情况进行评价。

应该指出的是，分析是一个复杂的过程，是从未知、无序走向确定、有序的过程，试样的多样性也使分析过程不可能一成不变，上述的基本步骤只是各种定量分析过程中的共性部分，只能进行一般性指导。

根据分析实验数据所得的定量分析结果一般用以下的方法来表示：

（1）待测组分的化学表示形式。分析结果通常以待测组分的实际存在形式的含量表示。例如测得试样中的含磷量后，根据实际情况以 P、P_2O_5、PO_4^{3-}、HPO_4^{2-}、$H_2PO_4^-$ 等形式的含量来表示分析结果。

如果待测组分的实际存在形式不清楚，则分析结果最好以氧化物或元素形式的含量表示。例如，在矿石分析中，各种元素的含量常以其氧化物形式（如 K_2O、CaO、MgO、Fe_2O_3、Al_2O_3、P_2O_5 和 SiO_2 等）的含量表示；在金属材料和有机分析中常以元素形式（Fe、Al、Cu、Zn、Sn、Cr、W 和 C、H、O、N、S 等）的含量表示。

电解质溶液的分析结果常以所存在的离子的含量表示。

（2）待测组分含量的表示方法。不同状态的试样其待测组分含量的表示方法也有所不同。

1）固体试样。固体试样中待测组分的含量通常以质量分数表示。若试样中含待测组分的质量以 m_B 表示，试样质量以 m_S 表示，它们的比称为物质 B 的质量分数，以符号 w_B 表示，即：

$$w_B = m_B / m_S$$

计算结果数值以百分数表示。例如测得某水泥试样中 CaO 的质量分数可表示为：$w_{CaO} = 59.82\%$。

若待测组分含量很低，可采用 μg/g、ng/g 和 pg/g 来表示。

2）液体试样。液体试样中待测组分的含量通常有如下表示方式：

①物质的量浓度，表示待测组分的物质的量 n_B 除以试液的体积 V_S，以符号 c_B 表示。常用单位为 mol/L。

②质量分数，表示待测组分的质量 m_B 除以试液的质量 m_S，以符号 w_B 表示。

③体积分数，表示待测组分的体积 V_B 除以试液的体积 V_S，以符号 φ_B 表示。

④质量浓度，表示单位体积试液中被测组分 B 的质量，以符号 ρ_B 表示，单位为 g/L、mg/L、μg/L 或 μg/mL、ng/mL、pg/mL 等。

3）气体试样。气体试样中的常量或微量组分的含量常以体积分数 φ_B 表示。

3.1.3 分析结果准确度提高的方法

分析结果准确度提高的方法有：

（1）选择合适的分析方法。为了使测定结果达到一定的准确度，满足实际分析工作的需要，先要选择合适的分析方法。各种分析方法的准确度和灵敏度是不相同的。例如质量分析和滴定分析，灵敏度虽不高，但对于高含量组分的测定，能获得比较准确的结果，相对误差一般是千分之几。如用 $K_2Cr_2O_7$ 滴定法测得铁的含量为 40.20%，若方法的相对误差为 0.2%，则铁的含量范围是 40.12% ~ 40.28%。这一试样如果用光度法进行测定，按其相对误差以约 2% 计，可测得的铁的含量范围在 39.4% ~41.0% 之间，显然这样的测定准确度太差。如果是含铁为 0.50% 的试样，尽管 2% 的相对误差大了，但由于含量低，其绝对误差小，仅为 0.02 ×0.50% =0.01%，这样的结果是满足要求的。相反这么低含量的样品，若用质量法或滴定法则是无法测量的。此外，在选择分析方法时还要考虑分析试样的组成。

（2）减小测量误差。在测定方法选定后，为了保证分析结果的准确度，必须尽量减小测量误差。例如，在质量分析中，测量步骤是称量，这就应设法减少称量误差。一般分析天平的称量误差是 ±0.0001g，用减量法称量两次，可能引起的最大误差是 ±0.0002g，为了使称量时的相对误差在 0.1% 以下，试样质量就不能太小，从相对误差的计算中可得到：

$$\text{相对误差} = \frac{\text{绝对误差}}{\text{试样质量}} \times 100\%$$

$$\text{试样质量} = \frac{\text{绝对误差}}{\text{相对误差}} = \frac{0.0002}{0.001} = 0.2\text{g}$$

可见，试样质量必须在 0.2g 以上才能保证称量的相对误差在 0.1% 以内。

在滴定分析中，滴定管读数常有 ±0.01mL 的误差。在一次滴定中，需要读数两次，这样可能造成 ±0.01mL 的误差。所以，为了使测量时的相对误差小于 0.1%，消耗滴定剂体积必须在 20mL 以上，一般常控制在 30～40mL。

应该指出，对不同测定方法，测量的准确度只要与该方法的准确度相适应就可以了。例如用比色法测定微量组分，要求相对误差为 2%，若称取试样 0.5g，则试样的称量误差小于 0.5×2% =0.01g 就行了，没有必要像质量法和滴定分析法那样，强调称准至 ±0.0002g。不过实际工作中，为了使称量误差可以忽略不计，一般将称量的准确度提高约一个数量级。如在上例中，宜称准至 ±0.001g 左右。

（3）增加平行测定次数，减小随机误差。如前所述，在消除系统误差的前提下，平行测定次数越多，平均值越接近真实值。因此，增加测定次数可以减小随机误差。但测定次数过多意义不大。一般分析时，平行测定 4～6 次即可。

（4）消除测量过程中的系统误差。由于造成系统误差有多方面的原因，因此应根据具体情况，采用不同的方法来检验和消除系统误差。具体介绍如下：

1）对照试验。对照试验是检验系统误差的有效方法。进行对照试验时，常用已知准确结果的标准试样与被测试样一起进行对照试验，或用其他可靠的分析方法进行对照试验，也可由不同人员、不同单位进行对照试验。

用标样进行对照试验时，应尽量选择与试样组成相近的标准试样进行对照分析。根据标准试样的分析结果，采用统计检验方法确定是否存在系统误差。

由于标准试样的数量和品种有限，因此有些单位又自制一些所谓“管理样”，以此代替标准试样进行对照分析。管理样事先经过反复多次分析，其中各组分的含量也是比较可靠的。

如果没有适当的标准试样和管理试样，有时可以自己制备“人工合成试样”来进行对照分析。人工合成试样是根据试样的大致成分由纯化合物配制而成，配制时，要注意称量准确、混合均匀，以保证被测组分的含量是准确的。

进行对照试验时，如果对试样的组成不完全清楚，则可以采用“加入回收法”进行试验。这种方法是向试样中加入已知量的被测组分，然后进行对照试验，以加入的被测组分是否能定量回收，来判断分析过程是否存在系统误差。

用国家颁布的标准分析方法和所选的方法同时测定某一试样进行对照试验也是经常采用的一种办法。

在许多生产单位中，为了检查分析人员之间是否存在系统误差和其他问题，常在安排试样分析任务时，将一部分试样重复安排在不同分析人员之间，相互进行对照试验，这种方法称为“内检”。有时又将部分试样送交其他单位进行对照分析，这种方法称为“外检”。

2）空白试验。由试剂和器皿带进杂质所造成的系统误差，一般可做空白试验来扣除。所谓空白试验就是在不加试样的情况下，按照试样分析同样的操作手续和条件进行试验。试验所得结果称为空白值。从试样分析结果中扣除空白值后，就得到比较可靠的分析结果。

空白值一般不应很大，否则扣除空白时会引起较大的误差。当空白值较大时，就只好从提纯试剂和改用其他适当的器皿来解决问题。

3）校准仪器。仪器不准确引起的系统误差可以通过校准仪器来减小其影响。例如砝码、移液管和滴定管等，在精确的分析中，必须进行校准，并在计算结果时采用校正值。在日常分析工作中，因仪器出厂时已进行过校准，只要仪器保管妥善，通常可以不再进行校准。

4）分析结果的校正。分析过程中的系统误差有时可采用适当的方法进行校正。例如用硫氰酸盐比色法测定钢铁中的钨时，钒的存在引起正的系统误差。为了扣除钒的影响，可采用校正系数法。根据实验结果，1%钒相当于0.2%钨，即钒的校正系数为0.2（校正系数随实验条件略有变化）。因此，在测得试样中钒的含量后，利用校正系数，即可由钨的测定结果中扣除钒的结果，从而得到钨的正确结果。

3.1.4 重金属元素测定

在2005年颁布的国家建设行业标准CJ/T 221—2005《城市污水处理厂污泥检验方法》中，重金属的测定有了新的方法——电感耦合等离子体原子发射光谱法（ICP－AES），除了汞之外的铅、铬、砷、锌、铜、硼等都可以采用常压消解或微波高压消解后电感耦合等离子体原子发射光谱法。

ICP－AES法是以等离子体原子发射光谱仪为手段的分析方法，是近30年迅速发展的一种十分理想的痕量元素分析仪器，它基于物质在高频电磁场所形成的高温等离子体中，有良好特征谱线发射，进而实现对不同元素的测定。它具有检出限极低、分析速度快、准确度高、重现性好、线性范围宽且多种元素同时检出等显著特点。附特殊装置还可以实现更多非金属元素的测量。在国外，ICP－AES法已迅速发展为一种适用范围较广的常规分析方法，已逐渐成为现代光谱实验室必备的通用工具，并且广泛应用于各种行业，进行多种样品的测定。

ICP－AES法主要有以下优点：

（1）ICP－AES法是一种发射光谱分析方法，可以多元素同时测定，发射光谱分析方法只要将待测原子处于激发状态便可同时发射出各自特征谱线同时进行测定。ICP－AES仪器，不论是多道直读还是单道扫描仪器，均可以在同一试样溶液中同时测定大量元素（30～50个，甚至更多）。已有文献报道的分析元素可达78个，即除He、Ne、Ar、Kr、Xe惰性气体外，自然界存在的所有元素都已有用 ICP－AES 法测定的报告。当然实际应用上，并非所有元素都能方便地使用 ICP－AES 法进行测定，仍有些元素用 ICP－AES 法测定不如采用其他分析方法更为有效。尽管如此，ICP－AES 法仍是元素分析最为有效的方法。

（2）ICP 光源是一种光薄的光源，自吸现象小，所以 ICP－AES 法校正曲线的线性范围可达 5～6 个数量级，有的仪器甚至可以达到 7～8 个数量级，即可以同时测定十万分之几至百分之几十的含量。在大多数情况下，元素浓度与测量信号呈简单的线性关系，既可测低浓度成分（低于 1mg/L），又可同时测高浓度成分（几百或数千毫克每升），是充分发挥 ICP－AES 多元素同时测定能力的一个非常有价值的分析特性。

（3）ICP－AES 法具有较高的蒸发、原子化和激发能力，且为无电极放电，无电极沾污。由于等离子体光源的异常高温（焰炬高达 10000℃，样品区也在 6000℃以上），可以避免一般分析方法的化学干扰、基体干扰，与其他光谱分析方法相比，干扰水平比较低。等离子体焰炬比一般化学火焰具有更高的温度，能使一般化学火焰难以激发的元素原子化、激发，所以有利于难激发元素的测定。并且在 Ar 气氛中不易生成难熔的金属氧化物，从而使基体效应和共存元素的影响变得不明显。很多可直接测定，使分析操作变得简单，实用。

（4）ICP－AES 法具有溶液进样分析方法的稳定性和测量精度，其分析精度可与湿式化学法相比，且检出限非常好，很多元素的检出限低于 1mg/L。现代的 ICP－AES 仪器，其测定精度 RSD 可在 1% 以下，有的仪器短期精度 RSD 在 0.4%。同时 ICP 溶液分析方法可以采用标准物质进行校正，具有可溯源性，已经被很多标准物质的定值所采用，被 ISO 列为标准分析方法。

（5）ICP－AES 法采用相应的进样技术可以对固、液、气态样品直接进行分析。

总汞砷及其化合物的测定需采用常压消解后原子荧光法。锌、铜、铅、镍、镉及其化合物的测定可采用常压消解或微波高压消解后原子吸收分光光度法。铬及其化合物的测定还可采用常压消解或微波高压消解后二苯碳酰二肼分光光度法。

下面对于电镀污泥中常见重金属元素的测定方法进行简单的介绍。

3.1.4.1 铜的测定

测定铜可以采用火焰原子吸收分光光度法和铜试剂光度法。

（1）火焰原子吸收分光光度法。将消解试液喷入空气－乙炔火焰中，在火焰中被测铜由离子态被还原成基态原子，在其原子蒸气对锐线光源（空心阴极灯或无极放电灯）发射的特征谱线产生选择性吸收，在 324.7nm 铜的特征波长下，其吸光度的大小与火焰中的铜基态原子浓度成正比。

（2）铜试剂光度法。在氨性柠檬酸盐介质中（pH 值为 8～10），Cu^{2+} 与二乙基二硫代氨基甲酸钠（简称铜试剂）反应，生成黄棕色配合物，用明胶作为保护剂，在445nm波长下，其吸光度与试样中铜的浓度成正比，可通过测定其吸光度进行铜含量的测定。本方法的测定范围为0.01～2.0mg/L。常见的重金属干扰离子可用柠檬酸和EDTA掩蔽，消除其干扰。值得注意的是，光对固体铜试剂及其溶液有分解作用，当固体铜试剂变成粉末状，液体出现浑浊时，不可再用。明胶溶液易发酵变质，即使加防腐剂也不可再用，故应放在温度低的地方保存。

3.1.4.2 砷的测定

样品中砷的测定采用二乙胺基二硫代甲酸银光度法和硼氢化钾－硝酸银分光光度法。

（1）二乙胺基二硫代甲酸银光度法。通过化学氧化分解试样中以各种形式存在的砷，使之转化为可溶态砷离子进入溶液。锌与酸作用，产生新生态氢。在碘化钾和氯化亚锡存在的情况下，使五价砷还原为三价，三价砷被新生态氢还原成气态砷化氢（即胂）。用二乙胺基二硫代甲酸银－三乙醇胺的三氯甲烷溶液吸收胂，生成红色胶体银，在波长为510nm处以三氯甲烷为参比测其经空白后的吸光度，通过标准曲线进行定量。此方法适用于0.007～0.50mg/kg的样品。

（2）硼氢化钾－硝酸银分光光度法。硼氢化钾在酸性溶液中产生新生态的氢，将水中无机砷还原成砷化氢气体，以硝酸－硝酸银－聚乙烯醇－乙醇溶液为吸收液。砷化氢将吸收液中的银离子还原成单质胶态银，使溶液呈黄色，颜色强度与生成氢化物的量成正比。在400nm处其吸光度与试样中砷的浓度成正比，可通过测定其吸光度进行砷含量的测定。

3.1.4.3 镉的测定

测定镉的方法有石墨炉原子吸收分光光度法和双硫腙分光光度法。

（1）石墨炉原子吸收分光光度法。将消解试液注入石墨管中，用电加热方式使石墨炉升温，试液样品蒸发离解成的原子蒸气对锐线光源（空心阴极灯或无极放电灯）发射的特征谱线产生选择性吸收，在228.8nm（镉的特定波长）下，其吸光度与试样中被测定元素的浓度成正比，即可测定镉的含量。该方法的检出限为0.01mg/kg（按称取0.5g试样消解定容至50mL计算）。

（2）双硫腙分光光度法。在强碱性溶液中，镉和双硫腙产生红色配合物，用氯仿萃取比色，于518nm进行分光光度测定，可求出镉的含量。由于不同的离子和双硫腙作用的pH值不同，以及对某些化合物的配合作用强弱不等，故可借以分离汞、铜、铅、锌等干扰物，但当污泥中干扰物的浓度太高时，对测定仍有影响。本法最低能检出0.5μg/mL。

3.1.4.4 汞的测定

汞的测定采用冷原子吸收光度法和双硫腙分光光度法。

冷原子吸收光度法原理如下：在硫酸－硝酸介质及加热条件下，用过量的高锰酸钾将电镀污泥样品进行消解，使汞全部转化为二价汞，多余的高锰酸钾用盐酸羟胺还原，然后用氯化亚锡将二价汞还原成原子汞，在室温下通入空气或氮气流，将金属汞汽化，其蒸气对波长253.7nm的紫外光具有强烈的特征吸收，汞蒸气浓度与吸收值成正比。测定吸收值，可求得试样中的汞含量。本方法的最低检出限为0.005mg/kg（按称取2g试样计算）。

3.1.4.5 铅的测定

测定铅的含量采用石墨炉原子吸收分光光度法、双硫腙分光光度法、电感耦合等离子体发射光谱法及原子荧光法。

（1）石墨炉原子吸收分光光度法。经消解后电镀污泥液态试样中的铅，在空气－乙炔火焰的高温下，铅化合物离解为基态原子，该基态原子蒸气吸收从铅空心阴极灯射出的特征波长为283.3nm的光，吸光度的大小与火焰中铅基态原子浓度成正比，可从校准曲线查得被测元素铅的含量。

（2）电感耦合等离子体发射光谱法。电镀污泥样品消解后，将消解液直接吸入电感耦合等离子焰炬，被分析元素在火焰中挥发、原子化、激发，辐射出特征谱线，根据谱线强度确定被测样品中元素的浓度。

（3）原子荧光法。电镀污泥样品消解后，将消解液置于氢化物发生器中，加入还原剂硼氢化钾发生反应，铅被还原成铅化氢气体，用氩气作为载气将铅化氢气体导入电热石英炉中进行原子化，受热的铅化氢解离成铅的气态原子。这些原子蒸气受到光源特征辐射线的照射而被激发，受激发原子从激发态返回基态，发射出一定波长的原子荧光。产生的原子荧光强度与试样中铅的含量成正比，可从校准曲线查得被测元素铅的含量。

3.1.4.6 锌的测定

锌的测定采用火焰原子吸收分光光度法和电感耦合等离子体发射光谱法。

火焰原子吸收分光光度法测定方法如下：将消解试液喷入空气－乙炔火焰中，在火焰中被测的锌由离子态被还原成基态原子，在其原子蒸气对锐线光源发射的特征谱线产生选择性吸收，在213.9nm锌的特定波长下，其吸光度与试样中的被测元素的浓度成正比，即可定量测定锌含量。检出限为0.5mg/kg（按称取0.5g试样消解定容至50mL计算）。

3.1.4.7 铬的测定

电镀污泥中总铬的测定可采用火焰原子吸收分光光度法和二苯碳酰二肼分光光度法。

火焰原子吸收分光光度法的测定方法如下：采用盐酸－硝酸－氢氟酸－高氯酸全消解的方法，破坏样品的矿物晶格，使试样中的待测元素全部进入试液，并且在消解过程中，所有铬都被氧化成 $Cr_2O_7^{2-}$。然后，将消解液喷入富燃性空气－乙炔火焰中。在高温下，形成铬基态原子，并对铬空心阴极灯发射的特征谱线

357.9nm 产生选择性吸收。在选择的最佳测定条件下，测定铬的吸光度。此法适用于0.1~5.0mg/kg 的样品。

3.1.4.8 镍的测定

电镀污泥中镍的测定可采用火焰原子吸收分光光度法和电感耦合等离子体发射光谱法。

火焰原子吸收分光光度法灵敏度高、简便、快速、干扰少。此方法的检出限为5mg/kg（按称取0.5g 试样消解定容至50mL 计算）。电感耦合等离子体发射光谱法测定镍的浓度时很少有干扰，试液中一般共存元素即使达到1000mg/mL 也不影响测定，本方法污泥消解液的最低检出限为0.009mg/mL。

3.2 非金属元素分析测定

3.2.1 总氮的测定

电镀污泥中总氮可以采用碱性过硫酸钾消解紫外分光光度法和半微量凯氏法进行测定。

（1）碱性过硫酸钾消解紫外分光光度法。在120~124℃的碱性介质条件下，用过硫酸钾作为氧化剂，不仅可将样品消解液中的氨氮和亚硝酸盐氧化为硝酸盐，同时将消解液中大部分有机氮化合物氧化为硝酸盐。而后，用紫外分光光度计分别于波长为220nm 和275nm 处测定其吸光度 A，按 $A = A_{220} - 2A_{275}$ 计算硝酸盐中氮的吸光度，从而计算总氮的含量。

（2）半微量凯氏法。污泥样品在催化剂的参与下，用浓硫酸消煮时，各种含氮有机物经过高温氧化分解转化为铵态氮。碱化后蒸馏出来的氨用硼酸吸收，以酸标准溶液滴定，可求出污泥中总氮的含量（不包括全部硝态氮）。包括硝态和亚硝态的总氮的测定应在样品消煮前，先用高锰酸钾将污泥样品中的亚硝态氮氧化为硝态氮后再用还原铁粉使全部硝态氮还原，转化为铵态氮。

3.2.2 总磷的测定

电镀污泥中总磷的测定可以采用钼锑抗分光光度法进行测定。

钼锑抗分光光度法的基本原理是：在酸性条件下，正磷酸盐与钼酸铵、酒石酸锑氧化钾反应，生成磷钼杂多酸，被还原剂抗坏血酸还原，则变成蓝色配合物，通常称为磷钼蓝。最低检出浓度为0.01mg/L，测定上限为0.06mg/L[1]。

3.3 元素测定常用仪器

光谱分析基于测量辐射的波长及强度。这些光谱是由于物质的原子或分子的特定能级的跃迁所产生的，根据其特征光谱的波长可进行定性分析；而光谱的强度与物质的含量有关，可进行定量分析。

光谱法可分为原子光谱法和分子光谱法。

原子光谱法是由原子外层或内层电子能级的变化产生的，它的表现形式为线光谱。属于这类分析方法的有原子发射光谱法（AES）、原子吸收光谱法（AAS）、原子荧光光谱法（AFS）以及X射线荧光光谱法（XRF）等。

分子光谱法是由分子中电子能级、振动和转动能级的变化产生的，表现形式为带光谱。属于这类分析方法的有紫外-可见分光光度法（UV-Vis）、红外光谱法（IR）、分子荧光光谱法（MFS）和分子磷光光谱法（MPS）等。

3.3.1 高频电感耦合等离子体原子发射光谱仪

电感耦合等离子体原子发射光谱（ICP-AES）法可以对固、液、气态样品直接进行分析。进样技术有液体雾化进样、气体直接进样、固体超微粒气溶胶进样。

该方法对于液体样品分析的优越性是明显的，对于固体样品的分析，所需样品前处理也很少，只需将样品加以溶解制成一定浓度的溶液即可。通过溶解制成溶液再行分析，不仅可以消除样品结构干扰和非均匀性，同时也有利于标准样品的制备。分析速度快，多道仪器可同时测定30~50个元素，单道扫描仪器10min内也可测定15个以上的元素，而且已可实现全谱自动测定。可测定的元素之多，大概比任何类似的分析方法都要多，可以肯定目前还没有一种同时分析方法可以与之相匹敌。

电感耦合等离子体（ICP）光谱仪是由ICP光源、进样装置、分光装置、检测器和数据处理系统组成。其中ICP光源由高频发生器、石英炬管和高频感应线圈组成；进样装置是由蠕动泵（一些仪器直接利用同心雾化器提升）、雾化器和雾室等组成；分光装置由入射狭缝、分光元件、若干光学镜片及出射狭缝（全谱直读型没有）组成；检测器现在用的主要是光电倍增管和固体成像器件（目前主要有CCD和CID）；数据处理系统主要有计算机、数据通讯板和仪器控制及数据处理软件组成。

原子发射光谱法（AES），是利用物质在热激发或电激发下，不同元素的原子或离子发射特征光谱的差别来判断物质的组成，并进而进行元素的定性与定量分析的方法。原子发射光谱法包括了三个主要的过程：（1）由光源提供能量使样品蒸发、形成气态原子、进一步使气态原子激发而产生光辐射；（2）将光源发出的复合光经单色器分解成按波长顺序排列的谱线，形成光谱；（3）用检测器检测光谱中谱线的波长和强度。由于待测元素原子的能级结构不同，因此发射谱线的特征不同，据此可对样品进行定性分析；根据待测元素原子的浓度不同，而发射强度不同，可实现元素的定量测定。

彭义华等人[2]研究了分别在碱性和酸性介质中用高频ICP-AES直接测定污

泥中 Ag、Cu、Ni 等金属元素的分析方法。实验结果表明在选定的最佳仪器工作条件下，Ag、Cu、Ni、Al、Ca、Fe 的加标回收率为 97% ~105%，相对标准偏差小于 15%。该方法简便、快速、准确，适用的试样测定含量范围为 0.01% ~ 12.5%（干基试样）。

张优珍等人[3]研究了 ICP - AES 直接测定电镀污泥中微量金、钯的分析方法。结果表明：在选定的最佳仪器工作条件下，金、钯的检出限分别为 0.015 mg/L和 0.018mg/L，加标回收率为 94.0% ~104.0%，相对标准偏差小于 3%。

3.3.2 电感耦合等离子体质谱仪

电感耦合等离子体质谱仪（ICP - MS）是 20 世纪 80 年代发展起来的无机元素和同位素分析测试技术，它以独特的接口技术将电感耦合等离子体的高温电离特性与质谱计的灵敏快速扫描的优点相结合而形成一种高灵敏度的分析技术。

电感耦合等离子体质谱仪的原理如下：所用电离源是感应耦合等离子体（ICP），它与原子发射光谱仪所用的 ICP 是一样的，其主体是一个由三层石英套管组成的炬管，炬管上端绕有负载线圈，三层管从里到外分别通载气、辅助气和冷却气，负载线圈由高频电源耦合供电，产生垂直于线圈平面的磁场。如果通过高频装置使氩气电离，则氩离子和电子在电磁场作用下又会与其他氩原子碰撞产生更多的离子和电子，形成涡流。强大的电流产生高温，瞬间使氩气形成温度可达 10000K 的等离子焰炬。样品由载气带入等离子体焰炬会发生蒸发、分解、激发和电离，辅助气用来维持等离子体，需要量大约为 1L/min。冷却气以切线方向引入外管，产生螺旋形气流，使负载线圈处外管的内壁得到冷却，冷却气流量为 10 ~15L/min。雾化器将溶液样品送入等离子体光源，在高温下汽化，解离出离子化气体，通过铜或镍取样锥收集的离子，在低真空约 133.322Pa 压力下形成分子束，再通过 1 ~2mm 直径的截取板进入四极质谱分析器，经滤质器质量分离后，到达离子探测器，根据探测器的计数与浓度的比例关系，可测出元素的含量或同位素比值。

ICP - MS 由等离子发生器、雾化室、炬管、四极质谱仪和一个快速通道电子倍增管（称为离子探测器或收集器）组成。

它主要有以下优点：

（1）灵敏度高；

（2）速度快，可在几分钟内完成几十个元素的定量测定；

（3）谱线简单，干扰相对于光谱技术要少；

（4）线性范围可达 7 ~9 个数量级；

（5）样品的制备和引入相对于其他质谱技术简单；

（6）既可用于元素分析，还可进行同位素组成的快速测定；

（7）测定精密度（RSD）可到0.1%。

贾双琳等人[4]采用ICP－MS快速测定土壤样品中的稀土元素，建立了一种对土壤样品中15种稀土元素进行同时快速测定且经济可行的方法。试样用氢氟酸、硫酸分解处理，用王水提取，稀硝酸定容后，通过三通在线进样方式引入内标元素铑（Rh），使用ICP－MS进行测定。对27件土壤国家标准物质进行测定，其结果与推荐值基本一致。方法的检出限、准确度和精密度（RSD，$n=12$）均满足相关标准要求。对部分样品进行密码重复分析，证实本方法可靠。

李金英等人[5]综述了ICP－MS的新进展，讨论了未来ICP－MS仪器技术的发展方向和新型仪器的结构与性能，以及化学前处理技术、联用技术与形态分析等ICP－MS的分析方法研究和应用趋势，指出了ICP－MS现存的主要问题，探讨了可能的解决方案。

3.3.3 X射线荧光光谱仪

人们通常把X射线照射在物质上而产生的次级X射线称为X射线荧光（XRF），而把用来照射的X射线称为原级X射线，所以X射线荧光仍是X射线。利用X射线荧光原理，理论上可以测量元素周期表中的每一种元素。在实际应用中，有效的元素测量范围为11号元素Na到92号元素U。

X射线是电磁波谱中的某特定波长范围内的电磁波，其特性通常用能量（单位：keV）和波长（单位：nm）描述。

X射线荧光是原子内产生变化所致的现象。一个稳定的原子结构由原子核及核外电子组成。其核外电子都以各自特有的能量在各自的固定轨道上运行，内层电子（如K层）在足够能量的X射线照射下脱离原子的束缚，释放出来，电子的释放会导致该电子壳层出现相应的电子空位。这时处于高能量电子壳层的电子（如L层）会跃迁到该低能量电子壳层来填补相应的电子空位。由于不同电子壳层之间存在着能量差距，这些能量上的差以二次X射线的形式释放出来，不同的元素所释放出来的二次X射线具有特定的能量特性。这一个过程就是X射线荧光（XRF）。

（1）X射线的波长。元素的原子受到高能辐射激发而引起内层电子的跃迁，同时发射出具有一定特殊性波长的X射线，根据莫斯莱定律，X射线荧光的波长λ与元素的原子序数Z有关，其数学关系如下：

$$\lambda = K(Z - S) - 2$$

式中，K和S为常数。

（2）X射线的能量。根据量子理论，X射线可以看成由一种量子或光子组成的粒子流，每个光具有的能量为：

$$E = h\upsilon = hc/\lambda$$

式中，E 为 X 射线光子的能量，keV；h 为普朗克常数；v 为光波的频率；c 为光速。

因此，只要测出 X 射线荧光的波长或者能量，就可以知道元素的种类，这就是 X 射线荧光定性分析的基础。此外，X 射线荧光的强度与相应元素的含量有一定的关系，据此，可以进行元素定量分析。

一台典型的 X 射线荧光（XRF）仪器由激发源（X 射线管）和探测系统构成。X 射线管产生入射 X 射线（一次 X 射线），激发被测样品。受激发的样品中的每一种元素会放射出二次 X 射线，并且不同的元素所放射出的二次 X 射线具有特定的能量特性或波长特性。探测系统测量这些放射出来的二次 X 射线的能量及数量。然后，仪器软件将探测系统所收集到的信息转换成样品中各种元素的种类及含量。X 射线照在物质上而产生的次级 X 射线被称为 X 射线荧光。

该仪器设备主要有以下优点：

（1）分析速度高。测定用时与测定精密度有关，但一般都很短，2～5min 就可以测完样品中的全部待测元素。

（2）X 射线荧光光谱跟样品的化学结合状态无关，而且跟固体、粉末、液体及晶质、非晶质等物质的状态也基本上无关（气体密封在容器内也可分析），但是在高分辨率的精密测定中却可看到有波长变化等现象。特别是在超软 X 射线范围内，这种效应更为显著。波长变化用于化学位的测定。

（3）非破坏分析。在测定中不会引起化学状态的改变，也不会出现试样飞散现象。同一试样可反复多次测量，结果重现性好。

（4）X 射线荧光分析是一种物理分析方法，所以对在化学性质上属同一族的元素也能进行分析。

（5）分析精密度高。

（6）制样简单，固体、粉末、液体样品等都可以进行分析。

不同元素发出的特征 X 射线能量和波长各不相同，因此通过对 X 射线的能量或者波长的测量即可知道它是何种元素发出的，进行元素的定性分析。同时样品受激发后发射某一元素的特征 X 射线强度跟这元素在样品中的含量有关，因此测出它的强度就能进行元素的定量分析。

程泽等人[6]采用 X 射线荧光光谱分析法快速、准确地测定了 Cu、Pb、Zn、Ga、Ti、Mn 等元素含量，并最大限度地缩短了测量时间。该方法用于实际样品测定，符合化探质量管理的要求。

马慧侠[7]研究了石油焦（生焦和煅后焦）样品压片法制样的条件，确定了压片法使用的黏结剂，制定了利用 X 射线荧光光谱仪测定石油焦中微量和痕量元素的方法。选用 PC 和 GPW 系列标准样品，采用仪器软件 SuperQ 中提供的飞利浦模式的经验系数和铑（Rh）靶康普顿散射线内标法校正元素间的谱线重叠干扰和基体效应，通过充分研磨样品消除颗粒效应。使用 Magix（PW2403）X 射线荧光光谱仪对样品中的 Na、Mg、Al、Si、P、S、Cl、K、Ca、Ba、Ti、V、Cr、Mn、Fe、Ni、Cu 和 Zn 共 18 个元素进行测定，11 次测定的相对标准偏差小于 10%，用 PC 和 GPW 标准样品验证，测量结果与标准值的误差在化学分析允许差范围内。

3.3.4 原子吸收光谱仪

原子吸收分光光度法也称原子吸收光谱法（AAS），简称原子吸收法。它是应用特征光源所发射的特征光谱，通过试样蒸气时被待测元素的基态原子所吸收，从辐射光强度的减弱程度，以确定试样中待测元素含量的一种方法。

原子吸收分光光度法与分光光度法虽同属光谱分析法的范围，但分光光度法研究的对象是溶液中化合物的分子吸收，谱带较宽，是带状光谱；而原子吸收法是利用基态原子对特征辐射的吸收以测定试样中该元素的含量，吸收线很窄，呈线状光谱，因此它可在同一试样中分别测定多种元素。

用作原子吸收分析的仪器称为原子吸收分光光度计或原子吸收光谱仪。它主要由光源、原子化系统、分光系统及检测系统四个主要部分组成。

（1）光源。光源一般采用空心阴极灯，它是一种低压辉光放电管，由一个空心圆筒形阴极和一个阳极组成。阴极由待测元素材料制成。当两极间加上一定电压时，阴极表面的待测金属原子被激发而射向阳极，便发射出特征光。这种特征光谱线宽度窄、干扰少，故称空心阴极灯为锐线光源。

（2）原子化系统。它是将待测元素由化合态转变成原子蒸气的装置，可分为火焰原子化系统和无火焰原子化系统。火焰原子化系统一般采用预混合型原子化器，包括喷雾器、雾化室、燃烧器和火焰及气体供给部分。常用的无火焰原子化系统是电热高温石墨管原子化器，其原子化效率比火焰原子化器高得多，因此可大大提高测定灵敏度，但测定精密度比火焰原子化法差。

（3）分光系统。分光系统又称单色器，主要由色散元件、凹面镜、狭缝等组成。它放在原子化系统之后，作用是将待测元素的特征谱线与邻近谱线分开。色散元件一般为棱镜或光栅。

（4）检测系统。检测系统由光电倍增管、放大器、对数转换器、指示器（表头、数显器、记录仪及打印机等）和自动调节、自动校准等部分组成，是将光信号转变成电信号并进行测量的装置。

原子吸收光谱法具有检出限低（火焰法可达 1ng/cm^3 级）、准确度高（火焰相对误差小于 1%）、选择性好（即干扰少）、分析速度快、测定范围广等优点。

魏庆红等人[8]对采用 AAS 法测定桔梗中铅、镉含量的方法进行了研究。方法采用不同的消化方式，对仪器参数进行优化，建立了桔梗中 Pb、Cd 的原子吸收光谱测定方法。结果桔梗中重金属元素 Pb、Cd 的含量分别为 0.96mg/kg、0.083mg/kg；加标回收率分别为 92.7% 和 99.3%。实验建立的原子吸收光谱条件用于测定桔梗中微量元素简单、快速、灵敏、准确。

柴俊华[9]采用微型化学原子化器 - 原子吸收光谱法，通过对介质酸度、$NaBH_4$、载气流速等影响因素的优化，直接测定生活污水中的 As 和 Pb。相较于一般氢化发生器，其优点在于快速、成本低、干扰性小，不需要用 HCl 和 $NaBH_4$ 作载流，$NaBH_4$ 的消耗可以节省 90% 以上。

3.3.5 原子荧光光谱仪

原子荧光光度计利用惰性气体作载气，将气态氢化物和过量氢气与载气混合后，导入加热的原子化装置，氢气和氩气在特制火焰装置中燃烧加热，氢化物受热以后迅速分解，被测元素离解为基态原子蒸气，其基态原子的量比单纯加热砷、锑、铋、锡、硒、碲、铅、锗等元素生成的基态原子高几个数量级。根据荧光谱线的波长可以进行定性分析；在一定的实验条件下，荧光强度与被测元素的浓度成正比，据此可以进行定量分析。

气态自由原子吸收特征波长辐射后，原子的外层电子从基态或低能级跃迁到高能级，之后，又跃迁至基态或低能级，同时发射出与原激发波长相同或不同的辐射，称为原子荧光。原子荧光分为共振荧光、直跃荧光、阶跃荧光等。

原子荧光光谱仪分为色散型和非色散型两类。两类仪器的结构基本相似，差别在于非色散仪器不用单色器。色散型仪器由辐射光源、单色器、原子化器、检测器、显示和记录装置组成。辐射光源用来激发原子使其产生原子荧光。可用连续光源或锐线光源，常用的连续光源是氙弧灯，可用的锐线光源有高强度空心阴极灯、无极放电灯及可控温度梯度原子光谱灯和激光。单色器用来选择所需要的荧光谱线，排除其他光谱线的干扰。原子化器用来将被测元素转化为原子蒸气，有火焰、电热和电感耦合等离子焰原子化器。检测器用来检测光信号，并转换为电信号，常用的检测器是光电倍增管。显示和记录装置用来显示和记录测量结果，可用电表、数字表、记录仪等。

原子荧光光谱法的优点为：

（1）有较低的检出限，灵敏度高。特别对 Cd、Zn 等元素有相当低的检出限，Cd 可达 $0.001ng/cm^3$、Zn 为 $0.04ng/cm^3$。现已有 20 多种元素低于原子吸收光谱法的检出限。由于原子荧光的辐射强度与激发光源成比例，采用新的高强度光源可进一步降低其检出限。

（2）干扰较少，谱线比较简单，采用一些装置可以制成非色散原子荧光分析仪。这种仪器结构简单，价格便宜。

（3）分析校准曲线线性范围宽，可达 3 ~ 5 个数量级。

（4）由于原子荧光是向空间各个方向发射的，比较容易制作多道仪器，因而能实现多元素同时测定。

陈美芳等人[10]研究了 AFS－8120 型双道原子荧光光度计在同一体系中测定土壤中 As、Sb、Hg 和 Bi 的分析方法，重点试验了酒石酸抑制 Sb 水解的浓度以及对 As、Hg、Bi 的影响。结果表明，当酒石酸的浓度达 3%（质量体积比）时既能有效抑制 Sb 水解，又不影响 As、Hg、Bi 的测定结果。经国家一级标准样品验证，结果与推荐值相吻合，可满足实际测试工作的要求。

曾何华等人[11]对氢化物发生—冷原子荧光光谱法测定锌精矿中的汞含量的过程进行了分析。不确定度的主要来源为标准溶液的配制、样品称量、定容及重复测定。当锌精矿中汞含量为 0.056% 时，测量结果表示为 0.056（1 ± 0.0839）%。

3.3.6 紫外－可见光谱仪

紫外－可见分光光度法（UVS）是根据物质分子对波长为 200～760nm 这一范围的电磁波的吸收特性所建立起来的一种定性、定量和结构分析的方法。操作简单、准确度高、重现性好。

物质的吸收光谱本质上就是物质中的分子和原子吸收了入射光中的某些特定波长的光能量，相应地发生了分子振动能级跃迁和电子能级跃迁的结果。由于各种物质具有各自不同的分子、原子和不同的分子空间结构，其吸收光能量的情况也就不会相同，因此，每种物质就有其特有的、固定的吸收光谱曲线，可根据吸收光谱上的某些特征波长处的吸光度的高低判别或测定该物质的含量，这就是分光光度计定性和定量分析的基础。分光光度分析就是根据物质的吸收光谱研究物质的成分、结构和物质间相互作用的有效手段。紫外可见分光光度法的定量分析基础是朗伯－比尔（Lambert－Beer）定律，即物质在一定浓度的吸光度与它的吸收介质的厚度呈正比。

紫外－可见分光光度计由 5 个部件组成：

（1）辐射源。必须具有稳定的、有足够输出功率的、能提供仪器使用波段的连续光谱，如钨灯、卤钨灯（波长范围 350～2500nm），氘灯或氢灯（180～460nm），或可调谐染料激光光源等。

（2）单色器。它由入射狭缝、出射狭缝、透镜系统和色散元件（棱镜或光栅）组成，是用以产生高纯度单色光束的装置，其功能包括将光源产生的复合光分解为单色光和分出所需的单色光束。

（3）试样容器，又称吸收池。供盛放试液进行吸光度测量之用，分为石英池和玻璃池两种，前者适用于紫外光到可见光区，后者只适用于可见光区。容器的光程一般为 0.5～10cm。

（4）检测器，又称光电转换器。常用的有光电管或光电倍增管，后者较前者更灵敏，特别适用于检测较弱的辐射。近年来还使用光导摄像管或光电二极管矩阵作检测器，具有快速扫描的特点。

（5）显示装置。这部分装置发展较快。较高级的光度计常备有微处理机、荧光屏显示和记录仪等，可将图谱、数据和操作条件都显示出来。

仪器类型有：单波长单光束直读式分光光度计，单波长双光束自动记录式分光光度计和双波长双光束分光光度计。

紫外－可见分光光度计的应用范围有：

（1）定量分析，广泛用于各种物料中微量、超微量和常量的无机和有机物质的测定。

（2）定性和结构分析，紫外吸收光谱还可用于推断空间阻碍效应、氢键的强度、互变异构、几何异构现象等。

（3）反应动力学研究，即研究反应物浓度随时间而变化的函数关系，测定反应速度和反应级数，探讨反应机理。

（4）研究溶液平衡，如测定络合物的组成、稳定常数、酸碱离解常数等。

紫外－可见分光光度计的优点有：

（1）应用广泛，由于各种各样的无机物和有机物在紫外－可见光区都有吸收，因此均可借此法加以测定，到目前为止，几乎化学元素周期表上的所有元素（除少数放射性元素和惰性元素之外）均可采用此法。

（2）灵敏度高，由于相应学科的发展，使新的有机显色剂的合成和研究取得可喜的进展，从而对元素测定的灵敏度大大提高了一步。

（3）选择性好，目前已有些元素只要利用控制适当的显色条件就可直接进行光度法测定，如钴、铀、镍、铜、银、铁等元素的测定，已有比较满意的方法。

（4）准确度高，对于一般的分光光度法来说，其浓度测量的相对误差在1%～3%范围内，如采用示差分光光度法测量，则误差往往可减少到千分之几。

（5）适用浓度范围广，可从常量到痕量。

（6）分析成本低、操作简便、快速。

国内外学者利用这些方法对多组分物质进行测定的研究有很多[12～16]，如方国桢等人[17]利用6种化学计量学法同时分光光度测定5组分的比较研究及食品分析，经用于9种人工合成液和4种食品分析，均获满意结果，分析两种茶叶结果也与ICP－AES法是一致的。

熊道陵等人[18]利用三波长分光光度法同时测定混合溶液中铬、铁、镍，依据EDTA能与多种有价金属离子反应形成有色配合物的原理，根据元素在固定波长下其摩尔吸光系数保持不变的原则，一定浓度的溶液在各波长下可得到相应的吸光度值，从而计算铁、铬、镍的摩尔吸光系数并列出线性方程。为了验证此线性方程是否适用，用铁、铬、镍三种标准溶液人工配制混合溶液对三种金属离子的含量进行检测，验证了此方法的可行性及准确性，结果表明其相对误差在±5%以内，测定结果令人满意。

3.3.7 傅里叶变换红外光谱仪

傅里叶变换红外光谱仪（FT－IR spectrometer），简称为傅里叶红外光谱仪。它不同于色散型红外分光的原理，是基于对干涉后的红外光进行傅里叶变换的原理而开发的红外光谱仪。可以对样品进行定性和定量分析，广泛应用于医药化工、地矿、石油、煤炭、环保、海关、宝石鉴定、刑侦鉴定等领域。

傅里叶变换红外光谱仪的基本原理如下：光源发出的光被分束器（类似半透半反镜）分为两束，一束经透射到达动镜，另一束经反射到达定镜。两束光分别经定镜和动镜反射再回到分束器，动镜以一恒定速度做直线运动，因而经分束器分束后的两束光形成光程差，产生干涉。干涉光在分束器会合后通过样品池，通过样品后含有样品信息的干涉光到达检测器，然后通过傅里叶变换对信号进行处理，最终得到透过率或吸光度随波数或波长变化的红外吸收光谱图。

傅里叶变换红外光谱仪主要由红外光源、光阑、干涉仪（分束器、动镜、定镜）、样品室、检测器以及各种红外反射镜、激光器、控制电路板和电源组成。

傅里叶变换红外光谱仪的优点为：

（1）信噪比高。傅里叶变换红外光谱仪所用的光学元件少，没有光栅或棱镜分光器，降低了光的损耗，而且通过干涉进一步增加了光的信号，因此到达检测器的辐射强度大，信噪比高。

（2）重现性好。傅里叶变换红外光谱仪采用的傅里叶变换对光的信号进行处理，避免了电机驱动光栅分光时带来的误差，所以重现性比较好。

（3）扫描速度快。傅里叶变换红外光谱仪是按照全波段进行数据采集的，得到的光谱是对多次数据采集求平均值后的结果，而且完成一次完整的数据采集只需要一至数秒，而色散型仪器则在任一瞬间只测试很窄的频率范围，一次完整的数据采集需要10～20min。

郑庆荣等人[19]选择5种有代表性的炼焦用煤，分属不同地方不同煤种的中等变质程度煤，在实验室条件下利用美国生产的FTS－165傅里叶变换红外光谱仪对其进行FT－IR分析，采用WIN－IR软件中的谱图解叠子程序针对煤特有的结构性质进行研究。

刘东风等人[20]系统阐述了FT－IR光谱油品分析技术的特点，介绍了常用FT－IR光谱油品分析系统的构成、分析流程和应用关键点。应用实践表明，该技术能够较为迅速、准确地分析润滑油在用油的衰变状况和污染物，特别是在水分含量和燃油稀释等监测方面效率较高。综合应用 FT - IR 光谱油品分析技术与原子发射光谱和 PQ 分析等油液监测手段，优化油液监测流程，能有效地监测设备磨损及故障源、提高故障检出率和监测效益。

3.3.8 分子荧光光谱仪

荧光的产生是由在通常状况下处于基态的分子吸收激发光后变为激发态，这些处于激发态的分子是不稳定的，在返回基态的过程中将一部分的能量又以光的形式放出，从而产生荧光。不同物质因为分子结构的不同，其激发态能级的分布具有各自不同的特征，这种特征反映在荧光上表现为各种物质都有其特征荧光激发和发射光谱，因此可以用荧光激发和发射光谱的不同来定性地进行物质的鉴定。在溶液中，当荧光物质的浓度较低时，其荧光强度与该物质的浓度通常有良好的正比关系，利用这种关系可以进行荧光物质的定量分析，与紫外 - 可见分光光度法类似，荧光分析通常也采用尺度曲线法进行。

荧光分光光度计与紫外可见分光光度计类似，由光源、单色器、样品室、光电倍增管和计算机数据处理部分组成。不同的是，荧光分光光度计中的单色器包括激发单色器和发射单色器两个，并且为了避免激发光导致的瑞利散射的影响，一般激发光路和发射光路以荧光池为中心互成直角。光源多为氙灯光源。由于荧光分析直接测定发光强度，荧光光谱的形状、强度等也包含了发射单色器、检测器响应等随波长变化等仪器因素的影响。

一般获得的荧光光谱并非样品分子真实的光谱。在某一荧光发射波长下进行定量分析时一般影响不大，在测定荧光量子产率时，需要对仪器的波长响应特性进行校正。新出厂的部分荧光分光光度计已附有光谱校正的软件。如果仪器未自带光谱校正软件，需要使用已知真实荧光光谱的标准样品进行测定并加以校正。用于荧光测定的样品池一般采用四面透明的石英池。如果激发波长在可见光区，特殊情况下也可以用简易的塑料管替代，但需要特别注意激发光散射的影响。此外，荧光测定多涉及痕量分析，常常检测微弱的荧光发射，需要注意溶剂中痕量的荧光杂质、溶解氧的影响。实验条件的选择以及试剂纯度等方面也需要注意。为了能在同时有荧光发射的情况下测定磷光，通常是借助于荧光和磷光寿命的显著差异，或是在荧光分光光度计上配置相应的磷光附件，采用脉冲光源和门控检测装置，利用时间分辨技术进行测定。

原油中富含各类芳烃，而分子荧光光谱对芳烃成分非常敏感，因此它是原油定量及定性分析的常用手段，具有灵敏度高、检测限低、操作简单、分析速度快捷等优点。陈瀑等人[21]以不同荧光光谱分析模式进行分类，通过介绍常规分子荧光光谱、同步荧光、时间分辨荧光等分析手段，对分子荧光光谱在原油分析中的应用做了论述，并对其发展趋势做了展望。

胡春玲等人[22]采用分子荧光光度法对微量锌含量的测定，在弱酸性的条件下 8 - 羟基喹啉与锌可发生反应形成二元络合物，该络合物在 510nm 处产生较强的荧光峰，在一定合适的条件下测定实验样品的锌含量。结果显示，该分析方法变异系数（RSD）小于 0.9%，加标回收率在 90% ~110% 之间，符合分析的基本要求，可用于各种样品中微量锌的测定。

参考文献

[1] 朱英，张华，赵由才．污泥循环卫生填埋技术［M］．北京：冶金工业出版社，2010.

[2] 彭义华，张优珍，徐艳，等．ICP - AES 测定电镀污泥中的 Ag、Cu、Ni［J］．化工环保，2008，28（4）：369 ~ 372.

[3] 张优珍，刘大海．ICP - AES 测定电镀污泥中的金和钯［J］．环境科学研究，2005，18（5）：18 ~ 20.

[4] 贾双琳，赵平．ICP - MS 快速测定土壤样品中的稀土元素［J］．光谱实验室，2012，29（5）：3082 ~ 3086.

[5] 李金英，郭冬发，姚继军，等．电感耦合等离子体质谱（ICP - MS）新进展［J］．质谱学报，2002，23（3）：164 ~ 179.

[6] 程泽，董永胜，井卫华，等．XRF 法快速测定化探样品中铜铅锌镓钛锰［J］．内蒙古科技与经济，2012，（2）：158，161.

[7] 马慧侠．石油焦微量元素 XRF 测定方法的研究［J］．现代科学仪器，2012，（4）：119 ~ 122.

[8] 魏庆红，罗云，肖风琴，等．原子吸收光谱法测定出口饮片桔梗中铅、镉的含量研究［J］．现代中药研究与实践，2012，26（5）：14 ~ 16.

[9] 柴俊华．化学原子化器 AAS 测定生活污水中痕量砷和铅的研究［J］．广东化工，2011，38（11）：133 ~ 134.

[10] 陈美芳，王芳，陈志兵，等．同一体系 AFS 法快速测定土壤中砷、锑、汞和铋［J］．江苏科技信息，2012，（5）：34 ~ 36.

[11] 曾何华，赵秀峰，吕晓华，等．AFS 测定锌精矿中汞含量的不确定度评定［J］．广东化工，2011，38（9）：146 ~ 148.

[12] 马继平，吴海平，王兴宇．多波长线性回归分光光度法同时测定油中的铁、钴、镍［J］．光谱学与光谱分析，2000，20（11）：122 ~ 124.

[13] 翟虎，陈小全，邵辉莹．多元校正 - 紫外分光光度法同时测定苯酚和间苯二酚［J］．光谱实验室，2008，25（3）：440 ~ 443.

[14] 龚诚，杨佩，杨鹂，等．化学计量学在贵金属多元素同时测定中的应用进展［J］．黄金，2012，33（9）：59 ~ 62.

[15] 李通化，丛培盛．基于人工神经元模型的混合物定量分析［J］．分析化学，1992，20（11）：1327 ~ 1329.

[16] 于洪梅，聂广明，李井会．人工神经网络－紫外吸光光度法同时测定芴和苊［J］．鞍山钢铁学院学报，2001，24（1）：5～7.

[17] 方国桢，郭忠先．6种化学计量学法同时分光光度测定5组分的比较研究及食品分析［J］．分析化学，1994，22（3）：265～271.

[18] 熊道陵，罗序燕，李东林．三波长分光光度法同时测定铬、铁、镍［J］．南方冶金学院学报，1991，12（1）：76～81.

[19] 郑庆荣，曾凡桂，张世同，等．中变质煤结构演化的FT－IR分析［J］．煤炭学报，2011，36（3）：481～486.

[20] 刘东风，石新发．应用FT－IR红外光谱分析技术对在用油进行监测研究［J］．石油商技，2011，29（3）：80～83.

[21] 陈瀑，褚小立，田松柏．分子荧光光谱在原油分析中的应用概述［J］．现代科学仪器，2012，（1）：129～133.

[22] 胡春玲，黄康胜．分子荧光光度法对微量锌含量的测定研究［J］．广州化工，2012，40（13）：118～120.

4　有价金属铁的提取技术

4.1　铁及铁资源概述

4.1.1　铁的物理化学性质

4.1.1.1　铁的原子结构与物理性质

铁的原子序数为26，符号为Fe。在元素周期上，铁与钴、镍同属第四周期Ⅷ族。在自然界中，铁元素有4种稳定的同位素，其同位素丰度（%）如下：^{54}Fe 5.81，^{56}Fe 91.64，^{57}Fe 2.21，^{58}Fe 0.34。铁的相对原子质量为55.847。铁的原子半径，取12配位数时，为1.26×10^{-10}m。铁的原子体积为7.1cm^3，原子密度为7.86g/cm^3。铁原子的电子结构是$3d^64s^2$。铁原子很容易失掉最外层的两个s电子而呈正二价离子（Fe^{2+}）。如果再失掉次外层的1个d电子，则呈正三价离子（Fe^{3+}）。铁元素的这种变价特征导致铁在不同氧化还原反应中显示出不同的地球化学性质。

铁原子失去第一个电子的电离势为7.90eV，失去第二个电子的电离势为16.18eV，失去第三个电子的电离势为30.64eV。

铁离子的半径随配位数和离子电荷而变化。据资料所述，取6配位数时，Fe^{2+}的离子半径为0.074nm，Fe^{3+}的离子半径为0.064nm。铁离子在含氧盐和卤化物等中构成离子化合物。

铁常与硫和砷等构成共价化合物。铁的共价半径为1.17×10^{-10}m。其键性强度可用铁和硫、砷等的电负性差求得。铁的电负性为：Fe^{2+}为1.8，Fe^{3+}为1.9。

凡是原子半径与铁相近的元素，当晶体结构相同时，易与铁形成金属互化物，如铁和铂族形成的金属互化物粗铂矿（Pt，Fe）。凡是离子半径与铁相近的元素，当化学结构式相同时，易与铁发生类质同象替换，如硅酸盐中的铁橄榄石和镁橄榄石类质同象系列、碳酸盐中的菱铁矿和菱锰矿类质同象系列以及钨酸盐中的钨铁矿和钨锰矿类质同象系列等。

离子电位是一个重要的地球化学指标。Fe^{2+}的离子电位为2.70V，可在水溶液中呈自由离子（Fe^{2+}）迁移。Fe^{3+}的离子电位较高，为4.69V，它易呈水解产物沉淀。因此，在还原条件下，有利于Fe^{2+}呈自由离子迁移；在氧化条件下，则Fe^{2+}易氧化为Fe^{3+}而呈水解产物沉淀。与铁共沉淀的元素（同价的或异价的）共生组合，可用离子电位图来预测。

铁及其化合物的密度、熔点和沸点以及它们在水中的溶解度或溶度积，是决定铁进行地球化学迁移的重要物理常数[1]，见表4－1。

表4－1 铁及其化合物的物理常数

分子式	密度/g·cm^{-3}	熔点/℃	沸点/℃	在100g水中的溶解度/g	
				20℃时	100℃时
Fe	7.86	1535	3000	不溶	不溶
$FeCl_2$	2.98	672	升华	64.4（10℃）	105.7
$FeCl_3$	2.8	304（282）	升华303（315）	91.1	537
Fe_3O_4	5.18	1550（1538）	分解为FeO	不溶	不溶
Fe_2O_3	5.24	1565	—	不溶	不溶
$Fe(OH)_3$	3.4	500（$-1.5H_2O$）	—	5×10^{-5}	—
FeS	4.7	1193	分解	微溶	—
FeS_2（白铁矿）	4.9	—	分解	5×10^{-4}	—
FeS_2（黄铁矿）	5.0	1171	分解	0.5	—
$FeSO_4\cdot7H_2O$	1.9	64	300（$-7H_2O$）	26.5	50.9（70℃）

注：1. 密度为室温下的密度；
2. 熔点和沸点为101325Pa时的温度，或者在括号内的压力（Pa）下的温度；
3. H_2O前面的温度为水溢出的温度。

铁的熔化潜热为269.55J/g，蒸发潜热为6343J/g。

原子半径随配位数变化，其校正系数为：配位数8，减3%；配位数6，减4%；配位数4，减12%。离子半径的校正系数为：配位数4，减6%；配位数8，加3%；配位数12，加12%。

4.1.1.2 铁的化学性质

铁有多种同素异形体，如α铁、β铁、γ铁、δ铁等。铁是比较活泼的金属，在金属活动顺序表里排在氢的前面。常温时，铁在干燥的空气里不易与氧、硫、氯等非金属单质起反应；在高温时，则剧烈反应。铁在氧气中燃烧，生成Fe_3O_4，炽热的铁和水蒸气起反应也生成Fe_3O_4。铁易溶于稀的无机酸和浓盐酸中，生成二价铁盐，并放出氢气。在常温下遇浓硫酸或浓硝酸时，表面生成一层氧化物保护膜，使铁“钝化”，故可用铁制品盛装浓硫酸或浓硝酸。铁也能与硫、磷、硅、碳直接化合。铁与氮不能直接化合，但与氨作用，形成氮化铁（Fe_2N）。

铁是一变价元素，常见价态为+2和+3。铁与硫、硫酸铜溶液、盐酸、稀硫酸等反应时失去两个电子，成为+2价。与Cl_2、Br_2、硝酸及热浓硫酸反应，则被氧化成Fe^{3+}。铁与氧气或水蒸气反应生成的Fe_3O_4可以看成是$FeO\cdot Fe_2O_3$，其中有1/3的Fe为+2价，另2/3为+3价。Fe^{3+}化合物较为稳定。Fe^{2+}呈淡绿色，在碱性溶液中易被氧化成Fe^{3+}。Fe^{3+}的颜色随水解程度的增大而由黄色经橙色变到棕色。纯净的三价铁离子为淡紫色。二价和三价铁均易与无机或有机配位体形成稳定的配位化合物，如phen邻菲啰啉，配位数通常为6。零价铁还可与一氧化碳形成各种羰基铁，如$Fe(CO)_5$、$Fe_2(CO)_9$、$Fe_3(CO)_{12}$。羰基铁有挥发性，其蒸气剧毒。铁与环戊二烯的化合物二茂铁，是一种具有夹心结构的金属有机化合物，具有很高的工业应用价值。

4.1.2 铁资源概述

除上海市、香港特别行政区外，铁矿在全国各地均有分布，以东北、华北地区资源为最丰富，西南、中南地区次之。就省（区）而言，探明储量辽宁位居榜首，河北、四川、山西、安徽、云南、内蒙古次之。我国铁矿以贫矿为主，富铁矿较少，富矿石保有储量在总储量中占2.53%，仅见于海南石碌和湖北大冶等地。从铁矿成因类型来看，根据程裕淇和赵一鸣等人的意见，主要有与铁质基性、超基性岩浆侵入活动有关的岩浆型铁矿床（如四川攀枝花铁矿床），与中酸性（包括偏基性与偏碱性）岩浆侵入活动有关的接触交代－热液铁矿床（如湖北大冶、福建马坑、内蒙古黄岗等），与中性钠质或偏钠质火山－侵入活动有关的铁矿（如江苏、安徽两省的宁芜铁矿、云南大红山铁矿等），沉积型赤铁矿和菱铁矿床（如鄂西、赣西、湘东地区的赤铁矿），变质沉积铁矿（如鞍山铁矿、冀东铁矿等），风化淋滤残积型铁矿（如广东大宝山、贵州观音山等）。铁矿成因类型以分布于东北、华北地区的变质－沉积磁铁矿为最重要，该类型铁矿含铁量虽低（35%左右），但储量大，约占全国总储量的一半，且可选性能良好，经选矿后可以获得含铁65%以上的精矿。

4.2 铁的分析测定方法

4.2.1 铁的定性检验

二价铁离子（Fe^{2+}）也称亚铁离子，一般呈浅绿色，有较强的还原性，能与许多氧化剂反应，如氯气、氧气等。因此亚铁离子溶液最好现配现用，储存时向其中加入一些铁粉（Fe^{3+}有强氧化性，可以与铁单质反应生成亚铁离子）。亚铁离子也有氧化性，但氧化性较弱，能与镁、铝、锌等金属发生置换反应。

铁离子的检验方法有以下几种：

（1）加铁氰化钾（$K_3[Fe(CN)_6]$，黄色）溶液，生成带有特征蓝色的铁氰化亚铁沉淀（滕士蓝），则说明溶液中有亚铁离子：

$$3Fe^{2+} + 2[Fe(CN)_6]^{3-} = Fe_3[Fe(CN)_6]_2 \downarrow$$

（2）加SCN^-，不显血红色，通入氯气后，显血红色，说明含有的是亚铁离子。

（3）加入 NaOH 溶液，产生白色絮状沉淀 $Fe(OH)_2$，其在空气中迅速变为灰绿色，最终成为红褐色沉淀 $Fe(OH)_3$。

（4）加苯酚显紫红色（络合物）则说明含有三价铁离子。

（5）在淀粉碘化钾试纸上分别滴两种溶液，变蓝的是含 Fe^{3+} 的溶液（碘化钾与三价铁生成碘单质使淀粉变蓝），不变蓝的是含 Fe^{2+} 的溶液。

4.2.2　铁的定量检验

4.2.2.1　邻菲啰啉光度法

A　原理

以盐酸羟胺为还原剂，将 Fe^{3+} 还原为 Fe^{2+}，在 pH 值为 2 ~ 9 的范围内，Fe^{2+} 与邻菲啰啉反应生成橙红色的配合物 $[Fe(C_{12}H_8N_2)_3]^{2+}$，借此进行比色测定。

$$4FeCl_3 + 2NH_2OH \cdot HCl \longrightarrow 4FeCl_2 + N_2O + 6HCl + H_2O$$

$$Fe^{2+} + 3C_{12}H_8N_2 = [Fe(C_{12}H_8N_2)_3]^{2+}$$

这种反应对 Fe^{2+} 很灵敏，形成的颜色至少可以保持 15 天不变。当溶液中有大量钙和磷时，反应酸度应大些，以防 $CaHPO_4 \cdot 2H_2O$ 沉淀的形成。用邻菲啰啉比色法测铁，几乎不受其他离子的干扰，但有高氯酸盐，则会生成高氯酸邻位二氮杂菲（$C_{12}H_8N_2 \cdot HClO_4$）产生干扰。在显色溶液中铁的含量在 0.1 ~ 6μg/mL 时符合 Beer 定律，波长 530nm。

B　主要仪器

主要仪器为分光光度计。

C　试剂

实验用试剂有：

（1）100g/L 盐酸羟胺溶液。称 10g 固体盐酸羟胺（$NH_2OH \cdot HCl$，化学纯）溶于水中，定容至 100mL。

（2）邻菲啰啉显色剂。称固体邻菲啰啉 0.1g，溶于 100mL 水中，若不溶可略加热。

（3）100g/L 乙酸钠溶液。称取乙酸钠（$CH_3COONa \cdot 3H_2O$，分析纯）固体 10g，溶于水中，定容至 100mL。

（4）100μg/mL 铁（Fe）标准溶液。准确称取纯金属铁粉或纯铁丝（先用盐酸洗去表面氧化物）0.1000g，溶于稀盐酸中，加热溶解，冷却后洗入 1L 容量瓶中，定容。

D　操作步骤

操作步骤为：

（1）吸取1～5mL系统分析待测液（B溶液），移入50mL容量瓶中。加少量水冲洗瓶颈，加入盐酸羟胺溶液1mL，摇匀后加乙酸钠溶液8mL，使溶液的pH值为5，再加邻菲啰啉显色剂10mL进行显色，定容，30min后在分光光度计上选用530nm波长、1cm光径比色皿测定吸收值（A）。

（2）工作曲线的绘制：准确吸取100μg/mL铁（Fe）标准溶液0mL、0.5mL、1mL、1.5mL、2mL、2.5mL，分别置于6个50mL容量瓶中（此液含铁量分别为0μg/mL、1μg/mL、2μg/mL、3μg/mL、4μg/mL、5μg/mL），加少量水冲洗瓶颈，然后按待测液显色步骤进行显色，测定吸收值（A），以吸收值作为纵坐标，以铁（Fe）浓度作为横坐标，在方格纸上绘制铁的工作曲线，再以待测液中铁的吸收值在工作曲线上查得相应的铁的浓度值，或输入计算机求出一元线性回归方程，计算出铁的浓度值。

E 结果计算

计算如下：

$$\text{全铁}(Fe_2O_3)\text{的含量} = c \times V \times t_s \times 1.4297 \times 1000 \times 10^{-6}/m$$

式中，c为从工作曲线中查得铁（Fe）的浓度，μg/mL；V为显色液体积，50mL；t_s为分取倍数，系统分析待测液体积（mL）/测定时吸取待测液体积（mL）；1.4297为由铁换算成三氧化二铁的系数；m为烘干样品质量，g；10^{-6}为将μg换算成g的除数。

4.2.2.2 原子吸收光谱法

A 原理

利用铁空心阴极灯发出的铁的特征谱线的辐射，通过含铁试样所产生的原子蒸气时，被蒸气中铁元素的基态原子所吸收，由辐射特征谱线光被减弱的程度来测定试样中铁元素的含量。对铁的最灵敏吸收线波长为248.3nm，测定下限可达0.01mg/L（Fe），最佳测定浓度范围为2～20mg/L（Fe）。可用系统分析待测液进行测定。由于原溶液中盐酸的浓度约为0.75mol/L，钠离子浓度相当于氯化钠（NaCl）17.6～35.2g/L，在此情况下，对于一般土壤样品，仅铝、磷和高含量的钛对铁的测定有干扰，当加入1000μg/mL的锶（以$SrCl_2$形式加入）时，即能消除干扰。大量的钠离子存在对测定有一定影响，但通过稀释和在标准溶液中加入相应氯化钠和盐酸（在标准溶液中加入空白试液）时，即能消除其干扰。

B 主要仪器

主要仪器为原子吸收分光光度计。

C 试剂

实验用试剂有：

（1）1000μg/mL铁（Fe）标准储备溶液。称取金属铁（光谱纯）1.000g溶于60mL HCl（1:1）溶液中，加入少许硝酸氧化，用水准确地稀释到1L（此溶液

HCl 浓度为 0.3mol/L)。

(2) 100μg/mL 铁(Fe)标准溶液。吸取 1000μg/mL 铁(Fe)标准储备液 10mL 于 100mL 容量瓶中，用水稀释至刻度。

(3) 30g/L 氯化锶溶液。称取氯化锶($SrCl_2 \cdot 6H_2O$，分析纯)30g，加水溶解后，再用水稀释定容至 1L，摇匀(此液含 Sr^{2+} 约 10000μg/mL)。

D 操作步骤

操作步骤为：

(1) 待测液准备。吸取脱硅后待测液(即待测液 B)2~5mL 于 50mL 容量瓶中，加入氯化锶溶液 5mL，用水定容(使待测液中 Sr^{2+} 含量为 1000μg/mL)。

(2) 系列标准溶液准备。分别吸取 100μg/mL 铁(Fe)标准溶液 0.0mL、2.5mL、5.0mL、10.0mL、15.0mL、20.0mL、25.0mL 于一系列 100mL 容量瓶中；同时分别加入空白溶液 2~5mL 和氯化锶溶液 10mL，以保持与待测液条件相一致，用水定容即成含铁(Fe)：0.0μg/mL、2.5μg/mL、5.0μg/mL、10.0μg/mL、15.0μg/mL、20.0μg/mL、25.0μg/mL 系列标准溶液。

(3) 测定。根据原子吸收分光光度计仪器说明书选定条件，调节仪器各部分，开动仪器，预热 10~30min，调节空气和乙炔流量后，立即点火，待火焰稳定 10min 后，即可在 248.3nm 波长处测定待测液和标准溶液中的铁，用试剂空白溶液调吸收值到零，先测定由低到高浓度的标准溶液系列的吸收值，然后测定样品待测液的吸收值。用方格纸绘制工作曲线。

E 结果计算

结果计算同 4.2.2.1 节所介绍的邻菲啰啉光度法。

4.2.2.3 重铬酸钾滴定法

A 原理

标准液 $K_2Cr_2O_7$ 是一个氧化剂，它在滴定过程中不断氧化 Fe^{2+}，和 Fe^{2+} 等当量作用。因此，当测定电镀污泥试样中铁含量或试样中 Fe^{3+} 含量时，就必须使溶液中的 Fe^{3+} 全部还原成 Fe^{2+}，再根据 $K_2Cr_2O_7$ 的摩尔数等于 Fe 的摩尔数计算。

还原 Fe^{3+} 一般加入 $SnCl_2$，其反应为：

$$2Fe^{3+} + Sn^{2+} = 2Fe^{2+} + Sn^{4+} \text{（热溶液）}$$

为使 Fe^{3+} 全部还原成 Fe^{2+}，$SnCl_2$ 的用量必须过量 1~2 滴。

加入 $HgCl_2$，除去过剩 $SnCl_2$：

$$SnCl_2 + 2HgCl_2 = Hg_2Cl_2 \text{（白色絮状沉淀）} + Sn^{4+} + 4Cl^-$$

加入 $SnCl_2$ 过量太多，且 $HgCl_2$ 又不足时，会引起下列反应：

$$SnCl_2 + Hg_2Cl_2 = SnCl_4 + 2Hg \text{（灰色粒状沉淀）}$$

滴定反应为：

$$6Fe^{2+} + Cr_2O_7^{2-} + 14H^+ = 6Fe^{3+} + 2Cr^{3+} + 7H_2O$$

反应中产生的全部Hg能进一步与标准液 $K_2Cr_2O_7$ 起反应，从而引起结果偏高。所以，在操作过程中应特别小心，加 $SnCl_2$ 应过量1～2滴，但不能过量太多，但由于 $SnCl_2$ 与 Fe^{3+} 反应较慢，因此应在热溶液中进行。

B 试剂

实验用试剂有：

（1）10% $SnCl_2$ 溶液。称取10g $SnCl_2$ 溶于40mL浓热HCl中，用水稀释至100mL。

（2）HCl。密度为1.19g/cm³。

（3）0.5%二苯胺磺酸钠指示剂。称取0.25g二苯胺磺酸钠溶于50mL水中，加2～3滴浓 H_2SO_4，溶液澄清后使用。

（4）硫－磷混合酸（硫酸：磷酸：蒸馏水=15：15：70）。将150mL的浓 H_2SO_4 在不断搅拌下慢慢地加入700mL的蒸馏水中，冷却加入150mL浓 H_3PO_4 混合均匀。

C 全铁分析方法

全铁分析方法为：

（1）取5.00mL还原后液于400mL烧杯中，加5mL浓HCl。

（2）加热。趁热加热 $SnCl_2$ 溶液至 $FeCl_3$ 黄色恰好退掉，再过量1～2滴。

（3）冷却。加入10mL $HgCl_2$，放置片刻至 Hg_2Cl_2 沉淀出现，加入水200mL。

（4）加20mL硫、磷混合酸，二苯胺磺酸钠指示剂4～5滴。

（5）用 $K_2Cr_2O_7$ 标准液滴定至溶液由绿色至红紫色为终点，记下所消耗的 $K_2Cr_2O_7$ 标准液体积，计算铁含量 $M(Fe)$：

$$M(Fe) = VT \times 1000$$

式中，V 为滴定消耗 $K_2Cr_2O_7$ 的量，mL；T 为 $K_2Cr_2O_7$ 标准液滴定度，mg/mL。

D Fe^{2+} 分析方法

Fe^{2+} 分析方法为：

（1）取5.00mL试液，于400mL烧杯中，加水200mL。

（2）加20mL硫－磷混合酸，二苯胺磺酸钠指示剂4～5滴。

（3）用 $K_2Cr_2O_7$ 标准液滴定至溶液由绿色至红紫色为终点，记下所消耗的 $K_2Cr_2O_7$ 标准液体积，计算 Fe^{2+} 含量 $M(Fe^{2+})$：

$$M(Fe^{2+}) = VT \times 1000$$

Fe^{3+} 分析方法：

$$M(Fe^{3+}) = M(Fe) - M(Fe^{2+})$$

4.3 铁的提取技术

废水中的重金属属于第一类污染物质[2]，毒性大，难以通过生物降解等自净过程来消除，易在环境中积累，并通过食物链富集，对人的危害极大。电镀行业是重金属废水的主要来源之一。我国的电镀工厂小而分散，特别是乡镇小电镀厂，设备落后，技术水平较低，排放的废水对环境已造成严重污染。目前，用化学沉淀法处理电镀废水是最为经济、简单而有效的方法，为大多数电镀厂所采用。但处理过程中产生的污泥，含有高品位多种金属成分，性质复杂，无妥善的消解途径，造成严重二次污染，是国内外公认的一大公害，迄今尚未得到圆满解决。重金属是宝贵的资源，电镀污泥作为一种重要的重金属资源加以回收利用，既能消除污染，又有巨大的经济效益，一直是国内外研究的重点。

电镀企业的失效溶液浓度较高[3]，如果不加控制任意排入污水处理系统，其污染物含量会大大超出园区污水处理系统的设计能力。如果不对这些失效溶液分别加以再生、回收和利用，也是对资源的浪费。电镀生产用酸量很大，金属酸洗溶液的失效多是由于金属离子浓度过高而降低了效率，可以采用再生设备中水回用使其得到重复利用。有色金属酸洗的失效溶液应该采用回收装置首先回收有色金属，再进行必要的净化与调整，使其恢复功能，尽量避免排放；不得不报废的酸液，必须设计有废酸储存容器，使其作为污水处理的值调节用酸，按需求量加入调节池中。

铁杂质含量过高的镀铬溶液、电抛光溶液等宜采用隔膜电解设备进行再生，不应轻易报废。其他失效溶液采取必要回收措施后，也应考虑配备妥善的处理设施，如氰化溶液的槽内处理等，不得随意排放。

电镀园区可采用分类收集、统一处理废渣的方式使其资源化。对有价值的分质污泥较有效的处理方法是干化后送交冶炼金属。如含铬污泥、含镍污泥用于炼不锈钢，含铜污泥用于炼铜，含锌污泥用于炼锌。而对于混合污泥多采用同化处理。如混在水泥中做成水泥污泥块，经浸渍检验合格后安全填埋。以含铬污泥为例，处理含铬废水的化学方法主要有：亚硫酸氢钠法、电解法、铁氧体法等。对于不同的化学处理方法产生的含铬污泥，可采用不同的方式资源化。铁氧体法产生的污泥可用于制作磁性材料，若铁氧体废渣达不到制作磁性材料的要求，也可制作恒磁性材料。铁氧化沉渣还可用于制远红外涂料、耐酸瓷器，或作为铸石的原料使用。亚硫酸氢钠法等还原法废水处理得到的含铬污泥中含铁很少，可用于制作绿色抛光膏。硫酸亚铁法、电铁法等得到的含铬污泥中含有较多的铁，可用于制红色抛光膏，也可用于制作磁性材料。此外，采用含铬污泥制作制皮革鞣剂，能节省大量红矾和葡萄糖，并为污泥找到了一条利用途径。从经济效益上看，废水中含铬量越高，回收价值越大，减少污泥中铁、铜等杂质含量并对污泥妥善保管是提高鞣革质量的必要保证。

4.3.1 溶剂萃取法

溶剂萃取法就是向电镀废水或电镀污泥的酸浸液中加入合适的萃取剂提取其中铁的方法。瑞典[4]、美国[5]等国家研究采用酸浸出—溶剂萃取工艺回收电镀污泥中大部分有用金属。我国在“七五”和“八五”期间，设立了电镀污泥资源化攻关课题，其中一个主要方案为硫酸浸出—溶剂萃取法分离回收电镀污泥中的全部金属资源。由于电镀污泥中铁的含量远远高于其他金属，且难以分离，严重干扰了其他金属的分离回收过程，因此，首先分离浸出液中的铁是这一方案成功的关键。

电镀污泥酸浸出液溶剂萃取除铁工艺流程如图 4－1 所示。

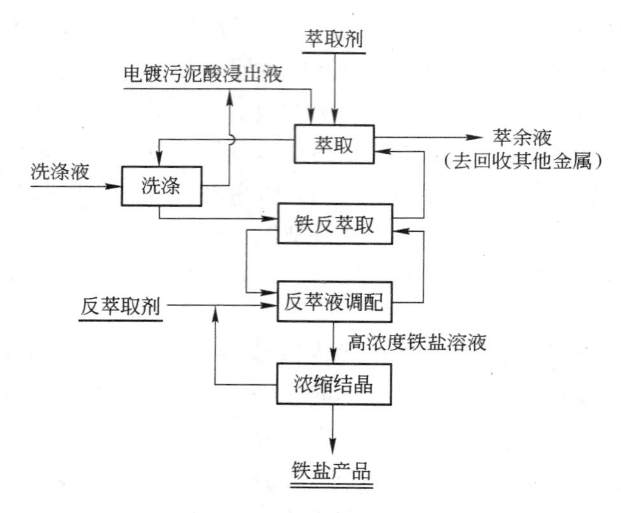

图 4－1 电镀污泥酸浸出液溶剂萃取除铁工艺流程

若是浓度较低的电镀废液可以蒸馏浓缩后直接加入萃取剂进行萃取，若是电镀污泥可以先用酸浸后再向酸浸液中加入萃取剂进行萃取。萃取效果的好坏与萃取剂的选择有很大的关系。因此如何能找到一种选择性高，并且经济实惠又不会对环境造成二次污染的萃取剂也是现在研究的重点。确定好萃取剂后，如何控制好影响萃取效率的因素使其达到最高，是实验研究的主要目的。影响萃取效率的主要因素有料液的 pH 值、萃取剂浓度、有机相与水相接触体积比（相比 O/A）、反应时间和温度。

清华大学的祝万鹏等人[2]采用 P507－煤油－H_2SO_4 萃取体系分离酸浸出液中 Fe^{3+}，并确定了从含有多种金属组分的硫酸溶液中萃取铁的最佳工艺条件以及负载有机相反萃取较优工艺条件。其实验研究表明，在料液 pH 值控制为1.5～

2.1、相比（O/A）1∶1、萃取液浓度为30%的进料控制条件下用P507为萃取剂在室温（18℃）下经三级逆流萃取5min为宜。铁以外的其他金属离子的萃取效率对相比和萃取剂浓度变化不敏感，而对pH值的变化敏感，故在工艺中需严格控制好萃取工艺设备中溶液的pH值，防止其他金属离子进入萃取液相中而造成最终的产品纯度不高和其他金属的流失量增大。

在萃取液用0.25～0.50mol/L的硫酸为洗涤剂，有机相体积∶洗涤剂体积为5∶1的条件下，在室温下经二级洗涤10min效果最好。此过程中若硫酸的浓度超过0.50mol/L时，对铜、锌、镉组分的洗涤效率增加已不明显，同时在此浓度下对铬、镍组分的洗涤效率也达到最高，再增加浓度效率反而整体下降，并且在硫酸浓度为2.00mol/L时有Fe^{3+}开始洗到水相中。故要控制好硫酸浓度以防铁的回收率大幅降低。

最后用5mol/L的盐酸以3倍于有机相的量反萃取5min，经过4级逆流反萃后，可以从含有多种金属组分的硫酸溶液中分离出99.9%的铁，其他金属的流失量小于1%，从而不影响其他金属在后续步骤中的分离回收，并且最后得到较高纯度的$FeCl_3 \cdot 6H_2O$晶体，具有相当好的经济效益。整个工艺过程简单，循环运行，基本不产生二次污染，环境效益显著。

应用像P507和P204之类的酸性磷类萃取剂适用于优先萃取铁离子并且酸度不是很高的情况。广东工业大学的汤兵等人[6]采用H_2SO_4－N263－磺化煤油体系可适用于pH值小于1的强酸性溶液中分离锌、铁组分。其研究表明，添加合适比例的Cl^-，并控制O/A＝1∶1，N263在溶剂体积分数为20%。此工艺的锌、铁分离系数可以达到501.3。最终利用合适浓度的NaOH溶液作反萃液，也可在反萃过程中实现锌、铁的分离，但经过单级反萃，金属离子从有机相中洗脱的效率并不太高，可采用两段逆流反萃的方法避免金属离子在有机相中累积并能避免水相中产生沉淀。此方法也提供了一种分离电镀废水中离子的可行方法，并且分离效率相当高。工艺再进一步优化，产生有用的后续产品，也是相当有价值的。

目前，制备$FeSO_4$常采用重结晶方法，结晶温度控制在60℃左右，冷却至低温（0～10℃）使晶体析出。根据$FeSO_4$在水中的溶解度，当结晶温度在0～10℃之间，滤液中仍有一定量$FeSO_4$不能结晶析出，结晶率不高。沈阳化工大学的张丽清等人[7]发现在乙醇溶液中，$FeSO_4$很易结晶析出。取一定体积溶液，加入不同量乙醇提取$FeSO_4$，结果显示，随乙醇加入量增加，$FeSO_4$结晶率提高。乙醇与还原液的体积比为1.5∶1时，结晶率达95%以上。

姜平国等人[8]采用20% N235＋30%仲辛醇＋50%煤油萃取体系对盐酸浸出滤液中提取铁，在相比O/A＝2∶1，振荡混合时间15min，然后用0.1mol/L的稀盐酸反萃有机相提取铁，并在相比O/A＝2∶1的条件下，经单级反萃，反萃后液含铁10.18g/L、盐酸0.1mol/ L，铁的反萃率为75%。

用溶剂萃取法从不锈钢的酸洗废液中回收酸和废酸中的铁（以高纯度氧化铁形式）的工艺流程已实现工业化[9]。最早工业应用的是1973年10月在瑞典的Stora Kopparbery公司的Sorderfors工厂，使用TBP溶剂萃取法，从不锈钢酸洗废液中回收可连续再使用的硝酸与氢氟酸的混合酸。日本1976年4月在日新炼钢公司的周南工厂，用世界最大的脉冲塔通过TBP分步萃取回收技术，从不锈钢酸洗废液中分别回收硝酸和氢氟酸的混合酸及纯硝酸。溶于不锈钢酸洗废液中的铁通过溶剂萃取法以高纯度氧化铁粉予以回收。其后，日新法高效率地萃取回收硝酸与氢氟酸工艺的经济价值进一步提高。从1981年9月开始，在川崎千叶炼铁研究所用D2EHPA萃取分离Fe，以NH_4HF_2溶液反萃取，热分解$(NH_4)_3FeF_6$晶析物的工艺制成$\alpha-Fe_2O_3$，用TBP作萃取剂回收硝酸与氢氟酸的混合酸，并成为应用于工业的流程，如图4-2所示。

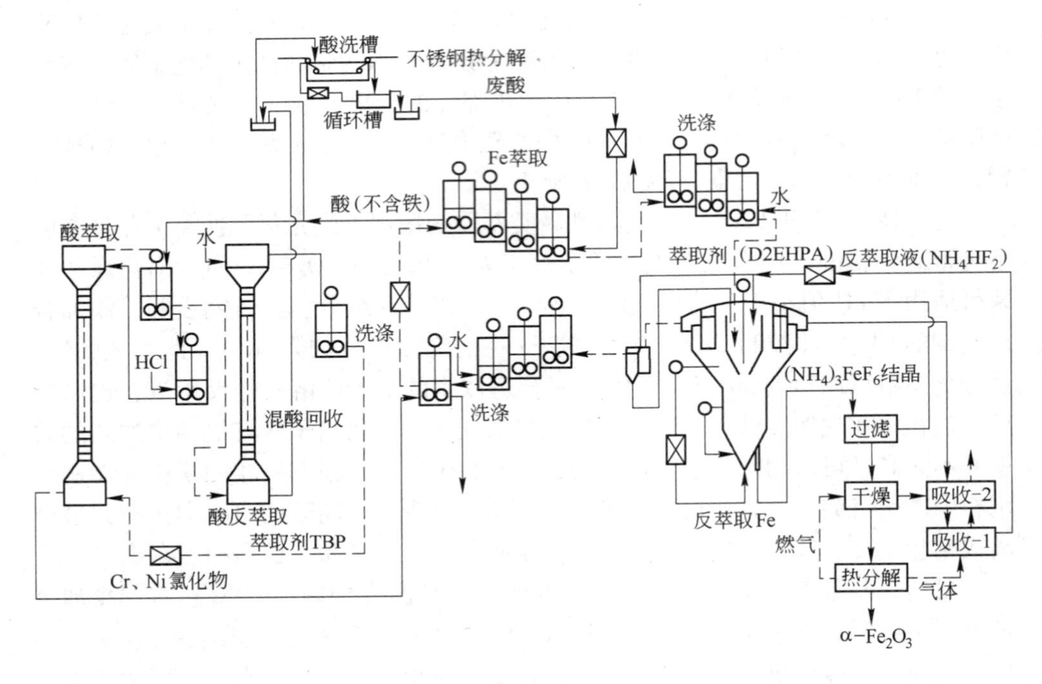

图4-2 川崎炼铁厂流程

4.3.2 磁选机分选法

磁选机分选法是在磁场与电场的联合作用下，以强电介质溶液为分选介质，根据矿物之间的密度、比磁化系数及电导率等的差异而使不同矿物分离的一种方法。其分选介质为电解质，具有来源广、价格便宜、黏度低、分选设备简单、处理量大等优点，要求分选介质密度小，分选精度低，适于回收率要求不高的矿石进行粗选。故用此法可以除去经过高温焙烧后电镀污泥中的铁。

电镀污泥和还原性介质（如活性炭、煤炭等）混合[10]，加热到一定的温度使电镀污泥中的铁转化为磁铁矿，然后经过一系列的除杂工序，最后研磨并用磁选机对磁铁矿进行提取。该工艺流程如图 4－3 所示。最后将铁和电镀污泥中的其他有价金属分离开来，磁铁矿可以转售给炼钢厂，另外的非磁性物质可以用酸浸并提取出其他的贵重金属，达到有价金属再提取利用的目的。这样既能获得一定的经济效益也保护了环境。

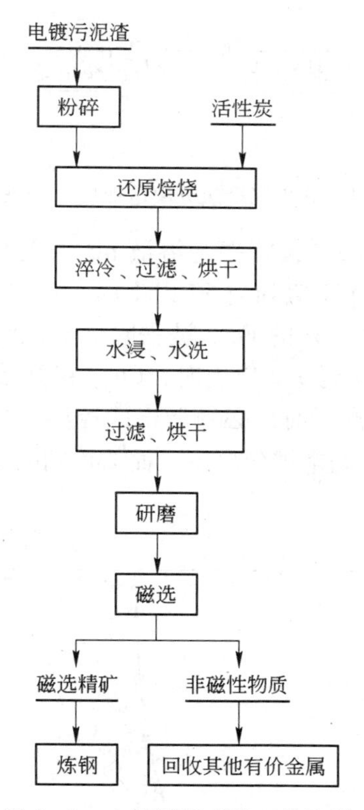

图 4－3 电镀污泥磁选工艺流程

4.3.3 化学沉淀法

化学沉淀法处理电镀废水的最大缺点是会产生大量的电镀污泥[11]，废水中难以降解的重金属都转移到污泥中，化学成分很复杂，污泥的处理也比废水更加困难。目前污泥运送到堆场存放或挖坑深埋，不能从根本上解决电镀污泥的二次污染问题，且从污泥中流失掉各类重金属，既污染环境，又损失宝贵的重金属资源。电镀污泥资源化的技术关键在于污泥经浸出后所得混合溶液中相关组分的有效分离。

常温（25℃）下，由于电镀液中常见的一些金属离子的氢氧化物沉淀溶度积常数差别很大而使其先后沉淀并分离。如 $Cu(OH)_2$、$Ni(OH)_2$ 及 $Fe(OH)_3$ 的溶度积常数（K_{sp}）分别为：1.0×10^{-20}、6.0×10^{-18}、4.0×10^{-38}，相差很大，根据溶度积原理，通过调控溶液的 pH 值可以使 Fe^{3+} 先形成氢氧化物沉淀除去，而 Cu^{2+} 和 Ni^{2+} 基本上仍保留在溶液中，从而实现从废电镀液中分离 Fe^{3+} 的目的。

从电镀废水中分离 Fe^{3+} 的一般工艺流程如图 4－4 所示。

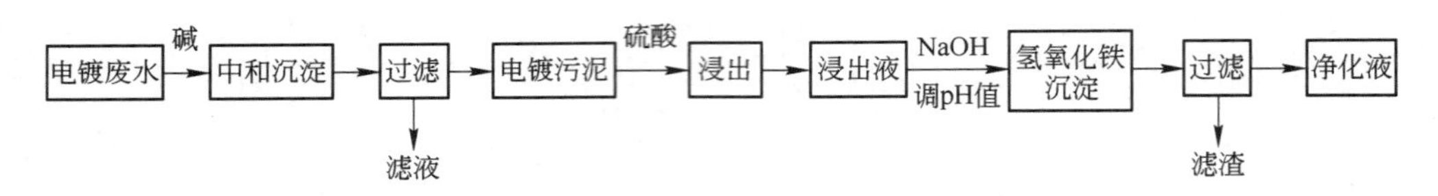

图 4－4 分步沉淀法分离电镀废水中铁的流程

根据实验数据可得，Fe^{3+} 去除率与溶液 pH 值关系如图 4－5 所示。从图中可以看出，当调节溶液的 pH 值到 2.50 以上时，Fe^{3+} 开始沉淀析出，继续增加溶液 pH 值到 3.20 时，约 96% 的 Fe^{3+} 被去除，而此时 Cu^{2+} 和 Ni^{2+} 几乎不沉淀析出。而当溶液 pH 值增加到 5.2 以上时，Cu^{2+} 将开始沉淀析出。故采用分步沉淀法分离电镀废水中的铁离子时，必须严格调控溶液的 pH 值在 3.5～5.0 之间，可保证混合溶液中的 Fe^{3+} 基本被分离掉，而 Cu^{2+} 和 Ni^{2+} 则几乎不形成氢氧化物沉淀而损失。

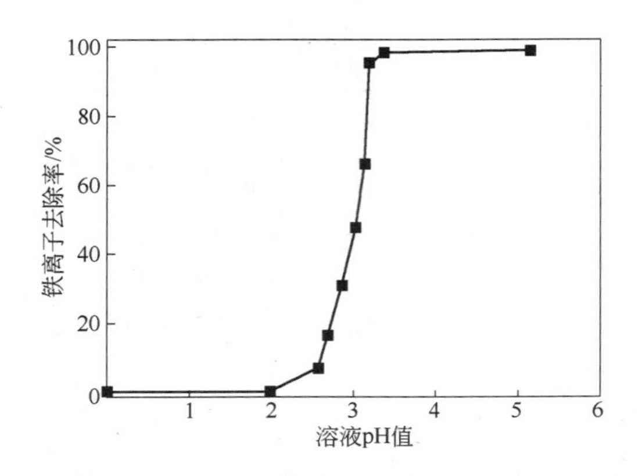

图 4－5 混合溶液中 Fe^{3+} 去除率与溶液 pH 值的关系

黄勇强等人[12]将含盐酸的电镀废液与铝酸钙粉通过酸溶一步法制备出高效混凝剂聚合氯化铝铁（PAFC）。其具体工艺如图 4－6 所示。将 100g 铝酸钙粉加入 500mL 烧杯中，加入 100mL 废盐酸，将烧杯置于电磁加热搅拌器上加热搅拌，充分混合，温度控制在 70～75℃。反应 0.5h 后，加入适量浓 HCl（分析纯），控制反应液的 pH 值在 2.5～3.0，同时加入少量催化氧化剂 $NaNO_2$，使之氧化聚合，反应 2h 后，自然降温，静置熟化 4～5h，上层清液即为 PAFC。用制备得到的 PAFC 用来对生活污水和染料厂废水进行处理是完全可行的。

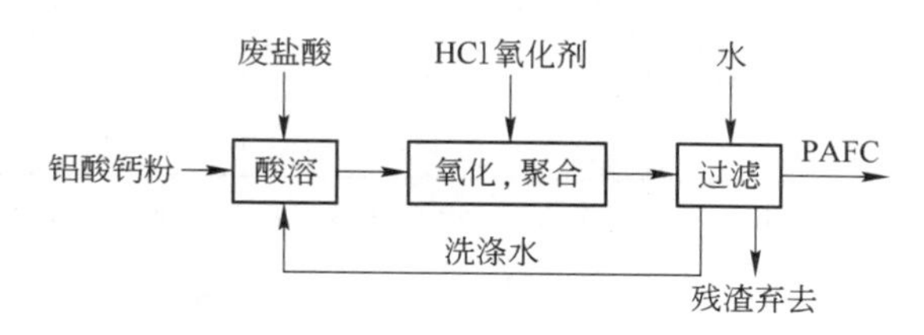

图 4－6 PAFC 制备工艺流程

长沙市环境科学研究所的张蕴辉等人[13]利用电镀酸洗废液为原料制备复合亚铁型混凝剂。具体工艺流程如图 4－7 所示。酸洗废液（主要是盐酸废液）和废硫酸液（可用工业浓硫酸代替）按 1∶1 的比例投加于罐内，利用 SO_4^{2-} 促进氯化亚铁聚合生成高效混凝作用的多核多羟基聚铁合体。再添加硅酸钠和一种稳定剂 W，存放 6～12h，利用其自身的反应热进行复合，经过溶解扩散作用，即形成复合亚铁混凝剂，为淡黄绿色溶液，含铁量为 5%～8.5%。

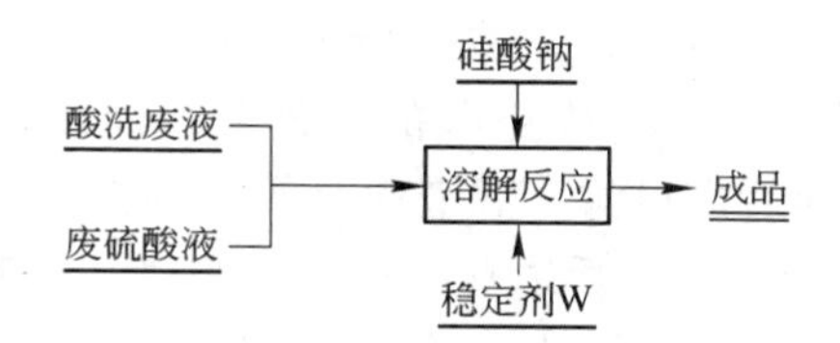

图 4－7 复合亚铁制备工艺流程

复合亚铁对各类工厂废水的处理效果见表 4－2。可以看出，复合亚铁的应用非常广泛，在重金属废水（含锰废水除外）、磷化废水和强碱性废水方面比其他无机混凝剂具有较大的优势，且复合亚铁直接利用亚铁，不需进一步氧化，工艺简便无二次污染，还能获得更高的絮凝效果。

表 4－2 复合亚铁的应用实验结果

废水来源	污染物及浓度/mg · L^{-1}	混凝剂投药量/mL · L^{-1}	出水浓度/mg · L^{-1}	备 注
摩托车厂①	Cr^{6+} 25～30	1	未检出	工程应用
	Ni^{2+} 50～100	1	0.5～0.9	
	Zn^{2+} 10～20	1	2～4	
泡沫镍厂	Ni^{2+} 30～60	0.8～1	0.01～0.09	工程应用
	化学镀镍 200～100000	2	0.54～15	
印染厂	COD 750～1400	3	120～210	工程应用

续表 4－2

废水来源	污染物及浓度/mg·L^{-1}	混凝剂投药量/mL·L^{-1}	出水浓度/mg·L^{-1}	备 注
毛巾厂	COD 300～600	1～2	66～94	中试实验
计算机厂	Cu^{2+} 20～40	1	0.099	小试实验
	EDTA 铜废液 2000	1	1.2	
磷化废水	总磷 20	0.6	0.05	小试实验

①1995～1998 年使用的复合亚铁不含硅酸钠，1999 年研究成功化学镀镍废液处理时才开始使用含硅酸钠的复合亚铁。

罗自强[14]采用的废电镀酸液制取铁黄染料也是化学沉淀法，其工艺流程如图 4－8 所示。

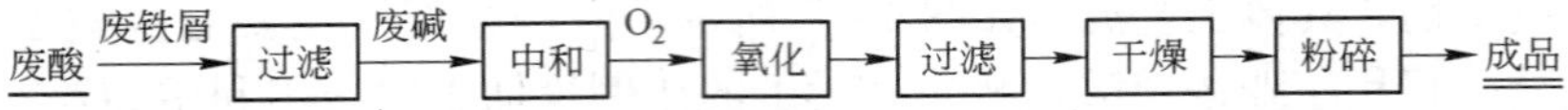

图 4－8 废电镀酸液制取铁黄染料的工艺流程

回收工艺分 4 步，即充分置换、加碱中和、氧化沉淀、干燥粉碎等。从废酸液的成分可知，除了亚铁盐外还有很多不等量的游离酸和其他金属离子，因此需要逐步添加适量废铁屑或废铁皮，并搅拌 5min，静置 30min 后，使游离酸和其他杂质离子全部参加反应，让其生成更多的亚铁盐。反应后的 pH 值通常控制为 4.5～5.5。废酸充分置换后需过滤，滤渣中有较多的铁屑可回用。滤液进入中和槽与适量的废碱液中和，使 pH 值达 6.5～7.5。中和后的亚铁盐溶液导入氧化槽，用空气压缩机从底部充入空气 10～30min，使尽可能多的亚铁盐被空气中的 O_2 氧化为铁黄沉淀。

$$4Fe^{2+} + O_2 + 6H_2O = 2Fe_2O_3 \cdot H_2O \downarrow + 8H^+$$

上述氧化反应后，需及时过滤，滤液中含有少量未被氧化的亚铁盐和新生成的游离酸，不能排放，应返回到碱中和槽或氧化槽回用。固液分离后的铁黄应摊平晒干或用脱水机甩干，再进入烘房，控温 40～50℃，烘干后粉碎，即可作为成品。

4.3.4 吸附法

吸附法就是利用多孔性的固体吸附剂将废液中的一种或数种组分吸附于表面，再用适宜溶剂、加热或吹气等方法将之前组分解吸，达到分离和富集的目的一种方法。吸附可分为物理吸附和化学吸附。如果吸附剂与被吸附物质之间是通过分子间引力（即范德华力）而产生的吸附称为物理吸附，如果吸附剂与被吸附物质之间产生化学作用生成化学键而引起的吸附称为化学吸附。离子交换实际上也是一种吸附。物理吸附和化学吸附并非不相容的，而且随着条件的变化可以相伴发生，但在一个系统中可能某一种吸附是主要的。在污水处理中多数情况下往往是这两种吸附的综合结果。

南京大学的张炜铭等人[15]开发了一种用强碱性阴离子交换树脂吸附电镀废液中的铁并制成高浓度三氯化铁溶液的方法。在 $FeCl_3$ 的水溶液中，铁离子并非单纯以 Fe^{3+} 存在，而是会与氯离子形成复杂的络合离子。一般情况下，$FeCl_3$ 溶液中铁的主要络合形态是以八面体的 $[Fe(H_2O)_5Cl_2]^+$ 为主，但是随着 Cl^- 浓度增加、温度的升高、电介质常数的变化，都会导致其向四面体的结构 $FeCl_4^-$ 络合离子转变，并最终在整个溶液中占主导地位。在废盐酸体系中含有大量的 Cl^-，若将 Fe^{2+} 氧化成 Fe^{3+}，那么 Cl^-/Fe^{3+} 大约在 20～30 之间，此条件下废酸中的铁离子与氯离子可形成 $FeCl_4^-$ 络合离子，因此氧化后的废酸体系中主要含有 $FeCl_4^-$ 和 Cl^- 两种阴离子。$FeCl_4^-$ 是一种很强的溶剂萃取剂，并具有较高离子交换势，B Gu 等曾用 $FeCl_4^-$ 再生吸附 ClO_4^- 的阴离子交换树脂，其脱附率大于 99%。正是由于 $FeCl_4^-$ 络合离子的存在及其特点，才使此方法资源化处理含铁废盐酸成为一种可能。

根据 Fe^{3+} 与 Cl^- 络合形态的特征[16]，研发出了一种以高效氧化技术与选择性吸附技术相互集成的新型废酸资源化处理技术，其具体工艺流程如图 4－9 所示。

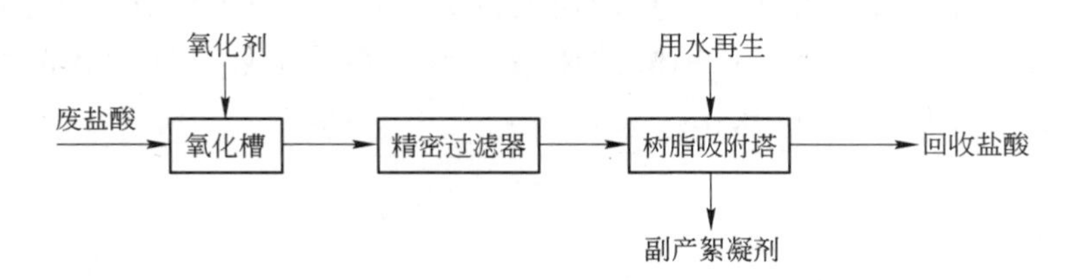

图 4－9　含铁废酸资源化处理流程

首先利用氧化剂在强酸性的条件下将废酸中 Fe^{2+} 氧化成 Fe^{3+}，促使 Fe^{3+} 与 Cl^- 形成 $FeCl_4^-$ 络合离子，再将其吸附到阴离子交换树脂上，吸附流出液便是含铁量较低的盐酸。当树脂吸附饱和后可以直接用水对树脂进行再生，再生过程中，吸附的 $FeCl_4^-$ 将发生如下反应：

$$FeCl_4^- \rightleftharpoons Fe^{3+} + 4Cl^-$$

$$FeCl_4^- \rightleftharpoons FeCl^{2+} + 3Cl^-$$

$$FeCl_4^- \rightleftharpoons FeCl_2^+ + 2Cl^-$$

从上述反应可以看出，用水再生后 $FeCl_4^-$ 解离成 Fe^{3+}、$FeCl^{2+}$、$FeCl_2^+$ 等带有正电荷的离子，阴离子交换树脂在静电斥力的作用下从树脂相脱附下来，形成 $FeCl_3$ 溶液。$FeCl_3$ 溶液是一种很好的水处理絮凝剂，具有沉降速度快、矾花大等优点；分离再生的 $FeCl_3$ 溶液可以作为电镀废水和钢铁废水的深度处理混凝剂，替代其商品化试剂，从而实现了含铁废盐酸的资源化与零排放。

4.3.5 结晶法

结晶法的基本原理就是利用真空或者高温的条件下，氯化氢易挥发和易溶于水的特性，以及氯化亚铁在水中溶解度的规律，蒸发溶液，产生的气体冷凝为稀盐酸，返回酸洗车间再用，亚铁离子以铁矾的形态结晶析出。浓缩结晶有很多方法，如蒸汽喷射真空结晶法、浓缩冷冻结晶法、负压外循环蒸发结晶法等。这些方法虽然都有一定的工程应用，但也有不少缺点，即能耗较大、运行过程中会有酸性气体排出、对设备的耐腐蚀性能要求较高且运行和维护较为麻烦[16]。

对于结晶法处理硫酸铁盐类，现今有以下五种应用于工业处理的工艺[17]。

4.3.5.1 浓缩—过滤—自然结晶法

浓缩—过滤—自然结晶法又名铁屑法，先将硫酸废液与铁屑置于一个反应槽中充分反应，再将溶液加热到100℃，反应2h，再加热浓缩后自然冷却，使硫酸亚铁结晶析出，最后由甩干机脱水烘干。其工艺流程如图4－10所示。该法可以从酸洗废水中回收低、中、高三级硫酸亚铁，供工农业、医药、化学试剂用。该法具有简单易操作、投资少、费用低等优点，但只能回收硫酸亚铁，不能回收硫酸，处理能力小；产品质量差、生产周期长，比较适合于乡镇企业小型生产。首钢特殊钢公司采用该法处理轧钢酸洗废液，经离心甩干后，残液含酸浓度为0.5%，硫酸亚铁为150～170g/L。

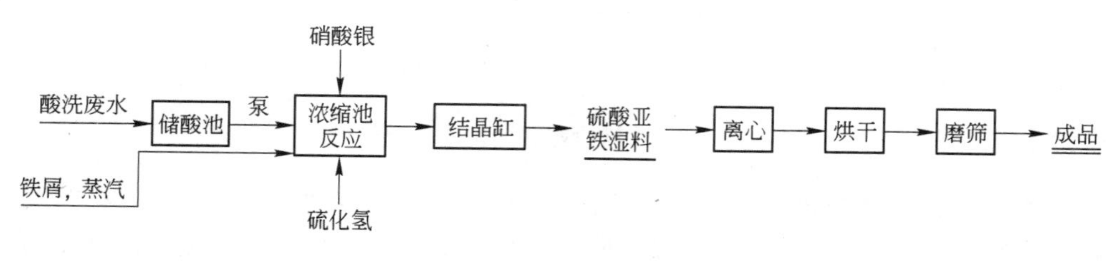

图4－10 浓缩—过滤—自然结晶法工艺流程

4.3.5.2 浸没燃烧高温结晶法

浸没燃烧高温结晶法的主要原理是将煤气和空气燃烧，产生高温烟气，直接喷入废酸水，使水分蒸发，浓缩了硫酸，同时析出硫酸亚铁，工艺流程如图4－11所示。在20世纪60～70年代，上海、天津、吉林等地采用浸没燃烧高温结晶法将浓度为12%～15%的废酸提高到45%～57%，同时生产含一个结晶水的硫酸亚铁（$FeSO_4 \cdot H_2O$）。该法的优点是热效高，再生酸浓度高，设备较易解决；缺点是酸雾大，需用可燃气体，较适用于处理量大的废酸。

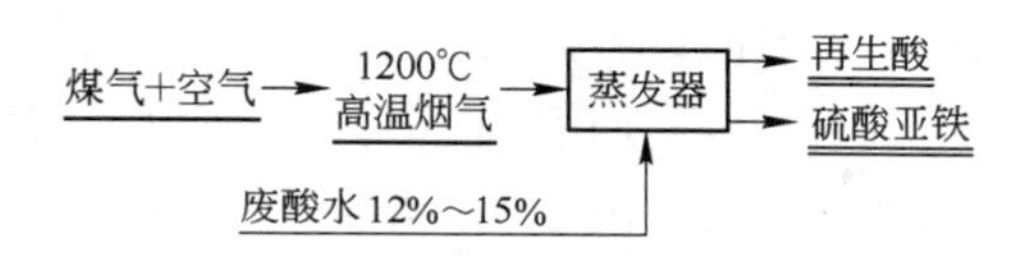

图4-11 浸没燃烧高温结晶法工艺流程

4.3.5.3 蒸汽喷射真空结晶法

将废酸液用雾化效率高的喷头喷射到燃烧着的火焰上，使水分蒸发，一般可得到约35%的硫酸和部分$FeSO_4 \cdot H_2O$。其工作原理是：通过蒸汽喷射器和冷凝器，使蒸发器和结晶器保持一定的真空度。当温度适宜废液通过时，其中的水分在绝热状况下蒸发，从而浓缩了废液，降低了废液温度，相应地降低了硫酸亚铁的溶解度，增加了它的过饱和程度。同时蒸发器中由于硫酸的加入，使硫酸亚铁的过饱和程度进一步提高。在此情况下，硫酸亚铁结晶析出。此方法要求使用的材质有较高的耐腐蚀性，易于产生二次污染或运行不稳定而不能正常生产。

4.3.5.4 蒸发浓缩—冷却结晶法

浓缩冷冻结晶法是根据硫酸亚铁在硫酸水溶液中的溶解度规律进行废酸液处理的方法，用蒸汽加热蒸发水分以提高废酸液的酸度，然后再在强制给冷的条件下使废酸液温度下降至一定值，从而降低硫酸亚铁在废酸液中的溶解度，使过饱和部分的硫酸亚铁以七水硫酸亚铁结晶的形式析出，最后经离心分离，再生酸返回酸洗间使用，七水硫酸亚铁入库销售[18]。该法适用于回收大型钢铁厂的酸洗废液中的硫酸亚铁和硫酸。其工艺流程如图4-12所示。20世纪70年代初，上钢三厂在上海市政工程设计院的协助下，制订了蒸发浓缩—冷却结晶—盐酸分离工艺。整个过程不产生二次污染，达到无害化处理的要求，具有良好的经济效益和环境效益。

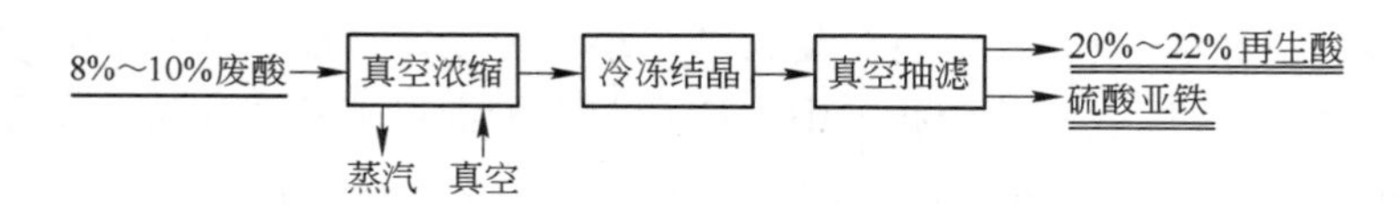

图4-12 蒸发浓缩—冷却结晶法工艺流程

酸洗间的酸洗废液排入储酸沉淀池，经沉淀过滤后，送入第一中间槽，利用蒸发器内水力喷射条件下形成的真空，将废酸液吸入蒸发器，被蒸发浓缩的废酸液从旋风分离器底部进入第二中间槽，水蒸气经旋风分离器、分水器进入水力喷射装置冷凝后随喷射水排入水封槽。第二中间槽的浓缩液泵送至冷冻结晶罐进行冷却、结晶，当液温降至-5℃时，打开放料阀，用离心机进行盐、酸分离。分离后的再生酸返回酸洗间使用，七水硫酸亚铁送到专用仓库待外销。

工程实践得出以下结论：

（1）选用石墨蒸发器解决了高温蒸发设备的腐蚀问题，其特点是蒸发效率高，工作稳定可靠，能耗低，能适应废酸液成分的变化，且由于负压蒸发，无酸雾溢出，改善了操作环境，在实际使用过程中，由于间断生产，而原设计中的浓缩液的相对密度达到1.392，致使结晶物堵塞石墨管，影响生产及设备寿命，经摸索改进，通过改变来料的浓度，并在蒸发过程中控制浓缩液的相对密度为1.30左右，解决了因硫酸亚铁浓度高导致的石墨管堵塞问题。

（2）离心机甩干与真空过滤器相比，脱水程度高，物料含水率低，操作简单，但在操作过程中容易产生布料不均匀，导致甩干筒偏心，在调试过程中发现采取离心机中速布料、高速甩干的操作程序，布料情况明显好转，同时又不影响物料的甩干程度，较好地解决了离心机的偏心问题。

（3）回收的再生酸量比原废酸液量减少40%～50%，使酸洗工序得以新酸、再生酸搭配使用，保证了生产的顺利进行。同时利用了多余的余热蒸汽，消除了放散噪声及热污染。

总的来说，浓缩冷却结晶法处理硫酸酸洗废液技术可靠，适应性强，操作环境好，是处理废酸液的实用方法，回收的再生酸能最大限度地满足生产要求，有利于生产的顺利进行，也利于废酸液处理持久地运转；回收的产品收益与处理成本相抵，解决了环保设施因处理成本高而难以为继的现象，实现环境效益、社会效益和经济效益的统一，对保护环境有明显的效果。

4.3.5.5 调酸—冷冻结晶法

调酸—冷冻结晶处理硫酸酸洗废液，是通过控制硫酸亚铁从废液中结晶的条件，使硫酸亚铁结晶分离，达到净化酸洗废液及回收硫酸亚铁的效果。其主要流程是向废酸洗液中加浓硫酸，使硫酸的质量分数调至22%～25%，再用致冷法使废液温度由20～40℃降至0～3℃，以降低硫酸亚铁的溶解度并结晶析出，经过滤固液分离。回收硫酸亚铁，并将除去硫酸亚铁的再生酸回用。调酸—冷冻结晶法具有工艺流程短、设备投资省、动力消耗小、劳动定员少、运行费用低和易操作、无二次污染等优点，适合我国中小型企业少量钢材硫酸酸洗废水的治理，是20世纪80～90年代国内外较多钢铁企业采用的比较成熟的方法。

总的来讲[18]，蒸汽喷射真空结晶法、浓缩冷冻结晶法和铁屑法处理硫酸酸洗废液都是目前国内较成熟且应用广泛的方法。其各有优缺点：蒸汽喷射真空结晶法的主要优点是设备少、投资省、成本低，缺点是处理过程中需加入新酸以提高酸浓度，酸洗间必须全部使用再生酸，且对其结晶温度有一定的限制，因而再生酸中的硫酸亚铁含量相对较高，可能对钢材酸洗造成一定的影响，一般北方地区采用。浓缩冷冻结晶法的主要优点是处理过程中不需加新酸，新酸可直接用于酸洗，对生产有利，其冷冻结晶温度可适当调整，尽量降低再生酸中硫酸亚铁的含量，满足酸洗要求，当钢铁企业有余热蒸汽可利用时更为合适；缺点是设备多、投资大、能耗高，且系间断生产，操作较复杂，一般南方地区采用。

4.3.6 电解法

早在20世纪70年代就应用扩散渗析、隔膜电解法来综合处理酸洗废水[17]。废酸进入扩散渗析器，其中装有阴离子交换膜S203共204张，膜两侧分别为水相和废酸相，由于两相存在酸的浓度差，加上离子交换膜的选择透过性和分子筛作用，使废酸中的游离酸不断进入水相，成为所要回收的硫酸。残液进入隔膜电解槽，插有阴阳极，中间隔着阴离子交换膜F201而分成阴极室和阳极室，利用阴离子交换膜的选择透过性，在直流电场的作用下，使残液中的铁离子和硫酸根离子还原为纯铁，在阳极室硫酸根离子和氢离子结合成硫酸。这种方法的优点是设备简单，回收效率高，可以回收废酸和提取铁；缺点是耗电量较高。

李泰康等人[19]采用隔膜电解法使废酸和铁分离。其实验流程如图4－13所示。

图4－13电解过程中阴极将可能发生以下两个反应：

$$Fe^{2+}+2e = Fe \qquad E^{\ominus}_{(Fe^{2+}/Fe)} = -0.44+0.0295\lg c_{Fe^{2+}}$$

$$H^{+}+e = 0.5H_2\uparrow \qquad E^{\ominus}_{(H^{+}/H_2)} = -0.0591pH-0.0295\lg p_{H_2}$$

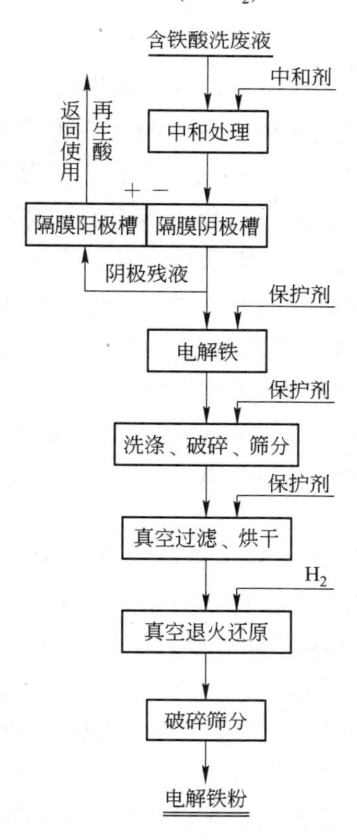

图4－13　含铁废酸液隔膜电解法处理工艺流程

在标准状态下，电位方程中 $E^{\ominus}_{(Fe^{2+}/Fe)} = -0.44V$；$E^{\ominus}_{(H^+/H_2)} = 0.00V$。这表明：$E^{\ominus}_{(H^+/H_2)} > E^{\ominus}_{(Fe^{2+}/Fe)}$，也就是说在酸性条件下即使采用饱和硫酸亚铁溶液作电解液，阴极也只析出氢，而不析出铁。试验结果也证实在 pH≥2 时，阴极上才有铁析出，这说明未经脱酸处理的原始含铁酸洗废液不能直接作为电解液使用，只有降低溶液酸度才能使电解出铁成为现实。在阳极上发生如下反应：

$$H_2O - 2e = 2H^+ + 0.5O_2\uparrow \quad E^{\ominus} = 1.23V$$

随着电解过程的不断进行，溶液的酸度不断提高，即 H^+ 不断增加，事实上含铁酸洗废液在阴极沉铁之后就在阳极得到再生，这是因为溶液中的 H^+ 与 SO_4^{2-} 结合再生成硫酸，使酸洗废液得以再生并溶于溶解之前的电镀污泥。经过实验认识到中和过程宜采用铁加钠系复合中和剂为宜。在洗涤、破碎、研磨的情况下，为了减少电解铁被严重氧化，需要添加一定比例的保护剂。由于干燥的粉末中仍含有部分氧化亚铁、碳及大量的氢（电解时在阴极上溶于铁中），且这种粉末颗粒的硬度很高，作为粉末冶金原料不易压制成型，故仍需在氢气还原气氛下退火还原。

4.3.7 生物处理法

生物处理法是在酶的催化作用下，利用微生物（即细菌、霉、原生动物以及植物）的新陈代谢功能，对废渣或废液中的污染物质进行分解和转化的方法。微生物吸附主要是利用本身的化学结构及成分特性来吸附溶于水中的重金属离子，再通过固液两相分离去除水溶液中的金属离子的生物处理方法，另外微生物可利用胞外聚合物分离金属离子。有些细菌在生长过程中释放的蛋白质，能使溶液中可溶性的重金属离子转化为沉淀物而去除。微生物吸附机理有如下几个：

（1）表面络合机理。微生物能通过多种途径将重金属吸附在其细胞表面，细胞壁是重金属离子的积累场所，细胞壁主要由甘露聚糖、葡聚糖、蛋白质和甲壳质组成，这些组成中可与重金属离子相结合的主要官能团包括磷酰基、羟基、羧基、硫酸酯基、氨基和酰胺基等，其中 H、O、S 等原子都可以提供孤对电子与金属离子配位络合。

（2）离子交换机理。微生物利用细胞壁上的 H^+、Ca^{2+}、Mg^{2+} 等阳离子与重金属离子进行交换，从而使溶液中的重金属离子浓度得以降低。

（3）氧化还原机理。有些菌类本身具有氧化还原能力，能改变吸附在其上的重金属离子的价态，使之变成无挥发性和毒性的物质。

（4）静电吸附机理。微生物细胞的外表面带有负电荷，因此对带正电荷的重金属离子具有静电吸附性能。

在表面处理中，镀铜、镀铁占据重要地位，但造成了严重的污染。生物固定化技术是现代生物工程领域中的一项新兴技术，其中以硫酸盐还原菌 SRB 处理重金属近年来发展很快。其处理金属离子的原理是在厌氧条件下，SRB通过异化硫酸盐还原作用将SO_4^{2-}还原为硫化氢。废水中的金属离子可以和硫化氢反应生成溶解度很低的金属硫化物沉淀，从而使金属离子得以去除。当废水中有电子供体或有机碳源时，SO_4^{2-}生物还原才可发生，但是生物法目前国内只有中科院成都生物研究所在应用，其对Cr^{6+}的去除明显，但处理综合电镀废水不能完全达标，由于其技术的局限性和不稳定性，且大多还处在实验室和中试阶段，对高浓度的电镀废水处理无法推广应用。

中南林业大学的张新宇等人[20]通过对剩余污泥进行厌氧驯化，获得了富含硫酸盐还原菌SRB的改良活性污泥，利用固定化技术固定SRB的改良活性污泥。这样可以避免SRB处理废水时随废水流失以及避免外加营养源带来的二次污染。通过SRB固定化技术可以有效地处理高浓度的镀铜、镀铁混合电镀废水。在pH=7、温度为35℃、$COD/SO_4^{2-}>3$的条件下，可以分别去除99.9%、98.8%以上的铜、铁。通过SRB固定化技术可以有效地处理重金属废水，为解决电镀废水造成的污染提供了有效的方法，也为治理其他高浓度混合电镀废水的可行途径提供了参考。

4.3.8 膜分离法

通过膜分离技术可以对废酸液进行分离再回收，即利用膜的离子选择性将盐和酸分离开，同时回收酸和铁盐。常用的膜分离方法有扩散渗析法、电渗析法、膜蒸馏法等，都能实现废酸与铁的分离[16]。

4.3.8.1 扩散渗析

扩散渗析是通过离子交换膜两侧溶液间溶质浓度梯度所产生的浓差扩散和离子交换膜的选择透过性而进行物质分离的。由于料液与渗析液之间存在浓度差，料液中的Fe^{2+}、H^+、Cl^-均有向渗析液中扩散的趋势，由于阴离子交换膜对离子有选择透过性，只允许Cl^-透过而不允许阳离子透过，故Fe^{2+}被阴离子交换膜阻挡而不能进入渗析液，H^+半径小，迁移速度快，也能随Cl^-透过膜迁移到渗析液中，以保持溶液的电中性。这样，料液中的H^+、Cl^-就不断扩散进入渗析液形成含铁浓度较低的稀盐酸，同时将$FeCl_2$阻挡在废料液中，从而实现HCl与$FeCl_2$的分离。扩散渗析具有能耗低、运转费用低、环境污染小等特点，但该方法分离效率低，设备投资大，难以大范围推广。

4.3.8.2 膜蒸馏

膜蒸馏（MD）是膜技术与蒸馏过程相结合的膜分离过程，它以疏水微孔膜为介质，在膜两侧蒸气压差的作用下，料液中挥发性组分以蒸气形式透过膜孔，从而实现分离的目的。首先利用低温膜蒸馏技术分离亚铁盐和盐酸，亚铁盐溶液经浓缩结晶制成亚铁盐晶体，稀盐酸经浓缩膜蒸馏技术浓度可提高到20%左右，这种方法能有效地进行废盐酸的重复利用，并且铁盐的回收率在98%以上，处理效果好于电渗析法，但是其能耗及运行成本也明显地高于扩散渗析法和电渗析法。

4.3.8.3 渗析法和电渗析法[21]

渗析法的核心设备是渗析器，由残液室、渗析膜、扩散室组成两室夹膜结构。废酸和自来水分别在左右两室逆向流动。由于渗析膜为阴离子交换膜，膜本身带正电荷，并且有可使酸根的水化离子通过的膜孔径，因此能吸引溶液中的阴离子，在浓差的动力作用下，使酸室的阴离子通过渗析膜到扩散室而成为低浓度的酸，而金属盐类的水化离子半径较大，较难通过膜的孔径，所以留在酸室成为残液，即可将酸与盐分离。

渗析法对酸与盐的分离的动力仅为浓度差，因此获得的回收酸的浓度小于1.77mol/L，不能直接回用于酸洗生产。所以科研工作者利用离子交换膜的离子选择透过性，在外加直流电场作用下，进行废液脱酸和酸的浓缩回收，该方法称为电渗析法。

电渗析中阴离子膜和阳离子膜以夹板作为中间体交互重叠组合，形成脱酸室，向其中提供废酸液，在两端设置1对电极，通以直流电。以盐酸废酸液为例，采用由日本德山曹达有限公司生产的ACM型阴离子交换膜和C66 10F型阳离子交换膜组成的电渗析装置处理，在500～1500A/m^2 电流密度下，可将废酸液中游离HCl的质量分数由0.5%～10%浓缩至12%～20.17%，渗漏的金属离子质量分数不超过1%～2%。

电渗析法回收酸的关键在于离子交换膜的选用，一般的阴离子交换膜，H^+ 容易透过，电流效率比较低，因此应采用 H^+ 难透过性阴离子交换膜，以提高电流效率；另外，从含有金属离子的酸废液中回收酸时，金属离子也会透过阳离子交换膜，因此选用阳离子交换膜时可选用一价离子交换膜，以进一步提高回收酸的纯度。V. Y. Dorofeev 等人在硫酸废液的电渗析法回收中，采用多孔的陶瓷膜可以有效地消除金属离子的渗透。

4.3.8.4 纳滤法

近年来发展起来的纳滤膜过滤技术是介于反渗透和超滤技术之间的一种新型分离技术，它是由压力驱动的新型膜分离过程。纳滤法具有膜体耐热、耐酸碱性能好，操作压力低，集浓缩与透析为一体等特点。万金保利用该技术成功地从硫酸酸洗液中回收了 $FeSO_4 \cdot 7H_2O$ 和质量分数为20%的 H_2SO_4。纳滤膜多为聚砜、聚醚砜类材质，实际操作时，压力和流量的增加可提高水通量和脱盐率。也有研究者发现，某些陶瓷膜进行酸洗废液纳滤处理时比有机膜表现出更高的渗透率。某钢厂酸洗废液治理工程中采用以色列 Membrane Products Kiryat Weizmann (MPKW)公司生产的MPT－34膜（聚醚砜类材质，截留相对分子质量100～300，在30℃、3MPa时水的膜通量为0.8$m^3/(m^2 \cdot d)$， pH值为0～14，使用最高温度70℃），共投资195.4万元，每年可处理8000m^3废酸液。操作条件为：纳滤操作压力为1.8MPa，流量为2～3.5m^3/h，操作温度50℃。每年可回收490t H_2SO_4（质量分数为98%），1600t $FeSO_4 \cdot 7H_2O$。

4.3.8.5 气升式膜过滤法

气升式膜过滤技术原应用于污水处理，具有出水水质好和便于自动控制等优点，同时可以综合利用曝入的空气，实现供氧、错流和搅拌作用，降低能耗。针对低浓度（pH≥4）酸洗废水达标排放开发的气升式膜过滤技术首先是利用空气中的氧将低浓度酸洗废液中的Fe^{2+}氧化为Fe^{3+}，并生成氢氧化铁沉淀，同时废液中其他重金属离子也能生成氧化物晶体，以铁氧体形式析出，之后废液再经膜过滤，出水达标排放。200nm孔径的膜材料可以截留胶体粒子和细菌等固形物，错流过滤可以降低膜表面的滤饼厚度，提高膜过滤通量。出水由抽吸泵从膜管的内通道中吸出。氢氧化铁沉淀可在反应器底部被回收利用。

N. Xu等人采用气升式陶瓷膜反应器进行低浓度盐酸酸洗废液的处理，其核心构件是膜孔径为200nm、膜层在外的ϕ12mm的膜过滤元件。实验结果表明，对于Fe^{2+}质量浓度为60mg/L的盐酸酸洗废液，在HRT 3.5h和充分曝气情况下，铁离子的去除率大于80%，出水浊度小于2NTU。

4.3.8.6 减压膜蒸馏法

膜蒸馏是以膜两侧蒸汽压力差为驱动力的膜分离过程。它使用只允许蒸汽通过膜孔，而不允许溶液通过膜孔的疏水微孔膜。将待处理的热溶液置于膜的一侧（称为热侧），热侧溶液中的易挥发物质在膜表面气化，呈气态通过膜孔传递到膜的另一侧，冷却成液体，这一侧称为冷侧。减压膜蒸馏则是在冷侧采用空气吹扫或负压下从冷侧不断抽出热侧传递过来的蒸汽，并在膜器外实现冷凝。减压蒸馏装置由加料系统、膜蒸馏器、接收系统和真空系统4部分组成，其中，膜蒸馏器是整个装置的核心部分，主要由料液室、微孔分离膜、膜支撑板、密封件等组成。

李潜等人以稀的纯硫酸进行减压膜蒸馏实验，当热侧温度为80℃、冷侧压力为2.67kPa时，可将2.10 mol/L的硫酸浓缩到10.32 mol/L；实验中使用厚度为60 μm、ϕ0.1 μm的平板微孔膜，孔隙率55%，材质为PTFE。但是用废酸直接浓缩时发现随硫酸浓度增加，由于盐析效应，硫酸亚铁结晶析出，结晶使膜发生“湿化”现象，丧失疏水性。因此，针对减压膜蒸馏浓缩废酸出现的硫酸亚铁结晶析出的问题，研究了首先以三异辛胺萃取硫酸，反萃取得到浓度为1.12mol/L的稀硫酸，酸回收率达91.81%；再将反萃取回收的硫酸在热侧80℃、冷侧5.64kPa条件下用减压蒸馏法浓缩，可得到10.30 mol/L的浓硫酸。

对于盐酸酸洗废液，因盐酸与水形成共沸，似乎不可采用此方法回收浓的盐酸，但考虑到废液中氯化亚铁的盐析效应，发现相对于纯盐酸溶液而言，相同的条件下，由于氯化亚铁的存在，溶液体系中 H_2O 分压减小，而 HCl 分压增大，并且随着溶液中金属盐浓度的增大，H_2O 分压减小及 HCl 分压增大趋势更为明显。在实际蒸馏过程中，金属盐的浓度会不断增加，有利于气相组成中 HCl 浓度的增大，即蒸馏产品中 HCl 浓度会增大。

4.3.8.7 膜分离实例

东北大学资环学院的沈越[22]做的实验流程如图 4－14 所示。

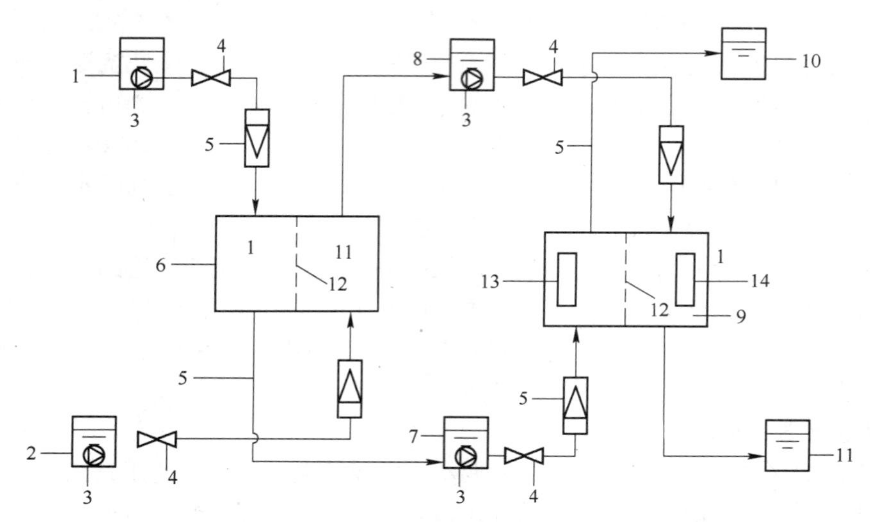

图 4－14 扩散渗析—电渗析联合处理废水工艺流程

1—料液槽；2—蒸馏水槽；3—耐腐蚀泵；4—阀门；5—玻璃转子流量计；6—扩散渗析器；7—残液槽；8—中间水槽；9—电渗析器；10—出水槽；11—回收酸槽；12—DF120 型阴离子交换膜；13—不锈钢阴极；14—$Ti/SnO_2-Sb_2O_3/PbO_2$ 阳极

实验原理为[23]：在直流电场作用下，阴离子交换膜只允许阴离子通过。在处理模拟废水时，阴极液主要由 Fe^{2+}、H^+ 及 Cl^- 组成，阳极液主要由 H^+ 和 Cl^- 组成。在电场作用下，发生如下电极反应：

阴极：　　$2H^+ + 2e = H_2\uparrow$；$Fe^{2+} + 2e = Fe\downarrow$

阳极：　　$4OH^- = 2H_2O + O_2\uparrow + 4e$；$2Cl^- - 2e = Cl_2\uparrow$

可见，在阴极上不断沉积出 Fe，阴极液 pH 值上升，阳极液 HCl 浓度增加，pH 值降低。各配制 200mL 阴、阳极液加入相应的极室中进行膜电解实验。采用恒压输出方式，改变槽电压、电解时间、阴极液 pH 值及 Fe^{2+} 浓度、阳极液 pH 值，定时分别从阴、阳极室取样，分析样品的 pH 值及 Fe^{2+} 浓度。由下式计算 Fe 的回收率：

$$R = \frac{c_{进} - c_{出}}{c_{进}} \times 100\%$$

式中，R 为 Fe 的回收率,%；$c_{进}$、$c_{出}$ 分别为阴极液进、出水中 Fe^{2+} 的质量浓度，mg/L。

pH 值由 pHS－25 型 pH 值计测定；Fe^{2+} 浓度采用邻菲啰啉分光光度法测定。

通过实验可以得到以下结论：

（1）采用扩散渗析—电渗析联合工艺技术处理盐酸酸洗废水可以很好地实现同时回收酸洗废水中的盐酸和铁。

（2）在采用扩散渗析—电渗析联合工艺技术处理盐酸酸洗废水时，扩散渗析装置料液进水流量、蒸馏水与酸洗废水流量比、电渗析装置阴极室进水值、阴极室和阳极室进水流量以及槽电压对酸洗废水处理效果影响显著。

（3）当扩散渗析装置料液进水流量为0.35L/h，维持蒸馏水与酸洗废水流量比为1时，回收酸浓度平均为0.2mol/L，酸回收率平均为66.7%；出水中 Fe^{2+} 浓度平均为99.5mg/L，铁回收率均可达到88%。

参考文献

[1] 中国选矿技术网．铁的物理和化学性质［EB/OL］．http：//www.mining120.com/resource/index_ resource.asp? fl1 = %BA%DA%C9%AB%BD%F0%CA%F4&id = 17593.

[2] 祝万鹏，杨志华，关晶，等．多组分电镀污泥酸浸出液中铁的分离［J］．化工环保，1997（17）：6～11.

[3] 威士邦科技有限公司．废电镀液/酸液的再生回用［EB/OL］．http：//www.visbe.com/blog/feishui/86.html.

[4] ANDERSON S O S，et al. MAR－hydrometallurgical recovery process［C］．ISEC’77，1977：798～808.

[5] HALLOVELL J B. Ammonium carbonate leaching of metal values from water－treatment sludge［R］．Environmental Protection Series. NewYork：EPA－600/2，1977：71～105.

[6] 汤兵，朱又春，白雪梅，等．溶剂萃取法从镀锌酸洗废液中分离锌、铁的研究［J］．矿冶工程，2003（5）：47～49.

[7] 张丽清，赵玲燕，周华锋，等．包钢选矿厂尾矿中稀土与铁共提取［J］．过程工程学报，2012（2）：218～222.

[8] 姜平国，吴筱，廖春发，等．用 N235 从赤泥浸出液中提取铁的工艺研究［J］．江西理工大学学报，2009（1）：14～16.

[9] 西村山治．溶剂萃取法从工业废物中回收有价金属［J］．湿法冶金，1994（2）：52～58.

[10] 李怀梅．氰化渣综合回收铁、金的工艺研究［D］．淄博：山东理工大学，2012.

[11] 刘定富．电镀废水中分离铁（Ⅲ）的研究［J］．贵州工业大学学报（自然科学版），2007（6）：90～93.

[12] 黄勇强，吴涛，徐锁龙，等. 电镀废酸制备絮凝剂聚合氯化铝铁及其应用研究［J］. 水处理技术，2010（12）：113～116.
[13] 张蕴辉，蔡固平，史瑞兰. 酸洗废液制取复合亚铁的研制及应用［J］. 环境污染治理技术与设备，2003（9）：16～18.
[14] 罗自强. 利用废酸制取铁黄［J］. 电镀与环保，1996（1）：32.
[15] 张炜铭，潘丙才，等. 含铁废盐酸的分离净化与回收利用的方法：中国，200910184187［P］. 2010－02－10.
[16] 杨磊. 氧化—树脂吸附法处理含铁废盐酸及其资源化研究［D］. 南京：南京大学，2012.
[17] 黄万抚，何善媛. 钢铁酸洗废水处理与回收利用［J］. 冶金丛刊，2005（5）：33～36.
[18] 欧阳红英. 浓缩冷冻结晶法处理废酸液的应用［J］. 环境与开发，2000（3）：41，42.
[19] 李泰康，黄小兵，金建钢. 含铁酸洗废液中分离酸和提取电解铁粉的研究［J］. 粉末冶金工业，2002（4）：37～41.
[20] 张新宇，李科林. 硫酸盐还原菌（SRB）固定化技术处理镀铜、镀铁混合电镀废水的研究［J］. 精细化工中间体，2009（6）：47～49.
[21] 张永刚，赵西往，靳晓霞. 钢铁酸洗废液资源化的膜处理技术［J］. 工业水处理，2006（12）：18～20.
[22] 沈越. 扩散渗析—电渗析法回收盐酸酸洗废水中的酸和铁［J］. 环境保护与循环经济，2011（5）：43～46.
[23] 朱茂森，王燕，夏春梅，等. 静态电渗析法回收酸洗废水中的酸和铁［J］. 环境污染与防治，2010（8）：51～55.

5 有价金属铜的提取技术

5.1 铜及铜资源概述

铜对人类文明历史的重大影响是任何材料都无法比拟的。铜是第一个广泛应用的金属，它的作用如此之大以致人类文明发展史上有两个阶段以它的合金命名：青铜时代和亚青铜时代。现在铜依然是用量很大的金属，如果没有铜，现代生活将难以想象。

5.1.1 铜的物理化学性质

相比于铁和铝，铜是相对稀有的元素，在地壳中含量仅为0.005%，而铁和铝的含量分别达到5%和8%。纯铜呈浅玫瑰色或淡红色，表面形成氧化铜膜后，外观呈紫铜色。铜的原子序数为29，相对原子质量为63.54，密度为8.9g/cm^3（铝2.7g/cm^3、铁7.9g/cm^3、铅11.3g/cm^3、金19.3g/cm^3），熔点为1083℃（铅327℃、铝660℃、铁1536℃）。元素符号Cu，是其拉丁名称“cuprum”的缩写。

5.1.1.1 铜的物理性质

铜的物理性质主要有：

（1）铜的导电性。铜最重要的特性之一便是其具有极佳的导电性，其电导率为58MS/m。铜的这种高导电性与其原子结构有关：当多个单独存在的铜原子结合成铜块时，其价电子将不再局限于铜原子之中，而可以在全部的固态铜中自由移动，其导电性仅次于银。这一特性使得铜大量应用于电子、电气、电信行业。

（2）铜的导热性。固体铜中还有自由电子所产生的另一重要效应就是其拥有极高的导热性，其热导率为386W/(m·K)，仅次于银。由于铜比金、银储量更丰富，价格更便宜，因此被制成电线电缆、接插件端子、汇流排、引线框架等各种产品，广泛用于电子、电气、电信行业。

（3）铜的耐蚀性。铜具有良好的耐蚀性能，优于普通钢材，在碱性气氛中优于铝。铜的标准电极电位是+0.34V，比氢高，是电位较正的金属。铜在淡水中的腐蚀速度也很低（约0.05mm/a），并且铜管用于运送自来水时，管壁不沉积矿物质，这点是铁制水管所远不能及的。正因为这一特性，高级卫浴给水装置中大量使用铜制水管、龙头及有关设备。

5.1.1.2 铜的化学性质

铜原子容易失去一个电子形成亚铜离子（Cu^{+}）或失去两个电子形成铜离子（Cu^{2+}），故铜形成化合物是以呈现一价或二价的氧化状态进行，但由正二价氧化状态形成的化合物比由正一价氧化状态形成的化合物稳定。

铜原子的晶体结构为面心立方（fcc），每一个铜原子周围都有12个相邻的铜原子以等距离周期性地围绕，这种结晶构造是自然界结晶构造中对称性最高的一种。一个铜原子的实际直径为2.5×10^{-10}m。铜是不太活泼的重金属元素。在常温下不与干燥空气中的氧反应。但加热时能与氧化合成黑色的CuO；继续在很高的温度下燃烧就生成红色的Cu_2O，Cu_2O有毒，广泛应用于船底漆，防止寄生的动植物在船底生长。此外，铜还能与$FeCl_3$作用。在无线电工业上，常利用$FeCl_3$溶液来刻蚀铜，以制造印刷线路。金属的电导率及热导率比较见表5-1（以铜为100进行比较）。

表5-1 金属的电导率及热导率

金 属	电导率	热导率	金 属	电导率	热导率
银	106	108	锌	29	29
铜	100	100	铁	18	17
金	72	76	铅	8	9
铝	62	56			

5.1.2 铜及铜产品的分类

5.1.2.1 按自然界中存在形态分类

从铜的存在形式看，自然界中存在纯度很高的自然铜，但这部分储量极少。铜一般以化合物的形式存在，其中硫化铜矿最多，世界上80%以上的铜是从硫化铜提炼出来的，另外为数不多的铜矿是氧化铜矿。在自然界里，铜一般与其他元素化合，以矿石的形式出现。最常见的铜矿是黄铜矿，它是一种铜与铁的硫化物，矿石中三种元素的质量分数大致相同。世界上大约50%的铜矿以这种形式存在。

5.1.2.2 按生产过程分类

按生产过程，铜及铜产品可分为：

（1）铜精矿。冶炼之前选出的含铜量较高的矿石。

（2）粗铜。铜精矿冶炼后的产品，含铜量为95%~98%。

（3）精铜。火法冶炼或电解之后含量达99%以上的铜。火法冶炼可得99%~99.9%的纯铜，电解可以使铜的纯度达到99.95%~99.99%。

5.1.2.3 按主要合金成分分类

按主要合金成分可分为：

（1）青铜。铜锡合金，锡含量一般为3%～6%，青铜较铜更硬、更坚固，若加入少量的磷能使合金更具有弹性。

（2）黄铜。铜锌合金，目前通常加入少量（低于5%）的其他合金金属以形成不同的特性。根据锌含量将黄铜分为两类：1）锌含量小于37%的，适合用于低温环境；2）锌含量高于37%的，延展性更好，适用于高温。加入铅可提高其力学性能；加入锰、铁、铝可提高强度及耐腐蚀性。

（3）白铜。铜镍合金，具有优越的耐蚀性、耐热性及良好的加工性及银辉色泽。

近年来利用其他元素开发了许多新合金。铜中加入镉可以提高强度，但稍微降低了电导率；添加铍，有时还加镍和钴，可以大大提高强度和硬度。铜铬合金是最广泛应用的高强度、高导电率材料，通常还加入锆和镁。

5.1.2.4 按加工产品形态分类

铜加工材品种繁多，形态各异，一般分为：板材、带材、排材、管材、棒材、箔材、线材、掣材、铜盘条等。

5.1.3 铜的主要用途

人类应用铜已有数千年的历史。墓葬考古发现，早在6000年前的史前时期，埃及人就使用铜器。铜是人类祖先最早应用的金属。铜具有优良的导电和导热性，居所有工程金属材料之冠，铜主要性能的应用比例如图5－1所示。

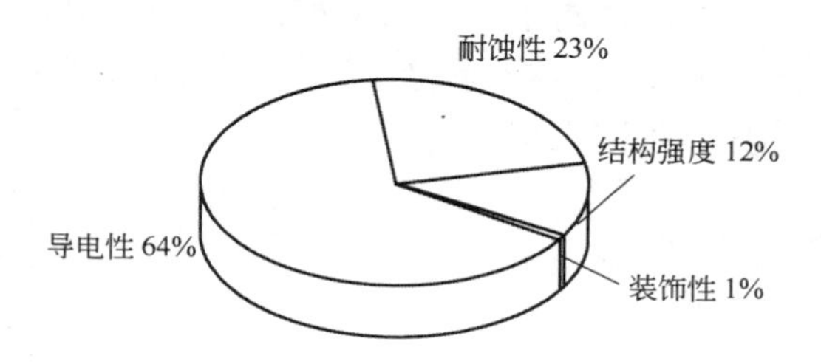

图5－1 铜主要性能的应用比例

5.1.3.1 在电气工业中的应用

铜在电气工业中的应用主要有：

（1）电力输送。电力输送中需要大量消耗高导电性的铜，主要用于变压器、开关、接插元件和连接器等。我国在过去一段时间内，由于铜供不应求，考虑到铝的密度只有铜的30%，在希望减轻质量的架空高压输电线路中曾采取以铝代铜的措施。目前从环境保护考虑，空中输电线将转为铺设地下电缆。在这种情况下，铝与铜相比，存在导电性差和电缆尺寸较大的缺点，而相形见绌。

（2）电机制造。在电机制造中，广泛使用高导电和高强度的铜合金，主要用铜部位是定子、转子和轴头等。电机是使用电能的大户，约占全部电能供应的60%。一台电机运转累计电费很高，增大铜线截面是发展高效电机的一个关键措施。近年来已率先开发出来的一些高效电机与传统电机相比，铜绕组的使用量增加25%～100%。

（3）通信电缆。20世纪80年代以来，由于光纤电缆载流容量大等优点，在通信干线上不断取代铜电缆，而迅速推广应用。但是把电能转化为光能，以及输入用户的线路仍需使用大量的铜。随着通信事业的发展，人们对通信的依赖越来越大，对光纤电缆和铜电线的需求都会不断增加。

5.1.3.2 在交通工业中的应用

铜在交通工业中的应用主要有：

（1）船舶。由于良好的耐海水腐蚀性能，许多铜合金已成为造船的标准材料。一般在军舰和商船的自重中，铜和铜合金占2%～3%。军舰和大部分大型商船的螺旋桨都用铝青铜或黄铜制造，桨每支重20～25t。

（2）汽车。每辆汽车用铜10～20kg，随汽车类型和大小而异，对于小轿车约占自重的6%～9%。铜和铜合金主要用于散热器、制动系统管路、液压装置、齿轮、轴承、刹车摩擦片、配电和电力系统、垫圈以及各种接头、配件和饰件等。其中用铜量比较大的是散热器。

（3）铁路。铁路的电气化对铜和铜合金的需要量很大。每千米的架空导线需用2t以上的异型铜线。此外，列车上的电机、整流器以及控制、制动、电气和信号系统等都要依靠铜和铜合金来工作。

（4）飞机。飞机的航行也离不开铜。例如：飞机中的配线、液压、冷却和气动系统需使用铜材，轴承保持器和起落架轴承采用铝青铜管材，导航仪表应用抗磁铜合金，众多仪表中使用铜弹性元件等。

5.2 铜的分析测定方法

5.2.1 碘量法

在弱酸性溶液中，Cu^{2+}可被I^-还原为CuI：

$$2Cu^{2+} + 4I^- \rightleftharpoons 2CuI + I_2$$

这是一个可逆反应，由于CuI溶解度比较小，在有过量的KI存在时，反应定量地向右进行，析出的I_2用$Na_2S_2O_3$标准溶液滴定以淀粉为指示剂，间接测得铜的含量。

$$I_2 + 2S_2O_3^{2-} = 2I^- + S_4O_6^{2-}$$

由于CuI沉淀表面会吸附一些I_2使滴定终点不明显并影响准确度，故在接近化学计量点时，加入少量KSCN，使CuI沉淀转变成CuSCN：

$$CuI + SCN^- = CuSCN + I^-$$

因 CuSCN 的溶解度比 CuI 小得多（$K_{sp(CuI)} = 1.1 \times 10^{-10}$，$K_{sp(CuSCN)} = 1.1 \times 10^{-14}$），能使被吸附的 I_2 从沉淀表面置换出来，使终点明显，提高测定结果的准确度。且此反应产生的 I^- 可继续与 Cu^{2+} 作用，节省了 KI。

具体操作步骤如下：

（1）硫代硫酸钠溶液的标定。用移液管移取 25.00mL $K_2Cr_2O_7$ 溶液置于 250mL 锥形瓶中，加入 3mol/L HCl 5mL，1g 碘化钾，摇匀后放置暗处 5min。待反应完全后，用蒸馏水稀释至 50mL。用硫代硫酸钠溶液滴定至草绿色。加入 2mL 淀粉溶液，继续滴定至溶液自蓝色变为浅绿色即为终点，平行标定 3 份，计算 $Na_2S_2O_3$ 溶液的浓度。

（2）试液中铜的测定。准确吸取 25.00mL 试液 3 份，分别置于 250mL 锥形瓶中，加入 NaAc－HAc 缓冲溶液 5mL 及 1g 碘化钾，摇匀。立即用 $Na_2S_2O_3$ 溶液滴定至浅黄色，加入 20% KSCN 溶液 3mL，再滴定至黄色几乎消失，加入 0.5% 淀粉溶液 3mL，继续滴定至溶液蓝色刚刚消失即为终点。由消耗的 $Na_2S_2O_3$ 溶液的体积，计算试液中铜的含量。

（3）铜合金中铜的测定。准确称取 0.12g 左右的铜合金，分别置于 250mL 锥形瓶中，加入 1∶3 HNO_3 5mL，在通风橱中小火加热，至不再有棕色烟产生，继续慢慢加热至合金溶解完全。蒸发溶液至约 2mL。取下，冷却后，用少量水吹洗瓶壁，继用 25mL 蒸馏水稀释，并煮沸使可溶盐溶解。趁热逐滴加入 1∶1 氨水，至刚有白色沉淀出现。再逐滴加入 6mol/L HAc，摇匀至沉淀完全溶解后，过量 1～2 滴，加 pH＝3.5 的 HAc－NaAc 缓冲溶液 5mL，冷却至室温，加入 1g 碘化钾，摇匀，立即用 $Na_2S_2O_3$ 溶液滴至浅黄色，加入 20% KSCN 溶液 3mL，再滴至黄色几乎消失，加 0.5% 淀粉溶液 3mL，继续滴至蓝色消失为终点。由消耗 $Na_2S_2O_3$ 溶液的体积计算铜合金中铜的含量。

假如试样中含有铁，Fe^{3+} 也可与碘化钾作用析出碘：

$$2Fe^{3+} + 2I^- = 2Fe^{2+} + I_2$$

加入 NH_4HF_2，使铁生成不与碘化钾作用的 $[FeF_6]^{3-}$，以消除干扰。NH_4HF_2 还可以作为缓冲剂，调节 pH 值为 3.3～4。

5.2.2 原子吸收光谱法

原子吸收光谱法（AAS）是 20 世纪 50 年代中期出现并在以后逐渐发展起来的一种新型的仪器分析方法，这种方法根据蒸气相中被测元素的基态原子对其原子共振辐射的吸收强度来测定试样中被测元素的含量。它在地质、冶金、机械、化工、农业、食品、轻工、生物医药、环境保护、材料科学等各个领域有广泛的应用。

5.2.2.1 标准曲线法

配制一组浓度由低到高、大小合适的标准溶液，依次在相同的实验条件下喷入火焰，然后测定各种浓度标准溶液的吸光度，以吸光度 A 为纵坐标，标准溶液浓度 c 为横坐标作图，则可得到 $A-c$ 关系曲线（标准曲线）。在同一条件下，喷入试液，并测定其吸光度 A_x 值，以 A_x 在 $A-c$ 曲线上查出相应的浓度 c_x 值。

在实际测试过程中，标准曲线往往在高浓度区向下弯曲。出现这种现象的主要原因是吸收线变宽所致。因为吸收线变宽常常导致吸收线轮廓不对称，导致吸收线与发射线的中心频率就不重合，因而吸收减少，标准曲线向下弯曲。当然，火焰中的各种干扰也可能导致曲线发生弯曲。

5.2.2.2 标准加入法

在正常情况下，并不完全知道待测试液的确切组成，这样欲配制组成相似的标准溶液就很难进行。而采取标准加入法，可弥补这种不足。

取相同体积的试液两份，置于两个完全相同的容量瓶（A 和 B）中。另取一定量的标准溶液加入到 B 瓶中，将 A 和 B 均稀释到刻度后，分别测定它们的吸光度。若试液的待测组分浓度为 c_x，标准溶液的浓度为 c_0，A 液的吸光度为 A_x，B 液的吸光度为 A_0，则根据比耳定律有：

$$A_x = kc_x$$

$$A_0 = k(c_0 + c_x)$$

所以

$$c_x = A_x c_0 (A_0 - A_x)$$

在实际工作中，多采用作图法。取若干份（至少 4 份）同体积试液，放入相同容积的容量瓶中，并从第二份开始依次按比例加入待测试液的标准溶液，最后稀释到同刻度。若原试液中待测元素的浓度为 c_x，则加入标准溶液后的试液浓度依次为：$c_x + c_0$、$c_x + 2c_0$、$c_x + 4c_0$、…，相应吸光度为：A_x、A_1、A_2、A_3、…。以 A 对标准溶液的加入量作图，则得到一条直线，该直线并不通过原点，而是在纵轴上有一截距 b，这个 b 值的大小反映了标准溶液加入量为零时溶液的吸光度，即原待测试液中待测元素的存在所引起的光吸收效应。如果外推直线与横轴交于一点 b'，则 $ob' = c_x$。

赵可心[1]研究了在十二烷基硫酸钠存在下原子吸收光谱法同时测定钴、镍、铜的条件，发现表面活性剂的存在不仅提高了钴、镍、铜的测定灵敏度，而且抑制了基体及其他元素的干扰；并对表面活性剂的作用机理进行了初步探讨，所拟定的方法准确度和精确度良好，样品中钴、镍、铜的测定结果令人满意。彭喜雨等人[2]研究了酸性情况下制备奶粉悬浮液的条件，选用丙三醇－乙醇为悬浮剂，成功地制备了均匀稳定的奶粉悬浮液，并实验了石墨炉原子吸收分光光度法直接测定奶粉中铅、铜的最佳分析条件，取得了满意的结果。

5.2.3 二乙胺基二硫代甲酸钠萃取光度法

5.2.3.1 方法原理

在氨性（pH 值为 9 ~ 10）溶液中，铜与二乙胺基二硫代甲酸钠作用，生成摩尔比为 1:2 的黄棕色络合物，该络合物可被四氯化碳或氯仿萃取，其最大的吸收波长为 440nm，在测定条件下有色络合物可稳定 1h，其摩尔吸收系数为 1.4。

5.2.3.2 操作步骤

操作步骤如下：

（1）空白试验。取 50mL 的去离子水，按（2）~（6）步骤，随同试样做平行操作，得出空白试验的吸光度。

（2）取 50mL 酸化的水样置于 150mL 烧杯中，加入 5mL 硝酸，在恒温电热器上加热消解并蒸发至 10mL 左右。稍冷后再加入 5mL 硝酸和 1mL 过氧化氢，继续加热消解，蒸发至近干，加水 40mL，加热煮沸 3min，冷却，将试液转入 50mL 容量瓶中，用水稀释至标线（若有沉淀，应过滤除去）。

（3）在消解后的试样中加入 10mL EDTA 柠檬酸铵溶液，2 ~ 3 滴甲酚红指示液，用 1:1 氨水调至由红色经黄色变成紫色（颜色根据标样的颜色一致），调 pH 值为 8.0 ~ 8.5。

（4）将容量瓶中溶液转入 125mL 的分液漏斗中，加入 0.2% 二乙胺基二硫代甲酸钠溶液 5mL，摇匀，静置 5min。

（5）准确加入 10mL 四氯化碳，用力振荡不少于 2min（若用振荡器振荡，应不少于 4min），静置待分层。

（6）将有机相放入干燥的比色皿中，以四氯化碳作参比，于 440nm 波长处测吸光度，比色皿应先后用四氯化碳、有机相清洗一下。

（7）将测得的吸光度扣除空白试验的吸光度，从工作曲线上查得铜的含量。

（8）绘制标准曲线。于 8 个分液漏斗中，分别加入 0mL、0.20mL、0.50mL、1.00mL、2.00mL、3.00mL、5.00mL、6.00mL 铜标准使用溶液，加水至 50mL，配成一组标准系列溶液，按（2）~（5）操作步骤测量各标准溶液的吸光度，以相应的铜含量和吸光度绘制工作曲线。

铜的浓度 c(mg/L) 由以下公式计算：

$$c = \frac{m}{V} \times 5$$

式中，m 为由校准曲线查得的铜量，μg；V 为萃取用的水样体积，mL，即 50mL；5 为 1.00mL 铜标准溶液中含铜 5.00μg。

5.2.4 紫外 - 可见分光光度法

应秀玲[3] 根据 Cu^{2+} 和二乙基二硫代氨基甲酸钠在弱碱性条件下能定量反应

生成不溶于水但溶于三氯甲烷的黄色络合物（该络合物能定量吸收 440nm 波长的光），用分光光度法测定了酞菁颜料中的游离铜，效果满意。石成瑞等人[4]采用非离子表面活性剂吐温 80 作增溶剂，双硫腙为显色剂，用分光光度法直接在水介质中对高聚物中的微量铜进行比色测定。该法操作简便、色度稳定、干扰少、灵敏度高，可测出铜含量为每 25mL 0.2μg，相对误差在 7% 以内。用该方法测定了聚乙烯与丙烯酸的接枝膜及有机硅胶中的微量铜，取得了较为满意的结果。

5.2.5 其他光度分析法

铜的分析测定方法中，使用得最多的是分光光度法。分光光度法是基于不同分子结构的物质对电磁辐射的选择性吸收而建立的一种定性、定量分析方法，这种方法仪器简单，便于推广运用，因此对分光光度法的研究报道也最多。近年来，分光光度法本身发展也很快，在普通分光光度法基础上不断发展出新的现代光度分析法，如流动注射光度法、胶束增溶分光光度法、双波长分光光度法、导数分光光度法、固相分光光度法、催化光度法等。这些新的现代光度法的出现与发展，也为环境样品中痕量铜的分析测定提供了新的手段。

5.2.5.1 普通光度法

普通光度法是单波长光度法。按反应体系中所用指示剂的不同，大致有以下几类：（1）三苯甲烷类，如铬天青 S（CAS）、二甲酚橙（XO）、甲基百里酚蓝（MTB）等；（2）偶氮类，如 2 –（H 酸偶氮）– 4，5 – 二硝基酚（HADNP）、三氯偶氮胂（ASATC）等；（3）荧光酮类，如二磺基苯基荧光酮（DSFF）等；（4）希夫碱类，如 8 – 羟基喹啉等；（5）其他，如茜素 S（ARS）等。其中以对 CAS 的研究和应用最为广泛，但其摩尔吸收系数多在 10^4 数量级，灵敏度有待进一步改善。

阎超[5]用分光光度法，基于二苯碳酰二肼显色剂与 Cu^{2+} 在 pH 值为 6 ~ 7 的醋酸盐缓冲溶液中形成红色配合物，最大吸收波长为 545nm，测定了纯净水、自来水、乌鲁木齐河水、青格达湖水及乌鲁木齐市红湖水样中微量 Cu^{2+} 的含量。

5.2.5.2 胶束增溶分光光度法

胶束增溶分光光度法是在显色体系中加入表面活性剂，这些表面活性剂的胶体质点对一些染料有增溶作用并使染料的吸收光谱发生改变，从而提高了染料与金属离子显色反应的灵敏度。使用表面活性剂后，摩尔吸收系数增加了约十倍。按使用的活性剂种类的不同，可分为阳离子型表面活性剂、非离子型表面活性剂、阴离子型表面活性剂，其中以阳离子型和非离子型使用较多。

何斌[6]利用非离子表面活性剂存在下的胶束增溶、增敏作用，研究和建立了在吐温 20 胶束体系中分光光度法测定微量铜的方法。在吐温 20 的存在下，于

pH 值为 8.5 的缓冲介质中，Cu^{2+} 与铜试剂形成棕黄色配合物，其最大吸收波长为453nm，表观摩尔吸收系数为 1.35×10^{4} L/(mol·cm)；在 25mL 溶液中 Cu^{2+} 含量为 0 ~60 μg 范围内遵守比耳定律，配合物至少可稳定 48h。该方法具有良好的选择性，应用于植物中微量铜的测定，结果满意。

5.2.5.3 双波长分光光度法

双波长分光光度法在定量测定高浓度试样、浑浊试样以及多组分混合物时，具有很大的优越性，并且提高了分析方法的灵敏度和准确度。它在一定程度上克服了单波长法的局限，扩展了分光光度法的应用范围。

宝迪[7]以 2 -（5 -溴 -2 -吡啶偶氮）-5 -二乙氨基酚为显色剂测定粮食中的痕量铜，首先以试剂空白为参比，于 560nm 处测定络合物吸光度，然后以原被测配合物为参比，于 440nm 处测定试剂空白的吸光度，铜量在 0 ~0.80mg/L 范围内符合比耳定律，摩尔吸光系数为 1.03×10^{5} L/(mol·cm)，该方法的相对标准偏差为 1.2% ~4.3%。文献以锌试剂为显色剂，在 pH 值为 9.0 的条件下，选用铜的测定波长为 615nm，铜含量在每 25mL 0 ~30μg 范围内符合比耳定律。该方法用于头发中铜的测定，回收率为 92% ~108%。

5.2.5.4 导数分光光度法

在分光光度分析中引入导数技术，扩展了分光光度法的应用范围，在多组分同时测定、浑浊样品分析、消除背景干扰和加强光谱的精细结构以及复杂光谱分析等方面，导数分光光度法在一定程度上解决了普通分光光度法难以解决的问题。随着低噪声运算放大器的出现和微型计算机在分光光度计中的应用，简化了获得导数光谱的方法，推动了导数光谱的理论和应用研究的发展。

肖新亮等人[8]采用三阶导数光谱技术，以 meso -四（4 -三甲铵基苯基）叶琳作显色剂分光光度法同时测定了微量的铜、钴与锡。实验中以铅离子掩蔽过剩试剂的吸收峰，然后进行三级微分求导，可以使铜、钴、锡吸收峰完全分开，于 415nm、434nm 及 438nm 处同时测定 3 元素含量，由三阶导数光谱的吸光值可求算出配合物的三阶导数摩尔吸光系数分别为：1.11×10^{6} L/(mol·cm)、3.95×10^{5} L/(mol·cm) 及 6.47×10^{5} L/(mol·cm)。

5.2.5.5 固相分光光度法

固相分光光度法利用固体载体预富集欲分析成分，发色后直接测定载体表面的吸光度。该方法不需要昂贵的仪器，且测定浓度也可达到微克每升的水平，甚至更低。

赵中一等人[9]以聚氯乙烯（PVC）为基质，制备了含新亚铜灵的 PVC 功能膜。在弱酸性介质中，当高氯酸根存在时，该功能膜能有效地吸附含铜缔合物。用固相分光光度法直接测定铜的含量，方法简便、快速、试剂用量少、精密度较好，用于实际样品中铜的测定，结果符合要求。

5.2.5.6 催化光度法

催化光度法是一种以测定催化反应速度为基础的定量分析方法，其被测组分是催化剂。因此，与普通光度法相比，其灵敏度更高，成为近年来分析工作者研究的热点。催化分光光度法测定铜检出限很低，达纳克级水平，灵敏度高，具有以下特点：（1）反应选择性良好，适合于混合物中性质十分相似组分的同时测定；（2）催化动力学分析法灵敏度高；（3）扩大了可利用的化学反应范围；（4）便于计算机与分析仪器的联机使用，容易实现流程控制、样品检测、数据采集和处理的自动化。但催化光度分析法也有一定的应用范围，它要求待测体系的反应速度必须与所用仪器设备的应答时间相适应。人们将催化光度分析法与现代分离技术相结合，大大提高了方法的选择性，有利于生物样品中痕量铜的分析。

葛慎光等人[10]的研究指出，在 HAc－NaAc 介质中，α，α′－联吡啶做活化剂下，痕量铜能灵敏地催化抗坏血酸还原偶氮氯膦－Ⅰ褪色。其最大吸收波长为540nm，检出限为7.1×10^{-10}g/mL，检测范围为每25mL 0～0.35μg，应用于自来水和茶叶中铜的测定获得令人满意的结果。黄荣斌等人[11]研究了测定痕量铜的新催化光度法：在pH值为11.4的条件下，Cu^{2+}催化双氧水氧化百里酚兰的反应。测定铜的线性范围为每25mL 0～180μg，检出限为0.31μg/mL。用于食品的测定，结果令人满意。

5.3 铜的提取技术

5.3.1 浸出

铜的提取过程最关键的一个步骤是浸出。电镀污泥浸出技术主要分为酸浸和氨浸，具体介绍如下。

5.3.1.1 酸浸

A 浸出机理

浸出过程就是在溶液中用浸出剂与固体物料作用，使有价元素变成可溶性化合物进入溶液，而主要伴生元素进入浸出渣[12]，在电镀污泥中最有回收价值的金属是铜和锡，因此，在采用浓盐酸进行浸出时，主要是要求这两种金属以氯化锡和氯化铜的形式进入溶液，而其他杂质则尽可能地留在浸出渣中。

根据核收缩模型，浸出过程如图5－2所示。

从图5－2可知，整个浸出过程经过了下列几个步骤：

（1）浸出剂通过扩散层向污泥表面扩散（外扩散）；

（2）浸出剂进一步扩散通过固体膜（内扩散）；

（3）浸出剂、污泥发生化学反应，同时也伴随有吸附或解吸过程；

（4）生产不溶产物层，使固体膜增厚，反应生成的可溶性产物扩散通过固体膜（内扩散）；

（5）生产可溶性产物扩散到溶液中（外扩散）。

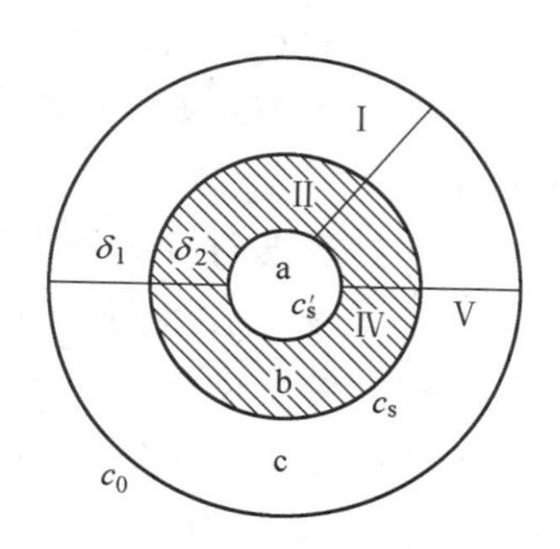

图 5－2 浸出过程示意图

a—未反应的固体粒核；b—反应产生的固体膜或浸出的固体残留物；
c—浸出剂的扩散层；c_0—浸出剂的液相浓度；c_s—浸出剂在固体表面的浓度；
c_s'—浸出剂在反应区的浓度；δ_1—浸出剂扩散层的有效厚度；δ_2—固体膜厚度

铜浸出反应所需的热力学条件可根据图 5－3 进行分析。

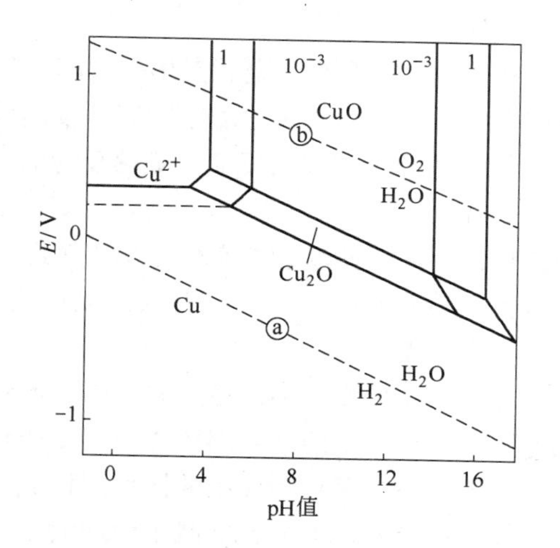

图 5－3 Cu－H_2O 系的 E－pH 值图（25℃）

在电镀污泥中，重金属大多以氢氧化物或氧化物的形式存在，用盐酸浸出时，这些物质和盐酸发生化学反应，生产相应的氯化物。

电镀污泥浸出时，开始在液－固界面上迅速反应，形成一层紧附固体颗粒表面的液层，即扩散层。此后，浸出剂和浸出物都必须穿过扩散层传输到界面或离开界面。浸出过程是盐酸与电镀污泥相互作用的多相反应过程，溶液中盐酸浓度与电镀污泥颗粒表面上的盐酸浓度差是影响浸出速率的主要因素之一。当铜、锡浸出率达到一定程度时，浸出反应变得缓慢，污泥表面 pH 值增大。溶液中铜、锡浓度增加时，浓度梯度相对减小，所以浸出速率相对降低，在同样的时间内，浸出率有所下降。浸出率计算如下[13~15]：

$$r = K(c_0 - c_s)$$

式中，r 为电镀污泥的金属浸出率；c_s 为电镀污泥表面盐酸浓度；c_0 为溶液中任意时刻盐酸浓度；K 为速率常数。

速率常数为一定值，盐酸的初始浓度对浸出率影响很大，当盐酸的浓度过低时，浸出率为零，这是由于 $c_0 - c_s$ 为零，浸出速率也为零；随着盐酸浓度增大，浸出率增加，浸出速率加快；当盐酸浓度增加到一定值时，浸出过程受界面化学反应控制。因此合理利用盐酸的浓度是很重要的。通过实验得出的最佳盐酸浓度是（1+1.5）HCl，即液固比为3，酸固比为2。

由实验可知，盐酸用量越大，金属浸出率越高。这是由于盐酸用量增大，H^+ 浓度也增大，H^+ 与污泥颗粒表面接触的概率增加，反应速率和溶解速度都随之增大。从图5-3可知，pH值越小，越有利于铜、锡的浸出，盐酸用量增加，铜、锡离子的稳定区域相对增大，也即电镀污泥越易被盐酸浸出。但盐酸用量过大，不仅成本增大，而且游离酸也增加，这样会引起更多杂质进入溶液，对后续工序处理带来不必要的麻烦。

由浸出实验可知，随着温度的升高，金属浸出率也随之增大，但达到一定值时，增大的幅度比较缓慢。这是由于金属的浸出反应是吸热反应，由范特霍夫方程（$\mathrm{dln}K/\mathrm{d}T = \Delta H/(RT^2)$）可知，当浸出反应为吸热反应时，温度升高有利于浸出。

随着反应时间的延长，污泥的粒度必然变得更小，污泥粒度越细，比表面积就会增大，浸出率就越大。随着时间的延长，泥浆的黏度增大，影响过滤速度，能耗也会增加，成本也随之加大。

由浸出实验结果可知，污泥粒度越小，浸出率越高。但颗粒达到一定的细度后，浸出率增加的幅度不大。浸出是溶液-固体之间的多相化学反应过程，在其他条件相同的情况下，浸出速率与固相和液相的接触面积成正比，随着固相和液相的接触面积增加而增大，即随着污泥的粒度减小而增大。

B 浸出操作步骤

浸出操作步骤为：

（1）将污泥磨到一定细度，用作浸出实验。

（2）每次用烧杯称取5g污泥，按一定液固比（加入水的质量与污泥的质量之比）加入一定量的水，调成糊状，搅拌均匀。

（3）把烧杯放入恒温水浴中，在一定温度下，边电动搅拌，边加入一定量的酸。

（4）搅拌一定时间后，将浸出液取出过滤。

（5）取滤液分析，计算锡和铜的浸出率。

（6）浸出渣留待后面无害化处理。

5.3.1.2 氨浸

氨浸的机理与酸浸类似也符合核收缩模型，只是在浸出的具体作用过程中有些差别，Cu、Ni 能与氨形成稳定的络合物，而 Al、Fe 等不与氨络合，即在浸出阶段就能达到较好的分离。主要络合反应如下：

$$Ni^{2+} + 6NH_3 + CO_3^{2-} = Ni(NH_3)_6CO_3$$

$$Cu^{2+} + 4NH_3 + CO_3^{2-} = Cu(NH_3)_4CO_3$$

从而达到将 Cu^{2+} 在电镀污泥中分离的目的，调节生成的络合物所在溶液的 pH 值使得络合物得以解体，铜镍分别以离子形式进入溶液中达到浸出的目的。

具体的操作步骤为：

（1）将污泥磨到一定细度，用作浸出实验。

（2）每次用烧杯称取 5g 污泥，按一定液固比加入一定量的水，调成糊状，搅拌均匀。

（3）把烧杯放入恒温水浴中，在一定温度下，边电动搅拌，边加入一定量的氨水。

（4）搅拌一定时间后，将浸出液取出过滤。

（5）取滤渣分析，计算锡和铜的浸出率。

（6）调节滤渣所在溶液的 pH 值，使得络合物得以溶解，溶液留作后续步骤使用。

5.3.2 分步沉淀法

沉淀分离是一种经典的分离方法，它的原理是利用沉淀剂使不需要的干扰组分（或需要的主成分）形成沉淀，再通过过滤、洗涤以达到分离的目的。不同难溶氢氧化物的溶度积不同，它们沉淀所需的 pH 值也不同。因此，可以通过调节 pH 值达到分离金属离子的目的。

5.3.2.1 氢氧化物分步沉淀分离法

氢氧化物分步沉淀分离法是指对含多种金属离子的混合溶液在不同的 pH 值范围内分别形成氢氧化物沉淀，常用的 pH 值调整剂有 NaOH、HCl、氨水等。本书是用氢氧化钠溶液调节电镀污泥的浸出液，使 Sn^{4+}、Cu^{2+} 分别以 $Sn(OH)_4$、$Cu(OH)_2$ 的化合物形态分步逐个沉淀分离。

根据溶度积的概念可知，对于金属离子 M^{n+}，在溶液中以 $M(OH)_n$ 沉淀析出的 pH 值为：

$$pH = 14 + 1/n(\lg K_{sp(M(OH)_n)} - \lg[M^{n+}])$$

当溶液中 M^{n+} 浓度为 1.0×10^{-5}mol/L，或 M^{n+} 的浓度小于原始浓度的 0.1%

时，可以认为该金属离子已完全沉淀。此时溶液的 pH 值为：

$$pH = 14 + 1/n[\lg K_{sp(M(OH)_n)} - 1/(n\lg 10^{-5})]$$
$$= 14 + 5/n + 1/n\lg K_{sp(M(OH)_n)}$$

由此可以计算出电镀污泥中各种金属离子沉淀的理论 pH 值范围，见表5－2。

表5－2 电镀污泥浸出液中主要金属离子的理论沉淀 pH 值

主要金属化合物	$Sn(OH)_4$	$Cu(OH)_2$	$Ca(OH)_2$	$Fe(OH)_3$
开始沉淀 pH 值	约0.25	约4.67	约11.09	约2.2
完全沉淀 pH 值	1.25	6.67	12.87	3.2

由表5－2可以确定，可以通过调节适当的 pH 值，将 $Sn(OH)_4$、$Cu(OH)_2$ 这两种主要的金属化合物通过分步沉淀的方法进行分离，同时可以将杂质 Fe^{3+} 沉淀除去，而溶液中另一种主要金属 Ca^{2+} 对沉淀过程基本无影响，留在母液中，从而达到分离金属和资源化的目的。

由于电镀污泥浸出液是一种复杂的混合液，因此 $Sn(OH)_4$、$Cu(OH)_2$ 这两种主要的金属化合物的实际沉淀 pH 值范围与理论值并不完全吻合。

5.3.2.2 S^{2-} 分步沉淀分离法

硫化钠选择性沉淀铜的原理简单，硫化铜形成的趋势大，沉淀速度快。沉淀铜试验较重要的条件是硫化钠的用量，而反应时间、温度、搅拌速度等是次要条件，对铜的提取分离影响不大。

取一定量的污泥浸出液，在搅拌状态下缓缓加入一定量的20% Na_2S 水溶液，反应30min 后，过滤洗涤，分析母液中铜、镍的浓度，计算出沉淀率，数据见表5－3。

表5－3 硫化钠用量（以完全沉淀铜为理论值）与铜、镍沉淀率的关系

Na_2S 用量/%	铜沉淀率/%	镍沉淀率/%	母液 pH 值
100	85.3	12.0	2.60
125	99.6	20.6	2.65
150	99.9	38.8	3.16

试验表明，Na_2S 用量为完全沉淀铜所需理论量的125%时，铜已达到了一个好的沉淀率，此时也有20.6%的镍共沉淀，也有一些＋2价的铁共沉淀。考虑到铜应基本沉淀完全（若铜沉淀不完全，镍回收时仍有铜影响镍产品的质量），而镍、铁尽量少沉淀，Na_2S 用量为125%时较为理想。

以上所得硫化铜含较多量的镍与铁和少量的铬，铁、镍主要是硫化物的共沉淀，硫化铜有着比硫化镍、硫化亚铁小得多的溶度积，通过沉淀交换将 NiS、FeS 转化成 CuS，少量的铬可以通过酸洗与水洗除去。有资料[16]表明，NiS、FeS 转化成 CuS 的反应，要在较高温度下才能进行得完全。试验采用 90℃ 下搅拌反应，Cu^{2+}（以 $CuSO_4 \cdot 5H_2O$ 的形式加入）的用量为硫化铜中镍物质的量的 2 倍，液固比为 4，反应 2h 后，用硫酸将溶液 pH 值调到 1，反应 0.5h，过滤洗涤（用稀酸水），滤饼真空（避免氧化）干燥后，得纯净硫化铜，分析金属含量，与不纯硫化铜的对照见表 5－4。

表 5－4　硫化物沉淀交换除杂效果 （%）

金　属	不纯硫化铜含量	纯净硫化铜含量
Cu	53.4	66.12
Ni	9.92	0.08
Fe	1.07	0.03
Cr	0.82	0.01

镍、铁杂质通过转化为硫化铜而得以有效地除去，同时调低 pH 值反应与稀酸洗涤相结合，将铬也有效地除去，从而得到较纯净的硫化铜。硫化铜的处理可从硫化铜矿冶炼方法的研究中得到启发。火法污染大，湿法工艺中研究较成熟的有细菌法、$FeCl_3$ 法等，但都存在着成本较高、周期较长、铜回收率低等一系列问题[17]。在硫酸介质中采用合适的强氧化剂浸出，可大大缩短浸出时间，同时得到高的浸出率，若能使硫的氧化产物停留在元素硫，而非含氧酸根，那么氧化剂的耗量会大大减少，从而显示出大的优势。据报道，$NaClO_3$ 可满足这些要求，于是可采用氯酸钠－硫酸浸出体系浸出纯净的硫化铜，反应方程式如下：

$$3CuS + NaClO_3 + 3H_2SO_4 = 3CuSO_4 + 3S + NaCl + 3H_2O$$

5.3.2.3 影响金属离子沉淀的因素

影响混合溶液中各离子沉淀的因素有很多，主要有[18]：

（1）盐效应。实验表明，有些沉淀物在强电解质的存在下，会出现溶解度增大的情况，这种现象称为盐效应。通常是构晶离子的电荷越高，影响也越严重。一般来说，只有当沉淀的溶解度本来就比较大，而溶液的离子强度又很高时，盐效应才比较明显。

（2）酸效应。酸度对沉淀溶解度的影响是比较复杂的。例如对于 M_mA_n 沉淀，增大溶液的酸度，可能使 A^{m-} 与 H^+ 结合，生成相应的共轭酸，降低溶液的酸度，可能使 M^{n+} 发生水解。

（3）络合效应。进行沉淀反应时，若溶液中存在与构晶离子生成可溶性络合物的络合剂，则反应向沉淀溶解的方向进行，影响沉淀的完全程度，甚至不产生沉淀。有时沉淀剂本身就是络合剂，那么反应中既有同离子效应，降低沉淀的溶解度，又有络合效应，增大沉淀的溶解度。如果沉淀剂适当过量，同离子效应起主要作用，沉淀的溶解度降低；如果沉淀剂过量过多，则络合效应起主要作用，沉淀的溶解度反而增大。

(4) 温度的影响。沉淀的形成反应通常是放热反应，沉淀的溶解度一般随温度的升高而增大。对于无定型沉淀，由于它们的溶解度很小，而溶液冷却后很难过滤，也难洗干净，因此一般都趁热过滤，并用热的洗涤液洗涤沉淀。

(5) 形成胶体溶液的影响。进行沉淀反应时，特别是对于无定型沉淀的沉淀反应，如果条件掌握不好，常会形成胶体溶液，甚至是已经凝聚的胶体沉淀还会因胶溶作用而重新分散到溶液中。

(6) 晶型沉淀和无定型沉淀的形成。在沉淀过程中，形成晶核后，溶液中的构晶离子向晶核表面扩散，并沉积在晶核上，使晶体逐渐长大，到一定程度成为沉淀颗粒。这种沉淀颗粒有聚集为更大的聚集体的倾向，同时构晶离子具有按一定的晶格排列而形成更大晶粒的倾向。如果聚集速度慢，定向速度快，则得到晶型沉淀；反之，则得到无定型沉淀。

金属水合氧化物沉淀的定向速度与金属离子的价数有关。两价金属离子的水合氧化物的定向速度通常大于聚集速度，所以一般得到晶型沉淀。高价金属离子的水合氧化物沉淀，由于溶解度很小，沉淀时溶液的相对过饱和度较大，均相成核作用比较明显，生成的沉淀颗粒很小，再加上定向速度很慢，聚集速度很快，因此一般得到的是无定型沉淀。

5.3.2.4 影响沉淀纯度的因素

影响沉淀纯度的因素有很多，主要有以下几种[18]：

(1) 共沉淀现象。当一种沉淀从溶液中析出时，溶液中的其他组分在该条件下本来是可溶的，但它们却被沉淀带下来而混杂于沉淀中，这种现象称为共沉淀现象。共沉淀现象主要有下列三种：

1) 表面吸附引起的共沉淀。表面吸附引起的共沉淀一般遵循下列规律：

①凡能与构晶离子生成微溶或离解度很小的化合物的离子，优先被吸附。

②离子的价数越高，浓度越大，则易被吸附。

③沉淀吸附杂质的量，与沉淀的总表面积及溶液的温度有关。无定型沉淀的颗粒很小，比表面积特别大，所以表面吸附现象特别明显；吸附过程是一个放热过程，因此，溶液温度升高时，吸附杂质的量就减少。

2) 生成混晶或固溶体引起的共沉淀。每种晶型沉淀都有其一定的晶体结构。如果杂质离子的半径与构晶离子的半径相似，所形成的晶体结构相同，则它们极易生成混晶。

3) 吸留和包夹引起的共沉淀。在沉淀过程中，如果沉淀生成太快，则表面吸附的杂质离子来不及离开沉淀表面就被沉淀上来的离子所覆盖，这样杂质就被包藏在沉淀内部，引起的共沉淀现象称做吸留。有时母液也可能被包夹在沉淀中，引起共沉淀。

(2) 后沉淀现象。后沉淀现象是指溶液中某些组分析出沉淀后，另一种本来难以析出沉淀的组分在该沉淀表面上继续析出沉淀的现象。

综上所述，混合溶液中金属离子的分步沉淀及沉淀的纯度受很多因素的影响，根据实验电镀污泥浸出液中离子的成分及各自特点以及实验的摸索，确定了分步沉淀 Sn^{4+}、Fe^{3+}、Cu^{2+} 三种离子的实际 pH 值范围分别为：0～2、2～4、4～8。在该条件下，并采取了其他一些防止共沉淀的措施，最终比较好地除去了杂质铁，分别回收了锡、铜两种金属，钙离子则保留在母液中，而且得到的铜、锡产品的纯度也较高，取得了较好的分离回收效果。当然，为了进一步提高沉淀和分离金属离子的效率以及产品的纯度，对沉淀机理还需做进一步深入的研究。

5.3.2.5 应用举例

深圳市危险废物处理站的毛谙章等人以深圳市某电镀厂所产生的含铜、镍等金属的电镀污泥为对象，研究了硫化物沉淀分离提纯、氯酸钠－硫酸体系浸出回收铜的工艺路线。

A 污泥浸出实验

硫酸价格便宜，同时浸出液中钙、镁含量少，故以硫酸做浸出试验。考虑到电镀污泥常含有60%～80%的水分，可直接用浓硫酸浸出，与污泥的最佳用量比以浸出反应终了时浸出液的酸度来考察。试验得出，浸出液的 pH 值控制在 2 左右时，可得到较高的铜、镍浸出率，而铁的浸出较少。浸出液成分及浸出率数据见表 5－5。

表 5－5 硫酸浸出液成分及几种金属的浸出率

金属离子浓度/$g \cdot L^{-1}$				金属浸出率/%			
铜	镍	铬	铁	铜	镍	铬	铁
32.50	29.45	44.82	15.50	97.01	97.84	95.87	82.93

B 硫化钠沉铜与除杂试验

硫化钠选择性沉淀铜的原理简单，硫化铜形成的趋势大，沉淀速度快。沉铜试验较重要的条件是硫化钠的用量，而其他诸如反应时间、温度、搅拌速度等是次要条件，没有大的试验必要。

取一定量的污泥浸出液，在搅拌状态下缓缓加入一定量的 20% Na_2S 水溶液，反应 30min 后，过滤洗涤，分析母液中铜、镍的浓度，计算出沉淀率。试验表明，Na_2S 用量为完全沉淀铜所需理论量的 125% 时，铜已达到了一个好的沉淀率，此时也有 20.6% 的镍和一些 Fe^{2+} 共沉淀。考虑到铜应基本沉淀完全（若铜沉淀不完全，镍回收时仍有铜影响镍产品的质量），而镍、铁尽量少沉淀，Na_2S 用量为 125% 时较为理想。

以上所得硫化铜含较多量的镍与铁和少量的铬，铁、镍主要是硫化物的共沉淀，硫化铜有着比硫化镍、硫化亚铁小得多的溶度积，通过沉淀交换将 NiS、FeS 转化成 CuS，少量的铬可以通过酸洗与水洗除去。NiS、FeS 转化成 CuS 的反应，要在较高的温度下才能进行得完全，探索试验也证明了这一点。试验采用 90℃ 下搅拌反应，Cu^{2+}(以 $CuSO_4 \cdot 5H_2O$ 的形式加入）的用量为硫化铜中镍物质的量的 2 倍，L/S =4，反应 2h 后，用硫酸将溶液 pH 值调到 1，反应 0.5h，过滤洗涤（用稀酸水），滤饼真空（避免氧化）干燥后，得纯净硫化铜，分析金属含量。实验分析后可见镍、铁杂质通过转化为硫化铜而得以有效的除去，同时调低 pH 值反应与稀酸洗涤相结合，将铬也有效地除去，从而得到较纯净的硫化铜。

C 硫化铜的湿法浸出

硫化铜的处理可从硫化铜矿冶炼方法的研究中得到启发。火法污染大，湿法工艺中研究较成熟的有细菌法、$FeCl_3$ 法等，但都存在着成本较高、周期较长、铜回收率低等一系列问题。在硫酸介质中采用合适的强氧化剂浸出，可大大缩短浸出时间，同时得到高的浸出率，若能使硫的氧化产物停留在元素硫，而非含氧酸根，那么氧化剂的耗量会大大减少，从而显示出大的优势。$NaClO_3$ 可满足这些要求，于是采用氯酸钠－硫酸浸出体系浸出纯净的硫化铜，反应方程式如下：

$$3CuS + NaClO_3 + 3H_2SO_4 \xlongequal{} 3CuSO_4 + 3S + NaCl + 3H_2O$$

D 试验方法及各因素的影响

试验方法为：取 250mL 三颈烧瓶安置于恒温水浴上，加入一定量事先稀释好的 60% 的硫酸，补加水到一定的液固比（L/S）。加入一定量的 $NaClO_3$ 固体，搅拌溶解，溶液升到指定温度后，缓缓加入 25g 干燥的硫化铜，恒温反应到一定时间，取下三颈烧瓶，过滤洗涤，母液分析铜浓度，计算浸出率。

各影响因素的试验介绍如下：

（1）$NaClO_3$ 用量试验。硫酸用量为理论量的 120%，L/S = 7，搅拌速度 350r/min，温度 80℃，$NaClO_3$ 用量分别为理论量（硫的氧化产物为单质硫）的 90%、100%、110%、130%、150%，反应时间为 1.5h，经实验分析可知，氯酸钠的用量显著地影响浸出率，当氯酸钠的用量达到理论量的 110% 时，已能得到好的浸出率，再增加用量已没多大必要，同时也说明硫化铜在氯酸钠－硫酸浸出体系中硫的氧化产物基本上为单质硫，反应基本按方程式进行。

（2）反应温度试验。硫酸用量为理论量的 120%，$NaClO_3$ 用量为理论量的 110%，L/S =7，搅拌速度 350r/min，温度分别为 50℃、65℃、80℃、95℃，反应时间为 1.5h，经实验分析可知，温度也显著地影响浸出率，当达到 80℃ 时，已能得到好的浸出率，选定浸出温度为 80℃。

（3）反应时间试验。硫酸用量为理论量的 120%，$NaClO_3$ 用量为理论量的 110%，L/S = 7，搅拌速度 350r/min，温度为 80℃，反应时间分别为 0.5h、

1.0h、1.5h、2.0h。由实验可知，0.5h 浸出率已达 88.47%，1.0h、1.5h、2.0h 的浸出率变化不大，浸出时间可选择在 1～1.5h。同时分析实验数据可看出固态产物单质硫基本没有影响铜的继续浸出，尽管浸出过程中稍有团聚现象发生。

(4) 液固比试验。硫酸用量为理论量的 120%，$NaClO_3$ 用量为理论量的 110%，搅拌速度 350r/min，温度为 80℃，反应时间为 1.5h，L/S 分别为 4.2、5、7、10。由实验可知，随着液固比增加，铜的浸出率增加，液固比达到 7 时浸出率已基本稳定，试验选定 L/S 为 7。

E 结论

综上所述，经由电镀污泥浸出液沉淀出来的较为纯净的硫化铜氯酸钠－硫酸浸出体系浸出的最佳条件是：$NaClO_3$ 用量为理论量的 110%、反应温度为 80℃、L/S 为 7、浸出时间 1.2h、硫酸用量为理论量的 120%、常规搅拌。铜的总回收率为 94.5%。

5.3.3 结晶法

5.3.3.1 结晶原理

沉淀在溶液中生成，包括晶核的产生和晶体生长两个过程[19]。其过程如图 5－4所示。

图 5－4 沉淀形成过程

下面分别从晶核形成与长大的过程对晶种作用机理进行说明。

A 晶核的产生

流体中的分子无时无刻不在做不规则运动，因此实际上溶液中溶质并非处于完全均匀状态，而是分子间不断发生碰撞聚集，再继续分解，而后又会在另一处继续聚集。如果在某一处聚集时的溶质浓度超过某一临界大小，产生的溶质核不会发生分解而是继续与其他溶质聚集，则此溶质核即为晶核。

溶液中溶质浓度达到过饱和状态时并不会马上产生晶核，而会经过一段过渡时间，这一时间段称为诱导时间，其表示为：

$$t_i = kc_0^{-n}$$

式中，c_0 为当时溶质浓度；k，n 为常数，对比动力学公式，n 就是反应级数，表示初生晶核离子的个数。

很明显，溶液中溶质浓度越高时，所需的诱导时间越短，结晶速度则越快。

B 晶核的生长

溶液中晶核形成之后，晶核会与溶液中溶质结合从而使晶核逐步长大。首先溶质受分子的热力学无规则运动以及分子间的吸引力左右被吸附到晶核表面，而后与晶核发生表面反应作用成为晶核的一部分，促使晶核的长大。当温度较低时，表面反应速率较慢，此时生长过程受表面反应控制；反之，温度较高时，扩散速率提高相比表面反应较慢，因而生长过程则转变为扩散控制。

在溶液体系中，若溶质在晶核表面任意点的成核几率都是相同的时，则此时发生的是均相成核过程。均相成核一般只有在理想状态下才会发生，在实际晶体生长过程中，由于溶液中常存在有悬浮微粒等不均匀部分，溶质以这么不均匀部分为核心形成晶体长大，这种方式称为异相成核。异相成核的晶核不均匀性可以有效降低成核所需的表面能位垒，因而在实际过程中极易发生。

5.3.3.2 生长环境对晶体生长的影响

晶体的形态不仅与晶格缺陷、晶核间的作用力有关，同时环境相也会直接影响到晶体生长过程。同一晶体，其生长环境不同时，最终生成的晶体的结构形态也会不同。

生长环境相对晶体生长的影响因素主要有溶液的过饱和度和介质的运动、溶液 pH 值、温度、杂质[20]。

A 过饱和度和介质运动的影响

晶体的核化速率与溶质的过饱和度密切相关。过饱和度过低时，核化速率几乎为零。提高过饱和度会使晶体的生长速率逐步增加。但是溶液的过饱和度不能超过临界过饱和度，否则晶体形态会发生改变。这是因为在理想状态下，晶体的生长是一层层推进、逐层有序的生长，而当溶液过饱和度过高时，在过饱和度较大部分晶体生长速率相对较快，晶体结构的完整性遭到破坏，溶液中其他杂质易进入晶体界面，从而影响晶体的均匀度，破坏晶体结构，影响晶体的生长形态。因此，晶体表面过饱和度的差异是影响晶体均匀度的主要外界因素。

增加溶液的流动性可以提高晶体界面上过饱和度的均匀性，使晶体生长比较均匀，同时还能有效降低晶面扩散层的厚度，防止其他杂质扩散到晶体表面进入晶体。因此，对于溶液过饱和度较大、杂质元素较多的生长环境，合理提高晶体对流体的相对运动，可有效控制晶体的不均匀生长。

B 溶液 pH 值的影响

溶液中 pH 值控制不当时，对晶体的结构形态影响较大。例如，当控制反应 pH 值在 2.5 ~4.5 时，KH_2PO_4 晶体沿 Z 轴一维生长，而当 $pH < 2.5$ 或 $pH > 4.5$ 时，晶体柱面出现明显扩散，并实现三维生长[21]。

pH 值的影响一般可归纳为以下几种方式：

(1) 晶体生长的过程是可逆的，溶液 pH 值会影响晶体溶解度，导致晶体生长的平衡状态发生变化。

（2）pH 值的变化会影响到溶液中其他杂质的活性，增强杂质对晶体的均匀生长的影响，同时改变 pH 值也会导致晶体的吸附能力的变化，继而影响到晶体的生长速率与结构形态。

（3）pH 值也会直接影响晶体的生长。不同 pH 值条件下，晶体各结构方向上生长速率有所差异，导致最后生成的晶体结构发生变化。

C 温度的影响

晶体的溶解度受温度的影响，改变温度会导致晶体生长的平衡反应发生变化，同时也会改变晶体生长过程中的激活能。温度较低时，晶体生长过程主要受表面反应控制，提高温度时溶质扩散到晶核表面的速度提高，大大提高晶体生长速率，高温条件下生长出来的晶体相比于低温环境下的晶体粒径要大。温度不同时，晶体不同界面处生长速率也会不同，从而影响到生长出来的晶体形貌。

D 杂质的影响

在实际运用过程中，溶液中由于不可避免会存在一定量的杂质，因而杂质对晶体生长的影响无法消除，只能尽量减少其对晶体生长产生破坏。晶体在生长过程中对杂质具有一定排斥作用，但是当杂质与晶体质点结构相似时，则很容易被吸附到晶体表面进入晶体，从而影响晶体结构以及纯度。溶液中的杂质还会改变晶面对介质的表面能，从而影响到晶体的生长速率。在一定条件下，杂质能够促进晶体的生长，但是也有可能会导致晶面的生长停止。晶面对杂质的选择吸附性同样是导致杂质进入晶体改变晶体结构和形貌的主要原因。杂质浓度较低时，溶菌酶［110］面晶体生长速度明显优于［101］面，而杂质浓度较高时生长速度则又恰恰相反。

5.3.3.3 流化床结晶法的特点及发展潜力

结晶工艺是对化学沉淀工艺的改进，它承袭了沉淀工艺反应快、去除率高等优势，同时具有以下优点：

（1）将化学沉淀工艺的四个步骤：加药、絮凝、泥水分离和脱水合成一步，如图 5－5 所示，工艺过程简单。

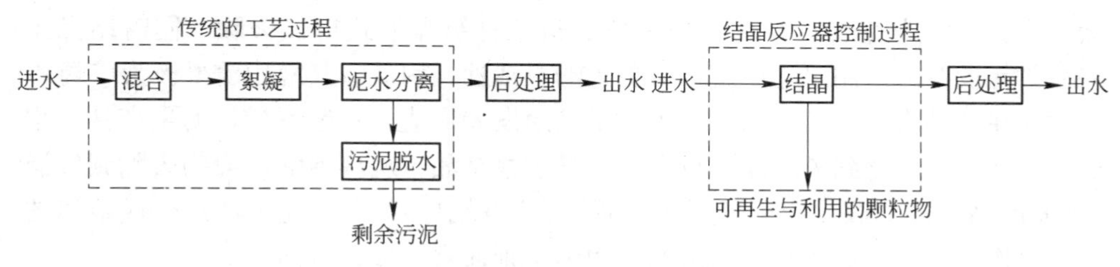

图 5－5 结晶与沉淀工艺流程的比较

（2）与沉淀工艺相比具有较高的水力负荷，结构紧凑，占地面积大大减少，在狭小的工厂车间内即可安装，显著地节省了设备、占地、控制和人力的费用。

（3）结晶产物为具有一定粒度和强度的无水颗粒，粒径一般大于1.0mm，无需经过复杂的污泥脱水步骤，并可以改善污水处理厂的卫生条件。

（4）通过结晶，可得到纯度相对较高的结晶产物，可直接回用，或出售给其他工厂作为原料以获取一定的经济利益，而不必像沉淀污泥需经过专门处理。即使结晶颗粒不能回收利用，生成较小体积的无水颗粒，也可大大节省污泥处置费用。

因此，利用结晶法处理和回收废水中的重金属无论在占地面积、基建费用、劳动强度和运行管理方面，还是在药剂利用率、水处理效率和环境保护等方面，均具有极强的优势。

流化床结晶法相比于传统沉淀法，其最大的特点就是床层流态化效果。所谓流态化既非气态、液态，也非固态，而是流体与固体颗粒物料相互作用、通过动量传递形成的一种新的具有流体属性的状态。流态化就是借助颗粒与流体接触，对被加工的固体颗粒物料或者对气体、液体进行加工的状态，以进行有效物质和能量的转化。

流态化体系属于颗粒与流体构成的混合物。固体颗粒的流态化使其在加工过程中的物理化学工作特性得到了明显的改善和强化而具优越性，具体表现在以下几个方面：

（1）与传统固定床接触方式相比，处于流态化的固体颗粒尺寸较小、比表面积较大，大大提高了两相的接触程度。

（2）流态化颗粒处于强烈的湍动状态，两相接触界面不断更新，两相间速度差较大，强化了两相间的热、质传递。

（3）反应表面积的增大和传递过程的强化，使其所进行的物理化学过程更为完全、更为充分，大大提高了生产装置的工作效率。

（4）流态化的流动特性便于加工过程中物料的运输和转移，进行连续化操作，实现过程自动化和生产规模大型化。

原则上，结晶反应器有潜力将所有能够以结晶盐形式析出的污染物由废水中除去。通过实践验证，26种元素可以通过某种结晶形式得以去除，同时结晶工艺在单元设备的采用过程中也具有更大的灵活性，因此，其应用前景极为广阔。

现在结晶水处理工艺已从一个学术理念发展形成了一些可操作的生产性工程实践，从水的软化到磷结晶、重金属结晶、氟结晶；从单纯的污染物去除到资源（结晶产品）的回收，应用范围在逐渐扩大。其中，重金属通常通过生成金属的氢氧化物、碳酸盐或硫化物而去除；阴离子则通常生成钙盐而去除。

因此，采用流化床结晶法处理废水，其反应操作简单，占地面积小，同时所产生的污泥具有较低的含水率，为后续的污泥的处理降低了处理成本。反应经过前期晶种培养阶段后，则进入稳定期，出水水质比较稳定。反应过程中投加药剂量较少，处理成本低，且无二次污染产生，具有相当广的应用前景。

5.3.3.4 结晶技术的应用及存在的问题

结晶是一种历史悠久的分离技术，5000 年前中国人的祖先就开始利用结晶原理制造食盐。目前结晶技术广泛应用于化学工业，在氨基酸、有机酸和抗生素等生物产物的生产过程中也已成为重要的分离纯化手段。工业结晶技术广泛应用于抗生素的纯化精制。因为抗生素品种很多，性质各不相同，所以，抗生素的结晶根据产品的种类不同采用不同的结晶操作方法。

在结晶法生产工艺过程中，溶液的冷却结晶是重要的操作单元，也是工艺的关键部分。常用结晶工艺有自然冷却、夹套冷却、蛇管冷却、喷雾冷却等，但都或多或少存在结垢问题，且产品质量不高，生产效率低，有待开发新的结晶工艺。

5.3.3.5 应用实例

杨文森等人研究综合利用海滨的巨大风能和晒场对电镀污泥酸解液进行自然浓缩、结晶提取浸出液中的铜、镍、铬、锌等金属及其化合物的工艺方法，进而阐述利用天然海边晒场资源浓缩结晶回收电镀污泥中的有价金属，既节能，又环保，可实现循环生产。

A 实验原理

电镀污泥里的金属主要以氢氧化物形式存在，如 $Cu(OH)_2$、$Ni(OH)_2$、$Cr(OH)_3$、$Zn(OH)_2$、$Fe(OH)_2$、$Fe(OH)_3$ 等，所以采用硫酸浸的方法，反应后生成溶于水的硫酸盐混合物，如 $CuSO_4$、$NiSO_4$、$Cr_2(SO_4)_3$、$ZnSO_4$、$FeSO_4$、$Fe_2(SO_4)_3$ 等。此过程大致产生如下反应：

$$Cu(OH)_2 + H_2SO_4 = CuSO_4 + 2H_2O$$

$$Ni(OH)_2 + H_2SO_4 = NiSO_4 + 2H_2O$$

$$2Cr(OH)_3 + 3H_2SO_4 = Cr_2(SO_4)_3 + 6H_2O$$

$$Zn(OH)_2 + H_2SO_4 = ZnSO_4 + 2H_2O$$

$$Fe(OH)_2 + H_2SO_4 = FeSO_4 + 2H_2O$$

$$2Fe(OH)_3 + 3H_2SO_4 = Fe_2(SO_4)_3 + 6H_2O$$

硫酸盐溶解度大，结晶难，通过硫酸盐与 $(NH_4)_2SO_4$ 形成复盐，使溶解度降低。反应式如下：

$$CuSO_4 + (NH_4)_2SO_4 = (NH_4)_2Cu(SO_4)_2$$

$$NiSO_4 + (NH_4)_2SO_4 = (NH_4)_2Ni(SO_4)_2$$

$$Cr_2(SO_4)_3 + (NH_4)_2SO_4 = (NH_4)_2Cr_2(SO_4)_4$$

$$ZnSO_4 + (NH_4)_2SO_4 = (NH_4)_2Zn(SO_4)_2$$

硫酸铜铵和硫酸镍铵在 25℃ 时 100L 水中的溶解度分别为 8.9g 和 9.3g，与硫酸铬铵和硫酸锌铵在25℃时100L水中的溶解度（分别为19.7g和20.0g）相差较大，所以通过复盐反应，采取分步结晶的方法，先提取硫酸铜铵和硫酸镍铵混晶，再提取硫酸铬铵和硫酸锌铵混晶。再通过亚硫酸氢钠还原将硫酸铜铵和硫酸镍铵以氧化亚铜和硫酸镍铵的形式分离，采用草酸将硫酸铬铵和硫酸锌铵以硫酸铬铵和草酸锌的形式分离，进而通过分步结晶提取各种有价金属。

B 试验工艺

酸浸电镀污泥：采用浓硫酸浸泡电镀污泥，生成溶于水的硫酸盐混合物。浸出液与残渣分离：通过压滤、澄清等将金属浸出液与废渣分离。提取金属或金属化合物：（1）浸出液通过防酸、防渗漏海边晒场自然浓缩到某一浓度后，加入定量的固体硫酸铵进行复盐反应，结晶分离出硫酸铜铵和硫酸镍铵混晶。（2）分离出硫酸铜铵和硫酸镍铵混晶后的金属浸出液继续在晒场浓缩到某一浓度后加入定量的固体硫酸铵进行复盐反应，结晶分离出硫酸铬铵和硫酸锌铵混晶。（3）分离出硫酸铬铵和硫酸锌铵混晶后的金属浸出液循环浓缩结晶提取金属化合物。混合物的分离：用亚硫酸氢钠将硫酸铜铵还原成氧化亚铜，过滤分离出氧化亚铜，滤液结晶、分离出硫酸镍铵；分离出硫酸镍铵的滤液返回浸泡电镀污泥。反应过程如图5-6所示。

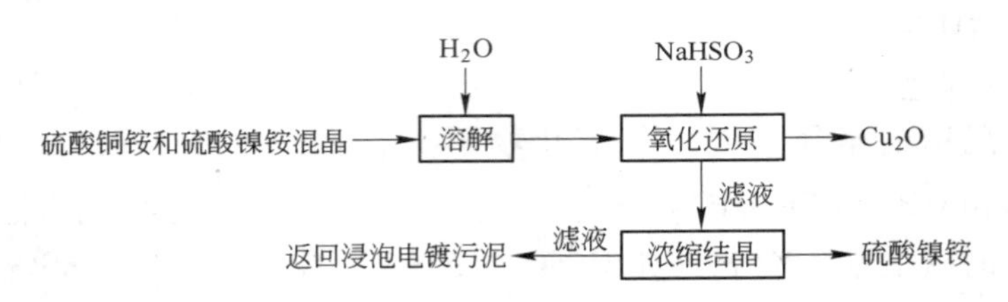

图5-6 电镀污泥酸解液浓缩结晶回收工艺流程

C 各因素的影响

各因素的影响如下：

（1）酸浸温度。对常温酸浸和加热酸浸进行试验比较，最终确定最佳的浸出条件。电镀污泥完全溶解，浸出终点pH=1.5，浸出时间45min，试验发现常温酸浸反应时间短、效率高、浸出率高，但浸出液中金属离子浓度较低。提高液固比可以提高金属离子浓度，所以试验了不同温度（pH=1.5）的金属浸出率及浸出液金属离子浓度，试验结果显示，90~95℃下浸泡电镀污泥45min，金属离子浓度明显提高。

（2）浸出液与废渣的分离方法及澄清时间。浸出液经压滤后，滤液进行沉降澄清，清液（即金属浸出液）进行晒场浓缩，浑浊液则返回浸泡电镀污泥。滤液澄清时间试验结果如下：滤液静置时间分别为20h、22h、24h、26h时，澄清程度（细小微粒含量）分别为较多、少量、澄清、澄清。试验结果表明，最佳的澄清时间为24h。

(3) 从浸出液中提取金属。采用溶剂萃取法和化学沉淀法可提取和分离浸出液里的金属。

硫酸铜铵和硫酸镍铵的溶解度相差不多，所以硫酸铜铵和硫酸镍铵会以混晶形式析出，硫酸铜铵的溶解度略低于硫酸镍铵的溶解度，试验表明，按浸出液中铜、镍总含量加入1.0摩尔倍数的98%固体硫酸铵进行复盐反应，可较完全地结晶分离出硫酸铜铵与硫酸镍铵的混晶。

D 结论

通过实验，得出以下结论：

(1) 采用浓硫酸、热空气、精制滤液在加热条件下浸泡电镀污泥，有价金属浸出率高、金属离子浓度高，铁的浸出率低，有利于有价金属的提取。

(2) 利用海边风大、蒸发快等气候特点，采用防酸、防渗漏海边晒场对金属浸出液进行自然浓缩，设备投资少、不耗能，可大幅降低生产成本。

(3) 采用分步结晶的方法提取金属浸出液中的金属，方法简单，容易操作。

(4) 采用闭路循环生产工艺，生产过程不排放污染物，不产生二次污染，有利于环保。

5.3.4 置换法

5.3.4.1 化学置换镀

置换镀严格来讲应属于一种特殊类型的化学镀，它是靠电位较负的基体金属的溶解提供的电子，使液相中电位较正的金属离子还原成金属并沉积在基体表面的过程。它不同于一般的电镀，也不同于常规的化学镀，金属制品行业习惯称其为“化镀”。它同样包含有两个电极过程：一个是基体金属原子失去电子形成离子，并通过扩散离开基体表面的阳极过程；另一个是液相中的金属离子扩散到电极（基体）表面，得到电子形成金属原子并在电极表面成核、长大，形成镀层的阴极过程。因此，它遵循一般电化学反应的普遍规律，又具有置换沉积的特点[23]。

置换反应引起电镀界普遍关注的时间应追溯到20世纪70年代。当时人们在进行无氰电镀时发现，几乎所有的无氰镀铜体系直接镀铜都存在镀层与铁基体结合不牢的问题。后来才发现这主要是因为铁零件的表面在电沉积前已经覆盖上一层结合强度很差的置换铜。1973年，武汉材料保护研究所[24]通过对置换铜反应的研究，提高了置换铜层的结合强度，发展为“浸镀铜”工艺并进行了工业试验。与此同时，冯绍彬[23,26]从另一途径，通过改变铁镀件的表面状态，有效地抑制了置换反应的发生，解决了焦磷酸盐镀铜等一系列无氰镀铜直接镀的工艺问题，首次发现和提出了电镀初始过程中的“电位活化”现象并得到电镀界的认可。

现今，置换镀主要存在置换镀层孔隙率大、镀层与基体结合力差、抗氧化性弱等问题。要解决上述问题，使置换镀达到工业应用的目的，就必须研究一种适于金属粉末置换镀专用的复合添加剂。

5.3.4.2 置换镀铜机理的研究现状

目前对置换镀机理的研究主要有以下几种：

(1) 冯绍彬等人提出了一种置换沉积的电化学机理[24]：置换镀初期，活泼的铁表面同强酸性溶液接触后立即快速溶解，从而使铁表面积累大量电子，引起表面电位的负移，产生过电位 η；液相中的 Cu^{2+} 在铁表面得到电子后形成吸附铜原子。随着过电位 η 的不同，可存在置换镀的 3 种电结晶历程：1）η 比较低时，还原生成的吸附铜原子浓度也比较低，可通过扩散过程转移到铁表面的“生长点”或“生长线”上进入晶格。2）η 比较高时，吸附铜原子依托铁基体表面形成二维晶核，晶核的形成速度和临界尺寸均与 η 大小有关；晶核形成后不断沿电极平面铺展并形成镀层。3）η 很高，导致电极表面附近三维晶核大量形成和长大，甚至脱离电极表面形成疏松的沉积物。通常铁在强酸性的硫酸铜溶液中是按照3）的机理进行的，只有在低温或电解液中有特殊添加剂的条件下，置换镀才会沿着1）或2）的机理进行电沉积。

(2) 还有一种理论是[27]：在通常情况下，铜不是沉积在铁的表面，而是形成“铜树现象”。有化学研究人员利用光电子能谱和 X 射线衍射等现代分析技术对“铜树”进行分析发现，“铜树”完全是氧化亚铜，而不是单质铜。试验证明，若不采用特殊措施，置换反应的产物基本上是氧化亚铜，而很难获得单质铜。主要反应过程可表示为：

$$Fe + CuSO_4 = FeSO_4 + Cu$$

$$Cu + CuSO_4 + H_2O = Cu_2O + H_2SO_4$$

前一反应符合金属活动顺序，但生成的新生态铜具备很高的反应活性，迅速与二价铜离子发生氧化还原反应生成氧化亚铜，实际反应为：

$$Fe + 2CuSO_4 + H_2O = Cu_2O + H_2SO_4 + FeSO_4 \quad (5-1)$$

由于生成氧化亚铜使镀层粉末化，与基体和后续镀层均无结合力，因此不能在铁件表面形成牢固致密的镀层，而形成“铜树”，这是铁置换铜反应不能用于工业镀铜的主要原因。除此之外，还可能发生以下一些副反应：

$$Fe + H_2SO_4 = FeSO_4 + H_2\uparrow \text{（酸性较强时）} \quad (5-2)$$

$$CuSO_4 + 2H_2O = Cu(OH)_2\downarrow + H_2SO_4 \text{（酸性不足时）} \quad (5-3)$$

$$2Cu + O_2 = 2CuO \quad (5-4)$$

$$4Fe + 3O_2 = 2Fe_2O_3 \quad (5-5)$$

这些副反应的客观存在，都对镀层产生破坏性的影响。

（3）吴臣[28]对上述机理进一步研究指出反应式（5－2）为铁从强酸溶液中置换氢的反应，产物虽不进入镀层，但干扰置换铜反应。反应式（5－3）是强酸弱碱盐的水解反应，发生在酸度不足的条件下（pH >4），生成的氢氧化铜沉淀对镀层起破坏作用。反应式（5－5）是铁表面附有惰性杂质（铜或氧化亚铜）的电化学吸氧腐蚀，发生在镀后的空气中晾干过程中，可破坏镀层。

化学工作者的研究表明，如果能对上述副反应进行有效的抑制，置换法镀铜就有可能顺利实现。抑制副反应的措施包括三个方面：（1）用适当的配位剂与 Cu^{2+} 形成具有适度稳定性的配合物，使其具有适当的电极电位，既可以顺利得到氧化铁，又不能与新生态单质铜发生氧化还原反应。这是最关键的措施。（2）使用酸碱缓冲剂控制溶液 pH 值在适当的范围，抑制生成 H_2 和 $Cu(OH)_2$ 的副反应。（3）加入抗氧化剂除氧，保护铁表面和铜镀层不被氧化。采取这些措施以后，就可以通过置换反应获得符合要求的铜镀层。由于置换镀铜不需有毒试剂、无环境污染、节省能源等，因而它具有很高的工业应用价值。随着人们对铁置换铜反应认识的深入，该反应在工业除应用于回收铜外，还可望应用于在铁粉表面置换包覆铜。

上述 3 种机理虽从不同角度阐述了置换镀铜的原理，但都不够全面。冯绍彬等人提出的机理只是从电化学结晶方面分析，众所周知，置换沉淀反应产物层是疏松的，反应剂进入反应界面不受阻碍，反应速度不受反应产物层的影响，整个反应过程扩散环节不是主要控制环节。因此除了电结晶的解释外，还应探讨置换沉淀的热力学原理。对于第二种说法，课题组在前期试验中做了包覆粉末的 XRD，分析得知包覆粉末主要是由铜、铁组成，因此说不加任何措施得到的镀层是氧化亚铜是不完全正确的。吴臣提出的机理重点放在置换反应中副反应对镀层的影响，而同样没有电化学原理及热力学原理的探讨。

5.3.4.3 添加剂的研究现状

对电镀和化学镀添加剂的报道很多，但对置换镀的添加剂鲜有报道。对于置换镀而言，大量的实验结果表明：无特殊添加剂的镀液，无论如何强化前处理工艺，镀层的结合强度均不能达到满意的结果。依据金属的电结晶理论，某些特殊结构的有机添加剂通过合适的配比和组合之后可吸附在电极表面，改变电极/溶液界面的双电层结构，影响电极表面的电结晶过程，包括晶核的形成和定向生长以及生长速度等。好的添加剂还可以大大拓宽置换镀工艺的温度范围。

A 添加剂的选择原则

近几年来，由于人们对镀铜工艺机理研究的不断深入，在添加剂的选择上逐渐由传统的单向作用添加剂转化为多向作用的复合添加剂，镀层性能得到明显改善。从前面的机理来看，选择添加剂应从以下几方面考虑：（1）降低溶液中铜离子的反应活性，多采用添加配位常数适当的配位体。试验发现，在加入配位常数相当、用量相同的不同配位体时，所得镀层的结合力却有很大差别，这说明镀层结合力的好坏不仅受配位常数大小影响，还受配位体的分子结构即空间位阻的影响。另外，选择具有协同效应的配位体搭配使用也可以提高镀铜层性能。(2) 选择吸附强度适当的、具有吸附可逆性的吸附剂，如某些能在金属表面形成膜的有机添加剂，不仅可以降低置换反应速度还可以抑止析氢反应，避免了钢铁表面活性丧失，降低镀层表面的孔隙率，提高镀层的抗蚀能力。(3) 新生的铜容易被氧化而使铁基上形成褐色的氧化亚铜沉积物，最后导致镀层质量和结合力差。因而，加入抗氧化剂防止铜的氧化对提高镀层质量至关重要。

B 络合剂

从现在的研究情况来看，所用的配位体主要有：酒石酸钠、柠檬酸、磺基水杨酸、EDTA、卤素化合物（其中溴化物的效果较好）等一种或几种的组合。吸附剂主要有：硫脲（同时也是配位体）及其衍生物（如丙烯基硫脲、一撑硫脲)、亚砜类吸附剂（如二甲基亚砜、二苯基亚砜)、含硫或氮的杂环化合物（如巯基丙骈咪唑、四氢基噻唑硫酮等)、炔醇类物质（如甲基丁炔醇、已炔醇或几种炔醇的混合物)。

C 表面活性剂

表面活性剂分子是由具有亲水性的极性基团和具有憎水性的非极性基团所组成的有机化合物。它的非极性憎水基团一般是 8 ~ 18 碳的直链烃（也可能是环烃)，因而表面活性剂都是两亲分子，吸附在水表面时采取极性基团向着水，非极性基团脱离水的表面定向。这种定向排列，使表面上不饱和的力场得到某种程度上的平衡，从而降低了表面张力。关于新生铜的专用抗氧化剂很少见报道，为解决这一问题，加入某些表面活性剂可以较好地控制铜被氧化，如聚醚化合物聚乙二醇、脂肪胺聚氧乙烯醚等。另外，由于稀土元素具有特殊的原子结构，浸镀液中加入稀土能显著提高镀层的抗色变能力、降低孔隙率。一般而言表面活性剂浓度为 0. 0001 ~ 100g/L，最好为 0. 001 ~ 50g/L 为宜。

从已有和正在进行的研究结果看，防止铜在酸性条件的化学置换速度过快是矛盾的关键，以往采用含氮或含硫的化合物控制化学置换，由于这两大类化合物在金属表面有过强的吸附效应，并不能形成有良好结合力的铜置换层，而采用多元醇式醛化合物或高分子化合物，往往可以取得更好的效果。可以预见，采用新的组合化合物综合调节化学置换速度，有可能取得结合力良好的铜置换层。

蔡积庆[29]认为镀液中加入阳离子型、阴离子型或者非离子型表面活性剂，旨在改善镀液乃至镀层性能，它们包括十八酰二甲基氨基乙酸甜菜碱、十二酰胺丙基甜菜碱、2 - 辛基 - 羧甲基 - 羧乙氧基咪唑甜菜碱、十四烷基二甲基氨基乙酸甜碱、2 - 十一烷基 - 羧甲基 - 羟乙基咪唑甜菜碱、椰油脂肪酸酰胺丙基甜菜碱等。镀液 pH 值为 5 ~ 7，采用 H_2SO_4、HCl 等酸性溶液或者 NaOH、KOH、

NH_4OH 等碱性溶液调节镀液 pH 值。镀液中还加入 NH_4Cl、氨基乙酸、H_3BO_3、H_3PO_4 等 pH 值缓冲剂旨在保持镀液 pH 值的稳定性。

D 钝化剂

含氮有机物类的钝化剂是通过与铜粉表面的 Cu^+ 形成了 Cu(Ⅰ)有机物膜。这种膜是络合物膜，络合物膜致密性好，具有优良的抗蚀性能。一般的有机钝化剂成膜保护多为配合物，如缓蚀剂氨基醇在盐酸中与铁的作用生成 $(HORNH_3)(FeCl_3)$ 或 $(HORNH_3)(FeCl_4)$ 难溶络合物膜包覆于铁表面形成保护膜。另外，像 8－羟基喹啉在碱性介质中对 Al 的保护，也是由于在金属基体表面形成难溶配合物。但是并不是所有的有机物钝化的作用机理都相同，有的钝化剂并不形成络合物，而是直接吸附在铜表面，由于它的吸附速度快，能很快建立平衡，故它对金属粉末的钝化处理效果很好。分子内含有 S 原子（软碱）类钝化剂，具有很强的表面吸附能力，能与铜表面的 Cu^+ 和 CuO（软酸）形成稳定的配位键，且吸附速度快易于建立平衡，因而即使在浓度很低的条件下，尽管吸附分子难以形成完整的密集阵，但是由于分子吸附在那些以最大的自由力场吸引它们的各点上，而这些点又恰好是那些倾向于产生腐蚀的各点，因此，仍具有优良的抗蚀效果。复配钝化剂的抗氧化效果比单独使用含氮有机物类的钝化剂和含有 S 原子类钝化剂的效果更佳，这可能是由于这两类钝化剂在作用过程中互相协同，形成了多层结构的保护层，有效地提高了金属粉末的缓蚀能力。

5.3.4.4 置换铜试验步骤

置换铜试验步骤为：

（1）量取一定体积的浸出液。

（2）称取一定量的铁屑，使用前对其进行清洗预处理。

（3）将铁屑放入浸出液中，用玻璃棒搅拌，置换 20min。

（4）置换完毕后，取出剩余铁屑，海绵铜经过过滤、洗涤后，取样进行分析。

5.3.4.5 应用实例

广东工业大学的陈凡植等人提出了利用铜镍电镀污泥生产金属铜的工艺流程，并用试验考察了各工序的技术经济指标。

A 试验方法与工艺条件

（1）浸出：稀硫酸在常温下浸出，液固比为 2∶1，浸出终点 pH 值为 1.5，浸出时间 45min。置换：常温，加入干净铁屑，加入量为溶液中铜量的 1.5 倍，搅拌时间 30min，取出未反应完的铁屑后过滤得到海绵铜粉。

（2）净化：净化过程分步进行：第一步，加热至 95℃，加入适量的 Na_2S；第二步，加入氯酸钠，氧化时间 60min，并用 1% 的 2，2－联吡啶检测，无红色产生，表明氧化结束，之后加入 80g/L 的碳酸钠溶液控制溶液的 pH 值为 2.0；

第三步，用20%的 NaOH 溶液调整溶液的 pH 值为 5.5 ~ 6.0，加入适量的 NaF，搅拌 60min；最后过滤，分离净化液和净化渣。

（3）浸出渣与净化渣的固化处理：按浸出渣∶净化渣∶水泥∶砂 = 2∶1∶7∶2 的比例混合搅匀，铸模静置 24h 使其成为固化体。按国家固体废物浸出液制备标准（GB/T 15555.1—1995）的规定，对固化体进行浸出试验，分析浸出液成分，鉴别固化效果。

B 试验结果与讨论

a 浸出试验

用稀硫酸在常温下浸出，电镀污泥中的绝大部分金属很容易以离子状态进入浸出液，减少液固比可以增大浸出液中金属离子的浓度。浸出液终点 pH 值控制在 1.5，pH 值过低不利于后面的净化过程，pH 值太高，会降低金属离子主要是铜和镍的浸出率。硫酸浸出铜镍电镀污泥试验结果见表 5 - 6。

表 5 - 6 浸出试验结果 （%）

成 分	Cu	Ni	Cr	Ca
浸出渣	0.85	1.11	0.51	26.38
浸出率	99.12	98.74	96.46	0.34
渣率①	10.88			

①渣率 = 干渣的质量/干固态浸出物料总质量。

b 置换铜试验结果

铁屑置换铜时，使用的铁屑不能太碎，否则过剩铁屑无法与铜粉分离。铁屑量过多或置换时间太长都会使溶液中的铁量增加，这将加重后续净化工序的除铁负荷。海绵铜中往往含有少量铁屑，可以把海绵铜加入稀酸中浸泡一段时间，铜粉的品位可以达到95%以上。铁屑置换铜的试验结果见表 5 - 7。

表 5 - 7 铁屑置换铜的试验结果

浸出液铜/$g \cdot L^{-1}$	置换液含铜/$g \cdot L^{-1}$	铜粉品位/%	铜回收率/%
10.88	0.058	92.29	96.60

c 净化除杂

第一步是硫化物沉淀法去除 Cu、Zn。控制在同一 pH 值条件下，各离子在溶液的平衡浓度是不相同的。根据化学计算，在 pH 值为 1.5 时，Cu^+、Cu^{2+}、Ni^{2+} 和 Zn^{2+} 的平衡浓度分别为 2.688×10^{-29}mol/L、6.774×10^{-17}mol/L、2.688×10^{-3}mol/L 和 3.44mol/L。因此加入适量 Na_2S 可除去溶液中的 Cu^+、Cu^{2+} 及 Zn^{2+}，而 Ni^{2+} 几乎没有损失。

第二步是黄钠铁矾法去除 Fe，用固体氯酸钠作氧化剂，Fe^{2+} 在高温、pH =2 的条件下氧化，生成的是黄钠铁矾沉淀。这种沉淀颗粒大，比表面积小，沉淀速度快，易于过滤，同时相对于氢氧化铁沉淀不易吸附 Ni^{2+}。酸度低、温度高有利于黄钠铁矾的生成，碳酸钠加入速度不宜过快，否则易造成局部过碱而生成 $Fe(OH)_3$ 沉淀。溶液 pH 值维持在 2.0 左右时，绝大部分 Fe^{3+} 生成黄钠铁矾沉淀。溶液中的 Cr 也在此时生成沉淀。

第三步是去除 Mg^{2+}、Ca^{2+}。用 NaOH 调整溶液的 pH 值到 5.0 ~5.5，加入适量 NaF，温度仍控制在 95℃以上，可除去溶液中的大部分钙镁。需注意的是，如果用碳酸钠调整 pH 值会有碳酸镍沉淀生成，少量未生成沉淀的 Fe^{3+} 也会生成 $Fe(OH)_3$ 沉淀，二者均会造成镍回收率的下降。

d 浸出渣和净化渣的固化处理

浸出渣和净化渣的结构多呈稳定化合物形态，不易溶解。与水泥、砂形成的固化体，应具有一定的机械强度，固化时水泥的用量太少时，固化体易碎。当浸出渣: 净化渣: 水泥: 砂 =2: 1: 7: 2 时，固化体的机械强度与普通红砖相当。固化体中的重金属及其盐类都不溶水，即浸出渣和净化渣中的重金属及其盐类不可能随固化体在雨水中转移而污染水环境。

电镀污泥采用该试验工艺处理，可以得到海绵铜粉，铜粉的品位在 90% 以上，铜的回收率达到 95%。

5.3.5 液膜法

液膜分离技术是一种高效分离技术，广泛用于化工、环境、制药等许多科学领域，并得到了很好的效果。液膜法的主要优点是效率高、污染小，对于痕量物质具有很好的富集作用，因此具有广泛的应用前景[30]。

5.3.5.1 液膜技术的产生和发展

液膜技术的雏形最早是由生物学家提出的。早在 20 世纪初期，Osterbout[31] 发现了一种被称为“油性桥”的现象，这种现象是 K 和 Na 通过弱有机酸进行了可逆化学反应，其中的有机酸就是后来在液膜结构中所提到的载体，促进传递的概念也由此而来。1950 年后，许多科学研究又进一步证实了促进传递的现象[32]。20 世纪 60 年代后，液膜技术才开始被广泛研究，并一直持续至今。

1967 年，Bloch 等人[33] 在提取金属的研究中采用了支撑液膜，Wald 与 Robb[34] 则将液膜分离法应用于氧气和二氧化碳的分离实验中。当时并没有支撑液膜这一概念，而是被称为固定化液。1968 年，美国埃克森公司的黎念之博士首次提出了液膜技术这一概念，并申请了技术专利，他的乳化液膜的发明在全世界的膜学界造成了很大的影响。至此，许多科研学者开始研究这一新型技术并推广至各个领域。20 世纪 70 年代初期，Cusller 为了提高液膜技术的选择性，首次在液膜相中加入流动载体，他也是支撑型液膜的发明者。1986 年，奥地利 Graz 工业大学的 Marr 等科学家首次将液膜技术从实验室研究转入了实际应用中，学校科研机构与企业合作，将 Zn 从黏胶废液中成功地提取出来。1998 年 10 月，由 Spectrum Lab、Edison Techn01 Solutions、EPRI 和 SRI 国际公司合并成的 Facilichem 公司，对稳定化液膜技术进行了开发，最成功的为 FaciliMax 系列。

进入 21 世纪以来，环境和生态问题日益重要，有关这一方面的科研课题也迅速发展起来。目前，液膜技术已经经历了快速且全面的发展，各种新型液膜技术层出不穷且被广泛应用于医药、石油、环保、化工等各个领域。我国也对液膜技术有着深入的研究，尤其是在 20 世纪 80 年代，关于液膜技术的研究十分活跃，但是 90 年代中期后逐渐降温，而且已经跟不上国际研究水平。目前制约我国液膜技术发展的因素主要是液膜的稳定化及怎样将实验室研究应用于实际生产中。

5.3.5.2 液膜的组成与分类

液膜是一种乳液微粒，通常由膜溶剂、表面活性剂和内相物质组成，有时为了提高液膜的稳定性，会加入膜增强剂。一般来说，膜的内相与外相是互溶的，表面活性剂的作用则是固定油水分界面，对提高液膜稳定性起着一定的作用。

根据液膜组成可将液膜划分为三种类型，即乳状液膜、支撑液膜和整体液膜。乳状液膜又包括流动载体液膜和非流动载体液膜两种，这两者的分离传质机理是不同的。

5.3.5.3 乳化液膜的形成与分类

制作乳化液膜，首先将内水相包裹于膜中，这一步大都是通过搅拌或乳化形成，这就形成了油包水型的乳液；然后将这种乳液分散到外水相中，就形成了水包油再包水型双重乳液。其中的内水相和外水相是互溶的，膜相与两者都不溶，隔离了内水相和外水相。待提取的组分存在于外水相中，通过加入载体的方法就可以使待分离组分透过膜相而进入内水相，从而达到富集的效果。另外，在实际操作中，通常还加入膜增强剂来使整个乳化液膜体系更加稳定。乳化液膜内相球的半径在 0.025 ~ 0.25cm 范围内，有效膜的厚度在 1 ~ 10μm 之间，由此可见，跟其他固态膜相比，乳化液膜非常薄，这决定了它的高传质效率[35]。

以上的乳化液膜的制作方法形成的是水包油包水型液膜，乳化液膜还有另一类型，即油包水包油型，制作方法与水包油包水型液膜类似。两种乳化液膜类型的结构如图 5 -7 所示。

由于研究采用的是水包油包水型乳化液膜，因此对此类液膜进行更加详细的说明，其结构示意图如图 5 -8 所示。

从图 5 -8 中可以看出，水包油包水型液膜主要由三部分组成：内水相、油相和外水相。内水相被油相包裹形成油包水型乳状液体，然后再把这种乳状液分

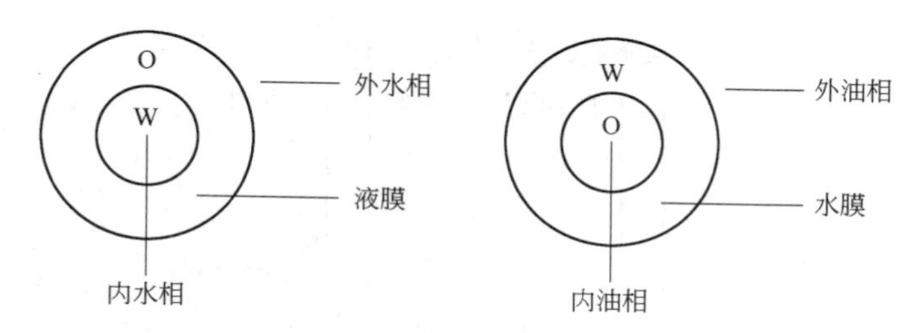

图5-7 乳化液膜的两种类型

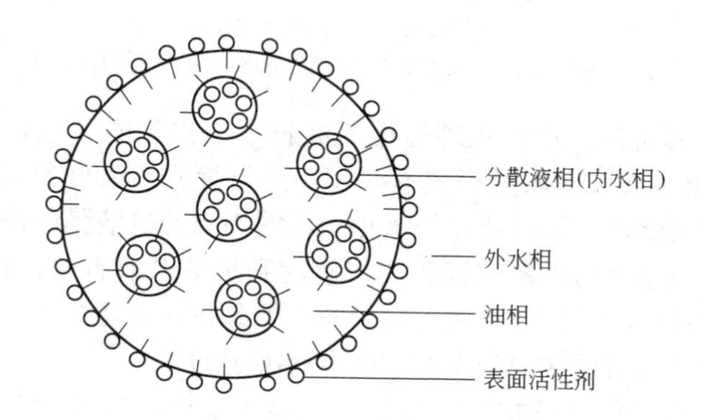

图5-8 水包油包水型乳化液膜示意图

散到外水相中，即形成了水包油包水型乳化液。用此种液膜提取物质的机理简单来说就是把外水相中的待提取组分透过液膜迁移至内水相，从而达到富集分离的效果，待静置分层后，将外水相与油相分离，再对油相进行破乳使液膜与内水相分离，分离后的内水相中含有大量富集的待分离组分，从而达到提取的目的。这种液膜厚度为传统固体膜的1/10，因此传质效率非常高。

在这种体系中，液膜主要由三部分构成：载体、表面活性剂、有机溶剂。它们的作用分别为：载体可以选择性地将外水相中的物质输送至内水相，它在选择性分离中起到决定性的作用；表面活性剂含有亲水和疏水基团，主要作用为乳化，它对液膜的稳定性有重要影响；有机溶剂即膜溶剂，在液膜体系中所占的比重最大，可以保证载体输送的顺畅，并保证液膜的机械强度，其中最常用的一种膜溶剂为煤油[36]。

5.3.5.4 乳化液膜分离技术的传质机理

乳化液膜具有两个油水界面，用乳化液膜法进行萃取就是利用液膜的渗透性使特定的待分离组分穿过两个界面，最终进入内水相的过程。从传质角度分析，整个过程可简化为待分离组分在两个界面上的传质过程，实质就是萃取与反萃取的结合。根据液膜传质方式的不同，其分离的机理可分为以下两类，如图5-9所示。

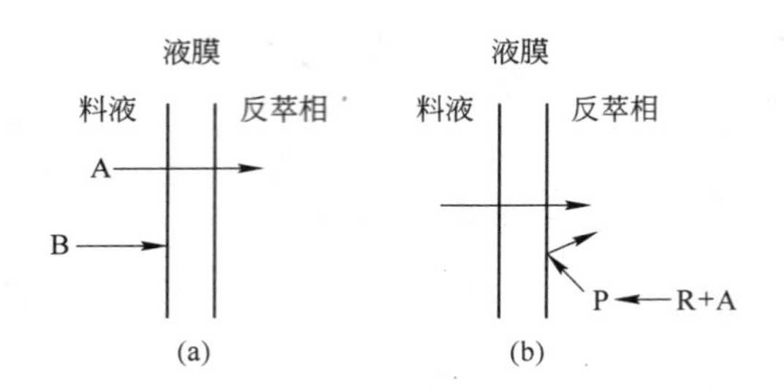

图5-9 乳化液膜传质机理

（a）单纯迁移机理；（b）促进迁移

A—待迁移物质；B—不可迁移物质；R—与A发生不可逆反应的试剂；P—A与R的反应产物（不可透过膜）

（1）单纯迁移机理。这种机理适用的液膜中不含载体（包含流动载体和非流动载体），即整个液膜萃取过程中不涉及任何与待分离组分的化学反应，在反应中没有化学能的驱动，仅仅依靠外水相中不同物质透过液膜的渗透系数的不同而进行分离。渗透系数与物质在膜相的溶解度和扩散系数有关，且成正比关系。但是大部分物质在膜相的扩散系数大致相同，因此在这种情况下外水相中的物质的传质速率主要是由溶质在膜相中的溶解度所决定的。

（2）促进迁移。仅仅依靠浓度差的膜分离属于单纯迁移行为，这种分离技术无选择性且效率很低。为了提高传质效率，可以采用促进迁移的方法。这种方法分为两类：一是用化学反应来提高传质动力；二是通过加入对物质具有选择性的载体促进传质。以下对两类促进迁移分别进行说明：

1）如图5-9（b）所示，A为待迁移物质，R为可以与A发生不可逆反应的试剂，通过两者的反应使A不断进入内相富集，而反应产物P是不能透过膜的，从而使A在膜两侧的浓度差最大，促进A的迁移。

2）此方法是通过载体的选择性对特定物质进行迁移，不但可以提高选择性，而且能够提高迁移率。具体来说，加入的载体可以与液膜外水相中的某种特定组分发生反应，生成中间物，然后扩散到靠近内水相的膜的一侧，此时这种产物可以与内水相中的试剂再次反应，反应过程中特定组分被释放出来在内水相得到富集，同时载体也脱离出来，继续到达外水相膜的一侧再次反应。可见，载体在整个液膜体系中充当了一个“运输者”的角色，在这个过程中载体并不会被消耗。此种方法的关键在于选择合适的载体，使特定组分能够被迁移。

5.3.5.5 乳化液膜分离技术的应用及优缺点

A 乳化液膜的应用

方建章等人从镀金废液中回收金[37]。镀金废液中的初始金浓度范围为5.1～10.2mmol/L，经液膜萃取后可达0.51mol/L，回收率在98%以上。王士柱等人[38]试图将其用于工业生产上，研究以含锌浓度为550mg/L的废水为处理对象，选用的载体为T203，表面活性剂为T154，内水相为H_2SO_4，处理量比较大，可达到50m^3/h，处理后的锌浓度最低可达5mg/L。这种方法节省药剂用量，且回收得到的Zn的价值远远超出成本价格，在解决环境问题的同时还创造了经济效益，可谓是一举两得。柳畅先等人[39]采用无载体液膜体系去除外水相中的铬，此液膜中的内水相为高浓度的氢氧化钠，$Cr_2O_7^{2-}$可与氢氧化钠反应使内相中离子浓度最低，从而保证液膜两侧的铬浓度差最大，提高迁移速率，此方法Cr的迁移率可达95%。潘碌亭[40]的研究也是针对含铬电镀废水的，研究所选用的乳状液膜体系的载体为正三辛胺，表面活性剂为LMA-1，膜溶剂为磺化煤油，内相试剂为氢氧化钠，最终铬的提取率高达99%。

对于含有载体的乳化液膜，王靖芳等人[41]研究了Pd在乳化液膜中的迁移机理，采用的液膜体系中载体为N503，表面活性剂为L113A，膜溶剂为煤油，内相试剂为EDTA，实验过程用紫外光谱进行监测，确定了反应类型为阴离子交换；试验还考察在不同的制乳条件下Pd的迁移率，表明最佳条件下Pd的迁移率为98%。张宏波[42]选用N1923为载体分离提取Sc，重点放在了工艺参数的研究上，即对油内比、乳水比、外水相pH值、表面活性剂浓度和载体浓度依次进行试验，最终得出了Sc达到最大迁移率的工艺条件。莫启武等人[43]则用TBP-LMS-2-碳酸氢钠体系的乳化液膜对钇进行了提取，最终得到了结晶的碳酸钇且产率超过90%。P. S. Kulkami等人[44,45]对含Mo和Ni的废水用乳化液膜进行了处理，在减少环境污染的同时也得到了有价值的金属。

就以上研究来看，乳化液膜技术的实际应用不是非常广泛，大都集中在实验室。限制乳化液膜形成工业化的因素是多方面的，目前实验研究的理论和数据资料为它的工业化发展提供了很多借鉴。

B 乳化液膜技术的优缺点

乳化液膜技术的传质过程是非平衡的，原因如下：液膜的萃取和反萃取过程并不像一般的溶剂萃取那样分步进行，液膜的这两个过程发生在膜的两个界面上，即外水相中的溶质先进入膜相，穿过膜相后再进行反萃取过程进入内水相，从而得到分离富集[46]。

这种体系打破了传统萃取的化学平衡，与溶剂萃取和固体膜相比较具有以下几个优势：

（1）对稀溶液中物质的富集作用明显。这是因为液膜的两个油水界面存在着可以使待分离物质不断由外水相进入内水相的化学反应，这种非平衡的过程促使待分离物质不断进入内水相以无限趋近于平衡，故这种方法不受到浓度差的限制，界面化学位的差异是促使溶质穿透膜相的动力，在稀溶液的萃取富集中可以发挥很好的优势。

（2）传质动力大。对液膜分离的理论分析可知，一级过程就可实现萃取分离，在体系的萃取分配系数较低时，液膜技术的优势更加明显。

(3) 传质速率高。比较液膜与固体膜的分子扩散系数，溶质在液体中的扩散系数在 $10^{-6} \sim 10^{-5} cm^2/s$ 之间，而溶质在固体中的分子扩散系数小于 $10^{-8} cm^2/s$，所以液膜传质速率较高，加之有时液膜传质中还会出现对流扩散[47]，即溶质在相界面同时存在分子扩散和涡流扩散这两种传质过程，这更加快了液膜的传质速率。

(4) 选择性好。固体膜无法对特定的组分进行分离，或分离效果较差，它只能对某一类溶质具有较好的效果；但液膜由于载体的高度选择性，可以对外水相中的特定组分进行富集。这个特性增加了液膜技术的应用范围，而且分离系数可达到一个较高水平。

(5) 成本低。液膜所需要的流动载体是可以在膜中运动的，它的作用即在膜的外水相侧与和待分离组分形成配合物，然后将其运输到膜的另一侧，并将其释放至内水相，然后载体再到达外水相界面与溶质结合、运输，不断循环。载体的流动性决定了液膜体系中载体的低浓度，而且膜相与外水相的比例较低，整个过程的试剂用量与其他萃取体系相比要少很多[48]，这一特性对液膜应用于废水处理量较大的工厂具有很现实的经济意义。

可见，乳化液膜技术对稀溶液中物质有很好的富集作用，而且传质动力大、传质速率高、选择性好、成本低，这些优势使得液膜技术被广泛研究和应用，但液膜的稳定性、破乳和二次污染问题却是限制该技术实现工业化的难题，所以需要针对它的缺点进一步进行研究。

5.3.5.6 应用实例

暨南大学的孙婧婷对广东省中山市某电镀厂的电镀污泥选用Span80 – P507 – H_2SO_4 液膜体系提取浸出液中的 Cu^{2+}，确定了每个体系的最佳操作条件，即制乳转速、制乳时间、混合时间，并且重点考察了油内比、乳水比、内外相 pH 值、载体浓度、表面活性剂用量等因素对铜迁移率的影响。

A 实验方法

实验方法及操作如下：

(1) 制乳。按比例量取一定体积的 Span80、载体和煤油于 500mL 烧杯（制乳器）中，然后按设定的油内比加入一定浓度的硫酸作为内水相，开启剪切乳化机在一定转速下高速搅拌适当的时间，即可制得油包水型乳状液。

(2) 提取实验。将上一步得到的乳化液膜按一定的乳水比加入模拟浸出液中，边加入边进行慢速搅拌，搅拌转速在 300r/min 左右。

(3) 乳水分离。提取实验完成后，将液体倒入梨形分液漏斗中，使油相与水相分层，收集水相，并稀释一定倍数后用原子吸收法测定其中的重金属含量。

(4) 破乳。油相采用高压静电法破乳，使铜离子释放出来，并对其富集浓度进行测定。

铜离子迁移率也称去除率，可按下式进行计算：

$$R = (c_0 - c^*)/c_0 \times 100\%$$

式中，R 为铜/镍离子迁移率；c_0 为重金属溶液中铜的质量浓度，mg/L；c^* 为铜离子经液膜处理后在外水相中的质量浓度，mg/L。

B 各因素的影响

各因素的影响如下：

（1）制乳搅拌速度对 Cu^{2+} 提取率的影响。制乳搅拌速度越大，乳液的液滴就越小，小液滴的比表面积较大使得外水相与液膜可以充分接触，增大迁移率。但是当搅拌速度过大时，液膜的稳定性会受到影响甚至破裂，失去原有的分离富集的作用，从而使去除率下降。由实验验证可知，铜离子迁移率最大时的制乳速度为3500r/min。

（2）制乳时间和混合时间对铜离子迁移率的影响。液膜厚度随着制乳时间的增加而增厚，液膜厚度太小不利于液膜的稳定性，厚度过大又会造成传质效率的降低，所以制乳时间是保证 Cu^{2+} 高迁移率的关键因素。混合时间越长，铜离子与液膜的接触就越充分，有利于迁移。但混合时间过长会使液膜内的表面活性剂 Span80 在外水相的酸性环境中水解，不利于液膜的稳定。经实验研究，最佳制乳时间和混合时间均为10min。

（3）内相 H_2SO_4 浓度对铜离子去除率的影响。由液膜传质机理可知，内水相和外水相中 H^+ 浓度差值越大，越有利于铜离子的迁移。经实验研究，随着内相酸浓度的增大，迁移率升高，但当 H_2SO_4 浓度超过 2.5mol/L 时，铜离子的迁移率明显逐渐减小，这是因为内相中 H_2SO_4 浓度过高会使乳化液膜的扩散电层变薄，而且 H_2SO_4 还会使表面活性剂 Span80 水解，进而导致膜溶胀破裂，稳定性下降。为保证液膜稳定性和铜离子的去除率，内相 H_2SO_4 浓度以 2.5mol/L 为宜，此时铜离子的迁移率高达96.59%。

（4）载体（N902）用量对铜离子迁移率的影响。N902 是乳化液膜提取铜的重要组成成分，它对铜离子具有选择性。由实验研究可知，载体浓度低于 5% 时，萃取率与载体浓度成正比例关系；载体浓度高于 5% 后成反比例关系，原因如下：载体浓度过大会增加膜厚度，不但使传质率降低，还会增加破乳的难度。因此 N902 的用量在 5% 时铜离子的萃取效果最好。

（5）表面活性剂（Span80）用量对铜离子迁移率的影响。Span80 的用量对液膜的稳定性有直接影响，太少时膜不稳定，太高时给传质增加阻力，影响去除效果。经实验研究表明 Span80 的最佳浓度为3%。

（6）R_{oi} 对铜离子迁移率的影响。油内比（R_{oi}）是指液膜的膜相与内相溶液体积之比，可通过影响膜的厚度而影响膜的稳定性和传质速率。经实验研究可以得出液膜体系适合的 R_{oi} 为 1∶1。

（7）R_{ew} 对铜离子迁移率的影响。乳水比（R_{ew}）对铜离子迁移率的影响由实验数据显示为：铜离子迁移率随着乳水比的增大呈现先增加后减小的趋势，这是由于乳水比的增大提高了膜表面积，从而有利于铜的反萃取；但当乳水比过大时，溶胀率增大使铜离子去除率降低，而且增加了成本。经实验研究，乳水比 1∶5时最合适。

（8）浸出液初始 pH 值对铜离子迁移率的影响。由实验数据作图可以显示浸出液，即外水相 pH 值对铜离子迁移率的影响，两者成正比关系。实验中外水相的 pH 值调至 5.0，此时铜离子的萃取率为 96.70%。

C 结论

结果表明，Span80 - P507 - H_2SO_4 液膜体系提取 Cu^{2+} 的最佳条件为：制乳的搅拌速度为 3500r/min，制乳的时间为 10min，乳液与外相溶液混合时间 10min，内相硫酸浓度为 2.5mol/L，载体 N902 和表面活性剂 Span80 的体积分数分别为 5% 和 3%，油内比和乳水比分别为 1∶1 和 1∶5，外水相 pH 值为 5。对电镀污泥浸出液中铜离子的提取率可以达到 95% 以上。

5.3.6 溶剂萃取法

5.3.6.1 溶剂萃取过程及术语

萃取，即在液体混合物（原料液）中加入一个与其基本不相混溶的液体作为溶剂，造成第二相，利用原料液中各组分在两个液相中的溶解度不同而使原料液混合物得以分离。液 - 液萃取，也称溶剂萃取，简称萃取或抽提。选用的溶剂称为萃取剂，以 S 表示；原料液中易溶于 S 的组分，称为溶质，以 A 表示；难溶于 S 的组分称为原溶剂（或稀释剂），以 B 表示。如果在萃取过程中，萃取剂与原料液中的有关组分不发生化学反应，则称之为物理萃取，反之则称之为化学萃取。萃取操作的基本过程如图 5 - 10 所示。

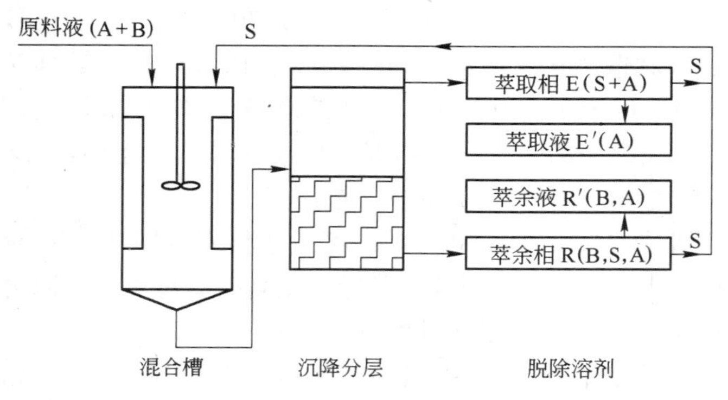

图 5 - 10 萃取操作的基本过程

将一定量萃取剂加入原料液中，然后加以搅拌使原料液与萃取剂充分混合，溶质通过相界面由原料液向萃取剂中扩散，所以萃取操作与精馏、吸收等过程一样，也属于两相间的传质过程。搅拌停止后，两液相因密度不同而分层：一层以溶剂S为主，并溶有较多的溶质，称为萃取相，以E表示；另一层以原溶剂（稀释剂）B为主，且含有未被萃取完的溶质，称为萃余相，以R表示。若溶剂S和B为部分互溶，则萃取相中还含有少量的B，萃余相中也含有少量的S。由以上可知，萃取操作并未有得到纯净的组分，而是新的混合液：萃取相E和萃余相R。为了得到产品A，并回收溶剂以供循环使用，还需对这两相分别进行分离。通常采用蒸馏或蒸发的方法，有时也可采用结晶等其他方法。脱除溶剂后的萃取相和萃余相分别称为萃取液和萃余液，以E′和R′表示。对于一种液体混合物，究竟是采用蒸馏还是萃取加以分离，主要取决于技术上的可行性和经济上的合理性。一般地，在下列情况下采用萃取方法更为有利：

（1）原料液中各组分间的沸点非常接近，也即组分间的相对挥发度接近于1，若采用蒸馏方法很不经济。

（2）料液在蒸馏时形成恒沸物，用普通蒸馏方法不能达到所需的纯度。

（3）原料液中需分离的组分含量很低且为难挥发组分，若采用蒸馏方法须将大量稀释剂汽化，能耗较大。

（4）原料液中需分离的组分是热敏性物质，蒸馏时易于分解、聚合或发生其他变化。

5.3.6.2 萃取剂的选择

选择合适的萃取剂是保证萃取操作能够正常进行且经济合理的关键。萃取剂的选择主要考虑以下因素：

（1）萃取剂的选择性及选择性系数。萃取剂的选择性是指萃取剂S对原料液中两个组分溶解能力的差异。若S对溶质A的溶解能力比对原溶剂B的溶解能力大得多，即萃取相中y_A比y_B大得多，萃余相中x_B比x_A大得多，那么这种萃取剂的选择性就好。

萃取剂的选择性可用选择性系数β表示，其定义式为：

$$\beta = \frac{\text{萃取相中 A 的质量分数}}{\text{萃取相中 B 的质量分数}} \Big/ \frac{\text{萃余相中 A 的质量分数}}{\text{萃余相中 B 的质量分数}}$$

将式（5－6）代入上式得

$$\beta = \frac{k_A}{k_B} \tag{5-6}$$

由β的定义可知，选择性系数β为组分A、B的分配系数之比，其物理意义与蒸馏中的相对挥发度相似。若$\beta > 1$，说明组分A在萃取相中的相对含量比萃余相中的高，即组分A、B得到了一定程度的分离，显然k_A值越大，k_B值越小，选择性系数β就越大，组分A、B的分离也就越容易，相应的萃取剂的选择性也就越高；若$\beta=1$，则由式（5－6）可知萃取相和萃余相在脱除溶剂S后将具有相同的组成，并且等于原料液的组成，说明A、B两组分不能用此萃取剂分离，即所选择的萃取剂是不适宜的。萃取剂的选择性越高，则完成一定的分离任务所需的萃取剂用量也就越少，相应的用于回收溶剂操作的能耗也就越低。由式(5－6)可知，当组分B、S完全不互溶时，则选择性系数趋于无穷大，显然这是最理想的情况。

（2）原溶剂B与萃取剂S的互溶度。互溶度对萃取操作的影响如图5－11所示。

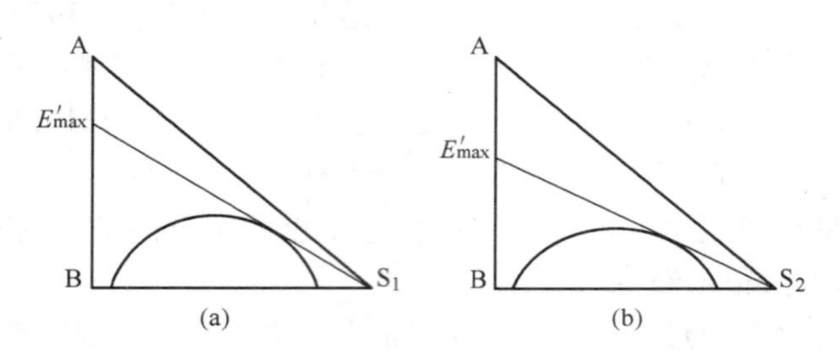

图5－11 互溶度对萃取操作的影响

（a）组分B与S_1互溶度小；（b）组分B与S_2互溶度大

如前所述，萃取操作都是在两相区内进行的，达平衡后均分成两个平衡的E相和R相。若将E相脱除溶剂，则得到萃取液，根据杠杆规则，萃取液组成点必为SE延长线与AB边的交点，显然溶解度曲线的切线与AB边的交点即为萃取相脱除溶剂后可能得到的具有最高溶质组成的萃取液，由图5－11可知，选择与组分B具有较小互溶度的萃取剂S_1比S_2更利于溶质A的分离。

（3）萃取剂回收的难易与经济性。萃取后的E相和R相，通常以蒸馏的方法进行分离。萃取剂回收的难易直接影响萃取操作的费用，从而在很大程度上决定萃取过程的经济性。因此，要求萃取剂S与原料液中的组分的相对挥发度要大，不应形成恒沸物，并且最好是组成低的组分为易挥发组分。若被萃取的溶质不挥发或挥发度很低时，则要求S的汽化热要小，以节省能耗。

（4）萃取剂的其他物性。为使两相在萃取器中能较快地分层，要求萃取剂与被分离混合物有较大的密度差，特别是对没有外加能量的设备，较大的密度差可加速分层，提高设备的生产能力。两液相间的界面张力对萃取操作具有重要影响。萃取物系的界面张力较大时，分散相液滴易聚结，有利于分层，但界面张力过大，则液体不易分散，难以使两相充分混合，反而使萃取效果降低。界面张力过小，虽然液体容易分散，但易产生乳化现象，使两相较难分离，因此，界面张力要适中。常用物系的界面张力数值可从有关文献查取。溶剂的黏度对分离效果也有重要影响。溶剂的黏度低，有利于两相的混合与分层，也有利于流动与传质，故当萃取剂的黏度较大时，往往加入其他溶剂以降低其黏度。此外，选择萃取剂时，还应考虑其他因素，如萃取剂应具有化学稳定性和热稳定性，对设备的腐蚀性要小，来源充分，价格较低廉，不易燃易爆等。

通常，很难找到能同时满足上述所有要求的萃取剂，这就需要根据实际情况加以权衡，以保证满足主要要求。

5.3.6.3 应用举例

A 实例一

五邑大学的彭滨利用 M5640 – 煤油 – H_2SO_4 体系提取电镀污泥浸出液中的 Cu^{2+} 具体方法如下：电镀污泥中的金属经硫酸浸出，用 M5640 – 煤油 – H_2SO_4 体系萃取分离浸出液中的铜，用碳酸钠沉淀分离萃取余液中的镍。

实验用原料采用江门某电镀厂的电镀污泥，污泥外观呈灰绿色，含水量为 70%，干污泥的主要化学成分见表 5 – 8。

表 5 – 8 干污泥的主要化学成分

成 分	Ni	Cu	Zn	Fe	Cr
含量/%	15.39	4.12	0.48	0.76	3.17

萃取回收工艺流程如图 5 – 12 所示。

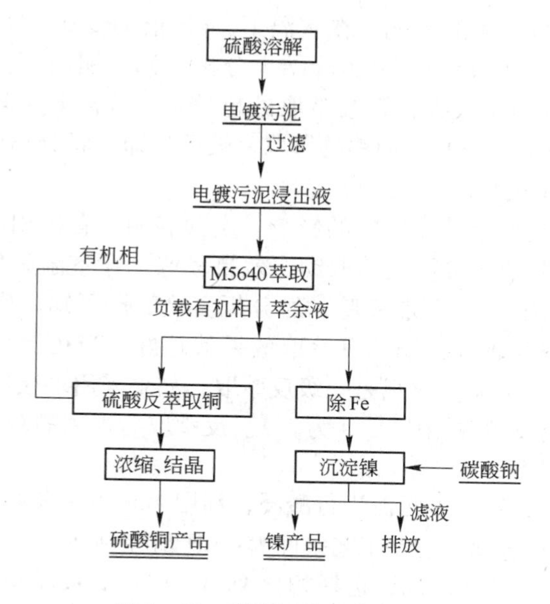

图 5 – 12 萃取回收工艺流程

提取的具体实验步骤如下：

(1) 浸出实验。用稀硫酸在常温下浸出电镀污泥中的金属，固液比为 1∶3，浸出时间 1h。由实验得出，控制浸出液 pH 值为 1.5 ~2.0，可得到较高的铜、镍浸出率，其他离子浸出的较少，有利于后面溶剂萃取分离。

（2）铜的溶剂萃取分离回收。电镀污泥硫酸浸出液中的铜和镍，可采用 P507、M5640 萃取剂萃取。实验探讨了采用 M5640 煤油体系萃取分离电镀污泥浸出液中铜和镍的工艺条件。实验表明，萃取反应在 3 ~5min 即可达到平衡，萃取反应温度控制在 20 ~30℃ 即可，即在室温条件下进行萃取。因此实验取萃取时间 5min，环境温度为室温的条件下，探讨了平衡 pH 值、萃取剂浓度、相比等因素对铜、镍萃取分离的影响。

1）pH 值对萃取效率的影响。浸出液中 Cu 浓度为 1.258g/L，萃取剂浓度为 20%，O/A =1∶1，萃取时间 5min，在室温的条件下，用 H_2SO_4 或 NaOH 调节平衡时水相 pH 值。由实验数据分析可知，在 pH <2.5 时，随着 pH 值的增大，铜的萃取率逐渐增大，但实验中发现 pH 值增大到 2.5 以后，开始有沉淀产生。因此，平衡时 pH 值控制在 1.5 ~2.0 范围内。

2）萃取剂浓度对萃取效率的影响。在室温下，pH 值为 2.0，O/A =1∶1，分别进行不同浓度萃取剂对萃取效率的影响实验。萃取剂浓度对萃取效率的影响不是很显著，在实验所取的范围内，萃取剂浓度在 20% ~30% 时，铜的萃取率达到 96% 以上，铜、镍的分离系数较大，故萃取剂浓度选取在 20% ~30% 之间较适宜。

3）相比对萃取分离的影响。在室温下，pH 值为 2.0，萃取剂浓度为 20%，探讨相比对萃取分离的影响，由实验结果分析可知，铜的萃取率随着相比 O/A 的增大而增大，但相比太大，镍被萃取的也较多，分离效果较差。在相比 O/A 为 1∶1 时，铜的萃取率较高，而镍的萃取率较低，即二者分离效果较好。因此选择相比 O/A 为 1∶1 为佳。

4）反萃取相比对反萃取效果的影响。实验表明，有机相中的铜较容易被酸反萃取，用 2mol/L 硫酸进行反萃取铜，效果较好。在室温条件下，反萃取时间取 3min，做不同相比的反萃取实验，经分析实验数据可知，反萃取相比 A/O 越大，铜的反萃取率就越高，铜的反萃取效果就越好，当相比 A/O 为 2∶1 时，铜的反萃取率达到 93.37%，这只是一级反萃取，如果采用多级反萃取效果会更好，从成本考虑，选用反萃取相比 A/O 为 2∶1。反萃取后得到的 $CuSO_4$ 溶液，直接加热蒸发得到结晶 $CuSO_4$。

实验研究证明：对电镀污泥进行酸浸，利用 M5640 - 煤油 - H_2SO_4 体系对浸出液中的 Cu^{2+} 进行分离，控制工艺条件为：pH 值控制在 1.5 ~2.0 范围内；萃取剂浓度选取在 20% ~30% 之间；选择相比 O/A 为 1∶1；反萃取相比 A/O 为 2∶1。在室温下反应 3 ~5min 萃取效率可以达到 90% 以上。

B 实例二

江西理工大学的曾青云等人[49]利用 Lix984N - 煤油 - H_2SO_4 体系对电镀污泥

浸出液中的 Cu^{2+} 进行萃取分离，具体介绍如下。

a 萃取试验

萃取试验的影响因素有：

（1）萃取剂体积分数对铜萃取率的影响。以低浓度含铜浸出液为料液，Lix984N + 煤油为萃取剂，在 $V_o:V_A=1:1$，萃取时间 6min，二级萃取（工业现有的）条件下，改变萃取剂体积分数，考察其对铜萃取率的影响。分析实验数据可知，当萃取剂体积分数低于 10% 时，铜萃取率随萃取剂浓度的增大而升高；当萃取剂体积分数在 10% ~15% 范围内时，萃取率提高不明显；萃取剂体积分数大于 15% 后，铜萃取率反而下降。

因为萃取剂体积分数过高会产生第三相或乳化现象，造成萃取剂大量消耗，同时还会机械夹带其他金属离子（铁）。萃取剂体积分数较低时，煤油稀释剂会把萃取剂较好地分散，使有机相流动性加大，有机相和水相在单位时间内的接触面积加大，从而提高了萃取率。因此，萃取剂的体积分数为 10% 。

（2）pH 值对铜萃取率的影响。萃取剂体积分数为 10% ，$V_o:V_A=1:1$，萃取时间 6min，用稀硫酸调节料液的 pH 值，考察料液 pH 值对铜萃取的影响。

任何一种萃取剂在萃取金属离子过程中都有一个最佳 pH 值范围。较强的酸性条件会抑制萃取，而酸性较低条件下，二价铜离子和三价铁离子易水解形成氢氧化铜和氢氧化铁悬浮物，使萃取剂乳化。试验结果表明，pH 值在 1.5 ~2 范围内最合适。基于试验中所用浸出液的 pH 值为 1 ~1.5，虽然此 pH 值条件下铜萃取率相对较低，但因无需加碱中和而是直接利用，所以仍可采用。

（3）萃取时间对铜萃取率的影响。萃取剂体积分数为 10% ，$V_o:V_A=1:1$，萃取料液 pH =1.5，改变萃取时间，考察其对铜萃取率的影响。

萃取开始阶段，随着时间的延长，萃取率提高很快，但是时间继续延长，萃取率提高不显著，萃取时间 6min 即可。

（4）相比（$V_o:V_A$）对铜萃取率的影响。萃取剂体积分数为 10% ，萃取时间 6min，改变相比，考察其对铜萃取率的影响。可以看出，随着 $V_o:V_A$ 的增大，萃取率逐渐提高。理论上，$V_o:V_A$ 越大，萃取率越大，但随着 $V_o:V_A$ 的增大，容易形成第三相和乳化现象，且有机相损失加大，生产效率降低。另外，在 $V_o:V_A$ 大于 0.8 的条件下，萃取率提高得也不显著。因此 $V_o:V_A$ 选择 0.8 较为合适。

根据上述试验获得的最佳试验条件进行萃取，所得有机相中 $\rho(Cu^{2+})/\rho(Fe)=30:1$。

b 反萃取试验

反萃取试验的影响因素有：

（1）反萃取液酸度对铜反萃取的影响。在反萃取过程中，主要发生下列反应：

$$CuR_{2(o)} + 2H^+ \rightleftharpoons 2HR_{(o)} + Cu^{2+}$$

根据以上反应，当体系酸度增大时，反应向右进行。另外，反萃取液中 H^+ 浓度上升一个数量级，反萃取的分配比将提高 100 倍，反萃取效率也随之提高。但酸度过高，形成的硫酸铜与酸难以分离，用铜质量浓度 4g/L 的负载有机相作为反萃料液，在 $V_o:V_A=1:1$、混合时间 10min、20℃条件下，改变酸度进行反萃取。由实验分析可知，硫酸质量浓度为 220～250g/L 时效果最佳。

(2) 反萃取时间对铜反萃取率的影响。试验条件：反萃液硫酸质量浓度为 250g/L，其他条件如上所述。试验利用改变反应时间观察反萃取率的变化情况，随着反应时间的增长反萃取率也是不停地提高，当反应时间达到 10min 时的反萃率可达到 98.33%，12min 时的反萃率为 98.65%，增长率相较其他时间段不是很高。考虑实际生产状况，建议反萃取时间选取 10min。随着反萃取时间的延长，有机相和水相得到充分接触，当反萃取率接近 100% 时，再延长时间，则容易出现第三相和乳化现象。

(3) $V_o:V_A$ 对铜反萃取率的影响。反萃取时间为 10min，其他条件不变，改变 $V_o:V_A$，考察其对铜反萃取率的影响。经分析实验结果可知，铜的反萃取率随 $V_o:V_A$ 的增大而降低。从反萃取率角度考虑，$V_o:V_A$ 以 1:1 较为适宜，但此条件下生产效率较低，所以结合实际生产情况，$V_o:V_A$ 选择 6:1。

(4) 反萃取级数对反萃取率的影响。将铜质量浓度 4g/L 的有机相与硫酸质量浓度 250g/L 的反萃取液按 6:1 的体积比搅拌混合，平衡后排出水相。再加入相同体积的新鲜反萃取液，搅拌混合，平衡后排出水相。依此反复多次，直至有机相中的铜全部反萃取下来。经由实验结果可知，采用三级反萃取时，铜的反萃率即可达到 98.3%，基本满足工业生产的需要。

当反萃取液中的铜离子质量浓度为 30g/L 时，三级反萃取后铜离子质量浓度为 40g/L。当反萃取液中铜离子质量浓度为 45g/L 时，三级反萃后铜离子质量浓度为 60g/L。

c 总结

采用溶剂萃取法将电镀污泥浸出液转化为硫酸铜溶液，以单因素试验法进行了较为详细的研究，最终获得制备硫酸铜溶液的工艺条件为：萃取：2 级萃取，萃取时间 6min，$V_o:V_A=1:2$，萃取料液 pH 值为 1.0～1.5，萃取剂体积分数为 10%；反萃取：3 级反萃取，硫酸质量浓度为 220～250g/L，反萃取时间 10min，低酸反萃取相比为 6:1。Cu^{2+} 的萃取率以及反萃率都可以达到 95% 以上。

C 实例三

中国地质科学院矿产综合利用研究所的徐建林等人比较了 M5640 萃取剂和 N902 萃取剂对电镀污泥浸出液中 Cu^{2+} 的萃取效果并利用二次萃取的方法对浸出液中 Cu^{2+} 萃取。具体的试验方法如下。

a 萃取实验

在萃取时，煤油作为稀释剂，把萃取剂用煤油稀释成一定浓度的有机相，将有机相与浸出液（水相）按一定体积比加入分液漏斗中进行振荡、静置和分离，分析萃余液中铜和镍的含量，计算萃取率和镍铜含量比。

用160g/L的硫酸进行反萃，将硫酸与负载铜的有机相按一定体积比加入分液漏斗中，振动一定时间后静置分层，使被反萃后的有机相与反萃液分离，并计算铜的反萃率。

b 萃取剂的选择

在萃取剂体积分数为10%，萃取相比A/O（浸出液/有机相）为5，萃取时间为5min的条件下，分别用N902和M5640作为萃取剂。对两种萃取剂的萃取结果进行分析可知，N902和M5640都能从浸出液中萃取分离铜，经过一级萃取，铜的萃取率分别为81.16%和78.26%，而镍的萃取率却比较低。萃余液中的镍、铜含量比分别为27.31和23.40，镍铜含量比较浸出液提高了5倍左右。相比之下，N902对浸出液中铜萃取分离的效果较好。因此，选取N902作为萃取剂。

c 两级萃取分离铜

N902两级萃取分离铜的试验条件为：萃取剂浓度为10%，萃取相比A/O为5，萃取时间为5min。萃取流程如图5-13所示。两级萃取试验进行两组，经实验数据分析可知，经过两级萃取后，铜的萃取率平均为98.65%，镍的萃取率平均为0.44%。萃余液中镍铜含量比平均为380，较浸出液中镍铜含量比提高了近70倍。试验结果表明，经过两级萃取，可以从硫化镍矿浸出液中萃取分离铜。

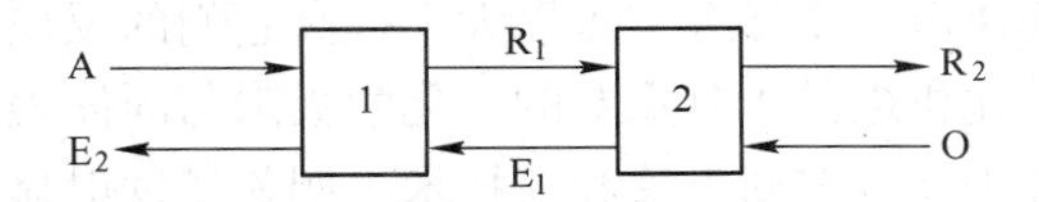

图5-13 两级萃取分离铜流程

A—浸出液；O—萃取有机相；E—萃取液；R—萃余液

d 反萃

对N902负载有机相中的铜进行反萃，同浓度的硫酸和盐酸反萃效果相近。考虑到后续工序对铜的回收利用，实验中用硫酸作反萃剂。反萃条件为：硫酸浓度160g/L，反萃时间5min，反萃相比（硫酸/负载有机相体积比）1，负载有机相中铜浓度为5.70g/L。

先用硫酸反萃5min，放出第一次的反萃液；再加入硫酸进行第二次反萃。第二次反萃完成后，发现被反萃后的有机相颜色与新鲜时的颜色十分接近，故未进行第三次反萃。分析反萃液中的铜含量，计算反萃率。反萃试验进行三组，由实验结果可以看出，用硫酸对负载有机相进行反萃，第一次的反萃率平均为62.46%，第二次的反萃率平均为37.08%，经过两次反萃后，铜离子反萃率平均为99.54%，反萃效果较好；并且在萃取和反萃过程中，浸出液中铜的回收率达98.20%，铜的回收率较高。

e 总结

用N902从硫化镍矿浸出液中萃取分离铜是可行的，并且萃取效果较M5640好。经过两级萃取，铜的萃取率平均98.65%，镍的萃取率平均为0.44%，萃余液中镍铜含量比平均为380。用硫酸反萃，铜的反萃率平均为99.54%，反萃效果较好。该工艺中，铜的回收率较高，可达98.20%。

5.3.7 吸附法

5.3.7.1 吸附机理

吸附机理可分3种情况：（1）气体分子失去电子成为正离子，固体得到电子，结果是正离子被吸附在带负电的固体表面上。（2）固体失去电子而气体分子得到电子，结果是负离子被吸附在带正电的固体表面上。（3）气体与固体共有电子成共价键或配位键。例如气体在金属表面上的吸附就往往是由于气体分子的电子与金属原子的 d 电子形成共价键，或气体分子提供一对电子与金属原子成配位键而吸附的。在复相催化中，多数属于固体表面催化气相反应，它与固体表面吸附紧密相关。在这类催化反应中，至少有一种反应物是被固体表面化学吸附的，而且这种吸附是催化过程的关键步骤。在固体表面的吸附层中，气体分子的密度要比气相中高得多，但是催化剂加速反应一般并不是表面浓度增大的结果，而主要是因为被吸附分子、离子或基团具有高的反应活性。气体分子在固体表面化学吸附时可能引起离解、变形等，可以大大提高它们的反应活性。因此，化学吸附的研究对阐明催化机理是十分重要的。化学吸附与固体表面结构有关。表面结构化学吸附的研究中有许多新方法和新技术，例如场发射显微镜、场离子显微镜、低能电子衍射、红外光谱、核磁共振、电子能谱化学分析、同位素交换法等。其中场发射显微镜和场离子显微镜能直接观察不同晶面上的吸附以及表面上个别原子的位置，故为各种表面的晶格缺陷、吸附性质及机理的研究提供了最直接的证据。

5.3.7.2 吸附剂的分类及应用

A 物理吸附剂

物理吸附剂是能有效地从气体或液体中吸附其中某些成分的固体物质[50]。

吸附剂一般有以下特点：大的比表面积、适宜的孔结构及表面结构；对吸附质有强烈的吸附能力；一般不与吸附质和介质发生化学反应；制造方便，容易再生；有良好的机械强度等。吸附剂可按孔径大小、颗粒形状、化学成分、表面极性等分类，如粗孔和细孔吸附剂，粉状、粒状、条状吸附剂，碳质和氧化物吸附剂，极性和非极性吸附剂等。常用的吸附剂有以碳质为原料的各种活性炭吸附剂和金属、非金属氧化物类吸附剂（如硅胶、氧化铝、分子筛、天然黏土等)。衡量吸附剂的主要指标有：对不同气体杂质的吸附容量、磨耗率、松装堆积密度、比表面积、抗压碎强度等。吸附剂主要用于滤除毒气，精炼石油和植物油，防止病毒和霉菌，回收天然气中的汽油以及食糖和其他带色物质脱色等[51]。

工业上常用的吸附剂有：硅胶、活性氧化铝、活性炭、分子筛等，另外还有针对某种组分选择性吸附而研制的吸附材料。气体吸附分离成功与否，极大程度上依赖于吸附剂的性能，因此选择吸附剂是确定吸附操作的首要问题。吸附剂的良好吸附性能是由于具有密集的细孔构造。与吸附剂细孔有关的物理性能有：(1) 孔容（V_p)。吸附剂中微孔的容积称为孔容，通常以单位质量吸附剂中吸附剂微孔的容积来表示，常用单位为cm^3/g。孔容是吸附剂的有效体积，它是用饱和吸附量推算出来的值，也就是吸附剂能容纳吸附质的体积，所以孔容大为好。吸附剂的孔体积（V_k）不一定等于孔容（V_p)，吸附剂中的微孔才有吸附作用，所以孔容中不包括粗孔，而孔体积中包括了所有孔的体积，一般要比孔容大。(2) 比表面积。即单位质量吸附剂所具有的表面积，常用单位是㎡/g。吸附剂表面积每克有数百至千余平方米。吸附剂的表面积主要是微孔孔壁的表面，吸附剂外表面是很小的。(3) 孔径与孔径分布。在吸附剂内，孔的形状极不规则，孔隙大小也各不相同。直径在零点几至几纳米的孔称为细孔，直径在数十纳米以上的孔称为粗孔。细孔越多，则孔容越大，比表面积也大，有利于吸附质的吸附。粗孔的作用是提供吸附质分子进入吸附剂的通路。粗孔和细孔的关系就像大街和小巷一样，外来分子通过粗孔才能迅速到达吸附剂的深处。所以粗孔也应占有适当的比例。活性炭和硅胶之类的吸附剂中粗孔和细孔是在制造过程中形成的。沸石分子筛在合成时形成直径为数微米的晶体，其中只有均匀的细孔，成型时才形成晶体与晶体之间的粗孔。孔径分布是表示孔径大小与之对应的孔体积的关系，由此来表征吸附剂的孔特性。(4) 表观重度（d_l)，又称视重度。吸附剂颗粒的体积（V_l）由两部分组成：固体骨架的体积（V_g）和孔体积（V_k)，即 $V_l = V_g + V_k$。表观重度就是吸附颗粒的本身质量（D）与其所占有的体积（V_l）之比。(5) 真实重度（d_g)，又称真重度或吸附剂固体的重度，即吸附剂颗粒的质量（D）与固体骨架的体积 V_g 之比[52]。

B 化学吸附剂

由于固体表面存在不均匀力场，表面上的原子往往还有剩余的成键能力，当气体分子碰撞到固体表面上时便与表面原子间发生电子的交换、转移或共有，形成吸附化学键的吸附作用[53]。

与物理吸附相比，化学吸附主要有以下特点：(1) 吸附所涉及的力与化学键力相当，比范德华力强得多。(2) 吸附热近似等于反应热。(3) 吸附是单分子层的，因此可用 Langmuir 等温式描述，有时也可用弗罗因德利希公式描述。捷姆金吸附等温式只适用于化学吸附：$V/V_m = 1/a \cdot \ln c_0 p$（式中 V 为平衡压力为 p 时的吸附体积；V_m 为单层饱和吸附体积；a，c_0 为常数）。(4) 有选择性。(5) 对温度和压力具有不可逆性。另外，化学吸附还常常需要活化能。确定一种吸附是否是化学吸附，主要根据吸附热和不可逆性[54]。

C 微生物吸附剂

尽管目前重金属离子生物吸附剂的实际应用还不多，但研制新的微生物固定技术来生产新的生物吸附剂、选育新的具有不同的或更好的生物吸附性质的微生物新品种、阐明与生物吸附作用有关的细胞壁成分、确定生物吸附剂内的金属结合位点和理解金属吸附机理，并阐明有关的金属溶液化学和金属结合位点的结构、研究能增强其吸附性质的化学或生物学方法等都是寻找具有高选择性和高吸附能力的高效微生物吸附剂的关键，必将会使微生物吸附剂在将来有更广泛的应用。随着对微生物吸附机理研究的不断深入，综合国内外近年来的研究，未来几年的研究应主要集中在以下几个方面：(1) 在已有的微生物吸附机理研究的基础上，进一步探讨微生物吸附剂对重金属吸附的反应动力学和热力学特性，从而更深入地揭示微生物吸附规律。(2) 利用现代分析手段研究金属在细胞内的沉积部位和状态，金属与细胞特定官能团结合的能量变化及官能团结构和特性，以期达到改进吸附性能和提高吸附容量的目的。(3) 开发吸附、解吸速率快、高选择性及具有理想粒度及机械强度的微生物吸附剂。(4) 在微生物吸附技术应用方面将重点开发微生物吸附工艺和反应器，以期获得不同类型的反应器和吸附工艺的特征参数。(5) 新型高效的微生物吸附剂系列产品的开发及制造条件的优化研究，制造工艺设计参数的确定和放大[55]。

D 矿物材料吸附剂

许多矿物材料具有最佳的环境协调性，广泛应用于环境污染治理的各个领域中。矿物材料具有良好的表面吸附、离子交换、化学活性等性能，对水中的重金属离子污染物有良好的吸附作用，并且通过改性等研究，可进一步提高其性能。大量的研究表明，矿物材料对重金属离子工业废水具有较好的处理效果，与传统的化学沉淀、电解、反渗透、离子交换、活性炭吸附相比，具有显著的优势：(1) 成本低，来源广泛。(2) 制备方法简单，使用方便。(3) 具有较高的化学活性和生物稳定性。(4) 容易再生，无二次污染。这些都为矿物材料对重金属废水处理的工业化应用提供了广阔的发展空间。非金属矿物材料有硅酸盐矿物材料、硅藻土、碳酸盐矿物材料、磷酸盐矿物材料等[56]。金属矿物材料有铁的氧化物和氢氧化物、锰的氧化物和氢氧化物、硫化铁矿物等。

李芳等人[57]采用扫描电镜（SEM）对壳聚糖微粒进行表征，研究吸附时间（0～360min）、温度（25～55℃），初始 pH 值（2～5）对壳聚糖微粒吸附铜离子的影响，探讨壳聚糖微粒对水溶液中铜离子吸附的动力学和吸附平衡。结果得出壳聚糖微粒吸附铜离子的最佳吸附条件是 pH 值为 4.5 ~4.8，吸附时间为 4h，温度为 55℃。动力学研究结果显示，铜离子在壳聚糖上的吸附过程可以用准二级动力学方程描述（$R^2>0.987$），吸附平衡数据可用 Langmuir 模型关联（$R^2>0.973$），实验证明，壳聚糖微粒可有效地吸附水中铜离子。李龙凤[58]研究了改性凹凸棒黏土对水溶液中铜离子的吸附规律，结果表明，5% HCl 酸活化和 400℃ 热活化的凹凸棒黏土具有很好的吸附性能，黏土添加量为 2% 时，铜离子的最高去除率分别达到 88.1% 和 90.4%，铜离子的平衡浓度为 100mg/L 时，黏土的吸附容量分别约为 35mg/g 和 37mg/g。

参考文献

[1] 赵可心．原子吸收光谱法测定三氧化钨中微量钴镍铜［J］．一重技术，2008（2）：66 ~ 68.

[2] 彭喜雨，陶锐，熊宇．石墨炉原子吸收分光光度法悬浮液直接进样用于奶粉中铅、铜的测定［J］．预防医学情报杂志，1991，7（2）：99 ~ 103.

[3] 应秀玲．分光光度法用于酞菁颜料中游离铜的测定［J］．安徽化工，2010，36（1）：67 ~ 70.

[4] 石成瑞，季仲涛．高聚物中微量铜的测定方法［J］．塑料工业，2000（4）：55 ~ 58.

[5] 阎超．分光光度法测定水中微量元素 Cu(Ⅱ)［J］．贵阳学院学报，2009，4（3）：53 ~ 56.

[6] 何斌．铜试剂 - 吐温 - 20 胶束增溶分光光度法测定植物中微量铜［J］．植物营养与肥料学报，1996，2（2）：174 ~ 179.

[7] 宝迪．铜（Ⅱ）- 麝香草酚蓝 - H_2O_2 体系催化分光光度法测定痕量铜［J］．分析化学，2005，33（1）：144 ~ 146.

[8] 肖新亮，刘瑞贤，张淑芬．三阶导数分光光度法同时测定铜、钴与镉［J］．应用化学，1995，12（5）：5 ~ 8.

[9] 赵中一，吴金明，何应律．三元缔合物在固相反射分光光度法中的应用——膜相反射分光光度法测定铜［J］．广东工业大学学报，1997，14（S1）：33 ~ 35.

[10] 葛慎光，张丽娜．偶氮氯膦 - I 催化光度法测定痕量铜［J］．济南大学学报，2008，22（1）：56 ~ 58.

[11] 黄荣斌，刘连庆．催化光度法测定食品中的痕量铜［J］．食品科学，2005，2（7）：189 ~ 191.

[12] 李洪桂，等．湿法冶金学［M］．长沙：中南大学出版社，2002：115 ~ 170.

[13] 蒋汉瀛．冶金电化学［M］．北京：冶金工业出版社，1983：336 ~ 350.

[14] 杨显万，邱定蕃．湿法冶金［M］．北京：冶金工业出版社，1998：194 ~ 211.

[15] 陈加镛，杨守志，柯家骏．湿法冶金的研究与发展［M］．北京：冶金工业出版社，1998：129 ~ 297.

[16] ENGLISH Jr J, MEAD J F, NIEMANN C. The synthesis of 3, 5 – difluoro – and – 3 – fluoro – 5 – iedo – dl – tgrosine [J] . Journal of the American Chemical Society, 1940, 62 (2): 350 ~ 354.

[17] NIEMANN C, BENSON A A, MEAD J F. The synthesis of 3′, 5′ – difluoro – dl – thyronine and 3, 5 – difluoro – 3′, 5′ – difluoro – dl – thyronine [J] . Journal of the American Chemical Society, 1941, 63 (8): 2204 ~ 2208.

[18] 武汉大学. 分析化学 [M] . 北京: 高等教育出版社, 1988: 402 ~ 421

[19] 陆九芳. 分离过程化学 [M] . 北京: 清华大学出版社, 1993.

[20] 张克从. 晶体生长 [M] . 北京: 科学出版社, 1981.

[21] 钟德高. pH 值对 KDP 晶体生长的影响 [D] . 青岛: 青岛大学, 2007.

[22] 张克旭. 氨基酸生产工艺学 [M] . 北京: 中国轻工业出版社, 1992: 210 ~ 228.

[23] 冯绍彬, 冯丽婷. 化学置换镀锡青铜工艺研究 [J] . 金属制品, 2000, 26 (6): 8 ~ 9.

[24] 武汉材料保护研究所. 无氰镀铜研究报告 [J] . 材料保护, 1973 (1): 1 ~ 5.

[25] 李华彬, 何安西, 曹雷, 等. Cu/Fe 复合粉的性能及应用研究 [J] . 四川有色金属, 2005, 1: 18 ~ 20.

[26] 冯绍彬, 董会超, 夏同驰. 钢丝化学镀铜工艺研究和理论探讨 [J] . 金属制品, 1997, 23 (4): 12 ~ 13.

[27] 邹月娥. 置换镀铜反应能否用于钢铁件镀铜 [J] . 问题解答与讨论, 1997 (5): 36.

[28] 吴臣, 等. 经典铁置换铜反应的研究和工业应用 [J] . 高等学校化学学报, 1996, 7: 17.

[29] 蔡积庆. 孔化与电镀 [J] . 印制电路信息, 2001, 1: 54 ~ 56.

[30] 顾忠茂. 液膜分离技术进展 [J] . 膜科学与技术, 2003, 4: 213 ~ 224.

[31] OSTERBOUT W J V. Some models of protoplasmic surface [J] . Cold Spring Habor Symposium on Quantitative Biology, 1940, 8: 51 ~ 56.

[32] 余美琼. 液膜分离技术 [J] . 化学工程与装备, 2007, 5: 57 ~ 62.

[33] BLOCH R, FINKELSTEIN A, KEDEM O. Metal ion separation by dialysis through solvent membranes [J] . Industrial and Engineering Chemistry: Process Design and Development, 1967, 6: 231 ~ 237.

[34] WALD W J, ROBB W L. Carbon dioxide – oxygen separation: facilitated transport of carbon dioxid across a liquid film [J] . Science, 1967, 156: 1481 ~ 1486.

[35] 黄万抚, 王淀佐. 乳状液膜分离技术的进展 [J] . 国外金属矿选矿, 1998, 6: 2 ~ 4.

[36] 刘利民. 液膜法处理冶金工业废水中氨氮及铜离子的研究 [D] . 长沙: 湖南师范大学, 2007.

[37] 方建章, 朱兵, 王向德, 等. 用乳状液膜法从镀金废液中回收金的研究 [J] . 环境污染与防治, 1998, 20 (3): 1 ~ 4.

[38] 王士柱, 姜长印, 张泉荣, 等. 乳状液型液膜的工业过程研究 [J] . 膜科学与技术, 1992, 12 (1): 8 ~ 15.

[39] 柳畅先, 曾令强. 乳状液膜法分离水中的铬 [J] . 化学研究与应用, 2003, 19 (3): 429, 430.

[40] 潘碌亭，肖锦．乳状液膜法从电镀废水中提取铬的研究［J］．重庆环境科学，2001，23（1）：37～39.
[41] 王靖芳，冯彦琳，窦丽珠，等．N503 为载体的乳状液膜提取钯（Ⅱ）的研究［J］．稀有金属，2001，25（1）：68～70.
[42] 张宏波．N（1923）为载体的乳状液膜对抗的富集与分离研究［J］．吉林化工学院学报，2001，18（Ⅰ）：15～17.
[43] 莫启武，王向德，万印华，等．磷酸三丁酯为载体的乳状液膜体系迁移钇（Ⅲ）的研究［J］．水处理技术，1999，25（2）：70～73.
[44] KULKAMI P S，MAHAJANI V V. Application of liquid membrane（LEM）process for enrichment of molybdenum from aqueous solutions［J］. Membrane Science，2002（201）：123～135.
[45] KULKAMI P S，TIWARI K K，MAHAJANI V V. Membrane stability and enrichment of nickel in the liquid emulsion membrane process［J］. Chem. Tech. Biotech，2000，75：553～560.
[46] 王文才，蔡嗣经，黄万抚．乳化液膜技术分离提取 Cu^{2+} 的应用研究进展［J］．膜科学与技术，2004，14（6）：15～17.
[47] MURUGANANDAN N，PAUL D R. Evaluation of substituted polycarbonates and a blend with polystyrene as gas separation membranes［J］. Membr. Sci.，1987，34：185～198.
[48] MARTIN T P，DAVIES G A. The extraction of copper from dilute aqueous solutions using a li－quid membrane Process［J］. Hydrometallurgy，1977，2：315～334.
[49] 曾青云，杨丹，刘永平，等．用低品位铜矿石浸出液制备硫酸铜溶液［J］．湿法冶金，2006，25（3）：141～143，147.
[50] 吴新华．活性炭生产工艺原理与设计［M］．北京：中国林业出版社，1998，19：16～17.
[51] 杨华明，张广业．钢渣资源化的现状与前景［J］．矿产综合利用，1999，3：35～37.
[52] 邓春玲．固体催化剂的设计与制备［M］．天津：南开大学出版社，1993.
[53] 张辉，刘士阳，张国英．化学吸附的量子力学绘景［M］．北京：科学出版社，2004.
[54] 徐寿昌．有机化学［M］．北京：高等教育出版社，1993.
[55] 张慧，李宁，戴友芝．重金属污染的生物修复技术［J］．化工进展，2004，23（5）：562～565.
[56] CHEGROUEHE H，MELLAH A，TELMOUNE S. Removal of lanthanum from aqueous solutions by natural bentonite［J］. Wat. Rez，1997，31（7）：1733～1737.
[57] 李芳，丁纯梅．壳聚糖微粒对水中铜离子吸附性能研究［J］．环境与健康杂志，2010，27（9）：794～796.
[58] 李龙凤．改性凹凸棒黏土对水溶液中铜离子吸附性能的研究［J］．淮北煤炭师范学院学报，2008，29（4）：33～36.

6　有价金属铬的提取技术

6.1　铬及铬资源概述

18世纪西伯利亚地区出产了一种红色的矿石，德国人列曼时任俄罗斯圣彼得堡大学化学教授，对此矿石进行了检测，发现了除铅元素以外的其他物质[1]。直至1797年，法国化学家沃克兰认定这些除铅以外的元素为新的元素[2]。1798年，沃克兰教授把这种新发现的元素命名为“chrom”，在拉丁语中称为“chromium”，确定了它的元素符号为Cr。Cr在希腊文中称为Chroma，意为颜色，因为这种元素以多种不同颜色的化合物存在，故被称为“多彩的元素”。在当时，铬元素被普遍发现于铅矿中，克拉普洛特就曾从铅矿中发现了铬元素[3]。

自然界不存在游离状态的铬，主要为含铬矿石或铬铁矿。铬在地壳中的含量为0.01%，居第17位。铬属于金属元素，是黑色金属中的一种，肉眼观察为银白色，质地较硬且脆[4]。

6.1.1　铬的物理化学性质

6.1.1.1　铬的物理性质

铬是一种具有银白色光泽的金属，无毒，化学性质很稳定，有延展性，含杂质时硬而脆。熔点为1857℃，沸点为2672℃，单晶密度为7.22g/cm^3，多晶密度为7.14g/cm^3；原子序数24，相对原子质量51.9961[5]。

铬在所有金属中硬度最大。铬的价电子结构为$3d^5 4s^1$，氧化值有−2、−1、0、+1、+2、+3、+4、+5、+6，自然界中常见的是+3和+6，它的电离能为6.767kJ/mol。

铬具有良好的金属光泽，抗蚀性强，常常用作金属表面的镀层。大量铬还用于制造合金，如铬钢和不锈钢。铬盐作为重要的工业原料，是无机盐产品的主要品种之一，主要用于冶金、化工、电镀、制革、制药及航空工业；还可以用作防水及催化、耐磨剂等，在国民经济建设中起着重要的作用。据商业部门统计，全国有10%的商品品种与铬盐产品有关。

6.1.1.2　铬的化学性质

A　氧化还原性能

在水中的主要离子类型有：Cr^{3+}、CrO_4^{2-}、$Cr_2O_7^{2-}$等。在酸性溶液中

$Cr_2O_7^{2-}$ 有较强的氧化性，可被还原成 Cr^{3+}；Cr^{2+} 有较强的还原性可被氧化成 Cr^{3+}；Cr^{3+} 在酸性溶液中不易被氧化也不易被还原；在碱性溶液中 CrO_4^{2-} 氧化性很弱，相反 Cr^{3+} 容易被氧化成 Cr^{6+}。

在常温下，铬的性质并不活泼，与空气、水等许多化学物质都不反应，但与氟起反应；在高温时则不同，其反应物质及产物见表 6－1。铬的基态电子构型为 $1s^22s^22p^63s^23p^63d^54s^1$。其最外层电子分布比较有利，因为半满的轨道增加了稳定性。

表 6－1　铬高温时反应物质及产物[6]

反应物质	产　物	反应物质	产　物
H_2	（吸附）	Cl_2	$CrCl_3$（约 600℃）
B	硼化物	Br_2	溴化物（红热）
C	碳化物	I_2	CrI_2，CrI_3（750～800℃）
Si	硅化物（约 1300℃）	NH_3	氮化物（850℃）
N_2	氮化物（900～1200℃）	NO	氮化物，氧化物
P	磷化物	H_2O	Cr_2O_3，H_2（红热）
O_2	氧化物涂片（600～900℃） 燃烧成 Cr_2O_3（2000℃）	CS_2	Cr_2S_3
S	硫化物（700℃）	HF	CrF_2（红热）
Se	硒化物	HCl	$CrCl_2$（红热）
Te	碲化物	HBr	$CrBr_2$（红热）
F_2	CrF_4，CrF_2（红热）	HI	CrI_2（750～850℃）

作为一个典型的过渡元素，铬能与其他物质结合生成许多有颜色的顺磁性的化合物。铬在羰基、亚硝基及金属有机配合物等化合物中呈强还原性。一般来说，低价铬化合物具有碱性，高价铬化合物具有酸性。重铬酸钾和铬酸酐是应用最广泛的氧化剂，在有机合成中用于制取香料和药品。

铬与酸反应能放出氢气。氢卤酸、硫酸和草酸均能溶解铬，加热时溶解更为迅速。它与稀硫酸反应较缓慢，隔绝空气时在氢卤酸中生成 Cr^{2+}。它不受磷酸的攻击并能经受甲酸、柠檬酸和酒石酸等多种有机酸的侵蚀，但乙酸对铬有轻微的腐蚀。

B　络合性能

铬能与有自由电子对的分子、有机基团、多种离子形成配位键，构成稳定络合物。皮革工业中使用最广泛的铬鞣剂，在制备及水溶液陈化时，碱式硫酸铬形成 $H_2O-Cr-O-Cr(H_2O)_3$ 型多核络合物。后者在鞣革时同皮中的胶原生成多个交联键，从而使皮变成革，并赋予形成的革以弹性、柔软、光滑等优良性能。

不仅如此，通过 Cr 的桥梁作用，还可以使 Al、Zr 等多核络合物而同皮中胶原络合，形成 Cr－Al、Cr－Zr 等复合鞣剂。这些复合鞣剂有与铬鞣剂同样的鞣制效果，但可减少铬的消耗并降低铬的污染。

C 钝化作用

铬的氧化还原电位处在 Zn 和 Fe 之间，似乎应当被稀酸溶解，且在空气和水中应像 Fe 那样生锈，但实际上铬在这些介质中均极为稳定，仅在较高温度下才与氧及其他非金属化合反应。这是因为金属铬遇空气迅速氧化成了一层极薄而致密的 Cr_2O_3 膜，将内部金属与外部介质隔绝，从而保护内部金属不再被氧化，这就是铬的钝化作用。

未经钝化的铬能将铜、锡和镍从它们的盐溶液中置换出来。然而，一经钝化，铬变得与贵金属相似，不再受矿物酸侵蚀。铬不溶于硝酸、发烟硝酸和王水，因为它们对铬表面产生了钝化作用。其他能产生钝化作用的氧化剂有氯气、溴以及氯酸与三氧化铬的溶液等。铬在空气中因表面氧化会慢慢变得钝化，其效果自然要比上述氧化剂差。

一般认为钝化作用是铬表面吸附了氧或形成氧化物层所产生，但至今尚未得出令人满意的解释。已经钝化的铬可通过还原过程，例如用氢气处理或将铬浸在稀硫酸中与锌接触，来重新活化。

6.1.2 重金属铬的危害及限定标准

铬是一种重要的金属，在工农业生产和人们生活中有重要作用，同时也是重金属污染的主要来源之一。铬污染的危害与铬元素的存在形态有关，离子价态越高，危害越大，Cr^{6+} 的环境危害大于 Cr^{3+}，金属铬无毒[7,8]。

电镀废水中的铬离子主要来源于电镀铬以及电镀其他金属过程中所用的钝化溶液和清洗液。由于铬元素会在人体内有蓄积，并有致癌作用[9]，因此，国内外对含铬废水的排放都制订了严格的标准。

我国标准《危险废物填埋污染控制标准》（GB 18598—2001）[10]中规定：总铬的最高允许浓度为 12mg/L，Cr^{6+} 为 2.5mg/L。《工业“三废”排放试行标准》[10]中规定：Cr^{6+} 在车间或车间处理设备排出口，最高允许浓度为 0.5mg/L，并指出不得用稀释方法来降低排水的实际浓度。《工业企业设计卫生标准》[10]中规定：在地面水的居民用水点的最高允许浓度，Cr^{3+} 为 0.5mg/L，而 Cr^{6+} 为 0.05mg/L。《生活饮用水卫生规程》中规定，饮用水的 Cr^{6+} 不得超过 0.05mg/L，而对 Cr^{3+} 未作具体规定。在《渔业用水的水质标准》中规定的数据与地面水相同。《城市污水灌溉农田水质标准》中限定污水总铬不应超过 0.1mg/L。

英国没有国家统一的排放限值，由各个水务局根据当地情况制定各自的限值，有 10 个地方水务局管理污水。芬兰对表面处理厂的排放没有统一的国家限值，通常表面处理厂的废水被排入公共下水道，各个污水处理厂设定各自的工业废水限值。赫尔辛基污水处理厂所采用的废水入水限值得到其他污水处理厂的广泛认可，赫尔科马金属表面处理排放推荐值也被用作环境许可值（总铬为0.7mg/L）。欧盟部分国家对总铬的现行排放限值见表6－2。

表6－2 欧盟部分国家对总铬的现行排放限值 (mg/L)

比利时	法国	德国	意大利	英国	荷兰	芬兰	西班牙
5.0	0.2	0.5	2.0	2.0	0.5	1.0	3.0

德国对印刷线路板生产废水中 Cr^{6+} 的浓度限值规定为：排放到公共下水道和排放到河流均为0.1mg/L。芬兰赫尔科马排放推荐值 Cr^{6+} 为0.2mg/L。欧盟部分国家（地区）对 Cr^{6+} 的现行排放限值见表6－3。

表6－3 欧盟部分国家对 Cr^{6+} 的现行排放限值 (mg/L)

比利时	法国	德国	意大利	荷兰	芬兰	西班牙
0.5	0.1	0.1	0.2	0.1	0.1	0.5

6.1.3 铬矿分布

含铬的矿物非常少，铬在地壳中仅占0.03%，且以氧化物形式存在于矿石中，具有经济价值的只有铬尖晶石族矿物。铬铁矿是铬尖晶石类矿物的统称。铬铁矿系列与尖晶石族矿物中的磁铁矿系列之间为连续的类质同象，与尖晶石族矿物中的尖晶石系列之间为不连续的类质同象。铬尖晶石类矿物的通式是 $(Mg,Fe)(Cr,Al,Fe)_2O_4$，主要包括铬铁矿($FeCr_2O_4$)、镁铬铁矿 $(Mg,Fe)Cr_2O_4$、铝铬铁矿 $Fe(Cr,Al)_2O_4$、硬铬尖晶石 $(Mg,Fe)(Cr,Al)_2O_4$，但是这些矿物往往互相转化为过渡型矿物，所以在外表特征上很难加以区别，一般都笼统地把它们称做铬铁矿。铬铁矿属岩浆成因的矿物，常产于超基性岩中，也见于砂矿中。

铬铁矿的晶体结构属正常尖晶石型。氧离子接近于成立方紧密堆积，二价阳离子充填1/8的四面体空隙，三价阳离子充填1/2的八面体空隙。这种典型结构表现出配位四面体和配位八面体共有角顶的连接。在物理性质上表现为硬度高、无解理特征等。

铬铁矿的化学成分变化很大，变动范围大致如下：Cr_2O_3 18%～62%，FeO 0～18%，MgO 6%～16%，Al_2O_3 0～33%，Fe_2O_3 2%～30%。常见杂质有 TiO_2、V_2O_5、MnO、ZnO、NiO、CaO、CoO、SiO_2、S、P及少量铂族元素。其中 SiO_2、S、P为有害杂质。铬铁矿中铬铁比是一项很重要的指标，最小应在2以上。

铬铁矿结晶属等轴晶系，完整晶型（八面体）很少见，通常呈粒状、致密块状产出，呈半金属光泽至金属光泽。其颜色为铁黑色或褐黑色，深浅程度常随 FeO、Fe_2O_3、MgO 含量的高低而略有不同，可呈条痕灰褐或褐黑。硬度为 5.5 ~ 7.5，密度为 4.0 ~ 4.8g/cm^3。不透明，但薄片的尖端常呈半透明，有弱磁性。主要产自南部非洲（南非、津巴布韦、莫桑比克、马达加斯加），其次为前苏联、阿尔巴尼亚、土耳其、巴基斯坦、印度、伊朗、菲律宾、新喀里多尼亚、巴西。铬铁矿是中国短缺的资源，已探明的地质储量在世界上居第 12 位，主要分布在青海、甘肃、新疆、西藏等省。我国使用的铬铁矿主要靠进口。在冶金工业方面，用于提炼金属铬，进而用于电镀和制造合金钢，以提高钢材的硬度、韧性、抗腐蚀性能等。在化学工业方面，是重要的化工原料，可用来制造铬盐、颜料、染料、医学原料及化学试剂等。在耐火材料方面，还可制造铬质耐火砖。

检测标准按如下：SN 0066—92《进口散装铬矿石取样、制样方法》，YB 879—76《铬矿石化学分析方法》，JIS M 8261—93、JIS M 8262—93、JIS M 8263—1994、JIS M 8264—93、JIS M 8265—1994、JIS M 8266—1994、JIS M 8267—88（93）、JIS M 8268—90（1995），铬矿石分析方法通则，Cr_2O_3、Fe、SiO_2、MgO、Al_2O_3、P、S 的定量方法及用 X 荧光光谱测定杂质，结果见表 6 - 4。

表 6 - 4 进口铬矿规格[11] （%）

成分	阿尔巴尼亚	印　度	土耳其	南　非
Cr_2O_3	基础值 42，最小值 40	最小值 50	最小值 48	最小值 46
Cr/Fe	最小值 3/1	最小值 2.6/1	最小值 2.9/1	最小值 1.5/1
SiO_2	最大值 11.5	6 ~ 7 型号	最大值 7.5	最大值 0.75
Al_2O_3	典型值 9 ~ 10	10 ~ 12 型号	最大值 10 ~ 20	最大值 16
MgO	典型值 12 ~ 18	12 ~ 14 型号	最大值 19 ~ 40	最大值 9.5
P	微量		最大值 0.001	最大值 0.4
粒度	0 ~ 20mm 25% 20 ~ 300mm 75%	<20mm 约 80%	0 ~ 25mm 20% 25 ~ 300mm 80%	

6.2 铬的分析测定方法

6.2.1 Cr^{6+}的测定方法

6.2.1.1 Cr^{6+}来源及检测方法

Cr^{6+}和 Cr^{3+}是自然界中铬的常见价态，而且 Cr^{6+}和 Cr^{3+}在化学工业中的用途也大不相同，在人体中的作用也截然相反，所以在测定总铬含量的同时，还要进行 Cr^{6+}和 Cr^{3+}各自含量的测定，以便于更好地利用铬资源。Cr^{6+}的主要来源有：

（1）自然界的矿石中有大量的 Cr^{6+}。

（2）在氧化剂作用下，可以使一定量的 Cr^{3+} 氧化成铬 Cr^{6+}。

（3）在一些特殊条件下一定量的 Cr^{3+} 可以转变为 Cr^{6+}。

能够检测 Cr^{6+} 的方法有很多，大致可分为两大类：化学分析方法和仪器分析方法[12]。

化学分析方法主要应用于常量 Cr^{6+} 的分析检测，基本原理是利用 Cr^{6+} 的氧化还原性质来进行滴定，从而计算出结果。此方法可以检测高含量 Cr^{6+}，但是受实验条件和测试人员操作熟练度的制约，方法分析误差较大，不适合用做微量 Cr^{6+} 的测定。随着现代精密仪器设备的不断涌现，仪器分析法在测定 Cr^{6+} 含量中逐渐占据主要位置。仪器分析方法因所使用的仪器不同，又基本上可以分为紫外－可见分光光度法、原子吸收分光光度法、电化学分析方法、化学荧光发光法、中子活化方法以及最近新兴起的同位素稀释质谱法等[13]。

仪器分析方法具有准确度高、操作简单、检出限低、灵敏度高等优点，已经逐渐被人们所广泛应用，其中紫外可见分光光度法拥有简单的原理和容易的操作方法，是人们最常用的分析方法，庄会荣等人[14]对近些年来的分光光度法分析进行了总结。此方法可以测定出样品中最低为 10μg/mL 左右的微量 Cr^{6+}，而且误差仅为 3% 左右。此方法的原理是 Cr^{6+} 具有很强的氧化性质，可以改变一些试剂的颜色，这种带有颜色的试剂非常多，例如经常使用的二苯碳酰二肼、三苯甲烷类、偶氮类都可以成为很好的显色剂。这些显色剂与 Cr^{6+} 构成的反应系统很稳定，反应时间也很短，灵敏度非常高，而且很容易排除干扰离子对测定的影响。

6.2.1.2 Cr^{6+} 分光光度测定方法

Cr^{6+} 的浸出分析采用《二苯碳酰二肼分光光度法》（GB 15555.4—1995），使用 10mm 或者 30mm 光程比色皿。具体原理是：在酸性溶液中，Cr^{6+} 与二苯碳酰二肼生成紫红色络合物，于最大吸收波长 540nm 处进行分光光度法测定。所用试剂主要有丙酮、1＋1 硫酸、1＋1 磷酸、铬标准溶液、显色剂等，所用分光光度计为 721 型光栅分光光度计。实验测定步骤按 GB 15555.4—1995 规定的步骤进行，Cr^{6+} 的浓度 c（m/L）按式（6－1）计算：

$$c = m/V \tag{6-1}$$

式中，m 为从标准曲线上查得试料中 Cr^{6+} 的量，μg；V 为试样体积，mL。

准备工作包括：

（1）铬标准储备液，Cr^{6+} 浓度为 0.1000mg/mL。称取于 120℃ 下烘干 2h 的重铬酸钾 0.2829g，用少量的水溶解后，移入 1000mL 容量瓶，用水稀释至标线，摇匀。

（2）铬标准溶液，Cr^{6+} 浓度为 1.00μg/mL。吸取 5.0mL 铬标准储备液于

500mL 容量瓶，用水稀释至标线，摇匀。用时现配。

（3）显色剂溶液。称取二苯碳酰二肼 0.2g，溶于 50mL 丙酮中，加水稀释至 100mL，摇匀于棕色瓶中，低温下保存。

（4）硫酸溶液。将密度为 1.84g/mL 的硫酸加入到同体积的水中，边加边搅拌，待冷却后使用。

（5）磷酸溶液。将密度为 1.69g/mL 的磷酸与同体积的水混匀。

标准曲线绘制步骤为：

（1）标定。向 9 支 25mL 具塞比色管中分别加入铬标准溶液 0.00mL、0.20mL、0.5mL、1.00mL、2.00mL、4.00mL、5.00mL、8.00mL、10.00mL，加水至标线。

（2）显色。加入硫酸 0.5mL，磷酸 0.5mL，摇匀，加显色剂 2.0mL，摇匀，放置 10min。

（3）测吸光度。用 10mm 或 30mm 光程比色皿，与 540nm 处，以水作参比，测定吸光度，以减去的空白的吸光度为横坐标，Cr^{6+} 的量（μg）为纵坐标，绘制标准曲线。

（4）绘制标准曲线。

6.2.1.3 Cr^{6+} 原子吸收测定方法

在 1% 体积分数硫酸和 10g/L 硫酸钠溶液中，采用空气 - 乙炔火焰进行测定。

每毫升溶液中，分别含 3mg 的钴、铜、铋、铅，2mg 的钨、锡、钼，1mg 的钾、钠，0.1mg 的钡、锶、氧化钙。镁、铝、锰、钛、二氧化硅、五氧化二钒、氟、锑、砷、镉、磷、铁、镍均不干扰测定。大量铁、镍对测定有干扰，可用过氧化钠熔融后，过滤除去。10%（体积分数）的硝酸、6%（体积分数）的盐酸、4%（体积分数）的高氯酸不影响测定。磷酸对测定有明显影响。

该法适用于矿石、铜、铅、锌、铋、钨、锡、铜精矿中 0.05% ~2% 铬的测定。

该方法中使用的仪器为：原子吸收分光光度计（灯电流 25mA，还原性黄色火焰，波长 357.9nm，狭缝宽度 0.2nm）。

该方法中使用的试剂为：铬标准溶液 0.1mg/mL。称取 0.2829g 二次重结晶并于 130 ~150℃烘干过的重铬酸钾，溶于水后，移入 1L 容量瓶中，用水定容。此溶液含铬 0.1mg/mL。吸取 50mL 上述溶液于 500mL 容量瓶中，用水定容。此溶液含铬 10μg/mL。将该标准溶液配成每毫升含 0μg、1μg、2μg、3μg、4μg、5μg 铬的 1%（体积分数）硫酸和 10g/L 硫酸钠溶液的标准系列。

分析步骤为：称取 0.1000 ~0.5000g 试样于银或刚玉坩埚中，加 1.5g 过氧化钠，混匀，并覆盖少许。在 650 ~700℃熔融 5 ~6min，冷却后放入 250mL 烧杯中，用 30 ~40mL 热水提取，洗出坩埚，煮沸几分钟，滤入 100mL 容量瓶中，用热的10g/mL的氢氧化钠溶液洗沉淀数次。滤液用硫酸（1+1）中和，过量2mL，迅速冷却（防止硅酸析出），用水定容。在原子吸收分光光度计上测定。

注意事项有：

（1）在铬的测定中加入10g/L硫酸钠，可以抵制大多数元素的干扰。

（2）在还原性火焰中，Cr^{3+}的吸收值大于Cr^{6+}，因此测定时标准和样品中铬的价态应保持一致。

6.2.2 总铬的测定方法

6.2.2.1 总铬化学分析测定方法

用硫酸亚铁铵滴定法来测总铬：在酸性溶液中，以银盐作催化剂，用过硫酸铵将Cr^{3+}氧化为Cr^{6+}。加入少量氯化钠并煮沸，除去过量的过硫酸铵及反应中产生的氯气。以苯基代邻氨基苯甲酸作指示剂，用硫酸亚铁铵溶液滴定，使Cr^{6+}还原为Cr^{3+}，溶液呈绿色为终点。根据硫酸亚铁铵溶液的用量，计算出样品中总铬的含量。该法适用于水和废水中高浓度（大于1mg/L）总铬的测定。钒对测定有干扰，但在一般含铬废水中钒的含量在允许限以下。

A 试剂及其配制

所用试剂及其配制方法为：

（1）5%（体积分数）硫酸溶液。取硫酸100mL缓慢加入到2L水中，混匀。

（2）磷酸（H_3PO_4，密度为1.69g/mL）。

（3）硫酸-磷酸混合液。取150mL硫酸缓慢加入到700mL水中，冷却后，加入150mL磷酸。

（4）过硫酸铵（$(NH_4)_2S_2O_8$）250g/L。

（5）铬标准溶液。称取于110℃干燥2h的重铬酸钾（$K_2Cr_2O_7$，优纯级）0.5658g±0.0001g，用水溶解后移入1000mL容量瓶中加入稀释至标线摇匀。此溶液1mL含0.2mg铬。

（6）硫酸亚铁铵溶液。称取硫酸亚铁铵（$(NH_4)_2Fe(SO_4)\cdot 6H_2O$）3.95g±0.01g，用500mL硫酸溶液溶解，过滤至2000mL容量瓶中，用硫酸溶液稀释至标线。临用时，用铬标准溶液标定。

（7）标定。吸取三份各25.0mL铬标准溶液置500mL锥形瓶中，用水稀释至200mL左右。加入20mL硫酸-磷酸混合液，用硫酸亚铁铵溶液滴定至淡黄色。加入3滴苯基代邻氨基苯甲酸指示剂，继续滴定至溶液由红色突变至亮绿色为终点，记录用量V。

三份铬标准溶液所消耗硫酸亚铁铵溶液的毫升数的极差值不应超过0.05mL，取其平均值，按式（6-2）计算：

$$T=\frac{0.20\times 25.0}{V}=\frac{5.0}{V} \tag{6-2}$$

式中，T 为硫酸亚铁铵溶液对铬的滴定度，mg/mL。

B 测定

吸取适量样品于150mL烧瓶中，消解后转移至500mL锥形瓶中（如果样品清澈、无色，可直接取适量样品于500mL锥形瓶中）。用氢氧化铵溶液中和至溶液pH值为1～2。加入20mL硫酸－磷酸混合液，1～3滴硝酸银溶液，0.5mL硫酸锰溶液，25mL过硫酸铵溶液，摇匀，加入几粒玻璃珠。加热至出现高锰酸盐的紫红色，煮沸10min。取下稍冷，加入5mL氯化钠溶液，加热微沸10～15min，除尽氯气。取下迅速冷却，用水洗涤瓶壁并稀释至220mL左右。加入3滴苯基代邻氨基苯甲酸指示剂，用硫酸亚铁铵溶液滴定至溶液由红色突变为绿色即为终点，记下用量 V_1。

值得注意的是：（1）应注意掌握加热煮沸时间，若加热煮沸时间不够，过量的过硫酸铵及氯气未除会使结果偏高；若煮沸时间太长，溶液体积小，酸度高，可能使 Cr^{6+} 还原为 Cr^{3+}，使结果偏低。（2）在测定样品和空白试验时，苯基代邻氨基苯甲酸指示剂加入量要保持一致。

C 计算方法

总铬含量 c（mg/L）按式（6－3）计算：

$$c = \frac{(V_1 - V_0)\ T \times 1000}{V} \tag{6-3}$$

式中，V_1 为滴定样品时，硫酸亚铁铵溶液用量，mL；V_0 为空白试验时，硫酸亚铁铵溶液用量，mL；T 为硫酸亚铁铵溶液对铬的滴定度，mg/mL；V 为样品的体积，mL。

6.2.2.2 总铬分光光度法的测定

在酸性溶液中，试料中的 Cr^{3+} 被高锰酸钾氧化成 Cr^{6+}，Cr^{6+} 与二苯碳酰二肼反应生成紫红色络合物，于540nm处测吸光度。过量的高锰酸钾用亚硝酸钠分解，再用尿素分解过量的亚硝酸钠。

A 使用的仪器、试剂及配制方法

使用的仪器、试剂及配制方法如下：

（1）仪器。分光光度计。

（2）试剂。HNO_3、H_2SO_4、氯仿（$CHCl_3$）、氨水、铜铁试剂（$C_6H_5N(NO)ONH_4$）、高锰酸钾溶液（40g/L）、尿素溶液（200g/L）、$NaNO_2$（20g/L）、铬标准储备液（0.1000mg/L）、显色剂。

（3）显色剂配制方法。称取二苯碳酰二肼（$C_{13}H_{14}N_4O$）0.2g溶于50mL丙酮（$C_3H_4O_3$）中，加水稀释至100mL，摇匀于棕色瓶中，在低温下保存。

B 步骤

取适量试样（含铬少于50μg）与150mL三角瓶中作为试料，调至中性。加入几粒玻璃珠，加硫酸0.5mL、磷酸0.5mL，加水至50mL，摇匀，加高锰酸钾2滴，如红色消失，再加高锰酸钾，直至红色保持不退。加热煮沸至溶液剩20mL，冷却后加尿素1.0mL，摇匀，滴加亚硝酸钠，每加一滴充分摇匀，至高锰酸钾溶液红色刚退，稍停片刻，待溶液内气泡完全逸出，转入50mL比色管中，用水稀释至标线，用50mL水代替试液，按测定步骤做空白试验。

C 测定

取适量经处理的试液于50mL比色管中，用水稀释至刻线，加入显色剂2.0mL，摇匀，放置10min后用10 mm或30mm光程比色皿，与540nm处，以水作参比，测定吸光度，扣除空白试验的吸光度，从校准曲线上查得Cr^{6+}的量。

D 标准曲线的绘制

向9个150mL三角瓶中，分别加入铬标准溶液0.00mL、0.20mL、0.50mL、1.00mL、2.00mL、4.00mL、6.00mL、8.00mL、10.00mL，加水至50mL，按上述实验步骤，以减去空白吸光度为纵坐标，对应铬量为横坐标，作图。

E 结果的表示

浸出液中总铬的浓度c(mg/L)按式（6-4）计算：

$$c = \frac{m}{V} \tag{6-4}$$

式中，m为从校准曲线上查得试料中总铬的量，μg；V为试料的体积，mL。

6.2.3 铬的仪器测定方法

6.2.3.1 分光光度法

分光光度法主要分为常用分光光度法、催化动力学分光光度法、萃取分光光度法。

（1）常用分光光度法。利用铬可以与显色剂发生氧化反应，从而使体系颜色改变，再通过朗伯比尔定律来计算出样品中铬的含量。在这种方法中，可以发现显色剂对铬元素反应的灵敏度是关键，目前常用的经典显色剂是二苯碳酰二肼，其次是三苯甲烷类和偶氮类显色剂。二苯碳酰二肼作为显色剂的方法已经有很多报道，但是很少有对二苯碳酰二肼最佳条件进行试验的，所以报道中的灵敏度都比较低，一般测得的表观摩尔吸光系数都大约为1.0×10^4。三苯甲烷类显色剂和偶氮类显色剂也面临同样的问题，而且此类显色剂所需反应条件更为苛刻，有些还需要高温条件下或者强酸性条件下，所以这些显色剂对铬的灵敏度都比较低，测得的表观摩尔吸光系数在1.0×10^5左右，应用价值都比较小。

这些年来，各种文献报道了测定铬的大量新的显色剂，有些显色剂只需在常温条件下反应，而且体系很稳定，例如氨基-N，N-二乙基苯胺、苯胺蓝、二苯碳酰二肼柠檬酸盐等，这些显色剂均有良好的选择性，灵敏度也比较高，表观摩尔吸光系数可达到 1.0×10^6 左右。

（2）催化动力学分光光度法。铬具有很强的氧化还原性质，它可以改变指示剂的颜色，通过指示剂颜色增色或者减色程度，应用朗伯比尔定律计算改变的吸光度值的大小，然后得出样品中铬的含量，这就是催化动力学分光光度法的基本原理。此类方法理论成熟，应用性也十分广泛，与铬能进行氧化还原反应的试剂有很多，例如氧化性的双氧水、高氯酸钾、高溴酸钾和硝酸等，还原性的醌亚胺类和羟基蒽醌类的有机染料等。目前此类方法已经偏向于利用表面活性剂或者催化剂等提高反应体系的稳定性和灵敏度，此方向将是催化动力学分光光度法的前进方向。

（3）萃取分光光度法。有些样品中的铬含量很低，直接测定会有很大的误差，如果利用有效的试剂来对样品中微量铬进行萃取，之后再进行分光光度法测定，就可以达到满意的效果，这就是萃取分光光度法的基本原理。这种方法适用于测定微量铬和痕量铬，有很高的灵敏度，近些年来关于这方面的报道有很多。徐瑞银[15]首先用二甲基吲哚（DIC）染料与电镀废水中的铬生成配合物发生显色反应，然后在酸性条件下用甲苯萃取出显色配合物，取得了良好的结果。此方法摩尔吸光系数可以达到 2.0×10^5，在铬含量为 0.01～2.1mg/L 内有良好的线性关系。吴丽香等人[16]在测定合金中的微量铬时，采用了非有机溶剂萃取的方法（铬、二苯基偶氮羰酰肼、聚乙二醇体系）。李洪英等人[17]在测定水中铬时采用了固相萃取分离法，最大限度减小了误差。

6.2.3.2 原子吸收分光光度法

原子吸收分光光度法分为火焰原子吸收光度法和无火焰原子吸收光度法，主要原理是光源发射出铬元素的特征谱线，当含铬样品在原子化器上被原子化以后，特征谱线光通过时便会被样品中铬的基态原子所吸收，所以利用铬元素特征谱线光减弱的程度便可测定出铬含量的多少。具体介绍如下：

（1）火焰原子吸收光度法。它是一种操作简单、检测高效、应用范围十分广泛的测试方法。此方法也适用于测定痕量铬和微量铬，经实验检测得出测定样品中铬的加标回收率为 95.0%～100.2%，最低检出限可以达到 0.04μg/mL 左右。该方法的关键是：是否可以使待测铬全部原子化，所以在前期处理样品上就显得尤为重要。陈丕英等人[18]曾用微波消解法处理待测食品，之后采用火焰原子吸收光度法进行测定，取得了良好的效果。此法测定铬的最低检出限可达到 0.2μg/mL，在 0.0001～0.0015mg/mL 内均有良好的线性关系。萃取和分离技术与火焰原子吸收光度法联用的报道也日益增多，王小芳等人[19]在测定水中痕量铬时，先以二乙基硫代氨基磺酸钠为螯合剂，配合 C18 固相萃取，采用火焰原子吸收光度法测定。该方法最低检出限可达 5.00μg/L，平行测定样品，其相对标准误差为 4.50%。张勇等人[20]采用苯乙烯强碱型阴离子交换树脂对样品中的微量铬进行交换，然后用亚硫酸氢钠进行洗脱，再用火焰原子吸收光度法测定也取得了令人满意的结果。

（2）无火焰原子吸收光度法。该法比火焰原子吸收光度法更加灵敏，而且它最主要的特点是可以直接测定样品中的铬，灵敏度更高。此方法是通过高温的石墨管将被测样品原子化，然后通过光源发射出的特征谱线被样品中已原子化的铬吸收的程度来确定样品中铬含量。

6.2.3.3 电化学分析方法

电化学分析方法以其操作简单、检出限低等特点一直在铬含量的分析中占据着重要的位置，此方法不仅适用于痕量铬的检测，也适用于微量和低含量铬的检测。电化学分析法相对于其他方法一个最大的优点就是它无需进行复杂的前期样品处理工作，这样可以最大限度地减少被测样品的破坏程度，所以至今仍然是分析铬含量的主要方法。电化学分析方法分类有很多，其中最常用的有伏安法、极谱法和电位分析法等。

（1）伏安法。伏安法又可以衍化出方波伏安法、循环伏安法等，它们的基本原理是利用电位、电流以及电阻三者之间的恒定关系来进行计算检测。伏安法测铬含量的报道很多，例如 M. Korolczuk[23]利用伏安法很好地测定了铬含量，许琦等人[24]提出采用方波伏安法来检测自然环境中的铬，严金龙等人[25]提出的利用方波伏安法来检测废水中的铬含量，储海虹等人[26]建立了线性扫描伏安法测定铬。

（2）极谱法。自创建以来，极谱法一直是测定方法中最简单实用的。它和伏安法的不同就在于极化电极的不同，它是通过极化的电流－电位或者电位－时间来确定样品中被测元素的浓度。近年来极谱法测铬含量的报道明显增多，例如，有文献报道采用乙二胺－亚硝酸钠作为底液，催化波极谱法可以有效地测定出水中铬的含量以及价态等；李文翠等人[27]利用极谱法建立了测定水中铬的方法；王玉娥等人[28]通过示波极谱法准确地测定出了水中铬的含量，实验表明在 0.04～1.00μg/mL 之间有良好的线性关系。孟凡昌等人[29]也曾总结了 2001 年以前国内外极谱法测定的一些方法。

6.2.3.4 原子发射光谱法

在早期的实验测试中，原子发射光谱（AES）一直是主要的仪器分析手段，它可以同时测定多个元素，具有耗样量少、操作简单等优点，一直被测试工作者视为首选方法。但是原子发射光谱法测定的不稳定因素太多，随着电化学方法、原子吸收分光光度法等方法的崛起，已经很少有人采用这种方法来进行铬含量的分析。但电感耦合等离子体（ICP）技术稳定的光源大大提高了灵敏度，最低检出限可以达到 10^{-4}μg/mL[30]。梁沛等人[31]采用电感耦合等离子体原子发射光谱法对水中的不同价态铬进行检测，测定 Cr^{3+} 最低检出限为 0.06μg/mL，Cr^{6+}

的最低检出限为0.04μg/mL。

一些与原子发射光谱联合应用的技术随着原子发射光谱的重新崛起而有所改进，文献［32］报道FI－在线微柱分离富集－ICP－AES的方法测定铬含量；PTFE－溶解剂－ICP－AES法测定微量铬。

6.2.3.5 荧光分析法

荧光分析法是近几年新兴的一种仪器分析方法。它的主要原理是：当有一定能量的光照射到被测物质时，被测物质内部会发生电子的能级跃迁，从而辐射出其他强度的光线，通过辐射出来的光的特征和强度，经过计算便可以对被测物质进行定性和定量检测。因为铬原子自身不能够产生荧光，所以在早期测定铬时并不采用此方法，近些年有报道称利用化学衍生法可以测定铬。冯素玲等人[33]利用铬的氧化性可以氧化吡咯红Y，而吡咯红Y可以产生荧光，但被铬氧化之后，荧光便消失的这些特性建立了间接测定铬的荧光分析法。此方法检出限很低，可达到2.0μg/L，在8.0～100μg/L有很好的线性关系。陈兰化等人[34]采用荧光素产生光强度的大小测定铬含量，原理是碘离子可以减小荧光素的光强度，而铬却具有氧化性质，可以氧化碘离子，从而增强荧光素光强度，由此来进行痕量铬的测定。

6.2.3.6 化学发光分析法

化学发光分析法与荧光分析法的原理有些相似，只不过化学发光法是通过化学反应来提供能量，使被测物质辐射出一定波长和强度的光，通过化学发光分析仪对发出的光强进行检测，便可以计算出被测物质的含量。化学发光分析法是通过化学反应提供能量，化学发光分析仪来进行检测，结合了化学分析和仪器分析两方面的特点，有着非常高的灵敏度，是化学分析法和仪器分析法联用的发展方向。目前能作为发光试剂的有3－氨基苯甲酰肼（鲁米诺）、光泽精和槲皮素－H_2O_2等。

6.2.3.7 其他类分析方法

随着科技的进步，不断地涌现出新型的检测仪器，对铬的检测分析已经不局限于上述的几种方法。质子诱发X射线分析法和共振瑞利散射法都是近些年出现的新方法，国外还有采用离子色谱法进行痕量铬[35]的检测分析，流动注射分析法[36,37]以机器化代替人工操作也成为分析铬的新的方法。未来对铬的分析方向会倾向于仪器联合使用、检测结果更准确、灵敏度更高、操作更简单的方向发展。

目前GB 6783—1994制定的总铬含量的测定方法是分光光度法[38]，这种方法的原理是通过Cr^{6+}在酸性条件下可以将二苯碳酰二肼氧化显现紫红色，然后再通过朗伯比尔定律计算出总铬的含量，这种方法的摩尔吸光系数可以达到4.2×10^4。除此之外也有采用三苯甲烷染料光度法和偶氮染料光度法，但是此两种方法摩尔吸光系数均在 3.0×10^4 以下，而且这两种方法都需要在高温下才能显现出颜色，操作时间长，干扰离子也很难排除。原子吸收分光光度法是目前新兴起的一种方法，山东省邹城市卫生防疫站的方艳玲等人[39]提出了采取浸提消解法前期预处理样品，然后采用火焰原子吸收法来测定样品中总铬的含量。此方法操作起来比较简单，最低检出限为 0.050μg/mL，线性范围是 0.10～6.0μg/mL，由此可见此方法可以应用于实验测试中。还有人提出了采用石墨炉原子吸收法直接来进行测定，此方法采用的基体改进剂是 $Mg(NO_3)_2$，经过灰化之后，基体被消解挥发，经纵向交流塞曼扣背景，能得到良好的结果。但是此方法没有进行相应的国家标准物质检测，只进行了加标回收试验。

6.3 铬的提取技术

6.3.1 铬的提取技术的研究和发展

电镀污泥是以含 Cu、Ni、Zn、Cr、Fe 等多组分混合型污泥为主体的复杂物料。因多金属提取与分离技术难度大，国内外对单一镀种的废液做过金属浓集的离子交换处理，而对量大面广的多镀种电镀污泥则仅限于烧砖、制作填充料等简单的无害化处理，其消纳量小，也未能解决二次污染问题。由于资源贫化和环境污染的加剧，工业化国家在 20 世纪 70～80 年代已普遍关注于从电镀污泥中回收重金属的新技术开发。不锈钢酸洗废液为含 Ni－Cr－Fe 的一类难处理的重金属污染源，仅限于初级综合利用，还未见有综合回收金属的可行方案报道。国内外的同类技术研究还未突破大量 Cr－Fe 与主金属 Ni－Cu－Zn 分离的技术难点，使 Cu、Ni、Zn 回收率低，无法回收 Cr，未能从根本上解决重金属污染问题。

另外，制革厂产生的大量含铬废革渣和废液既是环境污染物又是制造铬鞣剂的综合利用原料。制革工业排放的铬革废渣数量很大，全国每年约 30 万吨，按含铬量 0.5% 计算，约每年向环境中排放 1500t 铬，不但造成了资源浪费，而且严重污染了环境。利用电镀污泥和废液制作铬鞣剂在国外还未见报道。自 20 世纪 70 年代开始，我国青岛、盐城、上海、哈尔滨、杭州等地探索用含铬树脂再生液制作铬鞣剂取得成功。江苏盐城已初步形成了电镀废水－污泥－铬鞣剂生产的运行机制。其基本原理是利用阴离子交换树脂再生液替代铬鞣剂原料红矾钠 $Na_2Cr_2O_7$，将其还原制成鞣革所需的盐基式硫酸铬 $Cr(OH)SO_4$，或利用含铬废水经过阳离子树脂后的出水，使其中的 Cr^{6+} 还原成 Cr^{3+}，再用碱中和沉淀为氢氧化铬，即为盐基式硫酸铬的原料。但现有技术存在以下问题：（1）树脂再生与还原工艺落后，耗酸、耗碱量大，工艺复杂较难掌握，再生不易完全；（2）制成的铬鞣剂中铁等杂质含量较高，影响皮革质量，推广应用受到限制；（3）大量的含铬制革废渣缺少有效的处理技术而造成二次污染，不能实现铬的循环利用。

含铬污泥是电镀、金属加工、制革等行业产生的含铬废水处理过程中派生的一类固体废弃物，大部分以半固态形式存在。据统计，仅福建省每年产生含铬电镀污泥量就达22000t[40]，加上其他含铬污泥，数量十分巨大。铬是一类“三致物”，Cr^{6+}会引起细胞的突变与癌变，Cr^{3+}可透过胎盘对胎儿的生长起抑制作用和致畸作用，因此，含铬污泥被列入《国家危险废物名录》[41]：HW17（表面处理废物）和HW21（含铬废物）。如何预防含铬污泥的环境危害是环保领域当前面临的重大课题。

金属铬在金属加工、电镀等行业具有广泛用途。从这个意义上讲，含铬污泥又是一类宝贵资源，具有重大资源化利用价值。从含铬污泥中回收金属铬意义重大、前景广阔、商机无限。

针对含铬污泥，国内外都开展了大量的研究。目前，国内外也还有一些实验室阶段的研究成果。总体上研究技术可以分为两类：一类为固化稳定化技术，另一类为再生利用技术。

固化稳定化技术采取的方法就是利用固化剂将含铬废物固化在固化体内，以避免重金属铬对环境的危害。这类技术应用还不广泛，因为处理工艺相对也比较复杂，而且污泥的消纳量不是很大。同时不能回收利用金属。另一类为再生利用技术。这类技术的普遍特点是利用某种浸取剂将污泥中的主要目标金属浸取分离出来，然后采取适当工艺将其进行再生利用。具体介绍如下：

（1）浸出部分。主要采取的浸出方法有以下几种：1）酸浸出。对于含铬污泥的酸浸出，很多研究机构都做了大量的研究。研究中采用硫酸、盐酸进行了对比，实验结果表明两种酸都可以在一定条件下对于目标金属铬达到90%以上的浸出率。2）氨浸出。电镀污泥的常规氨处理的氨浸液中含铬可达0.5～1g/L[42]。

（2）溶液中的铬分离。G. Tiravanti 用 $FeSO_4$ 还原后吸附 Cr 的处理方法处理含铬污泥，研究的重点在于 Cr^{6+} 的去除，主要方法是将其转化为 Cr^{3+}，没有实现完全与 Fe 的分离。Mohamad Ajmal 研究了用锯末吸附溶液中 Cr^{6+}，获得很好的效果，实现了从溶液中去除铬的目的，研究中并没有高含量的金属 Fe[43]。废铬污泥的利用关键在于铁、铬分离。黄鑫泉等人[44]的文献中介绍 Harvey 和 Hossain曾用 6mol/L 在 155～160℃ 加压浸取红土矿的铬渣，浸取后采用高锰酸钾（或过硫酸钾）氧化 Cr^{3+} 成为 Cr^{6+}，分离铁、铬。国内有人将电解铬废液（铬在废液中主要以 CrO_4^{2-} 形式存在）转化为重铬酸钾，一次回收率在70%以上。实验研究表明[44]，在碱性介质中，采用钠化氧化焙烧方法可将渣样中的87.3%的铬溶出，并能有效分离 Cr、Fe。但由于 Cr^{3+} 被氧化为 Cr^{6+}，存在二次污染问题。试验也表明，酸溶方法简便，且效率高，Cr^{6+} 的价态保持不变。酸溶后可制备最终产品——铬鞣剂。控制一定条件可提高铬的浓度，降低铁的含量，调节一定的盐基度，使之达到制取优质铬鞣剂的要求。而根据介绍，铬与铁的混合溶液在氧化条件下，在 Fe 的浓度超过一定范围以后，会生成一种非常难处理的中间产物，阻碍了 Cr 与 Fe 的有效分离。

另外，很多研究机构用离子交换方法从溶液中去除 Cr，得到了很好的去除效果[45]，但主要针对的是铬含量很低的溶液。

溶剂萃取方法也是一种很好的方法，B. D. Pandey 等人用 P204 - 煤油 - 异癸醇萃取的最佳效果，可以萃取 94.9% 的铬[46]。其研究中没有研究铁的萃取分离。

在电镀污泥的重金属回收方面，近年来趋向于采用湿法冶金工艺进行研究。其工艺过程主要包括以下几个阶段：预处理、浸出、溶液的净化和相似元素分离和析出化合物或金属。其中，浸出是决定最后金属回收率的关键一步，污泥经过预处理后，利用浸出剂（如酸溶液、碱溶液、水等）与原料作用，使其中的有价金属变为可溶性化合物进入水相，并与进入渣相的伴生元素初步分离。

6.3.2 酸浸—氧化法

酸性浸出法是湿法冶金中应用最广泛的浸出方法之一，常用的浸出剂有盐酸、硫酸、硝酸、王水等。电镀污泥中的有价金属大多以其氢氧化物或氧化物形态存在，通过酸浸大部分金属物质能以离子态或络合离子态溶出。S. B. Shen 等人[47]研究了用无机酸提取 Cr^{3+} 和其他金属离子，认为硫酸最适合提取 Cr^{3+}。李雪飞等人[48]采用硫酸和盐酸分别浸出电镀污泥中的铬，对比研究后发现，硫酸的浸出效果优于盐酸，浸出率高达 99.5%。Silva 等人[49]用 80% 的盐酸浸出电镀含铬污泥中的各种金属，为了分离铬与浸出液中的其他金属元素，加入一定量 30% 的 H_2O_2，发生以下反应使 Cr^{3+} 氧化成 Cr^{6+}：

$$2CrO_2^- + 3H_2O_2 \longrightarrow 2CrO_4^{2-} + 2H^+ + 2H_2O$$

在氧化过程中，其他金属多以氢氧化物的形式沉淀下来。然后通过 NaOH 或 KOH 调节 pH 值到 7 ~ 11 的范围内，使溶液中残余的金属杂质 Mn、Zn、Fe、Ca、Mg 等充分沉淀，将溶液过滤便得到较纯的铬酸盐溶液。以净化后的铬酸钠或铬酸钾为原料，可以根据实际需要采用不同的成品制取工艺进行回收利用，如图 6 - 1所示。

6.3.3 中温焙烧—钠化氧化法

可采用中温焙烧—钠化氧化方法回收电镀污泥中的重铬酸钠。电镀污泥试样先经过烘干，按一定比例与 Na_2CO_3 混合后在一定的温度下焙烧，焙烧的温度控制为 550 ~ 650℃，使 Cr^{3+} 氧化成 Cr^{6+}，生成 Na_2CrO_4 熔融体，铝、锌成相应的氧化物；然后通过水浸使 Cr、Al、Zn 溶于液体中生成各自的盐，通过过滤分离

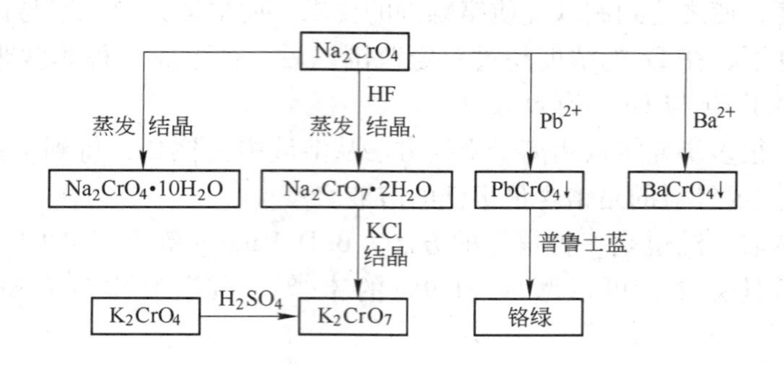

图6-1 各种铬盐回收原理示意图

固体，固体中则主要含有 Ni、Cu、Fe、Ca、Mg 等；对滤液水解酸化，除去 Al (OH)$_3$、Zn (OH)$_2$，实现 Cr 与 Zn、Al 的分离；含铬溶液酸化浓缩，至一定体积后冷却，通过过滤除钠可实现硫酸钠和重铬酸钠的分离，得到重铬酸钠溶液[50]，如图6-2所示。

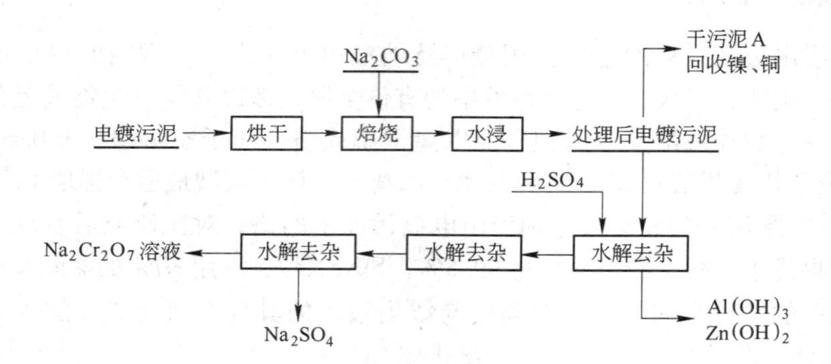

图6-2 中温焙烧—钠化氧化法回收重铬酸钠工艺流程

焙烧—钠化氧化反应方程为：

$$2Cr(OH)_3 + 2Na_2CO_3 + 1.5O_2 = 2Na_2CrO_4 + 2CO_2\uparrow + 3H_2O$$

$$2Al(OH)_3 = Al_2O_3 + 3H_2O$$

$$Zn(OH)_2 = ZnO + H_2O$$

$$Al_2O_3 + Na_2CO_3 = 2NaAlO_2 + CO_2\uparrow$$

$$ZnO + Na_2CO_3 = Na_2ZnO_2 + CO_2\uparrow$$

钠化氧化反应生成 Na_2CrO_4 水浸溶液进行水解酸化浓缩过滤去除 Zn、Al，可得重铬酸钠溶液，反应方程式为：

$$2NaAlO_2 + H_2SO_4 + 2H_2O = 2Al(OH)_3\downarrow + Na_2SO_4$$

$$Na_2ZnO_2 + H_2SO_4 = Zn(OH)_2\downarrow + Na_2SO_4$$

$$2Na_2CrO_4 + H_2SO_4 \longrightarrow Na_2Cr_2O_7 + Na_2SO_4 + H_2O$$

通过单因素实验确定影响回收效率的主要因素为：焙烧温度、污泥与碳酸钠之比、水浸时间、焙烧时间。采用正交实验找出最优的操作条件为焙烧温度650℃、污泥: Na_2CO_3 为1:1、水浸时间1.0h，焙烧时间2h。试验表明回收铬的质量可达到污泥质量的8.34%，铬回收率大于90%。

6.3.4 氨络合转化—铁氧体法

以氨或氨加铵盐作浸出剂的浸出过程称为氨浸。氨浸法在湿法冶金中得到了广泛应用，其优越性在于能选择性溶解铜、锌、钴、银、镍等有价金属，而铁、铬、钙、铝等则大多被抑制在浸出余渣中。为了提高氨的利用率，一般采用氨水的循环浸泡使其与铜、镍等金属充分络合。由于氨有刺激性气味，当 NH_3 的浓度大于18%时，氨容易挥发，不仅造成氨的损失，而且影响操作环境，因此，氨浸对装置的密封性要求较高。

电镀污泥经氨浸后得到的铬铁余渣较难处理，许多学者对如何进一步从中回收铬展开了深入细致的试验研究。Zhang Yi 等人[51]的研究结果显示：在一定条件下，利用氨浸法能将Fe、Cr、Ni、Cu等加以有效分离。其原理为：在室温和氧分压为0.03MPa，并向浸出液中鼓入空气的条件下，将多组分的电镀污泥用 $NH_3-(NH_4)_2SO_4$ 溶液浸出，Cu-Ni-Zn体系转化为氨络合物 $Me(NH_3)SO_4$ 而稳定在液相，污泥中的Fe、Cr元素则生成惰性铬铁沉淀，从而有效地将Fe、Cr与其他元素Cu、Zn、Ni等分离，然后在温度140℃和0.1~0.2MPa的氧分压下将形成的铁铬渣用烧碱溶液浸泡，使其中的Cr和Fe元素分别生成铬酸盐和 Fe_2O_3：

$$FeO \cdot Cr_2O_3 + 4NaOH + 1.75O_2 \longrightarrow 2Na_2CrO_4 + 0.5Fe_2O_3 + 2H_2O$$

经过滤可达到铁、铬分离的目的，最后电镀污泥中Cr的回收率能达到95%，大大减少了氨浸铬渣对环境的潜在危害，同时能获得一定的经济效益。至于Cu、Ni、Zn体系中的各种金属可采用溶剂萃取法或高压氢还原法进行分离回收，可以得到各自的金属单质或相应的高纯度盐。

6.3.5 酸浸—H_2O_2 还原法

某公司是专业从事五金产品加工的企业，年产生含铬污泥数百吨，污染控制问题成为了该企业发展的重大环境制约因素。基于文献资料类比，根据沉淀—溶解平衡原理，以龙海市华宇五金制造有限公司产生的含铬污泥为研究对象，以回收金属铬为目的，开展含铬污泥污染控制和资源利用技术研究，目的是为含铬污泥铬污染控制和资源化利用提供一种高效、新型实用的技术方法及相应工艺技术参数，在降低含铬污泥环境风险的同时，最大限度回收金属铬，实现变废为宝，废物综合利用的目的。试验研究技术路线图如图 6 - 3 所示。

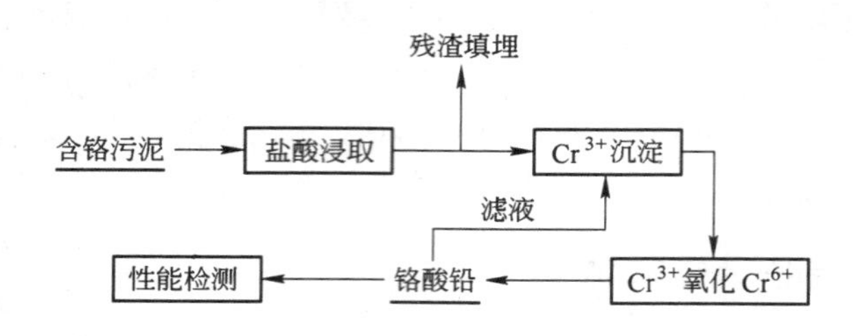

图 6 - 3 含铬污泥铬回收试验研究技术路线

6.3.5.1 铬提取试验方案

铬回收工艺中，铬提取对回收率有关键性的影响。铬提取方法包括酸浸取、碱浸取、微生物浸取等[53,54]。根据崔宝秋、李雪飞、P. T. de Souzae Silva 等人的研究，盐酸是较好的金属提取剂，决定采用盐酸对含铬污泥中的铬进行提取。试验时，将适量的含铬污泥与盐酸混合，经过一段时间的浸取，使含铬污泥中的铬最大限度地进入液相中。考虑到液固比、浸出时间、酸的浓度对铬提取的影响，采用正交试验进行优化。

6.3.5.2 铬分离试验方案

铬提取后，由于其他金属也会以离子形式进入浸取液中，此时，通过分步沉淀可将铬与其他金属分离；再通过氧化作用将沉淀铬转化为可溶态铬，以便后续铬回收。铬完全沉淀所需 pH 值约为 6.0，因此采用氢氧化钠将浸取液的 pH 值调节为 6.0。

由于 $E^{\ominus}_{CrO_4^{2-}/Cr(OH)_3} = -0.12V$，比 $E^{\ominus}_{HO_2^-/HO^-} = 0.867V$ 小，因此在碱性溶液中过氧化氢可以将沉淀态 Cr^{3+} 氧化成可溶态 Cr^{6+}：

$$2Cr^{3+} + 10OH^- + 3H_2O_2 \longrightarrow 2CrO_4^{2-} + 8H_2O$$

试验研究中，铬沉淀后，向滤液中加入适量的过氧化氢，置于一定温度的水浴锅中加热，用碳酸钠调节并控制溶液的 pH 值。采用正交试验对过氧化氢用量、反应温度、体系 pH 值进行优化。

6.3.5.3 铬回收试验方案

过氧化氢将沉淀态 Cr^{3+} 氧化成可溶态 Cr^{6+}。根据反应式：

$$Pb^{2+} + CrO_4^{2-} \longrightarrow PbCrO_4 \downarrow$$

在可溶态铬 Cr^{6+} 溶液中加入 Pb^{2+}，Pb^{2+} 会与 Cr^{6+} 发生沉淀反应，最终生成铬酸铅。因此，试验中以 $PbNO_3$ 作为铬的沉淀剂。由于体系的 pH 值和温度对沉淀过程中晶核生长速度有重大的影响，因此采用单因素试验重点考察体系酸碱性和温度对沉淀反应的影响。

采用盐酸浸取含铬污泥中的铬，在盐酸浓度为 6mol/L、液固比为 10∶1、常温下振荡 1h 的条件下，浸取率可达 94.19%；采用 30% 的过氧化氢对铬进行分离，当反应温度为 60℃、反应体系的 pH 值为 9.0～10.0、反应 2h 后，Cr^{3+} 的转化率可达 90% 以上。在酸性介质中，当温度为 55～60℃ 时铬酸铅沉淀最完全，铬的回收率达 97% 以上。污泥残渣铬浸出浓度低于《危险废物鉴别标准 浸出毒性鉴别》规定的标准限值，满足含铬污泥污染控制的技术要求。

6.3.6 高温碱性氧化法

利用有色冶金工艺中的碱性浸出原理，可以采用 Na_2CO_3 浸出并氧化电镀污泥中的铬，并以铬盐的形式进行回收。刘利萍等人[55]研究了以化学沉淀法处理电镀废水得到的铬污泥为原料制取红矾钠的工艺。

6.3.6.1 电镀含铬废水的处理

废水来源于重庆某兵工企业排出的电镀含铬废水、镀锌废水、镀镍废水、钝化处理废水，其主要成分见表 6－5。

表 6－5 电镀含铬废水的主要成分

污染物名称	Cr^{6+}	Cr（总）	Zn	Ni	Cu	pH 值
浓度/$mg \cdot dm^{-3}$	30.1～47.8	36.5～87.2	17.4～24.7	2.9～14.4	0.3～0.5	1～3
排放标准/$mg \cdot dm^{-3}$	0.5	1.5	5.0	1.0	1.0	6～9

在酸性介质中加入适量的还原剂将 Cr^{6+} 还原为 Cr^{3+}，调节溶液的 pH 值使废液中 Cr^{3+} 及其他金属离子以氢氧化物沉淀去除。选择 Na_2SO_3 与 $FeSO_4$ 作还原剂，用 NaOH 调 pH 值，废液中含 Zn^{2+}、Ni^{2+}、Cu^{2+}，可加入助沉剂，再加入改性 Al 系絮凝剂促使其快速沉降。

工艺流程如图 6－4 所示。

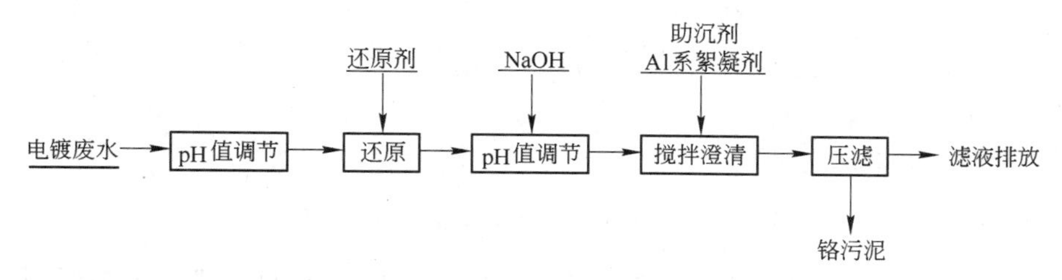

图 6－4 还原法处理含铬电镀废水工艺流程

影响 Cr^{6+} 还原为 Cr^{3+} 的主要因素有：还原剂的种类和用量、反应的 pH 值与时间。根据 Cr^{6+} 最高含量约为 50mg/L，选用 $FeSO_4$ 或 Na_2SO_3 为还原剂，其理论用量分别为 440mg/L、200mg/L，为了使反应加速且完全，按过量 10% 加入还原剂。

实验结果表明：还原剂一定时，反应的 pH 值为 2 ~ 3，时间为 30min，控制 pH 值为 8.0 ~ 8.5 时可使 Cr^{3+}、Zn^{2+}、Cu^{2+} 离子以沉淀去除，但溶液中 Ni^{2+} 含量较高，为此加入助沉剂使 Ni^{2+} 沉淀完全，再加入改性 Al 系絮凝剂使上述沉淀快速沉降。检测上清液中 Cr^{6+} 与 Cr（总）含量均达规定排放标准。

6.3.6.2 由铬污泥制红矾钠

将上述处理后产生的铬污泥于 100 ~ 105℃ 烘至恒重，取样分析结果见表 6 - 6。

表 6 - 6 铬污泥的主要成分及含量

成 分	Cr（以 Cr_2O_3 计）	Fe（以 Fe_2O_3 计）	Ni（以 NiO 计）	Zn（以 ZnO 计）
质量分数/%	30.4	57.6	6.2	3.6

其试验原理为：在高温碱性介质 Na_2CO_3 中，Cr^{3+} 可被空气氧化为 Na_2CrO_4：

$$4Cr(OH)_3 + 4Na_2CO_3 + 3O_2 = 4Na_2CrO_4 + 4CO_2\uparrow + 6H_2O$$

同时，污泥中所含的铁、锌等转变为相应的可溶性盐 $NaFeO_2$、Na_2ZnO_2。用水浸取碱熔体时，大部分铁水解为 $Fe(OH)_3$ 沉淀而去除，再调节滤液的 pH 值到 7 ~ 8 时，锌以 $Zn(OH)_2$ 沉淀去除。将滤液酸化至 pH < 4 时，Na_2CrO_4 即转变为 $Na_2Cr_2O_7$，利用 Na_2SO_4 与 $Na_2Cr_2O_7$ 溶解度差异，分别结晶析出，具体流程如图 6 - 5 所示。

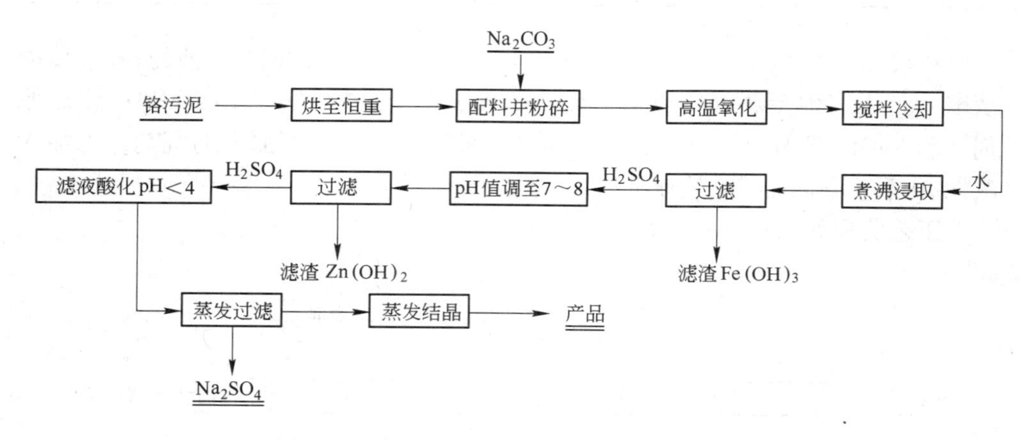

图 6 - 5 高温碱性氧化处理铬污泥工艺流程

以 $FeSO_4$ 或 Na_2SO_3 作还原剂，在 pH 值为 2 ~ 3、时间为 30min 的条件下，可使 Cr^{6+} 有效转化为 Cr^{3+}；用 NaOH 调溶液的 pH 值为 8.0 ~ 8.5，此时 Cr^{3+} 的溶解度最小，对于其中的 Ni^{2+}、Zn^{2+} 补加助沉剂，再加改性 Al 系絮凝剂加速其沉降。这样处理后的废水不仅 Cr^{6+} 且 Cr（总）及其他金属离子含量均达规定的排放标准。

采用高温碱性氧化铬污泥制红矾钠的条件是：Na_2CO_3 与 Cr_2O_3 物质的量的

比为3∶1，温度780℃，时间2.5h，铬的转化率可达85%以上。

该方法以电镀废液为原料，又选用廉价的化工原料为辅料，所需设备简单，能源消耗低，既可解决电镀业排放含铬废水的污染问题，又能使铬资源得到充分回收利用，不会造成二次污染，有一定的环境效益与经济效益。

6.3.7 溶剂萃取法

溶剂萃取法也称液－液萃取，其操作简单、快速、高效，在湿法冶金工艺中常常用于提取和分离溶液中的金属。

采用的萃取剂有很多种，每种萃取剂在其合适的条件下都有不错的萃取分离效果，且产品的回收率高，无污染。但由于溶液中金属离子存在的复杂性和体系的不稳定性，给溶剂萃取带来很大的难度；同时原料来源的广泛性和复杂性，给企业的工业化生产也带来一定的困难。

稀释剂在有机相中具有重要的作用，它对萃取剂以及萃合物具有良好的溶解性能，它能改善萃取操作性能、降低萃取剂的黏度、提高其界面张力、实现快速分离。稀释剂要水溶性小、稳定性好、对人体无害、不易燃、具有较高的沸点、价格便宜、不腐蚀生产设备。酸性萃取剂P204、P507黏度较高，流动性和混合性都较差；而磺化煤油是常用的稀释剂，且易购，价格也较便宜，对环境影响较小，因此，选用磺化煤油作为稀释剂、助溶剂不仅可以改变有机相与水相的界面张力，增强萃取剂的极性，为萃合物提供更好的溶解环境，消除介于有机相与水相之间的第三相，还要增加两相的分相速度，提高萃取以及反萃取速率。实验中所选的助溶剂必需能够较好地融入有机相，而且在水中的溶解度很小，还要具有来源广泛，价格便宜等优点。助溶剂的加入量要适当控制，有时会提高萃取率，但不利于反萃取；有时降低萃取率，但有利于反萃取。

萃取剂通常是有机试剂，其萃取体系一般由有机相与水相两部分组成。有机相中含有萃取剂和稀释剂，有时也含有助溶剂。萃取剂种类繁多，按其组成和结构特征，可以将其分为中性络合萃取剂、酸性萃取剂、离子对萃取剂和螯合萃取剂。酸性萃取剂也称为阳离子萃取剂，主要包含羧酸、磺酸和酸性含磷萃取剂，萃取反应时萃取剂分子HA或H_2A解离出H^+变成一个阴离子A^-或HA^-，阴离子A^-或HA^-与水相中的金属阳离子M^{n+}形成中性络合物后进入有机相，H^+进入水相。

近年来，铬的溶剂萃取工艺取得了一定的研究成果。先后有不少学者研究了在各种介质中，不同萃取剂对铬的萃取情况。我国的祝万鹏等人[56~58]以溶剂萃取工艺为主体，先后进行了一系列从电镀污泥中回收有价金属的试验研究，先是采用氨络合分组浸出—蒸氨—水解硫酸浸出—溶剂萃取—金属盐结晶工艺对电镀污泥进行有价金属的回收，并得到了各种高纯度的含铜、锌、镍、铬等金属盐类产品。后来采用 N510—煤油—H_2SO_4 四级逆流萃取工艺可使铜的萃取率达 99%，而共存的镍和锌损失几乎为零。铜在此工艺过程中以铜盐 $CuSO_4 \cdot 5H_2O$ 或电解高纯铜的形式回收，初步经济分析表明，其产值抵消日常的运行费用，还具有较高的经济效益。整个工艺过程较简单，循环运行，基本不产生二次污染。后来经过改进工艺，该研究小组又研究了硫酸浸出—P570—煤油—硫酸体系萃取分离铁、钠皂—P204—煤油—硫酸体系共萃铬、铝—反萃取分离铬、铝工艺回收电镀污泥氨浸渣中的金属。结果表明，铁铬渣中的金属铬、铝和铁均可以高纯度盐类形式回收，可作为化学试剂使用，回收率达 95% 以上。

范进军[59]针对酸性萃取剂萃取铬后难反萃、反萃酸度高等问题，根据铬离子在不同 pH 值环境中与 OH^- 络合形态的变化规律，重点开展了碱反萃取负载铬有机相的动力学及工艺等相关研究。

（1）研究了铬镍混合溶液的萃取分离。利用酸性萃取剂萃取以及碱反萃取法分别对铬、镍两种金属离子进行分离。二（2－乙基己基）磷酸（缩写为 D2EHPA 或者 HDEHP，简称为 P204）、2－乙基己基膦酸单 2－乙基己基酯（简称为 P507）都是一元弱酸萃取剂，简写为 HR，广泛应用于工业生产中进行金属离子的提取、分离。

根据已有的研究，采用模拟液对铬、镍进行萃取分离。首先是利用萃取剂 P204 萃取分离铬、镍实验：按规定的要求往三角瓶中分别加入一定体积的溶液和萃取剂，在恒温水浴振荡器中充分振荡，使之达到萃取平衡，然后静置分层，放出水相进行化验分析；然后再用萃取剂 P507 萃取分离铬、镍，方法同 P204 萃取。

对于含铬、镍的混合溶液，采用单因素实验考察了模拟液萃取体系中萃取剂浓度、皂化率、萃取时间、正辛醇用量等因素对萃取分离系数的影响。结果表明，当萃取剂为 P204 时，10% P204、10% 正辛醇和 80% 磺化煤油，皂化率为 30%，相比 O/A＝1∶1，常温下振荡萃取 5min，铬、镍分离系数达到 5.65；当萃取剂为 P507 时，10% P507、10% 正辛醇和 80% 磺化煤油，皂化率为 30%，相比 O/A＝1∶1，常温下振荡萃取 10min，铬、镍分离系数达到 5.38。

（2）研究了碱反萃负载铬的有机相。萃取剂的再生，也称为溶剂的反萃取，相当于萃取的逆过程，是整个萃取分离过程的重要组成部分。萃取过程中铬由水相转移至有机相中，反萃过程中铬又由有机相中转移至水相中，使萃取剂的得到再生，从而可以循环使用。

根据已有的研究，常规都是使用硫酸等酸性溶液作反萃剂。应用碱作反萃剂直接反萃取负载铬的酸性萃取剂组成的有机相反应暂未有研究，选择用氢氧化钠溶液进行反萃取，考察反萃取的效果。

实验研究表明，当 P204 负载铬时，0.5mol/L 氢氧化钠、常温、相比 A/O 为

1，反萃取进行 10min，经四级反萃，反萃取率达到 98.3%；当 P507 负载铬时，2mol/L 氢氧化钠、常温、相比 A/O 为 1，反萃取进行 20min，经四级反萃，反萃取率达到 98.8%。

6.3.8 电解回收法

根据物理化学中电解的基本原理可对 $Cr(OH)_3$ 组分的污泥进行电解法处理。武汉冶炼厂的方法较具代表性[60]。他们将一定量的水和硫酸加入到污泥中，沸腾后静止 30min，过滤后的滤液移至冷冻槽，然后加入理论量 1～2.5 倍的硫酸铵，使生成的硫酸铬和硫酸铁转变为铵矾，根据铬矾和铁矾在低温（75℃）条件下溶解度的不同而达到铬、铁的分离，最后，可回收 90% 以上的铬。薛建军等人[61]通过试验证明了用纤细丝网电极能从电镀铬污泥的溶解液中以固体形态回收铬，试验结果显示：电压是影响溶解液中铬回收的重要因素之一，在只考虑铬回收的情况下，电压越高越有利于铬的回收，溶液在装置中线性流速小，铬在装置中停留时间长，有利于铬的回收，但处理过程时间长；当线性流速增大时，铬的停留时间短，不利于铬的回收。

6.3.9 微生物法

微生物技术在其他废水处理中已经得到了广泛的运用，但利用生物方法脱除污泥重金属，尤其是重金属含量较高的电镀污泥的研究报道很少。这是因为高重金属含量的电镀污泥并不适合用生物法来处理，微生物在培养之前就会受到电镀污泥中各种物质毒性的侵害。

Kuhn 等人[62]用海藻酸钠生枝动胶菌，能除去 Cd^{2+} 溶液中 95.95% 的 Cd^{2+}。Bewtra 等人[63]的试验表明，细菌能有效地将电镀污泥中的金属离子转化为不溶于水的硫化物。我国“八五”期间就专门针对生物法处理电镀污泥立项研究。中国科学院成都生物研究所从电镀污泥、废水及下水道内，经过分离、筛选、净化获得了高效去除重金属的 SR 复合功能菌，用其对电镀废水中铬、镉、锌、铜、镍和铅等金属进行净化，净化去除率达 99% 以上，回收率达 80% 以上。吴乾菁等人[64]研究了微生物治理电镀废水及污泥的新工艺，该工艺对 Cr^{6+}、Cr^{3+}、Ni^{2+}、Cu^{2+} 等离子的净化率达 99.9% 以上，金属回收率为 85%。由于重金属对微生物有毒性，因此电镀污泥的生物处理还处在探索阶段。今后这方面研究的重点将集中在微生物吸附转化重金属的机理以及驯化培养对重金属有较强适应能力的优势菌种上。

6.3.10 冶炼回收法

对于重金属含量较高的电镀污泥，经过脱水干化处理后进行冶炼回收，也是污泥资源化利用的一种途径。但是将成分复杂的混合污泥直接送去冶炼还存在较大的困难，能有效进行冶炼回收的主要是分质污泥，如铬污泥可以用于炼不锈钢、铜污泥用于炼铜等。

项长友等人[65]综合国内有关火法冶金及湿法冶金方面的成功经验，首创电镀污泥 F 法处理新工艺，研制设计出 F－1 型焚烧还原炉处理含铬、镍、铜污泥，在适当高温和还原条件下，将镍、铜氧化物还原为镍铜合金，铬、铁柱体还原为低价氧化物与锌、铝、钙的氧化物进入炉渣中，炉渣中的铬采用在碱性介质氧化焙烧法，回收重铬酸钠。

参考文献

[1] TESSLER A. Sequential extraction procedure for the speciation of particulate trace metals [J]. Ana. chem，1979，51（7）：844～851.

[2] 徐衍忠，秦绪娜，刘祥红．铬污染及其生态效应［J］．环境科学与技术，2002（25）：8，9.

[3] 李艳廷，李芳．环境中无机铬形态分析研究进展［J］．化学研究与应用，2000，12（5）：476～481.

[4] 刘二保，梁建功，韩素琴，等．铬的形态分析研究进展［J］．理化检测（化学分册），2003，39（6）：368～371.

[5] 朱霞石，江祖成，胡斌．铬形态分析的分离富集/原子光谱分析研究进展［J］．分析测试学报，2005，24（4）：108～115.

[6] 阎江峰，等．铬冶金［M］．北京：冶金工业出版社，2007.

[7] 杨晓霞．铬研究进展［J］．中国地方病学杂志，1998，17（3）：170～173.

[8] 彭祥科，等．铬的生物学意义及应用前景［J］．中国兽药杂志，1997，31（3）：55～58.

[9] 徐殿梁，等．铬化学品生产中铬污染控制［J］．上海铁道大学学报（医学版），1996，10（3）：172～176.

[10] 中国标准出版社第二编辑室．废气、废水、废渣分析方法国家标准汇编［M］．北京：中国标准出版社，1997.

[11] 中国质检网．铬矿石［EB/OL］．http：//www. cqn. com. cn/news/2jpd/jcjy/78210. html. 2004－0526.

[12] PALEOLOGOS K E，STALIKAS C D，TZOUWARA－KARAYAMMI S M，et al. Selection speciation of trace chromium through micelle－mediated preconcentration，coupled with micellar flow injection analysis－spectronfluorimetry [J]. Anal. Chem. Acta，2001，436（1）：49～57.

[13] ZHU X S，HU B，JIANG Z C，et al. Cloud point extraction for speciation of chromium in water samples by electrothermal atomic absorption spectrometry [J]. Water research，2005，39：589～595.

[14] 庄会荣，朱化雨．紫外可见分光光度法测定微量亚硝酸根的研究［J］．分析科学学报，

2004，20（4）：403～405.

[15] 徐瑞银．萃取光度法测定电镀废水中的微量Cr(Ⅵ)[J]．光谱学与光谱分析，2003，23(6)：1221～1223.

[16] 吴丽香，谭立香．聚乙二醇－二苯偶氮羰酰肼萃取分光光度法测定合金钢和铝合金中Cr(Ⅵ)[J]．冶金分析，2005，25（6）：63～65.

[17] 李洪英，马彦林．固相萃取分光光度法测定水环境中Cr(Ⅵ)[J]．冶金分析，2008，28(2)：48～51.

[18] 陈丕英，吴燕，杨海勇，等．应用微波消解—火焰原子吸收分光光度法测定鱼粉中的铬[J]．中国饲料，2006，22：26～27.

[19] 王小芳，徐光明，叶美英，等．流动注射在线预富集—火焰原子吸收法测定水样中Cr(Ⅵ)[J]．环境污染与防治，2001，23（1）：28～31.

[20] 张勇，潘景浩．静态离子交换原子吸收法测定环境水样中的Cr(Ⅵ)和总铬[J]．中国环境监测，1997，13（3）：11.

[21] 王守娟，赵憬．石墨炉原子吸收法测定胡萝卜脆片中微量Cr的试验研究[J]．中国国境卫生检疫杂志，1999，22（5）：269～270.

[22] 周立群，蔡火操，葛伊莉，等．石墨探针石墨炉原子吸收光谱法测定人发中痕量Cr研究[J]．理化检验化学分册，1999，8：355～356.

[23] KOROLCZUK M. Voltammetric determination of traces of Cr（Ⅵ）in the presence of Cr（Ⅲ）and humic acid [J]. Anal. chim，2004，14：165～171.

[24] 许琦，严金龙．电镀液中Cr（Ⅵ）含量的方法伏安法测定[J]．材料保护，2004，37(6)：50～52.

[25] 严金龙，许琦，杨春生．方波伏安法快速分析废铬液中的铬（Ⅲ）[J]．皮革化工，2003，20（5）：40～42.

[26] 储海虹，屠一锋．线性扫描伏安法同时测定铬、镉、铜[J]．分析科学学报，2003，19(5)：472，473.

[27] 李文翠，盛丽娜，李一丹．极谱法测定自来水中的六价铬[J]．中国公共卫生，2000，16（10）：946.

[28] 王玉娥．示波极谱法测定水中的六价铬[J]．现代预防医学，2003，30（5）：745.

[29] 孟凡昌，李升宽，赵丕虹．极谱络合物吸附波、催化波[M]．武汉：武汉大学出版社，2001.

[30] 陈文涛，行文茹，杨浩，等．取代三联吡啶光度法测定铬（Ⅵ）[J]．南都学坛，自然科学版，2000，20（3）：50～52.

[31] 梁沛，李春香，秦永超，等．纳米二氧化钛分离富集和ICP－AES测定水样中Cr（Ⅵ）/Cr（Ⅲ）[J]．分析科学学报，2000，16（4）：300～303.

[32] 殷永泉，贾玉国．铬（Ⅵ）的亚甲蓝分光光度法研究[J]．现代科学仪器，2001，5：27～29.

[33] 冯素玲，唐安娜，樊静．荧光分析法测定痕量Cr（Ⅵ）[J]．分析化学，2001，29(5)：558～560.

[34] 陈兰化，尹争志．荧光猝灭法测定痕量Cr的研究[J]．淮北煤炭师范学院学报，2004，

25 (3): 24 ~26.
[35] 刘肖. 离子色谱法测定 Cr [J]. 环境化学, 2005, 24 (6): 741 ~743.
[36] 周日东, 陈秀惠, 郑倩清, 等. 流动注射分析法与分光光度法测定水中六价 Cr 的比较 [J]. 职业与健康, 2008, 24 (13): 1256 ~1257.
[37] 吴宏, 王镇浦, 陈国松. 流动注射分光光度法测定水中的痕量 Cr (Ⅲ) 和 Cr (Ⅵ) [J]. 分析试验室, 2001, 20 (5): 65 ~67.
[38] WANG Z, SONG M, MA Q, et al. Two – phase aqueous extraction of chromium and its application to speciation analysis of chromium in plasma [J]. Microchimica Acta, 2000, 134: 95 ~99.
[39] 方艳玲, 刘庆福, 张素芳. 测汞还原瓶支撑托的设计 [J]. 中国医疗前沿, 2007, 1 (01): 54 ~56.
[40] 中国市政工程中南设计研究院. 福建省危险废物综合处置场改扩建工程可行性研究报告 [R]. 2008.
[41] 国家环境保护部. 国家危险废物名录 [R]. 中华人民共和国发展和改革委员会, 2008.
[42] HALLOWELL J B. Ammonium – carbonate leaching of metal values from water treatment sludges [J]. PB. Reports, 1977, U. S. A PB271014.
[43] AJMAL M. Studies on removal and recovery of Cr (Ⅵ) from electroplating wastes [J]. Water Research, 1996, 30 (6): 1478 ~1482.
[44] 黄鑫泉, 等. 电镀污泥氨浸渣中铬的资源化利用探讨 [J]. 化工冶金, 1993, 4 (11): 355 ~358.
[45] RENGARAJ S. Removal of chromium from water and wastewater by ion exchange resins [J]. Journal of Hazardous Materials, 2001, B87: 273 ~287.
[46] PANDEY B D, et al. Extraction of chromium (Ⅲ) from spent tanning baths [J]. Hydrometallurgy, 1996, 40: 343 ~357.
[47] SHEN S B, TYAGI R D, BLASI J F. Extraction of Cr^{3+} and other metals from tannery sludge by mineral acids [J]. Environmental Technology, 2001, 22 (9): 1007 ~1014.
[48] 李雪飞, 杨家宽. 含铬污泥酸浸方法的对比研究 [J]. 江苏技术师范学院学报, 2006, 12 (2): 26 ~28.
[49] SILVA P T S, MELLO N T. Extraction and recovery of chomium from electroplating sludge [J]. Journal of Hazardous Materials, 2006, 128 (1): 39 ~43.
[50] MACCHI G. A bench study on chromium recovery from tannery sludge [J]. Water Research, 1991, 25 (8): 1019 ~1026.
[51] ZHANG Y, WANG Z K, XU X. Recovery of heavy metals from electroplating sludge and stainless pickle waste liquid by ammonia leaching method [J]. Journal of Environmental Sciences, 1999, 11 (3): 381 ~384.
[52] GB 18597—2001, 危险废物贮存污染控制标准 [S]. 2001.
[53] 霍小平. 含铬污泥的资源化研究 [D]. 西安: 陕西科技大学, 2012.
[54] CABRERA G, VIERA M, et al. Bacterial removal of chromium (Ⅵ) and (Ⅲ) in a continuous system [J]. Biodegration, 2007, 18 (4): 505 ~513.
[55] 刘利萍, 张淑蓉. 电镀含铬废水的处理和利用 [J]. 重庆环境科学, 1999, 21 (3):

37 ~ 38，41.

[56] 祝万鹏，杨志华．溶剂萃取法回收电镀污泥中得有价金属［J］．给水排水，1995，21（2）：16 ~ 18.

[57] 祝万鹏，杨志华，李力佟．溶剂萃取法提取电镀污泥浸出液中的铜［J］．环境污染与防治，1996，18（4）：12 ~ 18.

[58] 祝万鹏，叶波清，杨志华，等．溶剂萃取法提取电镀污泥氨浸出渣中的金属资源［J］．环境科学，1998，19（3）：35 ~ 38.

[59] 范进军．铬（Ⅲ）的萃取及碱反萃实验研究［D］．赣州：江西理工大学，2010.

[60] 孙玉华，王竹寒．电镀废水处理后的污泥处理和利用［J］．江苏环境科技．1997（1）：47，48.

[61] 薛建军，赵彩云．铬渣中铬的回收［J］．三废回收，2002，35（11）：44 ~ 45.

[62] KUHN S P，PFISTER R M. Absorption of mixed metals and cadmium by calcium – aiginate immobilized Zoogloea ramigera［J］. Appl. Microbiol Biotechnol.，1989，31（5 – 6）：613 ~ 618.

[63] BEWTRA J K，et al. Recent advances in treatment of selected hazardous wastes［J］. Water Pollution Research of Canada，1995，30（1）：115 ~ 125.

[64] 吴乾菁，李听．微生物治理电镀废水的研究［J］．环境科学，1997，18（5）：47 ~ 50.

[65] 项长友，王娟．电镀污泥资源化无害化处置探讨［J］．环境科学与技术，2005，12（28）：35，36.

7 有价金属镍的提取技术

7.1 镍及镍资源概况

7.1.1 镍的物理化学性质

镍（Ni）是分布在地壳中的金属元素之一，含量为0.018%，居第32位，其含量大于铜、锌、铅三者的总和。镍在自然界中存在的形式有0、-1、+1、+2、+3和+4价，其中以+2价最稳定，是植物、人和动物必需的一种微量元素。重要的镍矿有：镍黄铁矿（$(Ni,Fe)_xS_y$）、硅镁镍矿（$(Ni,Mg)SiO_3 \cdot nH_2O$）、针镍矿或黄镍矿（NiS）、红镍矿（NiAs）、褐铁矿（$(Ni、Fe)O(OH) \cdot nH_2O$）等[1]。

镍位于元素周期表中第Ⅷ族，是金属元素钴族中的一个元素，原子序数为28，相对原子质量为58.69，密度为$8.9g/cm^3$，熔点为1455℃。镍在常温常压下是银白色的金属，质地坚硬，耐磨，有可塑性，是热和电的良导体。镍不溶于水，易溶于稀硝酸、盐酸和硫酸溶液，不溶于氨水。镍能与很多有机配位基形成稳定的化合物，又能与自然界中的无机配位基形成化合物，在厌氧微生物存在的条件下，硫化物可制约镍的可溶性。在正常条件下，镍一般以0价和+2价的氧化状态存在。在水溶液中，+1、+3、+4价的镍很不稳定[2]。

镍在化学性质和生物化学性质方面与铁、钴元素十分相似。它可以置换其他活性位上的重金属，尤其是可以与起辅酶作用的金属发生置换反应，使有机金属化合物的活性减弱。

7.1.2 国内外镀镍研究进展

7.1.2.1 电镀镍的研究进展[3]

电镀镍是借助电化学作用，在黑色金属或有色金属制件表面上沉积一层镍的方法。镍可用作表面镀层，但主要用于镀铬打底，防止腐蚀，增加耐磨性、光泽和美观。电镀镍广泛应用于机器、仪器、仪表、医疗器械、家庭用具等制造工业。将制件作阴极，纯镍板作阳极，挂入以硫酸镍、氯化钠和硼酸所配成的电解液中，进行电镀。如果在电镀液中加入萘二磺酸钠、糖精、香豆素、对甲苯磺胺等光亮剂，即可直接获得光亮的镍镀层而不必再抛光。

1843年R. Bottger发明电镀镍。随着生产的发展和科学技术的进步，各种镀镍电解液不断出现和完善。1916年O. P. Watts提出了著名的瓦特型镀镍电解液，镀镍工艺进入工业化阶段。瓦特型镀镍电解液至今仍是光亮镀镍、封闭镍等电解液的基础。第二次世界大战以后，随着汽车工业的迅速发展，半光亮镀镍和光亮镀镍工艺发展很快，然而，光亮镍经镀铬后，其耐腐蚀性能远不如暗镍抛光和半光亮镍的好，所以促进了人们从镀层体系，耐腐蚀机理、快速腐蚀试验方法和镀层质量评价标准等方面从事研究。美国哈夏诺化学公司的双层镀镍工艺和美国尤迪莱特公司三层镀镍工艺的问世，就是这些研究工作的杰出成果之一。20 世纪 60 年代初期荷兰的 N. V. 丽塞奇公司与美国的尤迪莱特公司几乎同时开发出一种弥散镀层（复合镀层—镍封闭），就是在镍的复合镀层上再镀铬，形成微孔铬以提高镀层的耐腐蚀性能。

电镀镍的类型很多：以镀液种类来分，有硫酸盐、硫酸盐－氯化物、全氯化物、氨磺酸盐、柠檬酸盐、焦磷酸盐和氟硼性盐等镀镍。由于镍在电化学反应中的交换电流密度比较小，在单盐镀液中，就有较大的电化学极化。以镀层外观来分，有无光泽镍（暗镍）、半光亮镍、全光亮镍、缎面镍、黑镍等。以镀层功能来分，有保护性镍、装饰性镍、耐磨性镍、电铸（低应力）镍、高应力镍、镍封等。

7.1.2.2 化学镀镍的研究进展

化学镀镍是通过溶液中适当的还原剂使 Ni^{2+} 在基体表面还原成单质，然后在这层单质的自催化作用下还原进行的金属镍沉积过程，也称做无电解电镀镍或自催化镀镍。化学镀镍实质是氧化还原反应，在无外电源的情况下，实现电子转移，达到化学沉积的过程。化学镀镍有着优于电镀镍的特点，如适用于各种基体、镀层厚度均匀、具有很好的化学、力学以及磁学性能，得到了广泛的应用。1844 年，A. Wurtz 发现金属镍可以从金属镍盐的水溶液中被次磷酸盐还原而沉积出来。化学镀镍技术的真正发现并使它应用至今是在 1944 年，美国国家标准局的 A. Brenner 和 G. Riddenll 的发现，弄清楚了形成涂层的催化特性，发现了沉积非粉末状镍的方法，使化学镀镍技术工业应用有了可能性。但那时的化学镀镍溶液极不稳定，因此严格意义上讲没有实际价值。化学镀镍工艺的应用比实验室研究成果晚了近十年。第二次世界大战以后，美国通用运输公司对这种工艺产生了兴趣，他们想在运输烧碱筒的内表面镀镍，而普通的电镀方法无法实现，5 年后他们研究了发展了化学镀镍磷合金的技术，公布了许多专利。1955 年造成了他们的第一条试验生产线，并制成了商业性有用的化学镀镍溶液，这种化学镀镍溶液的商业名称为“Kanigen”。目前在国外，特别是美国、日本、德国，化学镀镍已经成为十分成熟的高新技术，在各个工业部门得到了广泛的应用。

我国的化学镀镍工业化生产起步较晚，但近几年的发展十分迅速，不仅有大量的论文发表，还举行了全国性的化学镀会议，据第五届化学镀年会发表文章的统计就已经有 300 多家厂家，但这一数字在当时应是极为保守的。据推测国内目前每年的化学镀镍市场总规模应在300亿元左右，并且以每年10%～15%的速度发展。

综上可知，镀镍工业的发展带来了可观的经济效益，但也产生了大量的镀镍废液，既给环境带来了极大的威胁，也浪费了大量的镍源。

7.1.3 环境中镍离子的来源及影响

7.1.3.1 来自电镀镍废液的镍源

大部分电镀镍溶液由下列组分构成：析出金属的易溶于水的盐类，称为主盐，它们可以是单盐、络合盐等；能与析出的金属镍形成络合盐的络合剂；提高镀液导电性的盐类；能保持溶液的pH值在要求范围内的缓冲剂；有利于阳极溶解的助溶阴离子；影响金属离子在阴极上析出的成分——添加剂。镀镍溶液在施镀之前的镍离子浓度在150g/L以上，随着电镀工序的进行，镀液中的其他成分逐渐累积，当镀液的其他成分累积到一定量时，继续施镀就会造成镀层的质量不佳，出现众多问题，此时镀液如果不经过处理，将不能继续使用，称为电镀镍废液，而此时电镀废液中镍离子浓度约为100～150g/L。

7.1.3.2 来自化学镀镍废液的镍源

随着化学镀镍技术应用范围和生产规模的不断扩大，由此产生的环境问题也越来越严重。以次亚磷酸钠为还原剂的化学镀镍液，在施镀过程中所发生的化学反应是三个相互竞争的氧化还原反应：

$$Ni^{2+} + H_2PO_2^- + H_2O \longrightarrow Ni + H_2PO_3^- + 2H^+$$

$$H_2PO_2^- + [H] \longrightarrow P + OH^- + H_2O$$

$$H_2PO_2^- + H_2O \longrightarrow H_2PO_3^- + H_2$$

化学镀镍液长时间施镀后，镍盐、次亚磷酸钠等有效成分被消耗，亚磷酸根、钠离子、硫酸根离子等副产物逐渐积累，当达到一定浓度时会影响镍、磷沉积，使沉积速度降低。镀层内应力、孔隙率增大，延展性下降，并且会产生亚磷酸镍沉淀，使镀液变浑浊，严重时会导致镀液自分解。此时，化学镀镍液已经老化，称为化学镀镍废液。化学镀镍废液中除了含有较高浓度的镍、磷以外还含有大量的络合剂、缓冲剂、稳定剂等有机物。此时形成的化学镀镍废液中，大约含10～20g/L镍。

7.1.3.3 镀镍废液中镍离子的环境影响

镍是一种致癌的重金属物质，也是一种短缺、昂贵的金属资源。据有色金属网报道，2013年镍的价格上涨到14026美元/t。镀镍废液中含有大量的镍，是金属镍循环利用的一个重要的原材料，镀镍废液中镍的合理利用，对经济和社会的发展有着不可估量的价值。镀镍废液如果不加处理而直接排放，不仅会造成极大的资源浪费，而且破坏生态平衡，严重污染环境，危害人类健康。

镀镍废液镍离子对环境的影响主要是对人体健康的影响。重金属镍具有富集性，可在生物体内、土壤中富集，影响生物生长，从而也可间接影响人类的健康。2005 年，浙江省永康县一民工喝下 5mL 氯化镍电镀废水，不久，便昏迷抢救无效而死；山东潍坊一工人在清洗电镀槽时不慎吸入大量镍粉，患上急性镍中毒，并引发重度中毒性肺炎、肺气肿。

7.1.4 含镍电镀废水的排放标准

自 2008 年 8 月 1 日起，电镀污染物排放标准不再执行《大气污染物排放标准》（GB16297—1996）和《污水综合排放标准》（GB8978—1996），开始执行《电镀污染物排放标准》（GB21900—2008）。该标准中规定自 2010 年 8 月 1 日起，所有企业都执行的标准（表 7－1）。

表 7－1 含镍电镀废水排放标准

污染物名称	排放限值/$mg \cdot L^{-1}$	污染物排放监控位置
总镍	0.5	车间或生产设施废水排放口

镀镍废液既是重要的金属材料镍的来源，又会对人体造成很大的影响，鉴于此，开展镀镍废液的镍离子回收应用研究显得尤为重要，在镀镍废液的回收应用技术方面，国内外研究者都做了大量的研究。

7.2 镍的分析测定方法

近几年测定痕量镍的主要方法包括分光光度法、原子吸收光谱法、电化学分析法、流动注射法与相关分析技术的结合、电感耦合等离子体原子发射光谱法（质谱法）分析技术等[4]。

7.2.1 滴定法

吸取 2.00mL 镀液于 250mL 锥形瓶中，加水 50mL 及 pH = 10 的缓冲溶液 10mL，然后加入紫脲酸胺指示剂，用 EDTA 标准溶液滴定至溶液由橙黄色变为紫色即为终点。同理，记录实验滴定所用 EDTA 体积 V_{EDTA}，即可计算得出溶液的含量。

根据以下公式可计算得出待测液中镍离子的浓度，利用滴定法测定镍离子的浓度适用于溶液中镍离子含量较高时使用。

$$c = \frac{c_{EDTA} V_{EDTA} M_{Ni}}{2}$$

式中，c_{EDTA} 为 EDTA 的浓度，mol/L；V_{EDTA} 为 EDTA 的体积，L；M_{Ni} 为 Ni 的摩尔质量，g/mol。

7.2.2　质量法

若镍含量较高时，可采用质量法来测定污泥中镍的含量[5]，具体方法如下：在氨性介质中，Ni 与丁二酮肟生成红色丁二酮肟镍的沉淀与其他元素分离，过滤，烘干至恒量以计算镍的含量。

分析步骤如下：称取 0.4g 左右试样于 400mL 烧杯中，加入少量水润湿；加入盐酸 10mL，微热溶解并蒸发至干，冷却；加入 20mL 硝酸－氯酸钾饱和溶液，加热并蒸发至 2～3mL，冷却；加水煮沸使盐类溶解，冷却，移入 200mL 容量瓶中，定容；移取 50mL 溶液至 400mL 烧杯中，加入 20mL 200g/L 酒石酸钾溶液，150mL 沸水，20mL 200g/L 乙酸铵溶液，在不断搅拌下加入 30～40mL 10g/L 丁二酮肟乙醇溶液，用氨水调至 pH 值为 7～8，置于 50℃ 恒温水浴上保温 20min；将预先称至恒量的耐酸过滤坩埚置于吸滤瓶上，减压过滤，用温水洗净烧杯，并洗涤沉淀 10 次；将连同沉淀的耐酸过滤坩埚置于恒温干燥箱中，于 130℃ 烘干 1h，取出，置于干燥器中冷却至室温，称量，并反复烘干至恒量。

电镀污泥中 Ni 的含量 w_{Ni} 计算如下：

$$w_{Ni} = 0.2032(m_2 - m_1)/(m \times V_1/V_0) \times 100\%$$

式中，m_1 为空坩埚加沉淀的质量，g；m_2 为空坩埚的质量，g；m 为称取试样量，g；V_0 为试液的总体积，mL；V_1 为分取试液的体积，mL；0.2032 为丁二酮肟镍换算成镍的系数。

7.2.3　分光光度法

7.2.3.1　常规分光光度法

常规分光光度法具有操作简便、准确度高等优点。近年来，由于配合物结构理论、量子力学、计算技术和新的合成方法相互渗透，诞生了高灵敏度、高选择性的新显色剂，使分光光度法在痕量镍的测定中有了新的发展。测定痕量镍的显色剂主要有杂环偶氮类、三氮烯类、荧光酮类等。

测定[6,7]：在氨溶液中，碘存在下，镍与丁二酮肟作用，形成组成比为 1∶4 的酒红色可溶性络合物，于波长 530nm 处进行分光光度测定。

测定方法：取适量待测样品，置于 25mL 容量瓶中并用水稀释至约 10mL，用 2mol/L 的氢氧化钠溶液约 1mL 使呈中性，加 2mL 500g/L 的柠檬酸胺溶液。然后于试样中加 1mL 0.05mol/L 的碘溶液，加水至 20mL，摇匀，再加 2mL 0.5% 的丁二酮肟溶液，摇匀。之后再加 2mL EDTA－2Na 溶液，加水至标线，摇匀。用 1cm 比色皿，以水为参比液，在 530nm 波长下测量显色液的吸光度并减去空白实验所测的吸光度后，从校准曲线上查得相应的镍含量。

校准曲线的绘制：用硫酸镍配制浓度为1g/L的镍离子标准溶液，吸取10mL镍标准溶液于500mL容量瓶中，用水稀释至标线。往6个25mL容量瓶中，分别加入0mL、1.0mL、2.0mL、3.0mL、4.0mL、5.0mL上述稀释后的镍标准工作溶液，并加水至10mL，配成一组校准系列溶液，然后按照上述测定方法步骤操作，以测定的各标准溶液的吸光度减去试剂空白的吸光度。实验测定结果见表7－2，与相对应的标准溶液的镍含量绘制成校准曲线，如图7－1所示。

镍浓度（mg/L）的计算公式为：

$$镍浓度=\frac{由校准曲线查得的待测试样含镍量}{待测试样的体积}$$

表7－2 镍含量与吸光度

镍含量/mg	吸光度
0	0.003
20	0.083
40	0.156
60	0.230
80	0.300
100	0.375

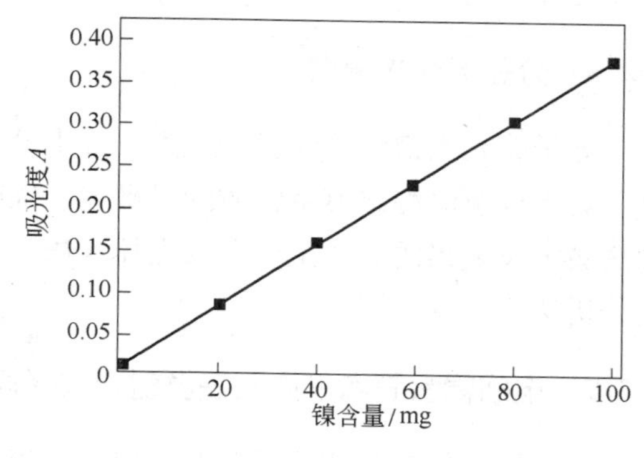

图7－1 镍的校准曲线

7.2.3.2 催化动力学分光光度法

催化动力学分光光度法是以测定反应速度为基础的。根据反应过程中是否使用催化剂，可分为非催化和催化动力学分光光度法。一些研究者认为催化动力学分光光度法具有灵敏高，选择性好，对于快速反应、慢速反应及副反应、高浓度和低浓度均可进行测定的特点。

测定镍除用催化动力学分光光度法外，还有间接法，如：在盐酸介质中，痕量镍对高碘酸钾氧化碱性中性红褪色反应的抑制作用，阳离子表面活性剂苄基三乙基氯化铵对此体系有强烈增敏作用，据此建立了表面活性剂增敏阻抑催化动力学分光光度法测定痕量镍的新方法。

7.2.4 原子吸收光谱法

原子吸收光谱法已成为一种重要的痕量分析方法且方法准确、快速，应用广泛。原子吸收光谱法有火焰原子吸收光谱法、石墨炉原子吸收光谱法、电热原子吸收光谱法等。在测定样品中的痕量镍之前，往往要经过萃取，如固相萃取、浊点萃取，有时还需要用共沉淀技术进行预富集。

7.2.5 电化学分析法

电化学分析法是基于溶液电化学性质的化学分析方法。电化学分析法是由德国化学家温克勒尔在19世纪首先引入分析领域的，电化学池中所发生的电化学反应是电化学分析法的基础。

极谱法测定痕量镍具有很高的灵敏度，而且仪器条件易于满足，有利于推广应用。化学修饰电极由于其突破了传统化学中只限于研究裸电极/电解液界面的范围，成为当前电化学、电分析化学方面十分活跃的研究领域，也可用于镍的测定。毛细管电泳法作为一种迅速发展的分离技术，也可用于镍的测定。

7.2.6 分子荧光光谱法

分子荧光光谱法已经发展成为一种十分重要且有效的光谱化学分析手段，用分子荧光分析法测定痕量物质的灵敏度、准确度和选择性日益提高。利用荧光光谱法测定痕量镍的方法主要有荧光猝灭法、多组分混合物的荧光分析、动力学荧光分析法等。

7.2.7 电感耦合等离子体原子发射光谱（质谱）法

电感耦合等离子体法可分为电感耦合等离子体原子发射光谱法（ICP－AES）和电感耦合等离子体质谱法（ICP－MS）两种。ICP－AES 和 ICP－MS 的进样部分及等离子体是极其相似的。ICP－AES 测量的是光学光谱；ICP－MS 测量的是离子质谱，其除了可以测定元素含量外，还可测量同位素。ICP－MS 的检出限极低，其溶液的检出限大部分为 10^{-6} μg/g 级，可用于测定卷烟纸中的镍；ICP－AES 大部分元素的检出限为 10^{-3} μg/g，已用于人的尿液和生物样品中镍的测定。此外，原子发射光谱除与电感耦合等离子体结合测定镍外，还可以与微波等离子体炬结合测定镍。

7.2.8 其他方法

浊点萃取是一种液－液萃取技术，利用表面活性剂浊点现象萃取富集金属离子，富集的金属离子可采用分光光度法、原子吸收光谱法、等离子发射光谱法进行检测。谢夏丰等人发展了浊点萃取—高效液相色谱法测定铁、钴、镍的新方法。在选定条件下，大多数离子不干扰测定，方法灵敏度高，已用于水样中镍的测定。H. Karimi 将浮选法与火焰原子吸收光谱法结合，测定环境样品中的镍，该法的灵敏度为 7.00×10^{-4} mg/L，适用于各种样品中镍的测定。

7.3 镍的提取技术

从电镀污泥中回收镍的过程一般包括预处理、浸出、固液分离、净化富集和金属提取或化合物制备5个阶段，如图7－2所示。电镀污泥经过预处理后，利用浸出剂与原料作用，使其中的金属变为可溶性化合物进入水相，并与进入渣相的伴生元素初步分离。浸出液中的金属离子可通过化学沉淀、溶剂萃取或离子交换等方法富集，从而进行分离回收，实现金属利用的资源化[8]。

电镀污泥 → 预处理 → 固液分离 → 净化富集 → 金属提取或化合物制备 → 产品回收

图7－2 从电镀污泥中回收金属的一般过程

7.3.1 浸出法

在污泥中回收重金属，首先要对其进行选择性浸出。浸出就是利用一定的浸出剂将电镀污泥中的有用重金属浸出呈液体状态的过程，浸出剂选择的原则是热力学上可行、反应速度快、经济合理、来源广泛。一般的浸出方法包括水浸出、盐浸出、酸浸出、碱浸出和细菌浸出等，对电镀污泥来说，可行的浸出方法有氨浸、酸浸和细菌浸出等，由于电镀污泥中重金属的含量非常高，细菌的耐受力不足，因此常将氨水和酸作为浸出剂对电镀污泥进行浸出。然后将浸出液中的重金属进行选择性回收。由于酸浸的选择性相对较差，因此国际上大多倾向于采用氨浸，将污泥中的Cu、Zn、Ni浸出，而难以处理的Fe与Cr留在固体中。浸出液中的金属离子通常可以采用液－液萃取、电沉积、离子交换和膜分离等方法，进行分离回收[9]。

对电镀污泥处理一般采用氨浸和酸浸的两种方法，氨水对铜的选择性较高，但是浸出条件要求苛刻，且氨水挥发性较强，容易造成环境污染。

酸浸浸出剂包括盐酸、硝酸和硫酸等，一般电镀污泥中含有大量硫酸根离子，少量氯离子，选用盐酸浸出污泥，后续处理过程中将很难分开两种阴离子，而且盐酸腐蚀性强，易挥发，会对周围大气环境造成污染；而硝酸会在后续镍的电解步骤中对阴极电流效率及电解沉积过程产生影响；硫酸沸点高，单位物质的量内含有的H^+多。

7.3.1.1 酸浸法

酸浸法是固体废物浸出法中应用最广泛的方法之一，电镀污泥中的金属大多以其氢氧化物或氧化物形态存在，通过酸浸大部分金属物质能以离子态或络合离子态溶出，浸出剂有工业盐酸、硫酸、硝酸、王水及酸性硫脲等，具体采用何种酸进行浸取需根据固体废物的性质而定。

酸浸的目的主要是将Ni以盐的形式浸出，而将其他金属尽量留在浸出渣中。

酸浸过程主要考察了浸出时间、酸加入量和浸出温度对各金属元素的浸出效果的影响。酸加入量以理论酸耗量的倍数加入，而理论酸耗量主要以原料中各金属元素全部浸出所需酸量进行计算。硫酸是一种最有效的浸取试剂，因其具有价格便宜、挥发性小、不易分解等特点而被广泛使用。综合考虑各因素，决定选用硫酸作为浸出剂。

A 酸浸实验

a 试验方法

试验在常温下进行。根据酸浸的浸出机理，加酸量、液固质量比、浸出时间、污泥颗粒粒径、浸出温度等都对浸出效果有影响。其中，以加酸量的影响最大，为此试验在保证其他条件不变的前提下，主要研究加酸量对浸出效果的影响。

操作步骤为：将2g烘干污泥（粒径为0.15mm）装入50mL小烧杯，加入一定量一定浓度的硫酸，25℃搅拌0.5h，静置0.5h，4000r/min离心7min，将上清液倒入25mL比色管，剩余残渣洗涤两次，均将上清液倒入比色管，用蒸馏水定容。测其pH值、电导率，稀释不同倍数后用火焰原子吸收法测定其中重金属（Cu、Ni、Zn、Cr、Fe）浓度，利用公式计算浸出率：

$$浸出率=\frac{m}{m_0}\times 100\%$$

式中，m为2g污泥浸出液中重金属质量，mg；m_0为根据元素分析结果计算出的2g污泥中的重金属质量，mg。

b 计算理论所需硫酸量

酸浸实验在烧杯中进行，结果分析采用国标规定的方法。

此过程反应原理为：

$$2M(OH)_x + xH_2SO_4 \longrightarrow M_2(SO_4)_x + 2xH_2O$$

污泥的pH值为9.3，所以污泥中的金属以氢氧化物形式存在，即$M(OH)_2$或$M(OH)_3$，与H_2SO_4的反应如下：

$$M(OH)_2 + H_2SO_4 = MSO_4 + 2H_2O$$

或

$$2M(OH)_3 + 3H_2SO_4 = M_2(SO_4)_3 + 6H_2O$$

所需浓硫酸体积与浸出金属之间的关系为：

$$V=100n/1.84 \quad 或 \quad V=150n/1.84$$

式中，n为金属氢氧化物的物质的量，mol；V为所需浓硫酸的体积，mL；1.84为浓硫酸的相对密度。

根据元素分析测定结果，可以得出Cu^{2+}、Ni^{2+}、Zn^{2+}、Cr^{3+}、Fe^{3+}等几种金属氢氧化物的n值，代入即可得出要溶解1g污泥中几种金属所需浓硫酸为0.242mL。

B 酸浸法的应用

采用硫酸浸出电镀污泥中的重金属时，浸出的镍以硫酸盐的形式存在。Vegli等人的研究显示，硫酸对铜、镍的浸出率达95%以上，二者的回收率也高达94%~99%。陈凡植等人采用稀硫酸常温下浸出，控制液固比为2:1，浸出液终点的pH值为1.5，浸出时间为45min。结果显示，电镀污泥中铜、镍、铬的浸出率均超过95%，通过铁屑置换得到的海绵状铜粉，铜含量在90%以上，在产品回收阶段，回收率达95%，然后通过多步沉淀净化制取硫酸镍，还可以得到工业纯的硫酸镍，镍的回收率大于80%。国内外的研究均表明，酸浸法反应速度快、效率高，但酸具有腐蚀性，对反应容器防腐要求较高；同时，浸出时温度将达到80~100℃，产生蒸汽和酸性气体。

郭学益等人[10]采用硫酸浸出—硫化沉铜—两段中和除铬—碳酸镍富集工艺，从电镀污泥中综合回收铜、铬和镍。考察了各工序过程中的影响因素，获得了最佳工艺条件为：酸浸过程中反应时间为0.5h，反应温度为50℃，硫酸加入量为理论量的80%。整个工艺中，镍的回收率分别达到94%以上。

李盼盼等人[11]研究了电镀污泥中铜和镍浸出的方法，对比选取硫酸作为浸出剂，考察了酸的用量对浸出效果的影响，得到最佳浸出条件为：污泥颗粒粒径为0.15mm，每2g污泥加10%硫酸10mL，常温下振荡0.5h。该条件下电镀污泥中铜、镍的浸出率均较高，达95%以上。

安显威等人[12]从资源利用的角度来分析电镀污泥中含有金属的去除和回收利用问题，通过酸浸—置换—氧化—沉淀等工艺来回收污泥中的镍和铜。结果表明，该工艺制得的硫酸镍产品中含镍16%~18%，镍的回收率为80%。

捷克开发了一种综合处理电镀污泥的技术。该技术包括污泥酸浸、多种沉淀方法净化硫酸盐浸出液，使共存于镍电镀污泥中的杂质如铁、锌、铜、铬、镉、铝等被脱除。最后一级沉淀中镍以氢氧化物的形式从净化溶液中分离出来。该镍沉淀物的纯度足以在冶金工业中直接再利用。葡萄牙的J. E. Silva等人采用硫酸浸出—置换除铜—沉淀除铬—D2EHPA和Cyanex272萃取分离锌、镍—结晶的工艺进行了研究。结果显示，D2EHPA对锌的萃取率要比Cyanex272高，且存在于有机相中的锌能全部被回收，经过结晶后，能得到纯度相当高的硫酸镍产品。

7.3.1.2 氨浸法

以氨或氨加铵盐作浸出剂的浸出过程称为氨浸。在氨浸过程中，电镀污泥中的镍能够与氨生成稳定的氨配合物即镍氨络离子，溶解于浸出液中[13]。

氨浸法一般采用氨水溶液作浸取剂，原因是氨水具有碱度适中、使用方便、选择性好等优点。

用氨浸法从污泥中提取金属的实例及效果见表7-3。

表7-3 污泥氨浸效果比较

成果	氨浸方法	氨浸液中/g·L^{-1}		浸出率/%			
		Cr	Fe	Cu	Ni	Zn	Cr
美国 PB271014	<100℃，NH_3-CO_2 浸取 Cu、Ni、Cr 废水中和渣	1.900		85	53		18~26
德国专利 2726783	<100℃，NH_3-CO_2 浸取电镀污泥	1.500		82	45	73	7
瑞典 Am-MAR	30℃，NH_3-CO_2 浸取电镀污泥	0.020	0.040	80	70	70	<1
中国	<100℃，NH_3-CO_2 氨浸—催化水解新流程	0.013	0.040	96	91	92	<1

由于电镀污泥组分复杂，分离困难，国外在重金属再生循环方面回收率低，尚未取得突破。我国在“七五”国家环保科技攻关中首次列入电镀污泥资源化技术研究，“八五”取得实用化技术的较大突破，其中一个主要方案为碳氨浸出—溶剂萃取法分离回收电镀污泥中的全部金属资源，目前已经有工厂运行。其优越性在于浸出选择性好，从而达到初步分离的效果。但由于氨有刺激性气味，当 NH_3 的浓度大于18%时，氨容易挥发，不仅造成氨的损失，而且影响操作环境和操作人员的身体健康，因此，氨浸对装置的密封性要求较高。

A 氨浸工艺的基本原理

含镍污泥经氧化焙烧后得焙砂。用含 NH_3 7%、CO_2 5%~7%的氨液对焙砂进行充氧搅拌浸出，反应为：

$$Ni^{+} + e + 4NH_3 + CO_2 + 0.5O_2 = Ni(NH_3)_4CO_3$$

$Ni(NH_3)_4CO_3$ 进入溶液，之后蒸发转化为碱式碳酸盐 $2NiCO_3 \cdot 3Ni(OH)_2$，蒸发分解的 NH_3 和 CO_2 经冷凝后可返回浸出使用。碱式碳酸盐800℃煅烧可得氧化镍粉。焙砂进行充氧搅拌浸出，反应为：

$$2NiCO_3 \cdot 3Ni(OH)_2 \longrightarrow 5NiO + 2CO_2 + 3H_2O$$

镍与 NH_3 能形成配合物 $Ni(NH_3)_z^{2+}$。配位数 z 一般为4、6，也可以是1、2、3、5。在配合化学中，常用逐级积累稳定常数表示配位离子的稳定性。镍氨配合物稳定常数（298.15K）见表7-4。

表7-4 镍氨配合物稳定常数 $\lg\beta_i$

$Ni(NH_3)^{2+}$	$Ni(NH_3)_2^{2+}$	$Ni(NH_3)_3^{2+}$	$Ni(NH_3)_4^{2+}$	$Ni(NH_3)_5^{2+}$	$Ni(NH_3)_6^{2+}$
2.80	5.04	6.77	7.96	8.71	8.74

由表7-4可知，镍氨配合物稳定常数较大，说明镍在氨性体系中很容易浸出。镍主要以 $Ni(NH_3)_{1\sim6}^{2+}$ 配合物离子形式存在，当氨水浓度较低时，镍与氨生

成平衡浓度较低的 $Ni(NH_3)^{2+}_{1\sim2}$ 配合物，随着体系中氨水浓度的增加，镍与氨逐步生成 $Ni(NH_3)^{2+}_{3\sim6}$ 配合物，其平衡浓度也快速增大。其反应方程式为：

$$Ni^{2+} + zNH_3 \Longrightarrow Ni(NH_3)_z^{2+}$$

$Ni(NH_3)_z^{2+}$ 的逐级稳定常数见表 7－5。

表 7－5 $Ni(NH_3)_z^{2+}$ 的逐级稳定常数 $K_i^\ominus$

$K_i^\ominus$	630	160	50	16	5.0	1.1
$\lg K_i^\ominus$	2.80	2.20	1.70	1.20	0.70	0.04

配合物 $Ni(NH_3)_z^{2+}CO_3$（$z = 1 \sim 6$）的生成是一个复杂问题。

焙砂应进行 Ni 等元素的化学分析，以便确定碳酸氨的用量。浸出是整个流程的控制性工序，必须保证总浸出率和浸出液的含镍总量。用碳酸氨溶液进行选择性浸出，其中 Ni、Cu 以配合物形式进入溶液，而 Fe 等其他杂质留在浸出渣中实现杂质与镍的分离。在浸出过程中应控制焙砂粒度、砂浆浓度（固液比）、溶液 pH 值、浸出温度等重要参数。浸出在搅拌下进行，保证搅拌速度以使砂浆在槽内不分层为原则。为浸出彻底，可多次重复进行，浸出总时间 3～4h，总浸出率96%。

浸出渣进行多次逆流洗涤。由于当 NH_3 少于2%，碱式碳酸盐开始沉淀，少于1%则沉淀完成，因此须先用稀氨液（NH_3 40～60g/L，CO_2 20～40g/L）洗涤，之后用清水终洗。洗涤效率为98%。

浸出液用低压蒸汽加热，其中 NH_3 和 CO_2 分解析出，并用水吸收回收，返回生产中使用。镍以碱式碳酸盐的形式富集。从浸出液中提取镍还可采用化学沉淀、电解、溶剂萃取等方法。

B 氨浸工艺流程

电镀污泥的氨浸工艺流程如图 7－3 所示。

用氨浸法可成功地从电镀污泥中回收镍，工艺简单、成熟、成本低，不消耗贵重原材料。所有设备均可从化工通用设备中选型，不需单独制造，且防腐要求不高。设备大小根据产量选定。

氨浸法利用金属元素在 $NH_3-(NH_4)_2SO_4$ 体系中生成的不同产物将其分离。但最终的铁铬氨浸渣不易处理，易造成二次污染。

C 氨浸法的应用

程洁红等人[14]研究采用氨浸—加压氢还原法对电镀污泥中的铜和镍进行了分离回收，氨浸实验结果表明，$NH_3-(NH_4)_2SO_4$ 体系浸出效果好、选择性高，在反应温度25℃，浸出时间60min，氨水浓度6.5mol/L，液固比为3的条件下，Ni 的浸出率分别达到80.25%。

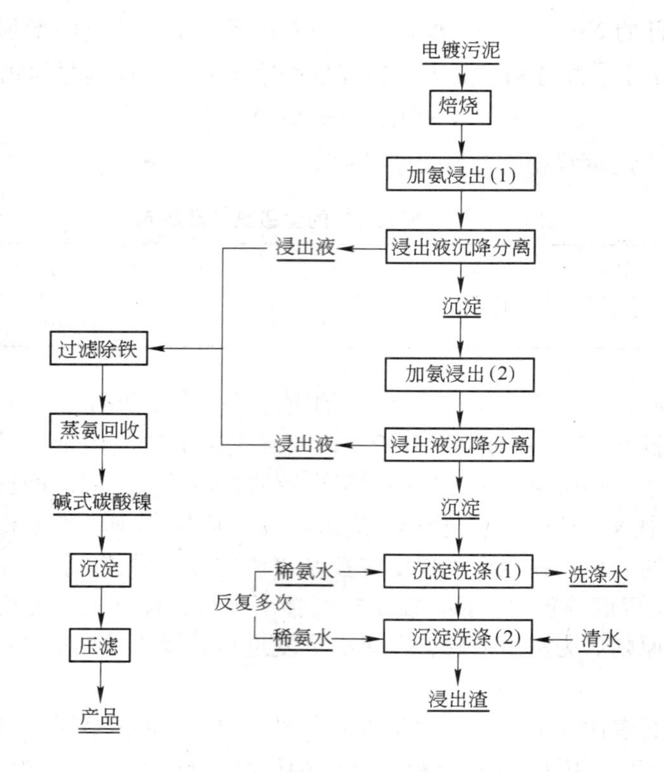

图 7-3 电镀污泥的氨浸工艺流程

刘建华等人[15]采用 $NH_3-NH_4^+-H_2O$ 体系浸出电镀废渣中镍，通过正交试验研究了总氨浓度、氨铵比、液固比、温度、浸出时间对浸出率的影响。结果表明，在总氨浓度为6mol/L、氨铵比为1∶1、液固比为8∶1、浸出温度80℃、浸出时间3h的最优条件下，镍的浸出率可达到82%。

祝万鹏等人采用氨络合分组浸出—蒸氨—水解渣硫酸浸出—溶剂萃取—金属盐结晶工艺回收电镀污泥中的有价金属，各金属回收率为：Cu > 93%，Zn > 91%，Ni > 88%，Cr > 98%，Fe > 99%，且能得到较高纯度的金属盐类产品。该研究小组还用溶剂萃取法研究了硫酸浸出、P507-煤油-硫酸体系萃取分离铁、钠皂-P204-煤油-硫酸体系共萃铬、铝，反萃取分离铬、铝工艺回收电镀污泥氨浸出渣中的金属。结果表明，铁铬渣中的铬、铝、铁均可以高纯度盐类形式回收，回收率达95%以上。

张冠东等人研究了用湿法氢还原对电镀污泥氨浸产物中的铜、镍、锌等有价金属进行分离回收。对氨浸产物进行焙烧、酸溶处理后，在硫酸铵体系弱酸性溶液中氢还原分离出铜粉，最后沉淀回收氢还原液中的锌，有价金属回收率达98.99%。

7.3.1.3 固液分离、净化富集

目标金属进入液相后，利用直接过滤或加压抽滤等方式使浸出液和残渣固液分离，达到初步分离的目的，为实现目标金属的分离回收和电镀污泥资源化利用奠定基础。

浸出液与残渣分离后，可利用各种技术把浸出液中的铜、镍净化富集后分离提取出来。比较成熟的净化富集技术包括：化学沉淀、离子交换、溶剂萃取等方法。化学沉淀法是利用金属化合物在不同条件下的溶度积变化的特征，使金属反应生成化合物沉淀达到分离的目的。离子交换过程是以固相的树脂作为离子交换剂，与浸出液中的离子发生可逆的离子交换过程。溶剂萃取是在电镀污泥浸出液中加入与水互不相溶的有机溶剂或含有萃取剂的有机溶剂，通过传质过程使污泥中的某些重金属物质进入有机相的过程。在产品回收阶段，则可采用氢还原分离法、电解法或结晶法，最终以金属或金属盐的形式回收。

7.3.2 膜分离法

7.3.2.1 原理

膜是一种高分子材料，通过压差的作用能将料液进行选择性分离的一种薄膜。通过它进行的分离过程称做膜分离。它与传统过滤器的不同在于，膜是一个有选择性的分子筛，可以在分子范围内进行分离，并且这种过程是物理过程，不发生相的变化和不需添加助剂。膜的厚度一般为微米级。

以高分子膜为代表的膜分离技术作为一种新型、高效的流体分离净化和浓缩技术，因其操作过程大多无相变化、可常温连续操作、工艺简便易于放大、高效节能且污染小等优点而得到广泛应用。所有分离过程都是利用在某种环境中混合物各组分性质的差异进行分离。膜分离过程是以选择性透过膜为分离介质，借助于外界能量或膜两侧存在的某种推动力（如压力差、浓度差、电位差等），原料侧组分选择性地透过膜，从而达到分离、浓缩或提纯的目的。不同的膜分离过程中所用的膜具有一定结构、材质和选择特性；被膜隔开的两相可以是液态，也可以是气态；推动力可以是压力梯度、浓度梯度、电位梯度或温度梯度，所以不同的膜分离过程分离体系和适用范围也不同[16,17]。

膜分离方法按其分离对象可分为气体（蒸汽）分离和液体分离；按其用途又可分为反渗透(RO)、纳滤(NF)、超滤(UF)、微滤(MF)、渗析(D)、电渗析(ED)、气体分离(GS)、渗透蒸发(PVAP)、乳化液膜(ELM)和与其他过程相结合的分离过程——膜蒸馏和膜萃取等。其中，反渗透、超滤、微滤、电渗析分离过程已较为成熟，气体分离、渗透蒸发以及纳滤是正在开发中的技术，且将是今后的发展重点。

表7-6列出了目前常用的一些分离方法的性能特点。

表7－6 常见分离方法的性能特点

分离方法	分离推动力	采用的膜类型	功能及应用
微滤	压力差	微孔膜	分离悬浮物、细菌类、微粒子
超滤	压力差	微孔膜	浓缩、分级，大分子溶液的净化，分离各类酶、蛋白质、细菌、病毒、乳胶、微粒子
纳滤	压力差	不对称膜	低相对分子质量组分浓缩，分离无机盐、糖类、氨基酸类
反渗透	压力差	不对称膜	水优先透过，海水、苦咸水淡化
渗析	浓度差	微孔膜	从大分子溶液中分离低分子组分，分离无机盐、尿素、尿酸、糖类、氨基酸类
电渗析	电位差	离子交换膜	含有中性组分的溶液脱盐、脱酸，截留无机、有机离子
渗透蒸发	分压差	非对称致密膜	共沸物中溶剂的分离、可截留液体
气体分离	压力差	非对称膜	气体及蒸汽的分离
液膜分离	压力差、pH值差	乳化液膜	液体或气体混合物分离、截留液膜中难溶解组分
膜蒸馏	温度差	微孔膜	水溶液浓缩、制取饮用水
膜萃取	压力差	微孔膜	生物工程

7.3.2.2 膜分离法处理镀镍废水的应用[18]

A 反渗透处理镀镍废水

据报道，采用反渗透技术可将电镀镍漂洗水浓缩20倍，浓缩液经蒸馏法进一步浓缩后可返回电镀槽用。美国芝加哥API工艺公司采用B－9芳香族聚酰胺中空纤维反渗透膜组件处理电镀镍漂洗水，处理后的废水Ni^{2+}浓度为0.65mg/L，而浓缩液含Ni^{2+}达到13.00g/L，Ni^{2+}截留率为92%。

胡齐福等人报道，2005年4月，杭州水处理技术开发中心为台州金源铜业有限公司设计和建造了处理量为24m^3/d的电镀废水处理和镍回收系统，成功采用两级反渗透膜系统对含镍250～350mg/L的漂洗废水进行处理，回收利用了水资源和金属镍。对镍的截留率达99.9%以上。整个系统经两年的考察，运行平稳，各项指标基本达到设计要求，经济效益较为明显，年净收益达43.34万元，且出水可达到回用要求。

B 纳滤处理镀镍废水

纳滤膜对一价离子的截留率低，而对二价或高价离子，特别是阴离子可有大于98%的截留率，这一特征确定了它在电镀废水处理中的重要作用。Kyn－HongAhn采用NTR－7250纳滤膜处理含有$NiSO_4$和$NiCl_2$的电镀废水，操作压力在0.3MPa以上时，Ni^{2+}的截留率保持在90%以上。

王昕彤等人用TFC®－S型纳滤膜处理电镀镍漂洗水，研究结果表明，纳滤膜对电镀镍漂洗水中Ni^{2+}的去除率高于99.5%，透过液中Ni^{2+}质量浓度小于

1mg/L，将镍离子质量浓度浓缩至19g/L左右，可以回用于电镀槽。

薛莉娉采用NF90－2540型卷式纳滤膜在压力2.0MPa、料液流量2400L/h、操作温度25℃、料液Ni^{2+}质量浓度为100mg/L的条件下，对电镀镍漂洗水进行纳滤浓缩，浓缩试验结果为：纳滤系统在此试验条件下，Ni^{2+}平均截留率大于99%，且最终溶液Ni^{2+}浓度在19.8g/L左右，浓缩了近200倍，符合生产要求，可回到电镀槽中。

C 集成膜处理电镀镍漂洗水

每一种膜技术都有其特定的性能和适用范围，能够解决一定的分离问题，但是在实际生产过程中，仅仅依靠一种膜技术往往难以达到令人满意的结果。集成各种膜技术，优化各种膜的分离性能，可以达到一种膜技术根本无法实现的效果。

楼永通等人采用纳滤—苦咸水反渗透（BWRO）—海水反渗透（SWRO）技术组合工艺处理电镀镍漂洗水，纳滤技术对Ni^{2+}的截留率大于97%，反渗透技术对镍离子的截留率大于99%，使镍的质量浓度浓缩100倍，可以达到电镀液回用的要求。

长沙力元新材料股份有限公司采用一套处理能力1200m^3/d的三级浓缩膜分离装置处理电镀镍漂洗水，第一级纳滤浓缩10倍，第二级反渗透浓缩5倍，第三级高压反渗透浓缩2倍，总浓缩倍数为100倍，Ni^{2+}的截留率大于99.5%。Ni^{2+}质量浓度大于20g/L的浓缩液回用于电镀槽。整个系统的水回用率大于98%，镍的回收率大于97%。经核算（考虑膜元件的折旧），该系统的投资回收期约为2年，实现了废水资源化，取得了很好的经济效益和环境效益。

7.3.2.3 膜法处理电镀废水工艺流程及特点

电镀废水中主要含有Ag^{+}、Cu^{2+}或Ni^{2+}等金属离子，基本无有机物存在，所以进行简单预处理即可。采用5～50μm过滤器做预处理，去除大的颗粒，预处理后电镀废水进入膜系统截留浓缩离子物质，膜过滤的过程实际上也是将污染物质浓缩的过程，浓缩到设计的浓缩倍数后，直接或经蒸发后返回电镀槽。选用的膜对废水中除水以外的离子及其他杂质具有99%以上的截留率，因此透过膜的水成为了无离子水，不含有离子、胶体、细菌、有机物等杂质，可直接返回三号槽再利用，整个流程成为一个内循环系统。在膜污染发生后（最长可连续运行3个月），需要进行化学清洗，每次清洗只需0.5～1h，清洗完成之后，膜性能能够完全恢复。整个流程为全封闭、自动运行的系统，不但实现废水的零排放，还减少了新鲜水的用量（只需补充蒸发的水量），实现水工艺的升级改造。

膜技术处理电镀废水的特点为：

（1）膜对废水的处理是纯物理过程，无相变及微生物的作用，能耗低，运行稳定；

（2）膜对废水的处理是以相对固定的截留率将污染物进行截留，所以可以通过多级串联的方式，提高出水的标准，将可达到所需的任何出水水质要求；

（3）膜系统处理后的出水水质高，能直接用于漂洗槽，节约了生产用水；

（4）膜系统为全封闭的不锈钢系统，无泄漏，不用向系统添加任何化学物质，不产生污泥和二次污染，能够实现高自动化程度的清洁生产；

（5）用于处理电镀废水膜的清洗效率高，经清洗后，透水量基本恢复，截留率不变。

表7－7是化学沉淀法与膜技术处理电镀废水的比较。

表7－7　化学沉淀法与膜技术处理电镀废水的比较

序号	化学法处理电镀废水	膜技术处理电镀废水
1	处理设施占地面积大	装置紧凑，占地面积小
2	在敞开的环境下操作，虽经达标排放，但对环境仍造成一定的污染	实现闭路循环，清洁生产，不污染环境
3	运行过程中加入多种化学药剂，形成二次污染	处理过程是纯物理过程，无相变及微生物的作用，能耗低，运行稳定，无二次污染
4	产生大量污泥，需要外运污泥并进行专门化处理	无废渣
5	大量达标废水不能回用于生产，只能排放	膜系统处理后的出水水质高，能直接用于漂洗用水，节约了生产用水，无电镀废水排出厂，废水全部资源化利用
6	不易实现自动化控制	操作方便且易实现自动化控制
7	不能满足工厂扩产的需求	容易实现系统的扩充
8	设备投资省，技术容易获得	采用高新技术、材料，设备投资相对较高
9	镀液中的化学物质以废渣、废气的形式排出	浓缩液达到所需浓度后，直接返回电镀槽，达到资源回用
10	单纯的为环保达标而进行的处理法，不具有经济效益及环境效益	膜渗透水及浓缩液的回用，产生的经济效益使设备投资得以补偿，还具有投资效益

膜分离技术应用于电镀废水的处理，优于传统处理工艺技术。尤其当对镀镍漂洗废水浓缩时，浓缩液和透过液均可回用，不但可以回收废水中的硫酸镍，而且减少了污染物的排放，甚至实现零排放，减轻环境污染，改善生态环境，这既符合清洁生产的原则，也符合国家可持续发展战略。

7.3.3 结晶法

7.3.3.1 原理[19]

结晶法是利用诱导结晶原理的新型化学沉淀法。其处理过程为向重金属废水中投加化学药剂氢氧化钠、碳酸盐、硫化物等，金属离子与化学药剂在结晶晶核（硅砂等）表面异相结晶沉积，新生成的沉淀立即沉积吸附在结晶材料上，结构紧密，含水率低，可随同结晶材料一起分离取出，水中重金属离子便得以去除。

传统的化学沉淀法处理重金属废水占地面积大、处理周期长、劳动强度大，而且反应产生大量污泥、含水率高、需脱水设备，极易造成二次污染。而结晶法处理工艺操作方便、处理量大、占地面积小，而且在硅砂表面产生的金属沉积物结构密实、含水率低，对反应饱和后的硅砂可采取加酸溶解回收重金属，具有较好的应用前景。影响异相结晶效果的因素主要有：加药比、pH 值、水力停留时间、加药方式等。

7.3.3.2 研究应用现状

在早期的研究中，周平等人采用以 0.15～0.30mm 砂为填料的流化床结晶法去除人工合成工业废水中铜、镍和锌离子，以 Na_2CO_3 溶液作为沉淀剂，研究了加药比（[CO_3^{2-}]/[重金属]）、pH 值、水力停留时间、Na_2CO_3 投注方式对重金属去除的影响，结果表明，流化床内的最佳 pH 值为 9.0～9.1，当进水中每种重金属离子浓度分别为 10mg/L 和 20mg/L 时，去除率可分别达 92% 和 95%，同时，Na_2CO_3 的投注方式对重金属沉淀物结构也有较大影响，提出多点加药方式。孙杰等人利用颗粒反应器和过滤装置对人工合成的铜、锌、镍废水进行研究，Na_2CO_3 作沉淀剂，平均粒径为 0.25mm 的硅砂为填料。试验结果表明，重金属离子的最终去除率可达 95.7%～99.99%。对结晶后的砂粒无害化处理研究表明，重金属沉淀物可经过酸溶解回收；而采用水泥固化处理后，金属离子浸出量少，造成二次污染程度很低。Costodes 等人对该方法做了多点加药研究，以平均粒径为 0.25mm 的硅砂为填料，Na_2CO_3 为沉淀剂，对含镍废水进行处理。结果表明，过饱和度与影响出水浓度的细颗粒产生量有直接联系，两点加药时，柱中各点过饱和度很不均匀，产生了大量同相结晶细颗粒，而 6 点加药时，过饱和度相对均匀，提高镍的去除效率。

德国、荷兰等研制出用于处理重金属废水的沉积结晶法工艺，操作方便、运行经济、出水水质好、处理容量大、不易产生二次污染、对重金属离子可回收利用，而且在占地面积、劳动强度等方面都优于其他化学沉淀法。在欧洲，这种工艺已开始运用于电镀废水的集中处理厂。这种工艺还可以用于处理磷酸盐废水、软化水等。1999 年，德国建立了一个用沉积结晶的方法软化水的自来水厂，其处理量达 $300m^3/h$。但是这种工艺还不够成熟，一直处于不断发展中，而且工艺机理至今还没有一个完整的理论。欧洲著名的 DHV 公司已经在荷兰建立专门研究这种工艺的颗粒反应器研究中心。由于这种工艺的实际优点很多，在欧洲已获专利，此工艺的一些实际参数都属于技术保密。现有的资料对这种工艺的介绍并不详细，许多基本参数都不了解。我国近几年由香港科技大学、南京大学等单位开始研究这种工艺，对这种工艺的研究才处于初级阶段。

7.3.3.3 实验

将含镍废水铺展到固体表面形成较薄的液膜，在气相中通入 H_2S。H_2S 穿过气液界面进入液相，液相中 $H_2S/HS^-/S^{2-}$ 浓度增加，当 S^{2-} 达到一定浓度时，Ni^{2+} 与 S^{2-} 的溶度积达到饱和，就会产生 NiS 沉淀。控制 H_2S 浓度，能够获得适当的低浓度 S^{2-}。当固体表面有晶核存在，并且液膜厚度适当时，NiS 结晶则会析出在固体表面，从而实现异相结晶（见图 7－4）。适当控制 H_2S 进入液相浓度，即可持续保持 NiS 的异相结晶。H_2S 进入液相、形成 S^{2-}、生成沉淀这一过程，实现了动态平衡[20]。

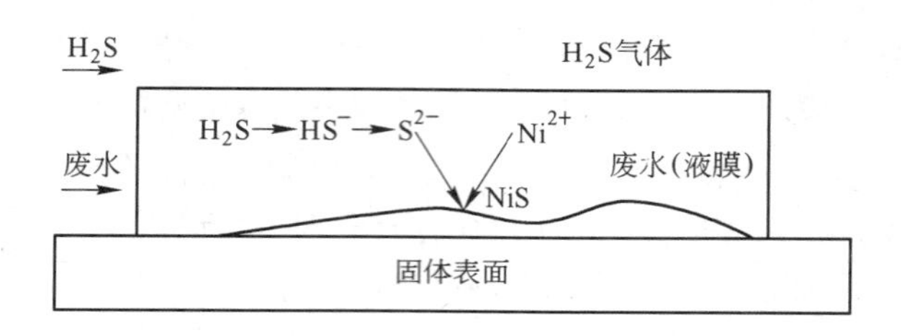

图 7－4 硫化镍异相结晶示意图

为验证实验方法的可行性，探索硫化镍的异相结晶效果，分别开展了静态实验与动态实验。

硫化氢采用硫化钠溶液与硫酸溶液反应制备，硫酸溶液体积一定，通过控制硫化钠溶液流速以控制硫化氢生成速率，所用氮气为压缩纯氮气。

静态实验在一具塞锥形瓶中进行，硫化氢通过软管通入。动态实验结晶壁面采用 PVC 反应器，长为 61.5cm、内径为 2.50cm。内壁下侧铺有长 61.5cm、宽 2.20cm 的滤布，以保障进水尽可能在管壁上铺展开形成液膜，并作为结晶晶核载体。PVC 反应器稍微倾斜，通过铁架台固定。采用蠕动泵从 PVC 反应器上端进水，下端出水。氮气和硫化氢气体从上端进气口进入，出气口引入尾气吸收瓶，以 NaOH 为吸收液。

针对电镀废水中络合剂影响碳酸盐结晶处理效果，探索了以硫化氢为结晶药剂的硫化镍结晶法，以模拟化学镀镍废水为对象，开展了静态和动态实验研究，得出以下结论：

（1）废水以薄层液膜方式铺展于结晶载体表面的异相结晶具有可行性，硫化镍通过异相结晶析出在载体表面，附着紧密；

（2）络合剂对硫化镍结晶法影响小，100mg/L 的单一含镍废水与模拟化学镀镍废水的出水镍浓度几乎相同；

（3）进水流速为 4mL/min、硫化钠流速为 0.65g/min、氮气流速为 0.4L/min

时，模拟化学镀镍废水出水镍浓度为49~53mg/L，单位面积滤布表面平均结晶去除镍量为0.98g/(m^2·h)，预测经过4级处理，出水镍浓度可降低至6.25mg/L左右。

7.3.4 铁氧体沉淀法

1973年，日本电气公司（NEC）首先提出利用铁氧体共沉淀工艺处理含重金属废水，80年代初该方法又与磁分离组合作为重金属废水处理的新技术被加以推荐。铁氧体沉淀法是根据湿法生产铁氧体的原理而发展起来的一种新型处理方法[21]。

铁氧体法一般只能处理游离的镍离子，对于电镀废水中镍的螯合物或络合物仍然无法高效去除，因此，当前铁氧体工艺的发展趋势是与其他废水处理工艺相结合，构成新的工艺，比如电解—铁氧体法、铁氧体—活性炭吸附法、铁氧体—离子交换法等。一般先采用铁氧体法处理含镍电镀废水，大幅度降低镍离子含量，然后采取有效的工艺进行深度处理，使其达标，普遍使用的活性炭法、离子交换法对于处理重金属效率不高，目前依然需要寻找一种新型材料或者工艺与铁氧体法联合，达到最佳处理效果。

7.3.4.1 原理

铁氧体是指由铁离子、氧离子及其他金属离子所组成的氧化物。其化学通式为M_2FeO_4或$MOFe_2O_3$（M代表其他金属）。它是一种陶瓷性质的半导体。

铁氧体按晶格类型可分为尖晶石铁氧体、石榴石铁氧体、磁铅石铁氧体等。按铁氧体的应用，铁氧体又分为软磁铁氧体、硬磁铁氧体、旋磁铁氧体、矩磁铁氧体和压磁铁氧体等。由于尖晶石型铁氧体的制备原料易得，方法成熟，进入晶体晶格中的重金属离子种类最多，形成的共沉淀物的化学性质稳定、表面活性大、吸附性能好、粒度均匀、磁性强，所以用铁氧体工艺处理含重金属污水时，多以生成尖晶石结构的铁氧体为主。

铁氧体法处理含镍废水的原理为：向废水中加入铁盐或亚铁盐，在一定条件下使废水中的重金属离子与铁盐生成稳定的铁氧体，采用固液分离技术，达到去除重金属离子的目的。在形成铁氧体的过程中，重金属离子通过包裹、夹带作用，填充在铁氧体的晶格中，并紧密结合，形成稳定的固溶物。铁氧体法形成的污泥具有磁性、化学稳定性高，易于固液分离和脱水，并可再利用。

铁氧体法反应式如下：

$$Ni^{2+} + Fe^{2+} + Fe^{3+} + OH^- \longrightarrow Ni \cdot Ni(OH)_2 \cdot Fe(OH)_3 + Fe(OH)_2 \longrightarrow \text{复合铁氧体}$$

铁氧体沉淀法处理Ni^{2+}是利用水中Ni^{2+}形成不溶性的铁氧体晶粒而沉淀析出。

7.3.4.2 铁氧体法的主要影响因素

由铁氧体法的处理工艺流程可知，在反应过程中需要调节 pH 值，加入 Fe^{2+}、Fe^{3+}或加入氧化剂，并且要在合适的温度及一定的搅拌下才能反应完全，生产铁氧体。因此铁氧体最主要的影响因素包括反应温度、pH 值、投料比、投料量、搅拌时间、反应时间等，如果是只加入 Fe^{2+}，需要通入空气氧化 Fe^{2+} 为 Fe^{3+}，则还要考虑鼓入空气的速度和流量等，另外，还有废水水质，是否含有杂质、悬浮物等因素。这些因素影响铁氧体的最终组成、相结构、生成速率及粒子大小和形状。

7.3.4.3 铁氧体法的优缺点

铁氧体法属于化学沉淀法的一种，主要去除含重金属废水离子的污水，并且一次能脱除多种重金属离子，对于除 Cr、Fe、As、Pb、Zn、Ni 等重金属离子均有很好的效果。该法处理废水的主要优点在于生成的铁氧体不溶于水，也不溶于酸、碱、盐液，所以有害的重金属离子不会产生二次污染。

铁氧体法处理废水同其他工艺相比的优点为：

（1）利用铁氧体沉淀法工艺处理含多种重金属离子的废水，处理效果好，去除率高，适应范围广；

（2）利用废硫酸制备硫酸亚铁降低了处理成本；

（3）进入铁氧体晶格的重金属离子种类多，处理废水的适用面广；

（4）处理后的铁氧体沉渣便于分离，同时由于形成的铁氧体共沉淀物的化学性质稳定、表面活性大、吸附性能好、粒度均匀、磁性强，可以通过处理回收利用；

（5）铁氧体沉渣可通过适当的处理制成有用材料，如电路原件、磁流体等。

铁氧体法也有缺点，主要为：

（1）消耗的原料多，产生的污泥量大，处理时间较长，需要的处理成本较高；

（2）产生的铁氧体具有一定的放射性，目前没有很好的应用；

（3）出水中的硫酸盐含量高，废水碱性比较大。

7.3.5 硫化物沉淀法

7.3.5.1 硫化物沉淀法的发展

硫化物沉淀法是指加入硫化物使废水中的重金属离子与其发生化学反应生成硫化物沉淀，然后分离去除的方法。与传统的中和沉淀法相比，硫化物沉淀法的优点是：重金属硫化物溶解度比其氢氧化物的溶解度低，而且反应的 pH 值在7 ~ 9 之间，处理后的废水一般在中性左右，无需调 pH 值即可排放。处理含镍电镀废水，在 pH 值为 10 时，氢氧化镍的溶度积为 6.9×10^{-3}，而硫化镍的溶度积为

6.8×10^{-8}，相比之下溶解度小很多。硫化物沉淀法也存在缺点：形成的硫化物沉淀物颗粒小，易形成胶体；如使用硫化钠作为沉淀剂，未反应的硫离子需要从溶液中去除，并且在处理过程中遇酸会产生硫化氢气体，易产生二次污染。

在改进硫化物沉淀法的过程中，英国学者研究出了新的硫化物沉淀法，即在需处理的废水中有选择性地加入硫化物离子和另一重金属离子（该重金属的硫化物离子平衡浓度比需要除去的重金属污染物质的硫化物的平衡浓度高）。由于后加进去的重金属的硫化物与废水中的重金属硫化物相比，更易溶解，废水中原有的重金属离子就先分离出来，同时可防止生成有害气体硫化氢，避免硫化物离子剩余的问题。通常，使用硫化亚铁作沉淀剂，不会产生硫化氢，且未反应的硫化亚铁会随沉淀除去。

硫化物沉淀法与其他沉淀法一样，都有沉淀污泥问题，一般都采用填埋方法，但易造成二次污染。日本的 Taihei 化工有限公司将硫化物沉淀法与其他方法联用处理含镍电镀老化液，不仅可使废水达到排放标准，而且可回收镍。首先，向老化液中按照每摩尔镍离子加入 1～1.3mL 草酸的比例投加草酸，使 Ni^{2+} 以草酸镍形式沉淀，控制反应温度 70℃，反应 pH 值为 1.8～2.4，反应时间 3h。沉淀物草酸镍可经高温煅烧成为镍的氧化物，可再生利用。然后向老化液中加入硫化物和石灰，进一步形成沉淀，再将沉淀在空气中高温煅烧，使其中的有机物分解，转变为具有一定医用价值的磷灰石。

7.3.5.2 应用实例

A 实例一

取 200mL 镀镍废液，用碳酸钠溶液（碳酸钠的质量分数为 30%）调节溶液 pH 值，加入硫化钠溶液（硫化钠的质量分数为 20%），反应一段时间后，过滤分离，分析滤液中镍离子浓度，沉淀物经过烘干、称重后，测定其成分。

采用化学沉淀法处理化学镀镍废液，以硫化钠为沉淀剂，将废液的镍离子以硫化镍的形式析出，从而达到净化废液和回收镍的目的。实验结果分析表明，在影响镍去除率效果的几个因素中硫化钠投加量的影响最大，pH 值次之，反应时间影响最小。在 pH 值为 6，投加 200mL 质量分数为 20% 的硫化钠溶液，反应时间为 30min，可以使 200mL 化学镀镍废液中（镍质量浓度为 5450mg/L）镍的去除率达到 99.8%，残余镍的质量浓度可以降 12mg/L 左右，对其余重金属离子的去除也有明显的效果。同时得到的沉淀致密，镍含量高（质量分数为 21.6%），便于进一步回收利用。

B 实例二[23]

取电镀污泥酸浸出 100mL，在搅拌下滴入不同体积的硫化钠，可以观察到黑色硫化物沉淀物生成，趁热过滤，分别测定滤液 pH 值、滤液中 Cu^{2+} 和 Ni^{2+} 的含量，计算 Cu^{2+} 的去除率及 Ni^{2+} 的损失率。当调节溶液 pH 值至 2.7 以上时，

Ni^{2+}也开始形成硫化物沉淀而析出，且此时 Cu^{2+} 的去除率略有变化；当调节溶液 pH 值在 3.5 以上时，Ni^{2+} 也全部沉淀析出。

硫化钠选择沉淀法分离 Ni^{2+} 理论分析如下：在含有 Ni^{2+} 的溶液中加入 Na_2S（质量分数为 10%）时，将同时存在以下化学平衡：

$$NiS \rightleftharpoons S^{2+} + Ni^{2+} \quad K_{sp} = 3.0 \times 10^{-19}$$

$$H_2S \rightleftharpoons HS^- + H^+ \quad K_{a,1} = 1.3 \times 10^{-7}$$

$$HS^- \rightleftharpoons H^+ + S^{2-} \quad K_{a,2} = 7.1 \times 10^{-15}$$

总的化学反应方程式可写为：

$$Ni^{2+} + H_2S = NiS + 2H^+$$

$$K_2^0 = c^2(H^+)/c(Ni^{2+}) = K_{a,1}K_{a,2}/K_{sp(NiS)} = 3.08 \times 10^{-3}$$

按照同样的方法可计算出在 $c(Ni^{2+}) = 0.00457mol/dm^3$ 的溶液中，开始生成 NiS 沉淀的理论 pH 值为 2.43；Ni^{2+} 沉淀完毕（$c(Ni^{2+}) \leqslant 10^{-5} mol/dm^3$）时的理论 pH 值为 3.76。

7.3.6 螯合沉淀法

螯合沉淀法是利用螯合剂与镍发生配位化学反应，生成沉淀而达到去除镍离子的一种方法。有研究证明螯合沉淀法具有能够处理镍络合废水，而且生成的沉淀颗粒大、易于分离、产生废渣量少、含水量低、一次性处理就能达到国家的排放标准等优点。[24]

螯合剂是指含有杂原子氮、硫、磷的有机高分子或简单有机低分子，其盐溶入水中能与重金属离子发生配位反应而生成稳定的沉淀，从而达到去除水体中重金属离子的目的。以二烃基二硫代磷酸酯去除镍为例，其主要原理为：

$$2\,(RO)_2P(=S)SK + Ni^{2+} \longrightarrow (RO)_2P(=S)S \rightarrow Ni \leftarrow S(S=)P(OR)_2 + 2K^+$$

镍的外层电子排布为 $3d^84s^04p^0$，在 $3d$ 轨道具有 8 个电子，不易跃迁，以 dsp^2 杂化与硫配位，形成平面四边形的空间结构。

目前螯合剂主要可分为高分子捕集剂和低分子的沉淀剂。氨基二硫代甲酸盐（DTCR）是目前报道最多的人工合成重金属离子捕集剂，呈液态，主要是利用镍离子与分子内的多个 TDC 配位形成螯合沉淀。王文丰以 DTCR 为螯合剂处理电镀废水，最终镍的浓度为 0.03mg/L。另外，聚阳离子 PEI 及其衍生物 PPEI，和用不同种类的多胺或聚乙烯亚胺与二硫化碳反应得到的 PEX 也对 Ni^{2+} 有很好的捕集功能。采用双沉淀剂 PEX 和硫化钠共同处理镍离子废水，也有很好的效果。某些高分子螯合剂，如木屑黄原酸酯和淀粉的衍生物在处理含镍废水时，也能达到国家排放标准。

高分子捕集剂因水溶性比低分子螯合剂差，位阻大，其沉淀效果不如低分子螯合剂。因此，高分子捕集剂的使用量大且沉淀过程中需要加入絮凝剂；在相同的条件下比较，低分子螯合剂处理效果比高分子捕集剂更为优越。其主要的原理也是利用能溶于水的钠盐，与水中的镍离子发生螯合反应形成稳定常数高的环状螯合物。为了低分子螯合剂更为廉价、高效，研究者们往往趋向于多种杂原子并存。按含有杂原子的种类来分，低分子的螯合剂主要有以下几种：（1）含S、N杂原子的化合物，如DDTC、2－巯基吡啶、二甲基二硫代氨基甲酸、二乙基二硫代氨基甲酸、N，N－二－（二硫代羧基）哌嗪等螯合剂；（2）含N、P原子的化合物，如二苯基膦酰二噻烷，1，3－苯二酰胺巯基乙烷；（3）含氧的化合物，如癸酸。上述低分子的螯合剂均能处理各种重金属废水。但是在处理络合废水时，由于络合与沉淀反应相竞争，使溶液具有一定的浊度，尤其是低浓度的情况下更加明显。通过加入絮凝剂后或者充分静置后都能达到污水浊度排放标准。但是此法加入的絮凝剂，增加了处理成本且引入了新的杂质。使用螯合沉淀法与其他方法相结合能很好地处理浑浊的现象，如螯合沉淀法与离子交换法相结合，螯合法与植物修复法相结合。有研究表明，EDTA、乙二胺、次氮基三乙酸等小分子的螯合剂能够加速植物对镍离子的吸附能力。

李朝辉等人[25]以对甲基苯硫酚（MP）与草酰氯在无水三氯化铝催化作用下合成了5－甲基－2－巯基苯甲酸（MSD），并考察了各操作参数对MSD收率的影响和MSD钠盐处理镍废水的情况。研究结果表明，MP、草酰氯和无水三氯化铝的物质的量比为1.0∶1.1∶2.2，反应温度为20℃，反应时间为2h时，MSD的收率最高；在pH＝9，MSD钠盐实际用量为理论用量的1.2倍时，处理镍含量为625mg/L的镍废水，镍离子质量浓度下降至0.87mg/L，完全达到国家排放标准。同时镍螯合沉淀物经10mol/L的盐酸解螯合，解螯合率达到98.8%。

7.3.7 混凝沉淀法

混凝沉淀[26]又称为絮凝沉淀，是指在一定条件下，加入合适的絮凝剂，通过反应脱稳、凝聚吸附、絮凝架桥、卷扫等过程，使污染物颗粒与絮凝剂颗粒互相黏合形成更大颗粒的絮凝体，再经过气浮或沉淀把污染物从废水中分离出来。混凝沉淀法是水处理的重要方法之一，是电镀废水处理中应用较多的一个技术环节。

在电镀重金属废水处理中，絮凝沉淀法研究较多的是高分子重金属絮凝剂。其中较有代表性的是聚乙烯亚胺基黄原酸钠（PEX），它是将重金属离子的强配位基（二硫代羧基）引入聚乙烯亚胺分子中而得到的一种具有重金属捕集和除浊双重功能的絮凝剂，是一种水溶性高分子聚合物质，具有亲水性很强的螯合形成基，可与水中的金属离子选择性地反应生成不溶于水的金属络合物。

有机高分子絮凝剂的作用机理不仅与电荷作用有关，而且与其本身的长链特性有密切的关系，这种作用可以用架桥机理来解释。高分子絮凝剂就像桥梁一样，搭在两个或多个胶体或微粒上，并以自己的活性基团与胶体或微粒表面起作用，从而将胶体或微粒连接形成絮凝团，这种作用称为桥连作用。长链的高分子一部分被吸附在胶体颗粒表面上，而另一部分则被吸附在另一个颗粒表面，并可能有更多的胶体粒子吸附在一个高分子的长链上，这好像架桥一样把这些胶体颗粒连接起来，从而容易发生絮凝。这种絮凝通常需要高分子絮凝剂的浓度保持在较窄的范围内才能发生，如果浓度过高，胶体的颗粒表面吸附了大量的高分子物质，就会在表面形成空间保护层（见图7－5），阻止了架桥结构的形成，反而比较稳定，使得絮凝不易发生，这就是空间稳定。因此絮凝剂的加入量具有一个最佳值，在此值时的絮凝效果最好，超过此值时絮凝效果会下降，若超过过多反而起到稳定保护作用。絮凝剂的投加量是决定悬浮物颗粒粒径大小的主要因素，是影响悬浮物沉降的重要因素。在颗粒絮凝沉降过程中，颗粒粒径越大，颗粒相互间碰撞的几率越大，有利于形成更大的絮体，加大沉降速度，但由于有机絮凝剂吸附架桥作用产生的絮体颗粒粒径增长到一定程度，其密度也相应地减小，受到水体的浮力逐渐加大，又不利于沉降，可见絮凝剂的投加量也有一定的限度，需通过实验确定其最佳用量。

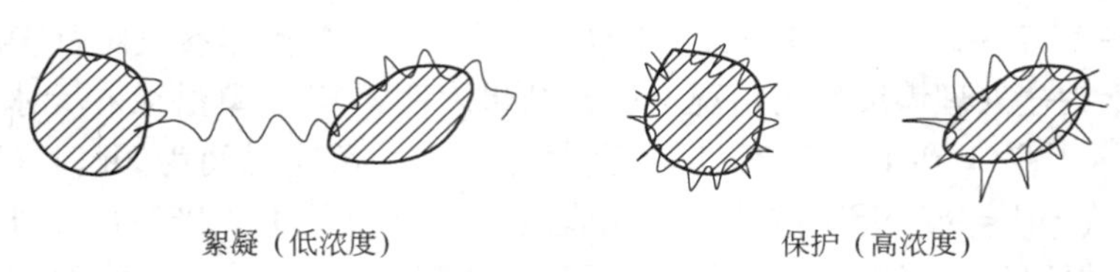

图7－5　高分子絮凝剂的絮凝与保护作用

7.3.8 催化还原法

以硼氢化钠为还原剂处理化学镀镍废液，从而将其中的镍离子还原为含镍粉末，达到净化废液和回收镍的目的。硼氢化钠的优点是具有很强的还原性，可以在很短的时间内获得很高的回收率，镍的回收率接近100%[27]。

以次亚磷酸盐为还原剂的化学镀镍废液中，含有硫酸镍、亚磷酸根、次亚磷酸根等成分。硼氢化钠作为一种强还原剂，可以与此废液中的硫酸镍反应，从而去除其中的镍。硼氢化钠与硫酸镍的反应可能存在以下两种形式：

$$NaBH_4 + 4NiSO_4 + 8NaOH \longrightarrow 4Ni\downarrow + NaBO_2 + 4Na_2SO_4 + 6H_2O$$

$$2NaBH_4 + 4NiSO_4 + 6NaOH \longrightarrow 2Ni_2B\downarrow + 4Na_2SO_4 + 6H_2O + H_2\uparrow$$

反应得到的含镍沉淀物经硫酸溶解后，可进一步回用。

试验方法为：取少量废液，加入硼氢化钠溶液（硼氢化钠质量分数为12%，氢氧化钠质量分数为40%，下同），反应一定时间后，过滤分离，分析滤液中镍离子浓度；沉淀物经烘干、称重后，测定其成分。

工艺流程为：化学镀镍废液分析→调整 pH 值（乙酸或氨水）→水浴加热→搅拌（硼氢化钠）→过滤干燥（100℃）→回收产物。

采用 EDTA 配位滴定法和丁二酮肟分光光度法测得化学镀镍磷废液中 Ni^{2+} 的质量浓度为 6.717g/L。

化学镀镍废液中镍离子的回收实验表明，经处理后废液中镍离子的质量浓度已低于 1mg/L，其回收率接近 100%。

7.3.9 气浮法

气浮法作为处理电镀废水的技术是近几年发展起来的一项新工艺。其基本原理是气浮法处理时的气浮气泡是用压缩空气压入溶气罐中。用高压水泵将水加压到几个大气压注入溶罐中，使气、水混合成溶气水。溶气水通过溶气释放器进入每座水池中，由于突然减压，溶解在水中的空气形成许多细小的气泡，这些释放出来的气泡吸附在絮体上，促使其上浮而分离除去。气浮是使气泡吸附在絮体上，所以絮凝剂的在使用选择上很关键。电镀废水处理中常用的絮凝剂是聚丙烯酰胺。由于废水在处理装置中停留时间比传统的沉淀法大为缩短，便于连续处理，去除不溶性悬浮物效率高，浮渣含水率比沉淀污泥低得多，浮渣体积比沉淀污泥少。现在气浮法用于处理电镀废水也已经十分常见了。

与沉淀法相比，气浮法具有 4 个优点：（1）气浮设备占地少，节省基建投资；（2）处理效果好，可处理那些很难用沉淀法去除的低浊含藻水和原水中的浮游生物，出水水质好；（3）所需药剂量比沉淀法节省；（4）可以回收利用有用物质[28]。

7.3.9.1 气浮理论

气浮理论认为：压力溶气水中通过溶气释放器释出的微气泡，在其气泡外层包着一层透明的弹性水膜，除排列疏松的外层（流动层）泡膜在上浮过程中受浮力和阻力的影响而流动外，其内层（附着层）泡膜与空气一起构成稳定的微气泡而上浮；经过絮凝剂脱稳凝聚、絮凝形成的柔性网络结构絮粒具有一定的过剩自由能和憎水基团。气泡和絮粒的黏附作用的形成机理主要是以下 4 种因素综合作用的结果：（1）絮粒的网捕、包卷和架桥作用；（2）气泡絮粒碰撞黏附；（3）微气泡与微絮粒间的共聚并大；（4）表面活性剂的参与作用。单忠健等人从“分离压”基本原理出发，通过气泡-絮粒间残留水化层性能的测定和计算，探讨了气泡与絮粒黏附时，液膜薄化的物理化学因素，研究了气泡-絮粒黏附过程的机理。胡斌等人根据絮粒和气泡的各自特性及其黏附方式研究了气浮净水机理，认为微粒、微气泡的尺寸和黏附牢度是影响气浮净水效果的主要因素。

Kitchener、Neethling 等人主要从ζ电位和水化层方面研究其黏附条件，并且提出了相应的数学模型。

7.3.9.2 气浮剂

可作气浮剂的有十二烷基磺酸钠、溴化十六烷基三甲胺、油酸钠等。

7.3.9.3 气浮净水设备

气浮分离方法有很多种，根据微细气泡产生的方式可分为：电解气浮法、分散空气气浮法、溶气气浮法。分散空气气浮法采用微孔扩散板或微孔管直接向气浮池通入压缩空气或采用水力喷射器、高速叶轮等向水中充气，可分为扩散板气浮、射流气浮和叶轮气浮。溶气气浮法使空气在一定压力下溶于水中并达到饱和状态，然后再使废水压力突然降低，这时溶解于水中的空气便以微气泡的形式从水中放出，以进行气浮废水处理，可分为加压溶气气浮和真空溶气气浮，其中的部分回流式压力溶气气浮是水处理中最常用的工艺，它在某些方面可以作为替代沉淀的新技术。尽管如此，气浮工厂的设计和最佳操作仍旧依靠中试及经验。因此，有关气浮机理、气浮设备和工艺组合还需进一步研究。电解气浮法对废水进行电解，阴极产生大量氢气泡，起浮选剂的作用，废水中的悬浮颗粒黏附在氢气泡上，随其上浮而达到净化废水的目的。

7.3.9.4 气浮法处理工业电镀废水的流程[29]

化学—气浮法处理工业电镀废水的原理是：在酸性条件下，硫酸亚铁和六价铬进行氧化还原反应。然后在碱性条件下（在溶气水中加入次氯酸钠使之成为碱性溶液）产生絮凝体，在无数微细气泡作用下使絮凝体浮于水面，使水质变清。在处理工业电镀污水的工程中，气浮技术代替了原来的沉淀技术。对于单独的含有金属离子的废水池，则用离子交换法处理。它和气浮法共同组成了完整的处理系统。其工艺流程如图 7－6 所示。

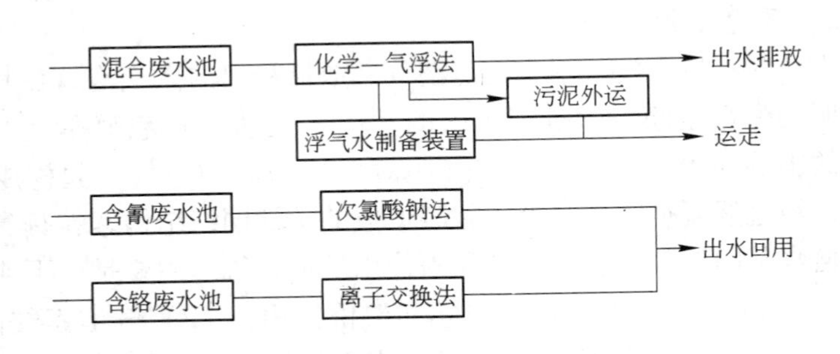

图 7－6 工业电镀混合废水处理流程

朱锡海等人研究了 LC－I 型高效气浮剂和 LC 系列高效气浮设备，成功地应用于回收镀镍废水中的镍。

气浮法处理电镀废水是通过投药、凝聚、加压气浮、过滤、吸附等过程而实现（见图7－7）。

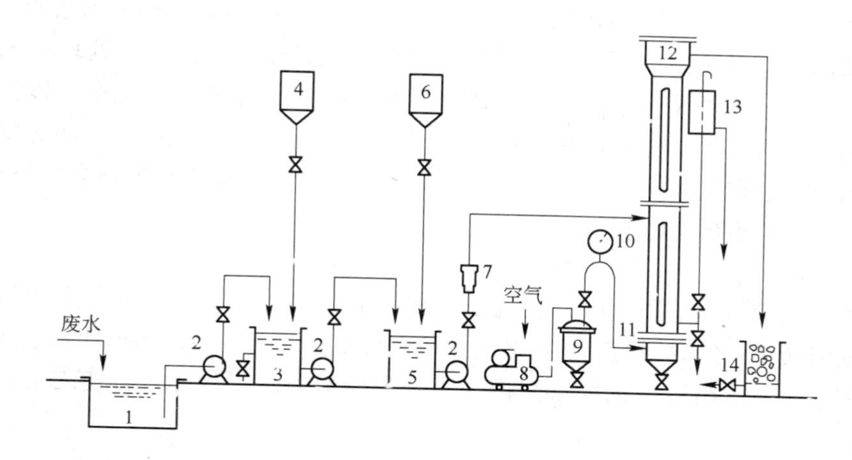

图7－7 气浮处理工艺流程

1—废水池；2—水泵；3—pH值调整池；4—碱计量；5—气浮剂加入池；6—气浮剂计量；7—流量计；8—空气压缩机；9—缓冲罐；10—压力表；11—布气扩散板；12—气浮塔；13—水位器；14—储渣池

7.3.9.5 影响气浮处理效果的几个因素

化学—气浮处理工业电镀混合废水的效果与电镀废水水质、电镀工艺配方中有机添加剂（即电镀工艺）、气浮槽内流体力学条件、溶气水等各因素有关。

7.3.9.6 处理电镀废水和含重金属离子废水的应用

气浮法作为一种快速、高效的固液分离技术，既适用于给水净水，又适用于多种废水的处理；不仅能代替水处理上的沉淀、澄清，而且可作为废水深度处理的预处理及浓缩污泥之用。对一些沉淀法难以取得良好净化效果的原水的处理，气浮法效果更好。

朱龙等人采用吸附胶体浮选法处理电解钴废水可达标排放，残余钴的浓度小于3mg/L。葛勇德等人用载体浮选法处理重金属离子废水，取得了良好的效果。陶有胜等人用气浮柱对Ni^{2+}、Cu^{2+}进行单一沉淀浮选和混合沉淀浮选，Ni和Cu的回收率均在90%以上，在多金属离子的混合沉淀浮选过程中，金属间具有活化作用和载体浮选作用。

7.3.10 离子交换法

7.3.10.1 离子交换法概述

离子交换处理法是利用离子交换剂分离废水中有害物质的方法。利用离子交换处理、回收含镍电镀废液中的镍离子或去除溶液中的亚磷酸根离子已得到广泛应用，是一种深度处理方法。此法的关键是树脂的选择、工艺的设计及操作管理。

沈杭军等人采用离子交换法处理及回用镀镍漂洗废水。实验结果表明，漂洗废水的 pH 值、Ni^{2+} 浓度、硬度都会影响阳离子交换树脂的工作交换容量；用4倍树脂体积10%的硫酸再生阳离子交换树脂，效果较好。该工艺处理后的出水水质稳定，电导率低于10μs/cm，pH 值为6~8，Ni^{2+} 未检出，完全可以作为清洗水回用；再生所得的硫酸镍也具回用价值；系统运行1个周期后，阴、阳离子交换树脂的工作交换容量趋于稳定；镀镍漂洗废水中含有的有机物会污染树脂，对回用工艺产生负面影响。

A 基本原理[30]

离子交换技术是用一种具有离子交换性能的固体离子交换剂与金属溶液接触，使溶液中目的离子与交换剂之间进行多相复分解反应，并选择性地进入固相交换剂中，然后用适当试剂由交换剂上解吸所吸附的目的离子，使之重新进入溶液。

离子交换法的主要功能有：

(1) 去除各种有害重金属离子，以应付今后将日趋严格的排放标准；

(2) 脱盐用，如化学法处理后，再经树脂交换脱盐作末道把关；

(3) 回收废水中的有价值金属，如金、银、铜、镍、铬等；

(4) 提高水的循环利用率，节约水资源；

(5) 在多道逆流漂洗后，废水净化形成闭路循环。

离子交换法的优点有：

(1) 预处理要求简单、工艺成熟，出水水质稳定、设备初期投入低；

(2) 由于制水原理类同于用酸碱置换水中离子，因此在原水低含盐量的应用区域运行成本较低。

离子交换法的缺点有：

(1) 离子交换床阀门众多，操作复杂繁琐；

(2) 自动化操作难度大，投资高；

(3) 需要酸碱再生，再生废水必须经处理合格后排放，存在环境污染隐患；

(4) 细菌易在床层中繁殖，且离子交换树脂会长期向纯水中渗溶有机物；

(5) 在含盐量高的区域，运行成本高。

B 离子交换剂及其在电镀工业中的应用

离子交换剂种类很多，20世纪初沸石即开始应用于水的软化；20世纪30年代出现了磺化煤；1945年英国人 Adams 和 Holmas 合成离子交换树脂并被广泛应用。近年来，纤维素物质开始受到青睐，而各种水处理剂更是不断推陈出新。具体介绍如下：

(1) 沸石。沸石对多种重金属都具有良好的交换性能，是处理低浓度、大水量电镀废水较好的交换剂。国内利用斜发沸石处理重金属废水已有成功经验和定型设备。但是，因为沸石需化学前处理，且大面积制备困难，使其工业应用有一定的难度。

（2）腐殖酸物质。用作离子交换剂的腐殖酸类物质有两类，一类是天然富含腐殖酸的风化煤、泥煤、褐煤等；另一类是用富含腐殖酸的物质做成的腐殖酸系树脂。

从褐煤提取腐殖酸用于重金属废水处理有一定实用价值。尤其是褐煤腐殖酸用于电镀废水治理的应用已有报道。如用腐殖酸处理含铅废水，饱和交换容量达到340mg/g。

腐殖酸树脂在处理电镀工业废水方面已有成功的经验和设备，可用腐殖酸树脂处理镀镉钝化废水、镀铬废水、镀镍废水等。

（3）离子交换树脂。树脂法处理含镍废水应用很广。用丙烯酸型弱酸性阳离子交换树脂处理镀镍漂洗水，曾一度引起电镀界兴趣。

离子交换树脂法处理电镀废水，出水水质好，可回收有用物质，便于实现自动化。此法的缺点是树脂易被氧化和污染，对预处理要求较高。

（4）黄原酸酯（改性淀粉）。1976 年美国率先研制了重金属离子脱除剂——不溶性淀粉黄原酸酯（ISX）以后，相继出现了各种 ISX。ISX 可一次处理多种重金属，在国外广泛应用，国内也正在开发其在治理电镀废水中的应用。如用 ISX 对电镀废水中的铜进行治理，脱除率大于99%；ISX 处理电镀含镍废水，镍残存质量浓度小于0.2mg/L；用 ISX 还可直接处理含铬电镀废水，实现达标排放。

（5）离子交换纤维。离子交换纤维是近年来发展较快的一种离子交换新材料，可用于重金属废水处理领域。如用离子交换纤维处理铵盐镀锌废水，能回收部分锌。日本研制的 WRL200A 季铵离子交换纤维，对铬的质量浓度为 25 ~ 42mg/L 的溶液去除率达 90%。

近年来国外开始研究一些天然纤维，如玉米棒能有效去除废水中的铬，椰子壳和棕榈纤维经处理后，对重金属有较强的吸附能力。

7.3.10.2 离子交换法的应用

A 离子交换—螯合吸附法

离子交换—螯合树脂能与镍生成稳定性很高的螯合物，能处理低浓度含镍废水，具有吸附、离子交换和螯合的三重作用，在吸附重金属废水时能够形成稳定的螯合物，通过解吸又能回收镍和离子交换—螯合树脂，具有比螯合沉淀剂、吸附剂和离子交换树脂更优异的性能。

离子交换—螯合吸附法主要是将螯合基团负载到多孔的有机高分子和无机吸附剂上。研究中发现含有不同杂原子的螯合基团，在选择性吸附镍中能够表现出很好的效果。

对于螯合基团，关键是增加其对镍的吸附容量，可从以下几个方面着手：

(1) 利用软硬酸碱理论来设计螯合基团，是对镍吸附的基础。在处理单一镍废水时，在选择上趋向于硫和磷原子。(2) 增加螯合基团的亲水性，可以提高树脂对镍的螯合速率。使用最多的办法是导入氨基、羟基等能形成氢键的官能团。如对羟基苯甲酸 Amberlite XAD-4 树脂的氢离子的交换容量能达到 7.52mmol/g，而半饱满吸附时间仅为 8.0min。(3) 增加螯合基团数。如咪唑基偶氮苯和 1,4-二（咪唑基偶氮苯）螯合基团，在最优条件下，对镍的吸附容量为 0.0005mmol/g 和 0.003mmol/g。后一种树脂由于增加了螯合原子数，吸附容量明显增大。但不是基团数越多，吸附容量就越大，这还要看螯合基团与镍离子的配位状态和空间位阻的影响。W. Andrzej 合成 8 种含氮量不同的多胺型螯合树脂，对镍的吸附量先随着氮的质量分数增大而增大，到了第 4 种达到最大，随后随着氮含量的增加反而减少。(4) 减少空间位阻。功能基团空间构型应尽量避免网状的空间结构，支链不应有空间位阻大的基团。三种离子交换—螯合树脂 PVBS、PVBSO、$PVBSO_2$，对镍离子的吸附容量分别为 0.69、1.30、0.93。第一种树脂由于螯合原子少，因此吸附容量低；第三种树脂由于增加的是氧原子，对镍的螯合性不高，又提高了空间位阻，吸附量反而下降。

选择性是离子交换—螯合树脂最重要的指标之一，在设计吸附镍的螯合树脂时，遵循的是提高吸附镍离子的选择性的原则。由软硬酸碱理论可知，中介酸、氮、硫原子对镍都有很好的配位作用，可提高吸附镍的选择性。此外利用吸附树脂孔径的大小，提高空间位阻和工艺手段也可以提高选择性。

酸度不仅影响位点的解离情况，而且影响着目标存在状态，如离子水解、小分子有机物的螯合、氧化还原的电势。利用 pH 值来选择性吸附各种金属是工艺中最常用的手段，设计的原理是螯合基团对于不同金属离子的螯合常数不相同，而 H^+ 与金属离子的螯合又互为竞争反应，溶液中的 pH 值低时，吸附螯合能力强的元素，随后升高 pH 值，吸附螯合能力弱的金属，从而达到选择的目的。螯合基团中含有氨基效果更为明显。在酸性条件下质子化，减少了对镍离子的螯合性；而随着酸度的降低，无质子化影响，对镍的螯合性增强。

在低痕量镍废水处理时，由于含量低，处理时间长，运行的费用增大，这需要在树脂设计上提高吸附速率。树脂的选择上应当亲水性好；若螯合基团能与镍形成具有不饱和键的五元或者六元环，能提高螯合速率。其中壳聚糖螯合树脂由于存在着大量的亲水性的羟基，能与水形成氢键，吸附速率快，但是稳定性不高，在空气中容易氧化。相反聚苯乙烯型螯合树脂稳定性好，但是价格昂贵，亲水性能差，研究者们往往导入羟基、氨基等基团来其提高其亲水性能。

总的来说，设计螯合树脂时要注意：(1) 选择具有稳定性强的骨架，该骨架在满足力学性能的情况下，尽可能的有大的比表面积和很好的孔径；(2) 选择性好且对目标离子吸附容量大；(3) 在痕量富集和分析时，羧基、偶氮基等功能基可以增强亲水性，增加吸附速度；（4）导入的螯合基团的稳定好，重复性使用率高。

B 螯合树脂离子交换法[33]

宋吉明等人研究了胺基磷酸螯合树脂对弱酸性电镀废水中的镍离子的吸附性能。研究结果表明，胺基磷酸螯合树脂具有以下特点：

（1）连接在共聚体上的螯合配位基团具有很强的螯合金属离子性，并对镍离子具有很好的选择性；

（2）螯合配位基团能够经受反应条件和环境的激烈变化，可在酸、碱性条件下使用；

（3）螯合配位基团是多配位的，可与金属离子形成1∶1的形式，螯合树脂本身是单功能基，具有较强的选择性；

（4）在水介质中具有较好的性能和相溶性，机械强度增加、溶胀性变小。

胺基磷酸螯合树脂（D412）进行离子交换的过程中有共价键和配位键存在，有利于树脂对废水中镍离子的吸附。交换完成后，用3.0mol/LH_2SO_4洗脱，吸附在树脂上的镍离子很快被溶解在酸中。在pH值为2～12的范围内测定胺基磷酸螯合树脂（D412）吸附铜、镍离子的回收率，见表7－8。

表7－8 胺基磷酸螯合树脂（D412）吸附铜、镍离子的回收率

pH值		2	3	4	5	6	7	8	9	10	11	12
回收率/%	铜	27.6	77.8	99.0	99.8	100	100	100	100	100	100	99.0
	镍	11.2	59.1	89.9	98.1	99.0	100	99.8	100	99.9	100	99.8

由表7－8可知，胺基磷酸螯合树脂（D412）吸附镍离子的pH值范围为5～12，回收率可达到98%～100%。

处理流程及工艺流程如图7－8所示。

含铜、镍离子废水 ⟶ 过滤柱 ⟶ 树脂柱

图7－8 处理流程及工艺流程

含镍离子废水由漂洗槽经地下输水管路流至集水池，自然沉淀后，由交换泵送至流量计。废水由上至下通过过滤柱除去机械杂质。过滤后的废水送至交换柱上部，由上至下进行交换处理。净化后返回漂洗槽继续使用。

7.3.11 电解法

电解法是电化学水处理技术的一种，它具有环境兼容性好、可控性好、功能多等特点。电解法兼具气浮、絮凝、杀菌等多种功能，被称为“环境友好”技术，因处理废液效率高、装置紧凑、用地少、产生污泥少、便于控制管理，在国

内外得到广泛应用。电解法处理废水具有很多其他方法不具备的优点，如处理过程中产生的羟基可与废水中的有机物反应，将其降解为二氧化碳和水，减少环境污染。另外，电解法在常温常压下就可进行，能量效率高，并且设备简单，易操作。但从经济角度看，电解法从废液中回收镍的设备费和操作费都比较高，电解法回收镍是亏本的。

电解法是将镍电沉积在特殊表面的电极上，使镍离子还原为金属镍。电解法无废渣产生。它首先在阴极上沉积出金属镍，然后再用化学法将镍溶出，或者直接从不锈钢阴极表面剥下镍层，来实现镍的回收。电解法使用的阴极主要包括：特殊涂层电极、导电膜电泳电极、导电碳纤维电极、旋转电极。

加拿大的 HAS Reaotor 公司发表了从含镍电镀老化液中回收镍的研究结果。该公司用腈纶纤维高温热解产生的碳纤维制成电极，实现了处理工艺的闭路循环。这种碳纤维具有坚硬的玻璃态表面，导热与导电性能优良。析氢和析氧超电位高，表面积高达 $260m^2/g$，因而电沉积传质系数大、处理速度快、效果好。1978 年纽约的 Keystone 公司建成了类似装置，其入水镍浓度为 4000mg/L，出水含镍 2mg/L。电解法处理含镍电镀老化液最常用的电极是旋转电极，很多厂家的设备都使用这种电极。

7.3.11.1 原理[34]

电解含镍废水时，阳极发生 OH^- 还原反应，生成 O 原子：

$$2OH^- = H_2O + O + 2e$$

O 原子生成 O_2：

$$O + O = O_2$$

阴极发生 Ni^{2+} 氧化反应，生成 Ni 原子：

$$Ni^{2+} + 2e = Ni$$

H^+ 还原反应：

$$H^+ + e = H$$

H 原子生成 H_2：

$$H + H = H_2$$

传统电解法只能使 Ni^{2+} 变为沉淀，通过固液分离，使水中 Ni^{2+} 得到去除，若回收利用金属 Ni 则需以酸溶解，进一步应用时必须提纯。

7.3.11.2 国内外对电解法处理电镀废水的研究

李盼盼等人研究了电镀污泥酸浸模拟液中铜和镍去除的方法和工艺，先用电解法去除其中的铜，铜的去除率接近 95%，分别采用氢氧化物沉淀法和黄铵铁矾法去除剩余溶液中的铁和铬，其中黄铵铁矾法处理后溶液中铁和铬的浓度分别降至 0.19mg/L 和 6.25mg/L，对后续镍的电解不产生影响。在电解回收镍的试验中，发现 pH 值升高，镍的去除率增大，但镍的去除率不高，最大为 57%。该电镀污泥酸浸模拟液中铜、镍的去除方法及工艺流程简单，药品用量较少；电解镍过程中，充分利用前一步热能；且整个流程污泥大量减少，只在酸浸和黄铵铁矾沉淀后产生少量残渣，且黄铵铁矾沉淀渣还可重新利用，对于污泥减量和资源再利用有较大意义。

郭学益等人[35]以电镀废水处理过程中产出的电镀污泥为研究对象，采用旋流电积技术从电镀污泥中选择性回收铜和镍，并研究旋流电积过程中 Cu^{2+} 和 Ni^{2+} 以及杂质离子的电积行为。研究结果表明：旋流电积技术可以从高杂质含量的低铜浸出液中直接生产电积铜，产品质量达到 GB/T 467—1997 中 Cu－CATH－2 牌号标准阴极铜的要求，铜直收率达到99%以上；铜电积后液经除铬后，仍采用该技术从低镍溶液中直接生产电积镍，化学成分达到 GB/T 6516—1997 中 Ni9990 牌号电积镍的要求，镍直收率达到93%以上。与传统电积技术相比，旋流电积技术具有选择性强、电流效率高和产品质量好等优点。

杨振宁等人[36]研究了电镀污泥中铜、镍的回收方法及工艺。采用硫酸浸出，浸出液在电压为2.4V 时电解 3.5h，铜的总回收率在99%以上，同时将 Fe^{2+} 氧化成 Fe^{3+}，电解余液（电解铜之后的溶液）加热至90℃，用磷酸盐调节 pH 值至3.0，磷酸钠投加倍数为形成磷酸盐沉淀理论用量的 1.4 倍，99%的铁、铝、铬被去除，镍的总回收率在97%以上。

王昊等人[37]采用电解法处理化学镀镍废液，考察了 pH 值、电流密度、温度、循环、电解时间等因素对镍离子回收率和 COD 去除率的影响，并重点研究了电解参数对化学镀镍废液中不同物质的 COD 降解效果的影响。结果表明，酸性条件有利于 COD 的降解，碱性条件有利于化学镀镍废液中镍的回收，当镍的回收率达到98.7%时，COD 的去除率可达61.91%。

雷英春等人采用电解回收法处理 Ni^{2+} 含量为2g/L 的废水，在阴极回收纯镍。研究了电解电流、极距、NH_4Cl 浓度、pH 值等因素对 Ni^{2+} 去除率、槽压、阴极能耗的影响，得出最优工艺参数为：温度20℃、电解时间20min、电解电流300mA、极距 15mm、NH_4Cl 浓度 5g/L、pH 值 8.0 的条件下，Ni^{2+} 去除率为96.926%，槽压16.21V，阴极能耗22.418kW·h/kg，在阴极可得到沉积6.45μm厚的镍板。

闫雷等人研究电解法处理化学镀镍废液的可行性及处理效果。该方法以泡沫镍为阴极、Ti 基 RuO_2 涂层电极作阳极电解回收废液中的镍。分析反应 pH 值、电流强度、温度、电解时间对电解效果的影响。结果控制 pH 值在7～8，表观电流强度为0.45～0.5A，试验温度80℃，电解 2h，可以使废液中镍的质量浓度从2018mg/L 降至53.7mg/L，去除率高达97%以上。但随着镍离子质量浓度的降低，镍的单位时间去除率和电流效率下降，能耗增加很快。当镍离子质量浓度降至54mg/L 时，能耗升至 9.9×10^5kJ/h。此外，经过2h 的电解处理，废液中的总有机碳（TOC）的质量浓度可降低97.3%。结论为：利用电解法处理化学镀镍废液，不但可有效回收废液中的镍资源，还能去除废液中的大量有机物。但电解法应用也有局限性，不适于低质量浓度含镍废水的处理。

叶春雨等人采用电解法回收化学镀镍废液中的重金属镍。研究了直流电解pH值、温度、搅拌、电流密度、电解时间等因素对 Ni^{2+} 回收率的影响，比较了脉冲电源和直流电源作为电解废液电源对 Ni^{2+} 回收率和电能消耗的影响。结果表明，废液pH值调为7，电流密度8.0mA/cm^2，电解温度为60℃，搅拌，直流电解2h，Ni^{2+} 浓度从4.47g/L降到0.048g/L，Ni^{2+} 的回收率为98.93%，电流效率为40.40%，能耗为5.88kW · h/kg。采用脉冲电源电解可使能耗降低12.93%。

7.3.12 溶剂萃取法

溶剂萃取法利用难溶于水的萃取剂与废水进行接触，使废水中欲除去的物质（如有机物、重金属、稀有金属等）与萃取剂进行物理化学的结合，实现欲除去物质的相转移，使废水得到净化。对含有被萃取物的萃取剂利用反萃取剂进行反萃取，以回收有用物质，并使萃取剂再生而重复使用。

萃取的一般过程是让所选用的萃取剂和原溶剂充分分散，形成大的相界面积，溶质从原溶剂中转移到萃取剂中。由于原溶剂和萃取剂部分互溶或不互溶，因此经过充分传质后，利用两相的密度差异进行分离。其中以萃取剂为主的液层称为萃取相，以原溶剂为主的液层称为萃余相。

溶剂萃取法以其高效、节能的优势不断得到世界各国科技工作者的青睐，已发现许多难降解污染物，甚至一些环境优先污染物，如铬、镍、铅等，在溶剂萃取法作用下都能得到明显的去除。陈景文等人用体积分数为40%的磷酸三丁酯－煤油溶液为萃取剂，低于室温时对含 Cr^{6+} 电镀废水进行二级萃取处理，萃取率可达99%以上。殷钟意等人采用络合萃取法处理工业含铬废水，考察了起始pH值、流速和接触时间等对络合萃取处理效果的影响，以及探讨络合萃取—碱沉淀法和氧化—络合萃取法的处理工艺的应用。褚莹、刘沛妍等人采用三辛胺作为萃取剂，二甲苯作为稀释剂，研究稀释剂、pH值、萃取剂浓度、温度、相比等对 Cr^{6+} 浓度在1000mg/L以下的工业废水的萃取过程的影响，并将 Cr^{6+} 浓缩至80～100g/L，以 Na_2CrO_4 形式回收利用。

7.3.12.1 实例一

李亚栋等人[40]采用N530溶剂萃取法成功地从硬化油催化剂工业排出的含镍废水中提取镍。通过对废水进行氧化除铁后，直接萃取，用稀 H_2SO_4 反萃，反萃液经蒸发浓缩结晶，获得AR级硫酸镍产品。

N530是一种液体阳离子交换剂，在一定条件下可萃取 Cu^{2+}、Ni^{2+}、Co^{2+}、Fe^{2+}、Mn^{2+} 等，萃取反应可表示为：

$$M^{2+}_{(A)} + 2HA_{(O)} \rightleftharpoons MA_{2(O)} + 2H^{+}_{(A)}$$

在氨性体系中 N530 对这些金属离子的萃取率按下列顺序排列：$Cu^{2+} \gg Ni^{2+} > Co^{2+}$（$Fe^{2+}$、$Mn^{2+}$不稳定），所以实际萃取反应为：

$$[Ni(NH_3)_n]^{2+}_{(A)} + 2HA_{(O)} \rightleftharpoons NiA_{2(O)} + (n-2)NH_3 + 2NH_4^{+}$$

$$NiA_{2(O)} + H_2SO_{4(A)} \rightleftharpoons 2HA_{(O)} + NiSO_{4(A)}$$

工艺流程如图 7－9 所示。

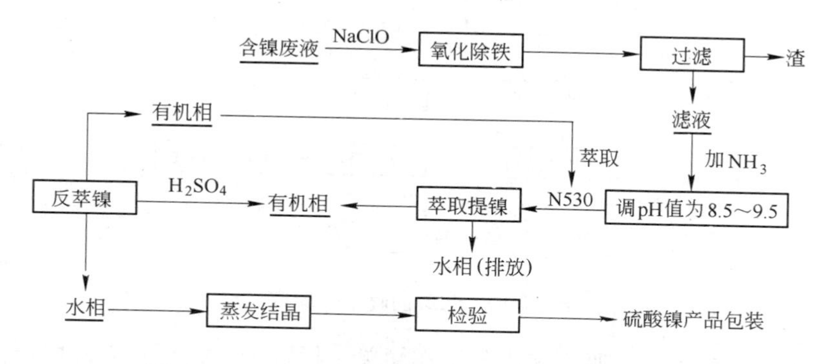

图 7－9 N530 溶剂萃取法处理含镍废液的工艺流程

实验方法为：取一定量的水相和有机相于分液漏斗中（O/A＝1∶1），在康氏振荡器上振荡 15min，静置分相，测定水相镍含量，再用差减法求出有机相的含量，则萃取百分率 E 为：

$$E = (c_0 - c)/c_0 \times 100\%$$

式中，c_0 为萃取前水相金属离子的原始浓度；c 为萃余液金属离子的浓度（残留）。

7.3.12.2 实例二

彭滨[41]研究了从铜镍电镀污泥中回收铜和镍的工艺，确定了萃取分离铜和镍的最佳工艺条件。实验结果表明，以 M5640 为萃取剂，硫酸溶液为反萃取剂，经萃取分离后，铜的回收率大于 90%，镍的回收率大于 95%。

电镀污泥中的金属经硫酸浸出，用 M5640－煤油－H_2SO_4 体系萃取分离浸出液中的铜，用碳酸钠沉淀分离萃取余液中的镍。

回收工艺流程如图 7－10 所示。对含铜和镍的电镀污泥，采用溶剂萃取法分离铜和镍的工艺流程是可行的，可以有效地分离铜和镍，铜和镍的回收率达到 90% 以上。该工艺技术可行，操作简单。反萃取后的萃取剂再生可以重新使用到萃取步骤。

7.3.13 吸附法

吸附法是利用吸附剂的独特结构，能够对重金属离子产生吸引力而去除废水

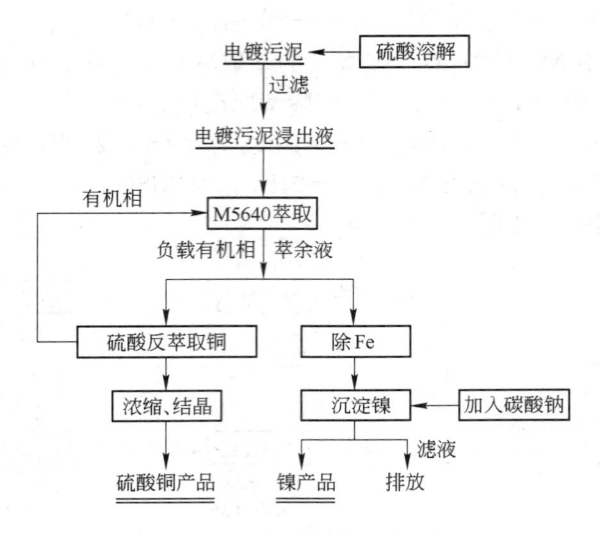

图7-10 萃取回收工艺流程

中的重金属离子的方法。吸附法因其操作简单、投资少、处理效果好而广泛应用于各种污染物的治理。最常用的吸附剂是活性炭，另外还有沸石、海泡石、腐殖酸、壳聚糖树脂、膨润土、陶粒、矿渣、粉煤灰、累托石等。

7.3.13.1 沸石[42]

A 天然沸石的构造与性能

a 构造

天然沸石是一种呈架状结构的多孔性含水铝硅酸盐矿物，它也含有碱（或碱土）金属，如含有 Na^+、Ca^{2+} 和少数的 Sr^{2+}、Ba^{2+}、K^+、Mg^{2+} 等金属离子。其组成可用一般化学式表示为：$(Na,K)_x(Mg,Ca,Sr,Ba)_y[Al_{x+2y}Si_{n-(x+2y)}O_{2n}]\cdot mH_2O$（$x$ 为碱金属离子个数，y 为碱土金属个数，n 为硅铝个数的和，m 为水分子个数），可见沸石的化学成分实际上是 SiO_2、Al_2O_3、H_2O 和碱或碱土金属离子四部分构成。沸石的架状构造由三维硅（铝）氧骨架组成。硅氧四面体是沸石架状结构的基本单位，由一个处于中心的硅离子和4个分别位于角顶的氧离子构成，Si—Si 离子间距离约 0.16nm，O—O 离子间距离约为 0.26nm。

硅氧四面体中的硅离子可被铝离子置换，形成铝氧四面体［AlO_4］，其中，Al—O 离子间距离约为 0.175nm，O—O 离子间距离约为 0.286nm。硅氧四面体通过4个角顶（不能通过四面体的棱和面）彼此连接，构成硅氧四面体群。每个硅氧四面体中，Si 与 O 之比为 1∶2。若其中部分硅被铝置换，因 Al 是正三价，在铝氧四面体中，有一个氧离子的负一价得不到中和，而出现负电荷。为了平衡这些负电荷，相应就有金属阳离子（通常是碱金属或碱土金属离子，主要为 K^+、Na^+、Ca^{2+}、Mg^{2+} 等）来平衡。而这些沸石骨架上的平衡阳离子与铝硅酸盐结合相当弱，极易与周围水溶液里的阳离子发生交换，交换后的沸石结构不会受到破坏，这就使沸石具有阳离子交换特性。另外沸石晶体架中含水量的多少会随着外部的温度变化而变化，但不会改变骨架的结构。所以当条件改变时，沸石会排出水或吸入水而不会影响骨架的结构。

b 沸石的吸附性能

由于沸石晶体架中的硅（铝）氧四面体连接方式不同，在沸石结构中便形成很多内表面很大的孔穴和孔道，这使沸石具有很大的比表面积，而且孔穴中分布有阳离子，同时部分骨架氧也具有负电荷，这样在这些离子周围便形成强大的电场。沸石因为有色散力和静电力的共同作用，加上很大的比表面积，所以具有相当大的应力场。当沸石内部的孔道或孔穴一旦有“空缺”时，沸石就会表现出对气体和液体的强烈吸引力，尤其对一些诸如二氧化硫、氨气、二氧化氮等无机气体的吸附很有效。张寿庭等人对我国牡丹江天然沸石的吸附性能进行了专门研究，结果发现了沸石的吸附性能和沸石的比表面积密切相关，比表面积越大，吸附量也越大。沸石还具有离子交换性能、催化性、耐酸性和热稳定等性能。

B 沸石处理含镍废水[43]

郑礼胜等人研究了山东胶州沸石处理 Ni^{2+} 废水，发现在废水 $pH \geq 4$，Ni^{2+} 浓度不大于 100mg/L，按镍/沸石质量比为 1∶800 投加沸石，Ni^{2+} 的去除率大于 99%，出水可达标排放。

陈尔余研究了天然斜发沸石经 NaOH 熔融改性处理制得与天然斜发沸石孔道不同的新型改性沸石（Na－Y 型），采用分光光度法研究了其投入量、温度及接触时间等对电镀废水中 Ni^{2+} 去除效果的影响。结果表明，在室温、pH＝4.50 的条件下，当加入改性沸石 0.4%（质量分数）、吸附时间 2h 时，废水溶液中 Ni^{2+} 的去除率达到 99% 以上，处理后废水中 Ni^{2+} 含量低于国家排放标准要求，而且处理后的 Na－Y 型沸石经 HCl、NaCl 混合溶液再生后可重复使用。

沈绍典等人[44]根据软硬酸碱原理，在天然沸石表面嫁接上能与金属镍离子发生化学配位作用的氨基基团，制备了氨基改性的天然沸石。用 X 射线衍射和红外光谱技术对改性前后天然沸石的结构和表面性质进行了表征，研究了氨基改性天然沸石对镍离子的吸附行为。结果表明：氨基改性后的天然沸石仍然保持原来的结构；氨基改性天然沸石能对镍离子发生快速吸附作用并具有很大的吸附效率和吸附容量；镍离子浓度在 60mg/L 时，氨基改性天然沸石在 30min 即迅速达到吸附平衡，吸附效果（吸附效率 98.6%，吸附容量 5.92mg/g）显著高于未改性的天然沸石；当镍离子浓度高达 150mg/L 时，改性天然沸石也有很好的吸附效果。

李增新等人[45]采用沸石－壳聚糖吸附剂吸附废水中的 Ni^{2+}。将粒径为 180μm 的天然沸石与脱乙酰度 90% 的壳聚糖混合，制成沸石－壳聚糖吸附剂。

考察了沸石－壳聚糖吸附剂对模拟含镍废水中的 Ni^{2+} 静态吸附效果的影响因素。正交实验结果表明，在壳聚糖与天然沸石质量比为 0.05、吸附剂加入量为 14g/L、Ni^{2+} 初始质量浓度为 40mg/L、模拟含镍废水 pH 值为 6 ~ 7、吸附时间为 40min 的条件下，模拟含镍废水中 Ni^{2+} 去除率大于96%。对实际电镀含镍废水的动态吸附实验结果表明，Ni^{2+} 的质量浓度由 38.0mg/L 减少到 0.8mg/L。

罗道成等人[46]将天然沸石进行处理制备出多孔质改性沸石颗粒。在静态条件下，研究了改性沸石颗粒对重金属离子 Pb^{2+}、Zn^{2+}、Ni^{2+} 的吸附效果及条件，经改性沸石颗粒吸附后，废水中 Pb^{2+}、Zn^{2+}、Ni^{2+} 的含量低于国家排放标准。

C　天然沸石处理含 Ni^{2+} 废水及其存在的问题

天然沸石是一种资源丰富、价格低廉的天然无机离子交换剂，对废水中的氨、氮具有较好的吸附性能，国内外已有学者对利用天然沸石来去除废水中氨、氮做了很多研究，但利用天然沸石来去除废水中的镍的研究却鲜有报道，这可能是因为天然沸石对镍的吸附量太小。郑礼胜等人研究了用天然沸石（40 目）来处理含镍废水（28.2mg/L，2L），需加 50g 的天然沸石，在 pH = 4.2 处理 40min，镍的去除率为 97.7%。处理结果达标，但由于 2L 溶液需加 50g 天然沸石，固液比大，这样不仅增加吸附过程的设备要求和更高的吸附条件，同时又给吸附后的固液分离带来的困难。因而这样会在实际中增加了天然沸石的除镍成本，从而限制它在废水除镍方面的实际应用。

7.3.13.2　粉煤灰[47]

A　粉煤灰的结构、组成与性能

从煤燃烧后的烟气中收集的细灰称为粉煤灰，又称为飞灰、烟灰，是燃煤电厂排出的主要固体废物。煤粉在炉膛中呈悬浮状态燃烧，燃煤中的绝大部分可燃物都能在炉内烧尽，而煤粉中的不燃物（主要为灰分）大量混杂在高温烟气中。这些不燃物因受到高温作用而部分熔融，同时由于其表面张力的作用，形成大量细小的球形颗粒。在锅炉尾部引风机的抽气作用下，含有大量灰分的烟气流向炉尾。随着烟气温度的降低，一部分熔融的细粒因受到一定程度的急冷呈玻璃体状态，从而具有较高的潜在活性。在引风机将烟气排入大气之前，上述这些细小的球形颗粒，经过除尘器被分离、收集，即为粉煤灰。

粉煤灰是在煤粉燃烧和排出过程中形成的，其结构比较复杂。在显微镜下观察，粉煤灰是晶体、玻璃体及少量未燃炭组成的一个复合结构的混合体。混合体中这三者的比例随着煤燃烧所选用的技术及操作手法不同而不同。其中结晶体包括石英、莫来石、磁铁矿等；玻璃体包括光滑的球体形玻璃体粒子、形状不规则孔隙少的小颗粒、疏松多孔且形状不规则的玻璃体球等；未燃炭多呈疏松多孔形式。

粉煤灰的物理性质包括密度、堆积密度、细度、比表面积、需水量等，这些性质是化学成分及矿物组成的宏观反映。粉煤灰的物理性质中，细度直接影响粉煤灰的其他性质，粉煤灰越细，细粉占的比重越大，其活性也越大。粉煤灰的细度影响早期水化反应，而化学成分影响后期的反应。

粉煤灰由很多具有不同结构和形态的微粒组成，其中大多数是玻璃球体，单个粉煤灰颗粒的粒径约为 25～300μm，平均几何粒径为 40μm。粉煤灰的真实密度是 2～23g/cm^3，堆积密度为 0.55～0.655g/cm^3，孔隙率一般为 60%～75%。粉煤灰具有多孔结构，比表面积很大，一般在 2500～5000m^2/g，具有较强的吸附能力。利用粉煤灰良好的吸附性能处理废水和废气中的污染物质是探索粉煤灰资源化利用的主要途径之一。

B 粉煤灰处理废水中的镍离子

Serpil Cetin 利用粉煤灰处理了含 Zn^{2+} 和 Ni^{2+} 废水，通过试验分析了不同 pH 值、温度、粉煤灰加入量对吸附的影响。pH 值对粉煤灰吸附重金属离子的效果有一定影响，适宜的 pH 值在 4～7 之间。

Beigin Bayat 等人比较了两种土耳其粉煤灰对水溶液中金属离子 Zn^{2+}、Cu^{2+}、Ni^{2+}、Cd^{2+} 和 Cr^{6+} 的吸附性能。郑礼胜等人对用粉煤灰处理含镍废水进行了试验研究。探讨了粉煤灰用量、废水酸度、接触时间、温度等因素对除镍效果的影响。结果表明，在废水 pH 值为 4～10、Ni^{2+} 浓度为 0～50mg/L 时，按镍/粉煤灰质量比为 1/1000 投加粉煤灰进行处理，去除率达 99% 以上，处理后可达排放标准[48]。

7.3.13.3 活性炭

A 活性炭的性质[49]

活性炭是经过活化处理的黑色多孔性的固体物质，具有巨大的比表面积，一般可达到 500～1500m^2/g；具有丰富的内部微孔结构，其表面具有各种官能团，如羧基、内酯基、酚羟基、羰基等，因此活性炭对于气体、溶液中的无机物或有机物及胶体颗粒等都有很强的吸附能力。它可以用来去除无机污染物（如部分重金属离子）、有机污染物（如芳香族化合物、有机氯化合物）。在各种水深度处理技术中，活性炭吸附都是完善常规处理工艺及去除水中微量有机污染物的最佳选择。

活性炭的孔道按其孔径大小大致可分为三部分：孔径大于 100nm 的大孔主要分布于活性炭的表面，它对水中有机物的吸附作用不大，但作为生物载体它是微生物的繁殖和栖息之地，也是水中较大颗粒的聚集场所；孔径在 4～100nm 之间的过渡孔，比表面积不超过活性炭比表面积的 5%，过渡孔是水中大分子有机物的吸附场所和小分子有机物进入微孔的必由之路，因此吸附质在孔道中的扩散速度受过渡孔的影响很大；孔径小于 4nm 的微孔占活性炭比表面积的 95% 以上，是活性炭吸附有机物的主要场所和被吸附的小分子有机物的最终归宿。

活性炭的孔隙分布给吸附容量以很大影响，这是因为存在着分子筛作用或类似排斥色谱的作用，即具有一定尺寸的吸附质分子不能进入比其直径小的孔隙。究竟能允许多大的分子进入，按照立体效应，活性炭所能吸附的分子直径大约是孔直径的1/10到1/2。

B 活性炭吸附原理

活性炭吸附属于深度处理工艺，可以保证最终的出水能够顺利达标。它主要是由微小结晶部分和非结晶部分混合组成的炭素物质。其中的碳有两种结构，一种是石墨的微晶结构，另一种是不规则碳的交联结构。前一种结构具有六角形的碳网平面，碳网平面也像石墨一样存在平行层而堆叠；后一种结构则为完全无序的碳的交联结构，有的碳呈六角形碳网平面，有的则因其他杂原子的存在而造成碳网平面扭曲或形成杂货结构，即真正意义上的无定形碳。此外，活性炭还含有少量的化学基团，例如羰基、羧基、酚类、内酯类、醌类、醚类等，在活性炭表面有时还会生成硫化物和氯化物。由于活性炭表面的特殊物理化学性质，因此其对于废水中的多种重金属离子和有机物具有很强的吸附能力，可以改善出水水质。

对于活性炭吸附微量有机物主要有以下三种机理：（1）在表面含氧基团与吸附质之间发生的给－受电子作用；（2）在石墨结构的 π 电子和吸附质之间发生的扩散作用；（3）离子存在的静电吸引和排斥作用。

安众一用活性炭吸附法处理重金属废水时，选取 Cu^{2+}、Pb^{2+}、Zn^{2+}、Cr^{6+} 四种离子作为代表物，主要考察了活性炭投加量、溶液初始 pH 值、温度、吸附时间、金属离子的竞争吸附等因素对于处理效果的影响，同时对于活性炭吸附等温线进行了研究。

齐延山等人研究了粉状活性炭对水溶液中低质量浓度柠檬酸络合镍离子的吸附行为，在静态吸附条件下，考察了柠檬酸络合剂质量浓度、吸附剂投加量、pH 值、温度等因素对粉状活性炭吸附镍离子的影响。试验结果表明，溶液 pH 值和粉状活性炭投加量是影响镍离子吸附的重要因素。溶液初始 pH 值为 11.0，活性炭浓度为 10.0g/L 时，镍离子的去除率达到 72.3%。吸附饱和的活性炭经酸碱再生，镍离子洗脱率达到 90% 以上。活性炭再生 5 次，其对镍离子吸附能力基本保持不变。高锰酸钾改性的活性炭使溶液中镍离子质量浓度降低到 0.47mg/L，其对镍离子的去除率比原活性炭提高了 25.3%。活性炭能有效地去除溶液中的络合镍离子，该方法可实现低浓度络合镍电镀废水的综合治理和资源化利用。

付瑞娟等人研究了花生壳活性炭对溶液中非络合态镍离子的吸附性能。化学镀 Ni－P 合金具有工艺简单、镀液不含 CN^- 剧毒成分、镀层性能优异等优点，得到了很大的发展。

C 改性活性炭

活性炭具有很强的吸附性能，主要原因是其表面化学特性。活性炭表面化学性质改性就是通过一定的方法改善活性炭材料吸附表面的官能团及周边氛围的构造，使其成为特定吸附过程中的活性点，从而可以控制亲水或疏水性能及与金属或金属氧化物的结合能力。活性炭材料表面化学组成的不同会对活性炭材料的酸碱性、润湿性、吸附选择性、催化特性等产生影响。活性炭材料吸附表面化学性质的改性可以通过表面氧化改性、表面还原改性及负载金属改性等进行。

表面改性活性炭对于废水中的重金属离子有一定的选择吸附性。

7.3.13.4 膨润土

膨润土的主要矿物组成为蒙脱石，其次有少量的碎屑矿物长石、石英和碳酸盐等。蒙脱石最早在1847年由法国的A. A. Damour和D. Saluetat命名。蒙脱石由两层Si—O四面体片中间夹一层Al—O八面体片组成，其组成为$(Na,Ca)_{0.33}(Al,Mg)_2Si_4O_{10}(OH)_2:nH_2O$，属2:1型层状硅酸盐黏土矿物。在黏土形成过程中常发生类质同象置换，铝氧八面体片中部分铝离子被镁离子置换，四面体片中部分硅离子被铝离子置换，从而产生永久性电荷，致使蒙脱石表面带电且具有较强的吸附性及阳离子交换性能[50]。

A 膨润土的类型、结构及理化特性

天然膨润土的类型主要是由膨润土层间的阳离子种类决定，层间阳离子为Na^+时称为钠基型膨润土，层间阳离子为Ca^{2+}时称为钙基型膨润土。层间阳离子为Li^+时称为锂基膨润土。层间阳离子为H^+时称为氢基膨润土（活性白土）。层间阳离子为有机阳离子时成为有机膨润土。钠基型膨润土的吸附性、悬浮性、膨胀性、黏结性及稳定性高。

膨润土具有各种颜色，如白色、乳黄色、浅灰色、浅绿黄色、浅红色、肉红色、砖红色、褐色等。它具有油脂光泽、蜡状光泽或土状光泽，呈现贝壳状或锯齿状端口。膨润土矿地表一般松散如土，深部较为致密坚硬。其结构类型主要有泥质、粉砂、细沙、角砾凝灰、变余火山碎屑等；构造类型主要有微层纹状、角砾状、斑杂状、致密块状、土状等。膨润土被敲击时声音沙哑。其密度一般为$2g/cm^3$。

膨润土具有吸水膨胀性、分散悬浮性、触变性、黏结性、可塑性、离子交换性、吸附性等特性。

吸附性是指膨润土具有吸附阳离子的特性，吸附原理可解释为：蒙脱石是由两层$Si—O_4$四面体层夹一层$Al(Fe,Mg)—O_6$八面体层组成的基本结构单元层。因为$Si—O_4$四面体有部分被$Al—O_4$四面体代替，导致结构单元层内静电不平衡，因此在层间引入低电价、大半径的阳离子Ca^{2+}、Mg^{2+}、Na^+等，通过远程静电平衡来平衡结构单元层内多余的负电价。这些低电价、大半径的离子和结构单元层之间的作用力较弱而使层间阳离子有可交换性，由于层间阳离子强烈的水合作用又使层间吸附了大量的水分子。蒙脱石矿物在水溶液中发生电离，结构单元层带负电荷。而结构单元边缘因硅氧键、铝氧键断裂带正电荷。蒙脱石矿物晶粒细小，具有较大的比表面积，因层间作用力较弱，在溶剂的作用下，层间可发生膨胀、剥离、分离成更薄的单晶片，这使蒙脱石有更大的内比表面积。所以，蒙脱石带电性和巨大的比表面积使其具有很强的吸附阳离子的特性。

B 膨润土对重金属离子的吸附机理

膨润土对重金属离子的吸附机理有：

（1）交换反应。蒙脱石结构中电荷不平衡，有三种原因：1）电荷的不等价替换；2）表面有未中和的酸基或碱基；3）蒙脱石边缘出现断键，所以产生表面交换吸附，来保持电荷平衡。中和表面电荷需要的离子量决定吸附量，被吸附离子与蒙脱石的亲和力决定吸附能力。亲和力由水化能控制，水化能越小，与黏土矿物的亲和力就越强，吸附能力就越大。

（2）表面配合作用。重金属离子在颗粒表面的吸附作用是一种表面配合反应，反应主要受溶液酸碱度的影响，吸附量随着 pH 值或者羟基基团浓度增加而增加，随着酸度的减小而增加。硅氧结构可以与水形成水合氧化物，使其结构表面呈负电性，更利于配合作用发生。

（3）层间配合作用及水解反应。蒙脱石层与层之间是由分子引力相连接的，重金属进入蒙脱石层间与 SiO^- 发生配合作用。之后某些阳离子就会发生水解反应，释放 H^+ 对蒙脱石的羟基进行破坏，改变膨润土的物理性能。

C 膨润土对含镍废水的处理

张宇等人报道了用六偏磷酸钠改性膨润土处理含镍废水的研究，结果表明：在每升水中加入 1g 吸附剂，吸附时间 30min、pH 值为 5 ~ 6 时，吸附效率接近 100%。

Stella Triantafyllou 等人研究了钠化膨润土去除废水中的镍和钴，在室温条件下研究了不同固液比（1:50、1:100、1:500 及 1:1000）对镍和钴的去除效果，结果表明，低的固液比有较好的吸附效果。罗芳旭等人利用膨润土结合 PAM 处理含镍废水，对膨润土的用量、吸附时间、pH 值等因素对去除镍离子效果的影响做了实验，并对其作用机理进行了探讨，研究发现，当 pH = 8.5、膨润土用量 5.0g/L、PAM 用量 1.0mg/L 时，其对镍离子的吸附效率达 98.1%。

彭荣华等人利用酸改性膨润土对 Ni^{2+}、Cd^{2+} 进行吸附处理，发现 pH 值是影响改性膨润土对重金属离子吸附的重要因素，当 pH 值为 5.0 ~ 7.0 时，镍、镉离子含量不大于 45mg/L，搅拌 60min，吸附效率达到 98.5% 以上，出水达到国家排放标准。

Mortarges 等人用羟基铝膨润土与聚合环氧乙烷反应得到一种无机 – 有机膨润土复合材料，这种改性膨润土能有效去除水中的 Cu^{2+}、Hg^{2+}、Cd^{2+}、Ni^{2+} 等金属离子。

于瑞莲将膨润土、海藻酸钠、聚乙烯醇和水按一定的比例在加热的条件下制得小球，用于处理含镍废水。结果表明，Ni^{2+}去除率可达到97.6%，处理后镍的浓度低于国家规定的排放标准；使用后的小球经过再生，在最佳处理条件下仍有较好的处理效果。

李春玲等人研究了Ni^{2+}与腐殖酸以及腐殖酸、膨润土的共存吸附剂的相互作用，考察了相互作用时间、初始 pH 值、温度对相互作用的影响。结果表明，金属离子的去除率随时间增大而增大，吸附量随温度升高而增大。初始 pH 值对Ni^{2+}去除率影响很大，中性范围Ni^{2+}去除率可以达到最大。Ni^{2+}在腐殖酸及共存吸附剂的吸附过程以物理吸附为主，是一个吸热、熵增、自发的过程。

7.3.13.5 壳聚糖[51]

壳聚糖的基本组成单元是2－胺基葡萄糖，以β－（1，4）－糖苷键相互连接。壳聚糖的C6－伯羟基、C3－仲羟基以及C2－氨基有良好的反应活性，便于对其进行接枝和改性，用于制备壳聚糖功能衍生物。并且壳聚糖具有亲水性、生物相容性和可降解性，是一种环境友好的吸附剂。研究表明，壳聚糖对Pb^{2+}、Cu^{2+}、Cd^{2+}、Zn^{2+}等多种金属离子均有较好的吸附性能。

A　壳聚糖基吸附剂的吸附机理

由于壳聚糖吸附材料的复杂性和其独特的物化性质（如络合化学基团、比表面积小、孔隙度低），壳聚糖材料的吸附机理不同于常规吸附剂，由于吸附质和壳聚糖吸附剂之间存在多种物理或化学相互作用，因此吸附机理通常较复杂。此外，不同功能化壳聚糖化学结构的差别、pH 值、盐度及络合基团的存在方式均会导致吸附机理复杂化。

目前已报道壳聚糖基吸附剂的吸附机理有：离子交换、络合、静电作用、酸碱作用、氢键、憎水相互作用、物理吸附、沉淀。壳聚糖衍生物对金属离子的吸附机理主要取决于吸附剂的化学结构、金属离子的性质以及溶液环境。金属离子吸附是壳聚糖基吸附剂吸附位与金属离子彼此作用的结果。壳聚糖对金属离子的吸附通常以络合或离子交换为主，与溶液 pH 值密切相关。

B　壳聚糖对含镍废水的处理

周利民等人用反相乳液分散—化学交联方法制备了粒径为50～80μm 的Fe_3O_4/壳聚糖磁性微球，经乙二胺改性，用于吸附重金属离子；考察了改性磁性壳糖微球（EMCS）对Cu^{2+}、Cd^{2+}和Ni^{2+}的吸附性能。结果表明，随着溶液 pH 值的升高，Cu^{2+}和Ni^{2+}的吸附容量增加，Cd^{2+}吸附容量最佳 pH 值为3；吸附等温数据符合 Langmuir 模型，EMCS 对Cu^{2+}、Cd^{2+}、Ni^{2+}的饱和吸附容量分别为54.3mg/g、20.4mg/g、12.4mg/g；吸附动力学数据用拟二级反应模型能很好地拟合。经乙二胺改性的Fe_3O_4/壳聚糖磁性微球在实验 pH 值范围内对Cu^{2+}的吸附选择性高于Cd^{2+}和Ni^{2+}。

甄豪波等人[52]以壳聚糖和人造沸石为原料，采用滴加成球法制备了一种新型重金属吸附剂——壳聚糖交联沸石小球，通过吸附实验考察了pH值、时间及重金属离子浓度对吸附Cu^{2+}、Ni^{2+}、Cd^{2+}的影响。结果表明，制得的壳聚糖交联沸石小球的平均粒径为3.2mm，密度为1.08g/cm^3，含水率为80%。在pH=5、温度25℃条件下，壳聚糖交联沸石小球对浓度100mg/L的Cu^{2+}、Ni^{2+}和Cd^{2+}溶液的饱和吸附量分别达到7.7mg/g、8.9mg/g和9.1mg/g，吸附符合准二级动力学模型，吸附过程符合Langmuir等温吸附模型，也基本符合Freundlich等温吸附模型。对于Cu^{2+}和Ni^{2+}的吸附，壳聚糖交联沸石小球可以再生重复使用5次而吸附量基本无衰减，但对Cd^{2+}第5次的吸附量只有初次吸附量的57%。壳聚糖交联沸石小球的电镜扫描结果显示其具有多孔网状结构。

孙兰萍等人在pH=7下吸附4h，壳聚糖对Ni^{2+}的吸附量达到42.15mg/g，其中pH值、反应时间及起始重金属浓度对壳聚糖吸附重金属有较大影响。

7.3.13.6 腐殖酸

罗道成等人[53]利用泥炭为原料制备出腐殖酸树脂，在动态条件下，研究了腐殖酸树脂对重金属离子Zn^{2+}、Ni^{2+}的吸附效果及吸附条件。结果表明，在20℃，流速为4mL/min，pH值为5.0~7.0，含Zn^{2+}、Ni^{2+}浓度分别为70mg/L的废水经过腐殖酸树脂处理，Zn^{2+}、Ni^{2+}去除率可达98%以上，且处理后的废水pH值近中性。含Zn^{2+}、Ni^{2+}浓度分别为32.5mg/L和29.4mg/L，pH值为5.9的电镀废水经腐殖酸树脂处理后，废水中Zn^{2+}、Ni^{2+}含量明显低于国家排放标准。

7.3.13.7 风化煤

风化煤价格低廉，煤中含有腐殖酸、芳香族、羧基、羟基、酚羟基、羰基等活性基团，可与水中金属离子发生离子交换、络合和螯合反应。含Cr的电镀废水能被风化煤吸附。

梅建庭[54]用分光光度法分析研究了风化煤对水中Pb^{2+}、Cu^{2+}、Ni^{2+}、Zn^{2+}的吸附与解吸。在20℃，滤速为4mL/min，pH=4时，浓度分别为20mg/L的Pb^{2+}、Cu^{2+}、Ni^{2+}、Zn^{2+}溶液经风化煤吸附后，其去除率均达97%以上。电镀废水经风化煤二级吸附后，达到国家排放标准。

7.3.13.8 凹凸棒石黏土

凹凸棒石是一种富镁黏土矿物，属硅酸盐的双链结构（角闪石）与层状结构（云母类）的过渡类型，为2:1型黏土矿物。由于它具有独特的链式结构，因而具有不同寻常的吸附性能。与其他黏土相比，凹凸棒石黏土具有比表面积大、吸附与脱色能力强的特点，而且该黏土成本低、来源广，被广泛应用于石油、化工、冶金、环保等行业。申华等人采用黏土和活化土吸附剂处理含Ni^{2+}水样，探讨了不同实验条件，如吸附剂用量、灼烧时间和处理时间等对Ni^{2+}吸附率的影响，得出了最佳实验条件。结果表明，用该吸附剂在最佳条件下处理镍质量浓度为71mg/L的废水，可使Ni^{2+}的残余浓度大大降低[55]。

7.3.13.9 矿渣

矿渣是高炉冶炼生铁时排出的工业废渣，是由铁矿石中的土质组分和石灰石熔剂化合而成，并在1400～1500℃高温下成熔融状态，自高炉中流出后用水淬冷得到的细小颗粒。它具有疏松的不规则架状结构，对重金属离子具有较强的吸附和交换能力。

郑礼胜等人对矿渣处理含镍废水进行了试验研究。探讨了矿渣用量、细度，混合反应时间、温度，废水酸度及镍浓度对除镍效果的影响。结果表明，对pH≥3，Ni^{2+}浓度不大于400mg/L的废水用矿渣进行处理，镍去除率达99%以上，且处理后废水pH值近中性。

具体实验方法为：移取浓度为25mg/L的含镍试液（代替含镍废水）100mL置于400mL烧杯中，加入1g矿渣，室温下在电磁搅拌器上混合搅拌40min，稍放置，过滤，取适量溶液测定pH值和残余镍含量，按式（7-1）计算镍去除率：

$$去除率 = (c_0 - c)/c_0 \times 100\% \qquad (7-1)$$

式中，c_0为含镍试水Ni^{2+}浓度，mg/L；c为处理后试水Ni^{2+}浓度，mg/L。

7.3.13.10 陶粒

陶粒是一种人造轻质粗集料，主要用于配制轻集料混凝土、轻质砂浆及耐酸热混凝土集料。由于其内部多孔，比表面积较大，化学及热稳定性好，具有较好的吸附性能，且易于再生，便于重复利用，因此是一种廉价的吸附剂。

史东明等人的研究中将涂铁陶粒和陶粒对含镍废水的去除效果进行了对比分析，发现涂铁陶粒的效果更为显著，去除率可相对提高15%～20%。

郑礼胜等人探讨了用陶粒处理含镍废水实验中陶粒用量、废水酸度、接触时间等因素对除镍效果的影响。结果表明，在废水pH值为3～10、Ni^{2+}质量浓度为0～200mg/L的条件下，按镍/陶粒质量比为1∶400投加陶粒，镍的去除率达99%以上，处理后的废水可达排放标准。

具体实验方法为：移取浓度为25mg/L的含镍试液（代替含镍废水）100mL置于250mL锥形瓶中，加入1g陶粒，在HY-4型振荡器上振荡75min，稍放置，过滤。取适量滤液测定pH值和残余镍含量，并按式（7-1）计算镍去除率。

7.3.13.11 累托石

累托石是一种规则间层黏土矿物，其微观结构为硅（铝）-氧四面体晶片和铝（镁）-氧（包括氢氧）八面体晶片或两种晶片相互结合。累托石晶体结构中含有膨胀性的蒙皂石晶层，具有较大的亲水表面，在水溶液中显示出良好的亲水性、分散性和膨胀性。蒙皂石具有层负电荷，显示负电性。累托石经过改性处理，一方面使其中的部分金属化合物溶解成金属离子和排出部分水；另一方面使其中的网状孔径变大，而使之具有较大的比表面积。改性后的累托石，其结构中水分和可交换的阳离子排出以后，能吸附多种金属离子及有机极性分子，同时由于它具有较大的比表面积，对重金属离子具有一定的物理吸附，主要吸附形式为离子交换。

罗道成等人[56]为了高效廉价地处理电镀废水，对天然累托石进行处理制备成改性累托石。在静态条件下，对改性累托石处理含镍电镀废水进行了试验，探讨了改性累托石的用量、废水酸度、接触时间、温度及阴离子浓度对除镍效果的影响。结果表明，在废水 pH 值为 4.0 ~ 7.0、镍浓度 0 ~ 100mg/L 范围内，按镍与改性累托石质量比为 1∶20 投加进行处理，镍去除率可达 98% 以上，且处理后废水接近中性。含镍电镀废水经改性累托石处理后，镍含量显著低于国家排放标准。

具体实验方法为：移取浓度为 50mg/L 含镍溶液 100mL 于 250mL 锥形瓶中，加入 0.10g 改性累托石，在康氏振荡器上振荡 70min，稍放置，过滤。取适量滤液测定 pH 值和残余镍含量，并按式（7 -1）计算镍去除率。

7.3.14 生物法

生物法处理重金属废水，主要是通过生物的新陈代谢活动及其衍生物对废水中的重金属进行吸附作用，从而转移或转化污染物．使废水得到净化。

生物法处理电镀废水的基本原理是从电镀污泥中培养 SR 系列复合功能菌，这种功能菌具有静电吸附作用、酶的催化转化作用、络合作用、絮凝作用、包藏共沉淀作用和对 pH 值的缓冲作用，这种功能菌能够高效还原 Cr^{6+} 为 Cr^{3+}，并且吸附和络合 Cr^{3+}、Zn^{2+}、Cu^{2+}、Ni^{2+}、Pb^{2+} 等离子，再经固液分离，废水得到净化。

分离出的污泥中含有需处理的重金属离子，可以再用化学法处理。功能菌在一定温度下靠养分不断繁殖生长，从而长期产生废水处理所需的菌源。生物法是治理电镀废水的高新生物技术，适用于大、中、小型电镀厂的废水处理，具有重大的实用价值，易于推广。利用微生物法处理电镀废水的优势在于无污水和废渣排放，没有二次污染，污泥中的重金属能够回收，投资少，操作简单，使用周期长，管理方便。缺点在于功能菌去除效果不是很理想，繁殖更新时间长，需要严格控制微生物培养条件等。

赵玲等人对海洋赤潮生物原甲藻的活体和死体废水中的 Cu^{2+}、Pb^{2+}、Ni^{2+}、Zn^{2+}、Ag^{+}、Cd^{2+} 的去除效果进行了研究，实验结果表明，甲藻的活体和死体对各种离子均有显著的去除能力，处理 30min 后，去除率趋于平衡。

7.3.14.1 生物吸附法[57]

利用微生物处理重金属工业废水的研究源于 20 世纪 80 年代，微生物具有像离子交换树脂一样的离子交换特性，特别是藻类、真菌、细菌具有这种特性的细胞壁结构，所以藻类、真菌、细菌均可作为生物吸附剂，用于吸附废水中的重金属。生物吸附作为一个新工艺可以用于金属的去除和含重金属的工业污水的解毒方面。另一方面，饱和生物吸附剂中沉积金属的解吸是容易完成的，因为它们在洗液中很容易从吸附剂中释放出来，与此同时，生物吸附剂也得到了再生，以用于下一个循环。这些优点和生物吸附剂非常低的价格使其有很高的商业价值，在污水解毒的环境应用方面有特殊的竞争优势。

生物吸附剂指具有从重金属废水中吸附分离重金属能力的生物质及衍生物。它最早被用于水溶液体系中重金属等无机物的分离。目前，生物吸附剂以其高效、廉价、吸附速度快、便于储存及易于分离回收重金属等优点，已引起国内外研究者的广泛关注。

与传统的处理方法相比，生物吸附具有以下优点：在低浓度下，金属可以被选择性地去除；节能、处理效率高；操作时的 pH 值和温度条件范围宽；易于分离回收重金属；吸附剂易再生利用。

A 国内外研究动态

R. W. Hammack 等人用硫酸盐还原菌去除矿山废水中的镍，取得较好的效果，但需要加助剂乳酸钠，且研究处于实验室试验阶段。

张子间进行了微电解—生物法处理含铬电镀废水的研究。研究结果表明：对 Cr^{6+} 浓度为 50mg/L、Cu^{2+} 浓度为 15mg/L、Ni^{2+} 浓度为 10mg/L 的废水，经处理后的净化率达 99.9%。

吴乾著等人利用 SR_4 菌株处理电镀废水中的 Ni^{2+} 研究。研究结果表明，SR_4 富集镍的主要机理是静电吸附和生化作用，当水温为 20～40℃、pH 值为 9、Ni^{2+} 的浓度为 40mg/L 时，废水中的 Ni^{2+} 去除率达 99% 以上。

赵肖为等人[58]利用基因工程菌 E. coli SE5000 通过基因工程的手段经外源的 nixA 基因和金属硫蛋白编码基因转化后，所得到的基因重组菌可在细胞膜处表达出对 Ni^{2+} 具有高亲和力的镍转运蛋白，以及在细胞质内表达出对重金属离子有高结合容量的金属硫蛋白，其对 Ni^{2+} 的富集能力比原始的宿主菌 E. coli SE5000 增加了 4 倍多。重组菌从水体中富集 Ni^{2+} 的速率很快，富集过程可用经典的 Langmuir 模型描述。重组菌能在 pH 值为 4～10 的范围内有效地富集 Ni^{2+}，最佳 pH 值为 8.6，表明菌体对酸碱度的变化有较强的适应能力；与传统的生物吸附法相比，溶液中 1000mg/L 的 Na^{+} 或 Ca^{2+} 对重组菌的富集行为影响较小，但 Mg^{2+} 的存在却能产生严重的影响；Cr^{3+} 和 Cu^{2+} 对重组菌的富集过程产生的影响比 Cd^{2+} 或 Pb^{2+} 严重，而 Hg^{2+} 负面影响最大。EDTA 的存在对重组菌的富集行为有严重的抑制作用。

B 生物吸附剂的种类

早期的生物吸附剂主要指微生物，如原核微生物中的细菌、放线菌，真核微生物中的酵母菌、霉菌等，以及藻类，甚至有人定义生物吸附为利用微生物（活的、死的或其衍生物）分离水体系中金属离子的过程。但目前生物吸附剂的研究范围已不限于微生物，例如吸附剂可以是动植物碎片等无生命的生物物质，也可以是活的植物系统。在判断一种材料是否适合作为生物吸附剂时，一般要考虑：吸附剂的机械稳定性、对目的物的选择吸附性能、平衡吸附容量、吸附速度和应用成本。同时，这几个方面也是在针对特定物系选用生物吸附剂时要考察的几个必要条件。

虽然生物吸附法是从废水中脱除重金属的有效方法，但其工业化的步伐却一直很缓慢，其中吸附机理的研究还不透彻。因此，需要在探究吸附机理、建立更好的吸附过程进行模型模拟、生物吸附剂的再生和用真正的工业废水试验及固定的生物量方面进行进一步研究。

工业化的重金属吸附剂需满足三方面要求：（1）能够快速有效地进行吸附、解吸操作，具有较好的重金属选择吸附特性；（2）成本低廉，再生性能良好；（3）具有较理想的物理、化学和力学性能（包括粒径、空隙度、耐冲击性等），适于填充各种类型的反应器。目前人们筛选出的对重金属具有吸附潜力的生物体基本上能够满足前两个要求，而要满足第三个要求，则还要开展更多的关于生物吸附剂固定化技术的研究，使其能够像离子交换树脂和活性炭那样方便地应用于实际的处理过程中。

C　吸附机理

a　生物吸附机理

根据是否消耗能量，生物法吸附重金属离子的吸附机理可分为活细胞吸附及死细胞吸附两种。而根据细胞依赖新陈代谢的程度，生物吸附机理可以分成依赖新陈代谢和不依赖新陈代谢两种。

活细胞吸附分为两个阶段：第一阶段与代谢无关，为生物吸着过程。在此过程中，金属离子可能通过配位、螯合、离子交换、物理吸附及微沉淀等作用中的一种或几种复合至细胞表面。在此阶段中金属和生物物质的作用较快，典型的吸附过程数分钟即可完成；第二阶段为生物积累过程，过程进行得较慢，在此阶段中金属将被运送至细胞内，已提出的金属运送机制有脂类过度氧化、复合物渗透、载体协助及离子泵等[59]。

生物积累过程和细胞代谢直接相关，因此，许多影响细胞生物活性的因素都能影响金属的吸附。值得注意的是，重金属对活细胞具有毒害作用，故能抑制细胞对金属离子的生物积累过程。在实际吸附过程中，活细胞的吸附量并不因为有能量代谢系统的参与而比死细胞高。另外，生物吸附的机理往往因菌种、金属离子的不同而不同，但其主要发生的是细胞壁上的官能团—COOH、—NH_2、—SH、—OH、PO_4^{3-} 等与重金属离子以离子键或共价键络合或以其他的方式相配位。

总的来说，微生物从溶液中去除重金属离子的机制可以分为：挥发、细胞外沉积、细胞外络合及随后的积聚、结合在细胞表面、细胞内积聚。

尽管许多研究者采用多种测试手段和方法开展了对生物吸附机理的研究，但由于细胞本身结构组成的复杂性，对吸附机理的理解还不够深入，有待进一步研究。

b 细菌对镍离子的去除机理

细菌对镍离子的去除机理有：

（1）胞外富集或沉积。微生物细胞对镍离子具有一定的吸附作用，而这种吸附作用主要发生在菌液和废水混合最初的几分钟内，因此主要是物理吸附，也就是胞外富集以及细胞壁表面吸附或络合金属离子。细胞荚膜是细胞壁外存在着的一层厚度不定的黏稠的透明胶状物质，其主要成分是多糖、多肽和蛋白质。Brow 和 Lester 认为活性污泥和细菌产生的胞外多糖在金属分离中具有重要的作用。微生物产生的胞外多糖含有糖醛酸、磷酸盐等可以络合金属离子的化合物。MClean 等人的研究表明谷氨酞基荚膜对金属离子具有很好的亲和能力。

（2）细胞壁表面吸附或络合。大部分微生物对金属的富集往往发生在细胞壁表面，细胞表面对金属的吸附通常是一种快速且依赖 pH 值的过程。一般认为吸附主要是由于金属离子与细胞表面活性基团络合、离子交换以及络合基团为晶核进行的吸附沉淀。中科院的黄淑惠在试验中通过电镜观察发现，Au^{3+} 被细胞吸附后，缓慢还原为不溶的元素 Au，主要沉积在细胞壁表面以及菌丝体的横隔，还有一些沉积在细胞的周围。微生物的细胞壁是由多糖核蛋白质等物质组成的，使其表面形成较高的离子浓度。Tsezos 和 Volesky 认为细胞壁上的反应基团（例如—NH_2、—OH、—CO—、—NH—、—SH）和羧基能水化金属离子形成螯合物，他们的结论从另一方面证明了细胞壁吸附的存在。

（3）胞内富集。观察到金属可以被富集在细菌、真菌、海藻细胞内，如铜绿假单胞菌在细胞内富集 UO_2^{2+}，活发面酵母在胞内富集 Cd^{2+} 等。生命必需元素如 Na、K、Ca 的运输机理已经研究得比较深入，而另外的金属元素在胞内的富集机理则知之甚少。有些人认为细胞对非必需元素的胞内富集是由于正常金属运输体系缺乏专一性。尽管一些金属，如 Ag、As、Hg、Zn、Pb、Cd 和 Ni 具有毒性，但一些微生物对它们却有抵抗力，目前还不了解细胞胞内吸收金属的特殊机理，但它们的吸收似乎由连接着质粒的基因控制。

细胞壁与膜的表面富集是微生物抵抗重金属毒性的手段之一。在较高浓度的镍的环境中，微生物可通过先摄入一定量的重金属刺激抗性机制的运行，促使体内重金属的排出，同时通过壁膜成分的改变促进镍晶体的形成与富集。

菌体也可以直接对镍进行表面富集，对细胞表面的重金属结合位点与壁膜金属通道进行屏蔽，减少环境中重金属向细胞体内直接运输的压力。由于微生物细胞壁表面有羧基、硫基等基团，细胞膜有各类型吸附专性蛋白，因此，重金属可在细胞壁、膜表面富集，并形成晶体。

D 基因水平方面的机理研究

生化法处理含镍电镀废水技术中的菌株通过与其他的微生物复合形成菌胶团，它们之间互生、共生，并存在着化学、物理和遗传信息三个层次的相互协作。微生物净化金属离子的这三个层次的协作关系是紧密相关的，即在一定时间内，微生物在废水中对重金属离子几乎同时有静电吸附作用、酶的催化转化作用、螯合或络合作用、絮凝作用、包藏共沉淀作用和对 pH 值的缓冲作用，使得金属离子被沉积以净化废水。

菌株经过长期的筛选和培育，在优势菌群中形成酶类，且活性都很高，从而提高了废水中镍金属价态转化和净化率。

在菌胶团形成过程中，菌株在物理位置分布上及空间结构连接上发生变化，使菌胶团表面带负电荷，对金属离子有吸附能力。同时，菌胶团可包藏金属离子，具有良好的沉降性能。

由于菌胶团净化金属离子在三个层次的协作，在一定条件下，菌株同时具有静电吸附、价态转化、络合、絮凝、缓冲 pH 值五大功能，带负电的菌胶团与重金属阳离子发生氧化还原反应和螯合反应。

通过上述数种反应，将废水中的重金属离子富集于优势菌的表面。由于优势菌具有絮凝作用使沉降物与水分离，电镀废水净化达标排放，重金属离子富集回收。

菌株独特的生化反应形式及其固有的特殊性，使多种重金属离子的去除不存在相互干扰。而在一般的化学方法中，$Cr(OH)_3$ 与 $Ni(OH)_2$ 因沉淀与返溶的范围存在交叉而互相干扰，$pH>9$ 时 Ni^{2+} 才能沉淀，而此时 $Cr(OH)_3$ 又返溶于水中。

E 镍的解吸探讨

生物吸附重金属离子后需要脱附再生才可循环使用，同时脱附也是回收贵重金属的途径。目前使用的脱附剂主要强酸、金属盐、络合物等。强酸、金属盐类脱附剂分别是利用氢离子、金属离子与吸附的重金属离子竞争吸附位点，从而把被吸附的重金属离子从吸附剂上洗脱下来；而络合物（如 EDTA）则是通过对重金属离子的络合作用进行脱附。

将吸附镍后的菌晾干，用 1mL 各种浓度的 $NaHCO_3$ 和 HCl 进行解吸比较试验，经过 20min 反应后，过滤并测定溶液中的 Ni^{2+} 浓度。结果表明，用 $NaHCO_3$ 溶液解吸只能析出少量的 Ni^{2+}，解吸率最大为 13.4%，而用相同浓度的 HCl 溶液能达到 82.9% 以上的解吸率。如用 0.14mo/L 的 HCl 溶液能达到较高的解吸率，HCl 浓度继续增大，解吸率略有变化，但变化不显著[60]。

F 生物法处理电镀废水的优点和存在的主要问题

生物法处理电镀废水的优点有：[61]

(1) 综合处理能力较强。生物法能够较好地处理电镀综合性废水，使废水中的六价铬、铜、镍、锌、镉、铅等有害金属离子得到有效处理，同时形成沉淀，达到国家排放标准，能够达到电镀废水处理的基本目的。

(2) 处理方法简便适用。采用生物法处理技术比较简单，既不需要车间分道排水，也不需要繁琐地调节废水 pH 值。废水 pH 值范围较宽（pH 值为 4 ~ 10），从电镀车间排出的废水直接混合后（含氰废水需先破氰再混合），即可进行处理。

(3) 处理过程控制简单。生物法处理电镀废水运行过程中实际上只有一个控制参数，就是含菌水和废水的混合比例，而且是依靠含菌水的过量保证废水中金属离子的完全反应，运行中的控制很简单，容易实现自动化处理。

(4) 污泥量少。同化学法、离子交换法等方法比较，生物法中微生物对金属离子的富集程度较高，污泥稳定、量少（为化学法的 1/10 ~ 1/2），重金属品位高有经济回收价值，污泥中金属离子的浓度高，二次污染明显减少。

(5) 无二次污染。不使用化学药剂，污泥量很少。

存在的主要问题有：

(1) 功能菌繁殖速度较慢。生物法处理电镀废水的直接消耗是每天要培养功能菌，使其繁殖生长。目前的功能菌培菌时间要 24h 以上，而且要将培菌池保持温度在 40℃ 左右，还需要每天定量投加合成培养基。由于功能菌的繁殖速度较慢，必须要有 2 个培菌池，设施有效利用率低，工程造价消耗能源较高，培养基的消耗也较大，造成处理成本增加。

(2) 功能菌反应效率有待提高。目前所采用的功能菌和废水中金属离子的反应效率不太高，当废水中金属离子浓度在 30 ~ 80mg/L 时（这是电镀车间排放废水的一般浓度），含菌水和废水反应比例为 (1 ~ 2) : 1。

(3) 处理水难以回用。采用生物法技术处理后的电镀废水，虽然重金属离子达到排放标准，但由于生物菌的过量投加，水中的残余生物菌还能繁殖，特别是放置一段时间以后，明显看到水中有浮游生物。显然这种水不能回用到电镀清洗槽，只能用于培菌或冲洗厕所等，若要回用作电镀清洗水，还需严格的净化处理。

生物法处理电镀废水，是一项很有发展前途的技术。随着生物工程科学的发展，微生物技术应用于处理电镀废水有着广阔的发展前景。鉴于目前的研究状况，今后的研究方向为：

(1) 提高功能菌的反应效率，降低功能菌的培养成本，实现处理设施的设备化和自动化。

（2）对微生物与重金属反应的动力机理进行深入研究，提高微生物对重金属的负荷能力，以提高重金属离子的去除效果。

（3）开发新型的处理工艺及反应器，并获取特征参数。

7.3.14.2 生物絮凝法[62]

我国是水资源短缺和污染比较严重的国家之一。要解决水资源短缺问题，除节约用水外，加强对污水的处理是目前亟待解决的问题。在水处理方法中，絮凝法是最常用的方法之一。在生活污水和各种工业废水中，常含有不同种类和数量的悬浮体和胶体，这些颗粒自动凝聚成大颗粒，但从分散介质中沉淀出来的速度却很慢，一般在各种废水处理中先加入絮凝剂使这些溶胶和悬浮体脱稳，进而凝聚成大颗粒沉淀出来。

A 生物絮凝剂

絮凝剂的种类很多，按组成可分为以铝系和铁系为代表的无机絮凝剂、以PAM为代表的有机高分子絮凝剂和生物絮凝剂。无机絮凝剂运行可靠，但处理效率不佳、耗资大、有一定危害，在消除一种污染的同时又带来另一种污染。

生物絮凝剂又被称为第三代絮凝剂，是一类由微生物产生的具有絮凝能力的高分子有机物，主要有蛋白质、黏多糖、纤维素和核糖等。根据物质的组成不同，它可以分为以下几类：直接利用微生物细胞的絮凝剂、利用微生物细胞提取物的絮凝剂、利用微生物细胞代谢产物的絮凝剂。生物絮凝剂没有传统絮凝剂的缺点，而且还具有高效、无毒、易降解、无二次污染、用途广泛和脱色效果独特等特点，是环境友好型絮凝剂。

关于生物絮凝剂的絮凝机理人们提出了很多假说。目前，人们普遍接受的学说是离子键、氢键结合学说。该学说认为，尽管生物絮凝剂的性质不同，但对液体中悬浮颗粒的絮凝有着相似之处，它通过离子键、氢键的作用与悬浮物结合。由于絮凝剂的相对分子质量较大，一个絮凝剂的分子可同时与几个悬浮颗粒结合。在适宜的条件下，絮凝剂迅速形成网状结构而沉淀，表现出絮凝能力。由于生物絮凝剂是通过离子键、氢键等化学作用将絮凝物质集聚在一起，因此其絮凝作用非常广泛，基本上不受微生物个体和颗粒表面特性的影响。

B 生物絮凝剂的发展前景展望

生物絮凝剂因其具有超强的絮凝性能，可使一些难处理的高浓度废水得到絮凝，并明显降低COD、色度等指标，是一种有着良好发展前景的新型絮凝剂。微生物絮凝剂易生物降解、对环境安全、无二次污染，可以采取生物工程的手段实现产业化，因而具有广阔的应用前景。

但当前也存在着生产成本高、活体絮凝剂保存困难、絮凝剂处理功能单一等难题。今后生物絮凝剂研究和应用发展应主要从以下几方面进行：（1）继续深入研究生物絮凝剂的理化性质、絮凝机理及影响絮凝的因素；（2）优化选育条件，降低生产成本；（3）发展适合生物絮凝剂研制与应用的新技术、新工艺；（4）寻找新物种，选育高产高效菌株；（5）运用原生质融合和基因工程技术，创造出高产高效工程菌株；（6）探讨生物絮凝剂与无机絮凝剂和有机高分子絮凝剂结合使用的复合型絮凝剂。

通过对以上电镀废水方法的介绍和分析，传统的重金属废水处理方法，如化学沉淀法、生物法、吸附法、离子交换法、反渗透、电渗析等各有优势，也各有缺点，很多方法投资大，出水水质不达标，易产生二次污染等。反渗透和电渗析法不需要加入化学药剂，易操作，但是能耗和成本高，对低浓度的废水处理效果不好，经济性差；化学法、活性炭吸附法等处理药剂大、能耗高、出水水质和残渣不稳定，回收金属难度大，而且大多数是镍的转移，并没有回收或再利用重金属。生物法的功能菌繁殖速度慢，需要添加培养基等营养液，需要适宜的生活条件，而且出水水质不稳定，易波动；离子交换法虽然处理容量大，出水水质好，水和重金属可以回收利用，但缺点是一次性投资大，树脂易受污染或氧化失效，再生频繁，操作费用高，操作管理复杂，只适用于进行深度处理。

参考文献

[1] 张迎明. 镍吸附基因工程菌的构建及吸附性能研究［D］. 广州：暨南大学，2006：1.

[2] 李彩丽. 含镍电镀污泥中镍的回收和综合应用［D］. 太原：太原理工大学，2010：1，2.

[3] 徐波. 镀镍废液作为镍源的应用研究［D］. 广州：广东工业大学，2011：1～11.

[4] 李茹，乔壮明，王平，等. 痕量镍分析的研究进展［J］. 冶金分析，2010，30（6）：27～36.

[5] 骆丽君. 电镀污泥中重金属铜和镍含量的分析研究［J］. 天津化工，2009，23（5）：53.

[6] 齐延山. 低浓度络合铜镍电镀废水的处理技术研究［D］. 济南：山东大学，2011：19～22.

[7] 葛丽颖. 含铜/镍电镀废水的处理与分离研究［D］. 贵阳：贵州大学，2007：17～19.

[8] 石太宏，邹书剑，陈坚. 电镀污泥中铜和镍的湿法冶金回收技术研究进展［J］. 环境工程，2008，26（增）：360～364.

[9] 李春城. 超声波强化两步酸浸法处理电镀污泥新工艺的研究［D］. 广州：华南理工大学，2010：7，8.

[10] 郭学益，石文堂，李栋. 从电镀污泥中回收镍、铜和铬的工艺研究［J］. 北京科技大学学报，2011，33（3）：328～332.

[11] 李盼盼，彭昌盛. 电镀污泥中铜和镍的回收工艺研究污泥的酸浸出工艺［J］. 电镀与精饰，2010，32（1）：37～39.

[12] 安显威，韩伟，房永广．回收电镀污泥中镍和铜的研究［J］．华北水利水电学院学报，2007，28（1）：91～93.
[13] 王浩东，曾佑生．用氨浸从电镀污泥中回收镍的工艺研究［J］．化工技术与开发，2004，33（1）：36～38.
[14] 程洁红，陈娴，孔峰．氨浸—加压氢还原法回收电镀污泥中的铜和镍［J］．环境科学与技术，2010，33（6）：135～137.
[15] 刘建华，张焕然，王瑞祥．氨法浸出电镀废渣中镍铜的工艺［J］．中国有色冶金，2011，5：73～76.
[16] 解建云，裴志超，卢建昌．电镀废水传统处理法与膜技术处理法比较［J］．科技传播，2012，5（9）：175，176.
[17] 夏俊方．膜分离技术处理电镀废水的实验研究［D］．成都：西南交通大学，2005：9，10.
[18] 李平，马晓鸥，莫天明，等．膜法在镀镍漂洗废水处理中的应用［J］．广东化工，2010，37（1）：103，104.
[19] 邱季峰．结晶—过滤技术处理电镀废水研究［D］．深圳：深圳研究生院，2008.
[20] 吕小梅，李继．硫化镍异相结晶法处理含镍废水［J］．环境工程学报，2012，6（6）：1885～1889.
[21] 袁雪．化学沉淀—铁氧体法处理重金属离子废水的实验研究［D］．重庆：重庆大学，2007：18～26.
[22] 刘富强，朱兆华，邓华利．硫化钠沉淀法处理化学镀镍废液［J］．环境工程，2008，26（增）：143.
[23] 杨春，刘定富，龙霞．电镀污泥酸浸出液中铜和镍分离的研究［J］．无机盐业，2010，42（8）：44～46.
[24] 李侠．巯基型螯合剂的合成及其对镍废水处理研究［D］．长沙：长沙理工大学，2012：1～11.
[25] 李朝辉，湛雪辉，黎昌玉．5－甲基－2－巯基苯甲酸（MSD）的合成及其钠盐处理镍废水的研究［J］．湖南师范大学自然科学学报，2012，35（4）：46～50.
[26] 杨丽芳．絮凝沉淀—微滤膜过滤组合工艺去除电镀废水中铜和镍的研究［D］．南京：江苏工业大学，2009：10～12.
[27] 闫雷，于秀娟，李淑琴．硼氢化钠还原法处理化学镀镍废液［J］．化工环保，2002，22（4）：213～216.
[28] 魏在山，徐晓军，宁平，等．气浮法处理废水的研究及其进展［J］．安全与环保，2001，1（4）：14～17.
[29] 李京．气浮法处理电镀废水的研究［J］．环境技术，2001，（2）：41～43.
[30] 朱政，张银新，刘慧，等．离子交换法处理含硫酸铜废水的研究［J］．辽宁化工，2010，39（8）：813～815.
[31] 梁志冉，涂勇，田爱军，等．离子交换树脂及其在废水处理中的应用［J］．污染防治技术，2006，19（3）：34～36.
[32] 魏健，徐东耀，朱春雷，等．离子交换法处理含 Mn^{2+} 废水的研究［J］．中国锰业，

2009，27（4）：26～28.

[33] 宋吉明，宋立明，侯春芳．螯合树脂离子交换法处理弱酸性电镀废水中铜、镍的研究［J］．辽宁城乡环境科技，2000，20（2）：29～32.

[34] 雷英春．电解法处理含镍废水及纯镍的回收［J］．城市环境与城市生态，2009，22（3）：13～15.

[35] 郭学益，石文堂，李栋，等．采用旋流电积技术从电镀污泥中回收铜和镍［J］．中国有色金属学报，2010，10（12）：2425～2430.

[36] 杨振宁，陈志传，高大明，等．电镀污泥中铜镍回收方法及工艺的研究［J］．环境污染与防治，2008，30（7）：58～61.

[37] 王昊，刘贵昌，邢明秀，等．电解法降解化学镀镍废液 COD 的研究［J］．环境保护与循环经济，2011，31（5）：47～49.

[38] 孙盈．含钼废水中钼的溶剂萃取分离研究［J］．长春：吉林大学，2006：1～7.

[39] 谭雄文．溶剂萃取法回收高浓度电镀废水中的铬［D］．湘潭：湘潭大学，2004：10～11.

[40] 李亚栋，郑化桂，李龙泉，等．N530 萃取法从含镍废水中提取镍的研究［J］．化学世界，1994（3）：156～158.

[41] 彭滨．从电镀污泥中回收铜和镍［J］．广东化工，2005，（12）：59，60.

[42] 陈尔余．天然沸石的改性剂处理含镍废水的研究［D］．杭州：浙江大学，2006：13～17.

[43] 郑礼胜，王士龙，张虹，等．用沸石处理含镍废水［J］．材料保护，1998，31（7）：24，25.

[44] 沈绍典，杨毅飞，朱贤．氨基改性天然沸石的制备及其对 Ni^{2+} 的吸附行为［J］．材料保护，2009，42（1）：76～78.

[45] 李增新，王国明，王彤．沸石－壳聚糖吸附剂吸附废水中的 Ni^{2+}［J］．化工环保，2009，29（1）：5～9.

[46] 罗道成，易平贵，陈安国．改性沸石对电镀废水中 Pb^{2+}、Zn^{2+}、Ni^{2+} 的吸附［J］．材料保护，2002，35（7）：41～43.

[47] 付桂珍．黏土矿物颗粒复合材料的制备及处理电镀工业废水的研究［D］．武汉：武汉理工大学，2009：9～24.

[48] 花蓉，周笑绿，谭小文．粉煤灰基固体材料在废水处理领域的应用［J］．粉煤灰综合利用，2010（2）：54～56.

[49] 安众一．电絮凝—活性炭吸附法处理电镀废水的研究［D］．哈尔滨：哈尔滨工业大学，2010：7～11.

[50] 杨翠娜，杨彦会，丁述理．膨润土在污水处理中的应用研究进展［J］．河北化工，2008，31（12）：20～22.

[51] 周利民，王一平，黄群武．改性磁性壳聚糖微球对 Cu^{2+}、Cd^{2+} 和 Ni^{2+} 的吸附性能［J］．物理化学学报，2007，23（12）：1979～1984.

[52] 甄豪波，胡勇有，程建华．壳聚糖交联沸石小球对 Cu^{2+}、Ni^{2+} 及 Cd^{2+} 的吸附特性［J］．环境科学学报，2011，31（7）：1369～1376.

[53] 罗道成，郑李辉．腐殖酸树脂处理含 Zn^{2+}、Ni^{2+} 废水的研究［J］．河南化工，2009，26（5）：12～14.
[54] 梅建庭．风化煤对电镀废水中 Pb^{2+}、Cu^{2+}、Ni^{2+}、Zn^{2+} 的吸附与解吸［J］．材料保护，2000，33（6）：15，16.
[55] 娄阳，关玉明，齐向阳，等．用于含镍废水处理的吸附材料［J］．山西化工，2007，27（6）：52～54.
[56] 罗道成，陈安国．用改性累托石处理含镍电镀废水的研究［J］．材料保护，2004，37（6）：39～40.
[57] 代淑娟．生物吸附法去除电镀废水中镉的研究［D］．沈阳：东北大学，2008.
[58] 赵肖为，李清彪，卢英华，等．高选择性基因工程菌 E. coli SE5000 生物富集水体中的镍离子［J］．环境科学学报，2004，24（2）：231～236.
[59] 肖娜，黄兵，敖勇．生物吸附法处理重金属废水的研究进展［J］．玉溪师范学院学报，2006，22（3）：34～38.
[60] 曾睿，王熙．生物法处理电镀废水技术的研究进展［J］．涂料涂装与电镀，2006，4（3）：38～41.
[61] 程敏．生物法处理电镀废水技术探讨［J］．电镀与精饰，1999，21（6）：32～35.
[62] 韩长秀，林徐明．生物絮凝剂及其在水处理中的应用进展［J］．水处理技术，2006，32（9）：6～10.

8 有价金属锌的提取技术

8.1 锌及含锌电镀废水概述

8.1.1 锌的物理化学性质

锌是常见的金属元素，它的原子序数为30，位于元素周期表的第三周期第二副族，其电子层排布为$3d^{10}4s^2$，电子层结构决定了锌在自然界中通常以0价和+2价存在[1]。锌的物化性质见表8-1。

表8-1 锌的物化性质

性质	参数	性质	参数
熔点/℃	419.58	汽化热/J·g^{-1}	1755
沸点/℃	906.97	莫氏硬度	2.5
密度/g·cm^{-3}	7.1	标准电位/V	-0.763
比热容/J·g^{-1}	0.383	颜色	银白略带蓝灰

锌属于活泼金属，易发生化学反应。通常在常温干燥的环境中，锌不与空气反应，即不发生氧化反应。但在潮湿环境中并且有二氧化碳存在的条件下，锌表面形成一层致密的保护膜，可保护锌金属不会被继续氧化。金属镀锌就是利用锌的这个性质保护主体金属。锌在金属活动性顺序表中排在氢前，所以锌可以置换出酸溶液中的氢，由于溶解时析出氢的超电压会阻碍锌溶解过程的进行，故一般可将纯锌和纯硫酸或纯盐酸视为不发生化学反应。但含杂质的锌可与纯盐酸或硫酸反应，市售的锌由于含杂质，因此可与硫酸、盐酸反应。锌的另一个特点是质地较软，常温下性脆，延展性较差，但在100～105℃时有较高的延展性，可压制薄板或拉成丝；当高于250℃时变脆，失去其延展性，故锌的机加工须在高温下进行。

锌的物理化学性质决定了锌必定会被广泛应用于生产、生活中。锌可与多种有色金属组成合金，如铜、锌组成的黄铜合金等。锌形成的合金被广泛应用于机械制造、国防等领域。由锌的物理化学性质可知，锌金属表面易形成保护膜，耐腐蚀性能好，可用于金属防护，因此锌被广泛应用于镀锌行业。由于锌的熔点低，熔体流通性好，故锌被广泛应用于铸造行业。锌的电子层结构决定了锌可作为电池的负极材料用于锌－锰干电池。锌的广泛应用使其在国民经济中的地位日益提高，仅次于铜和铝。

8.1.2 含锌电镀废水的来源、危害及治理现状

8.1.2.1 含锌电镀废水的来源[2]

电镀废水主要包括电镀漂洗废水、钝化废水、镀件酸洗废水、刷洗地坪和极板废水以及由于操作或管理不善引起的“跑、冒、滴、漏”产生的废水。含锌废水根据其镀锌工艺不同，组分也有所不同，主要有害物质有 $ZnCl_2$、ZnO、$ZnSO_4$、KCl、Cr^{3+}，见表 8－2。

表 8－2 不同镀锌工艺的废水组分

碱性锌酸盐镀锌	氧化锌、氢氧化钠、部分添加剂、光亮剂等。一般废水中含锌浓度在 50mg/L 以下，pH 值在 9 以上
钾盐镀锌	氧化锌、氯化钾、硼酸和部分光亮剂等。一般废水中含锌浓度在 100mg/L 以下，pH 值在 6 左右
硫酸锌镀锌	硫化锌、硫脲和部分光亮剂等。一般废水中含锌浓度在 100mg/L 以下，pH 值为 6 ~ 9
铵盐镀锌	氯化锌、氧化锌、锌的络合物、氨三乙酸和部分添加剂、光亮剂等。一般废水中含锌浓度在 100mg/L 以下，pH 值为 6 ~ 9

8.1.2.2 含锌电镀废水的危害

含锌电镀废水就其总量来说，比造纸、印染、化工、农药等的水量小，污染面窄。但由于电镀厂点分布广，其危害性是很大的。未经处理达标的含锌电镀废水排入河道、池塘，渗入地下，不但会危害环境，而且会污染饮用水直接危及人类健康。

锌是人体必需的微量元素之一，正常人每天从食物中摄取锌 10 ~ 15mg。肝是锌的储存地，锌与肝内蛋白结合成锌硫蛋白，供给肌体生理反应时所必需的锌。人体缺锌会出现不少不良症状，误食可溶性锌盐对消化道黏膜有腐蚀作用。过量的锌会引起急性肠胃炎症状，如恶心、呕吐、腹痛、腹泻，偶尔腹部绞痛，同时伴有头晕、周身乏力。误食氯化锌会引起腹膜炎，导致休克而死亡，锌中毒有以下表现：

（1）可表现呕吐、头痛、腹泻、抽搐、贫血、血脂代谢紊乱及免疫功能下降。实验室检查可见内脏的多种病理变化及骨髓细胞染色体畸变率增高。也有学者报告，锌过量有诱变及致癌作用。

（2）锌中毒时可导致神经元的损伤、胶质细胞的损伤；母体锌含量过高，可致胎儿神经管畸形。

（3）锌致体内物质拮抗对脑功能有影响。人体内高锌状态，可抑制机体对

铁和铜的吸收，出现缺铁缺铜状态。缺铜又加重缺铁，因此，可以引起缺铁性贫血。铁缺乏使脑功能受损，导致记忆力下降。

综上所述，体内摄入过量锌会导致机体一系列代谢紊乱，尤其是会对脑造成损害。

8.1.2.3 含锌废水的治理现状

很多工业生产部门会大量排放含锌废液，其锌含量一般为 3～150mg/L。迄今为止，处理含锌废水的方法偏重于达标排放，而忽略锌的回收利用，尤其是在深度处理过程中回收低浓度锌方面的工作尚不多见。Zn^{2+} 的一级、二级和三级排放标准分别为 2.0mg/L、5.0mg/L 和 5.0mg/L（见表 8－3）。目前，比较系统的处理方法有化学沉淀法、物理法以及新兴的、最具发展前途的生物法。

表 8－3 含锌电镀废水排放标准[3]

污染物	排放浓度限值/mg·L^{-1}	污染物排放监控位置
总锌	2.0	企业废水总排放口

8.2 锌的分析测定方法

目前锌的测定主要有滴定法、比色法、分光光度法、原子吸收分光光度法、催化光度法、荧光法和极谱法、双硫腙分光光度法、双波长分光光度法及锌试剂－环己酮分光光度法等。分光光度法设备价廉，操作方便，测定快速，一般用卟啉、偶氮、三氮烯、荧光酮、罗丹明 B 类试剂作为锌的显色剂[4～6]。

8.2.1 滴定法

水相中锌离子浓度用滴定法分析[7]，其滴定的方法如下：吸取 25mL 萃余液于 250mL 烧杯中，低温加热（不要沸腾），除去大量氨（闻不到味），取下冷却，加 1～2 滴二甲酚橙，用 1:1 盐酸中和至黄色，加入 3～5 滴亚硫酸钠，0.2g 抗坏血酸，摇动至溶解，加入 2mL 硫脲，用 1:1 氨水中和至微红色，加 20mL 缓冲溶液，用标准 EDTA 溶液滴定至亮黄色为止。计下所用 EDTA 的量，再套用公式就可以计算出被滴定液中的锌的浓度。

其他微量离子用等离子光谱或比色法分析。萃取后有机相中金属离子的浓度通过差减平衡法计算。乳化物采用红外光谱分析。

8.2.2 原子吸收分光光度法

陈德泉等人[8]研究了直接吸入火焰原子吸收分光光度法测定废水中的锌含量，最大吸收波长 213.9nm。锌含量在 0.022～1.250mg/L 内符合比耳定律，相关系数 r 约为 0.9991。利用该方法测定废水中的锌含量，变异系数小于 5%，标准回收率为98% ~105%。

废水中锌含量的测定实验条件为：灯电流 8mA，波长 213.9nm，狭缝 0.5mm，燃烧头高度 10mm，燃气流量 2.0mL/min，定量方式为标准曲线法，预喷雾时间 3s，积分时间 5s，不扣背景。

按以上实验条件，以 0.2% 硝酸溶液为空白，分析系列标准溶液，得出系列条件溶液的锌含量与其相应的吸光度值。

调整仪器参数，仪器用 0.2% 硝酸调零，吸入空白样，测量空白吸光度 A_0，再吸入样品，测量样品吸光度 $A_{样}$，按下式计算出样品中的金属锌含量 $c_{样}$：

$$c_{样} = 3.188 \times (A_{样} - A_0) \times 2 - 0.008$$

8.2.3 催化褪色光度法

罗道成等人[9]研究得出在 1.0mol/L $NH_3 \cdot H_2O$ 介质中，微量 Zn^{2+} 对过氧化氢氧化茜素红 S（ARS）的褪色反应具有强烈的催化作用，据此建立了一种通过测量吸光度测定微量 Zn^{2+} 的新方法。该方法的检出限为 0.11μg/L，线性范围为 0 ~400μg/L；用于测定镀锌废水中微量 Zn^{2+}，其结果与 5 - Br - DMPAP 光度法相符，加标回收率为 98.0% ~102.5%，6 次测定值相对标准偏差 RSD <4%。

锌液的配制：Zn^{2+} 标准溶液的浓度为 1.0000g/L，用纯锌粉（大于 99.95%）按常规方法配制，用水稀释成 2.0μg/mL 工作液；所用试剂均为分析纯，水为去离子水。

在 2 支 25mL 比色管中分别加入 2.0mL 2.0mmol/L ARS 溶液，2.0mL 1.0mol/L H_2O_2 溶液，1.0mL 1.0mol /L $NH_3 \cdot H_2O$ 溶液，其中 1 支中加入一定量 Zn^{2+} 标准溶液；用水稀释至刻度，摇匀，置于 100℃ 沸水浴中（用 CS - 501SP 型超级数显恒温器控制温度）加热 20min，取出，迅速用流水冷却至室温，用 1cm 比色皿，以水作参比，于 525nm 处采用 722 型分光光度计分别测定 2 个体系的吸光度 A_0 和 A，并计算 $\lg(A_0/A)$。

8.2.4 催化光度法

罗道成等人[10]研究得出在 pH 值为 9.0 的 $NH_3 \cdot H_2O - NH_4Cl$ 缓冲溶液中，痕量锌对过氧化氢氧化酸性大红的褪色反应具有强烈的催化作用，据此建立了一种测定痕量锌的催化光度新方法。该方法的检出限为 0.016μg/L，线性范围为 0 ~160μg/L，用于测定电镀废水中微量锌，结果与 5 - Br - DMPAP 光度法相符，6 次测定值的相对标准偏差 RSD <4%。

试验仪器为：722 型分光光度计，pHS - 3 型酸度计，CS - 501SP 型超级数显恒温器。

1.0000g/L Zn 标准溶液，用纯锌粉按常规方法配制，使用时用水稀释成

5.0μg/mL 工作液。0.5g/L 酸性大红溶液；5%（质量分数）H_2O_2 溶液；$NH_3 \cdot H_2O - NH_4Cl$ 缓冲溶液：取 1.0mol/L $NH_3 \cdot H_2O$ 和 1.0mol/L NH_4Cl 溶液调节至 pH = 9.0，用酸度计测定；所用试剂均为分析纯，试验用水为去离子水。

试验方法为：在两支刻度一致的带玻璃塞的 25mL 容量瓶中，分别加入 0.5g/L 酸性大红溶液 2.0mL，5% H_2O_2 溶液 4.0mL，pH = 9.0 的 $NH_3 \cdot H_2O - NH_4Cl$ 缓冲溶液 5.0mL，在其中一支比色管中加入一定量的锌标准溶液，另一支比色管中不加入 Zn，用水稀释至刻度，摇匀，置于 100℃ 沸水浴中加热 20min，取出，迅速用流水冷却至室温，用 1cm 比色皿，以水作参比，于 506nm 处分别测定试剂空白和催化体系的吸光度 A_0 和 A，并计算 $\lg(A_0/A)$。

8.2.5 双硫腙分光光度法

在 pH 值为 4.0 ~ 5.5 的水溶液中，锌离子与双硫腙生成的红色螯合物在 Tween80 存在的情况下在水相中具有较好的溶解性和稳定性，用足量硫代硫酸钠可掩蔽水中少量铅、铜、汞、镉、钴、铋、镍、金、钯、银、亚锡等金属干扰离子，与标准系列直接比色定量。

石帮辉[11] 进一步验证了双硫腙水相分光光度法测定水中微量锌的可靠性和适用性。应用双硫腙水相分光光度法对锌合成密码水样和锌标准物质进行测定，同时与国标法进行实验对比。得出两种方法测定锌标准物质的相对标准偏差分别为 0.7% 和 4.2%，差异无显著性参数大于 0.05。双硫腙水相分光光度法测定锌合成密码水样的相对标准偏差为 1.1%，相对误差为 -2.4%。双硫腙水相分光光度法能够准确测定合成密码水样和锌标准物质，是一种操作更加简便、快捷、准确、环保、低成本的新方法。

试验仪器有：7230G 可见分光光度计，pHS - 4 智能酸度计，AB104 电子分析天平，60mL 分液漏斗，25mL 比色管，250mL 碘量瓶。所用玻璃仪器均以 1 + 1 硝酸溶液浸泡过夜，再用纯水冲洗干净，阴干备用。

试验试剂有：1g/L 双硫腙四氯化碳储备溶液。吸光度为 0.4（波长 535nm，10mm 比色皿）的双硫腙四氯化碳溶液 0.1% 双硫腙 - Tween80（4%）溶液：0.10g 双硫腙研磨后加入 4.0mL Tween80，加水至 100mL，加热溶解，不断搅拌至沸，取下趁热用滤纸过滤于试剂瓶中（临用时现配）。乙酸 - 乙酸钠缓冲溶液（pH = 4.7），250g/L 硫代硫酸钠溶液。锌标准储备溶液（国家标准物质，锌单元素标准溶液，标准值：1000mg/mL，国家标准物质研究中心研制，GBW 08620 2203）。1mg/mL 锌标准使用溶液：用锌标准储备溶液稀释。锌环境标准样品（国家环境保护总局标准样品研究所研制，GSBZ50009—88（3）0330106）。锌环境标准样品使用液：用锌环境标准样品按说明书稀释，标准值：（0.401 ± 0.020）mg/L。锌合成密码水样：云南省技术监督局发放的未知考核样。配制试剂和稀释用纯水均为去离子水。

实验方法为：吸取水样 10.0mL 于 25mL 比色管中，如水样锌含量超过 5mg，可取适量水样，用纯水稀释至 10.0mL。另取比色管 7 支，依次加入 1mg/mL 锌标准使用溶液 0mL、0.50mL、1.00mL、2.00mL、3.00mL、4.00mL 和 5.00mL，各加纯水至 10mL。向比色管中各加 5.0mL 乙酸－乙酸钠缓冲溶液，混匀，再各加 1.0mL 硫代硫酸钠溶液，混匀，然后加入 2.5mL 双硫腙－Tween80 溶液，摇匀，静置 20min。于 525nm 波长，用 20mm 比色皿，以纯水为参比，测量样品和标准系列的吸光度。

8.2.6 双波长分光光度法

罗道成等人[4]研究得出在阿拉伯树胶存在下，在 pH = 5.7 的乙酸－乙酸钠缓冲溶液中，Zn^{2+} 与硫氰酸钾和中性红（NR）反应生成稳定的离子缔合物 $[NR]_4[Zn(SCN)_6]$，使 NR 褪色，在 462nm 处出现正吸收峰，575nm 处出现负吸收峰。选定测定波长为 462nm 和 575nm，建立了双波长分光光度法测定微量锌。结果表明，锌浓度在 0.0 ~ 1.0μg/mL 内符合比尔定律，表观摩尔吸光系数为 5.67×10^4 L/(mol·cm)，方法用于测定电镀废水中微量锌，结果与 5－Br－DMPAP 光度法相符。实际样品分析结果的相对标准偏差小于 4%，加标回收率为 98.0% ~ 102.5%。

实验方法：用移液管准确移取一定量 Zn^{2+} 标准工作溶液于 10mL 比色管中，加入 3.0mL pH = 5.7 的乙酸－乙酸钠缓冲溶液、1.0mL 300mg/mL 硫氰酸钾溶液、2.0mL 10mg/mL 阿拉伯树胶溶液和 1.0mL 0.5mg/mL 中性红溶液，用水稀释至刻度并摇匀。以试剂空白为参比，用 1cm 比色皿，分别于 462nm、575nm 处测定离子缔合物的吸光度 A，并计算 ΔA：$\Delta A = A_{462} - A_{575}$。

8.3 锌的提取技术

8.3.1 中和沉淀法

中和沉淀法[12,13]主要是往废水中添加碱（一般是氢氧化钙）提高其 pH 值，生成氢氧化锌沉淀。然而一般含锌废液在多数情况下含有配合剂，配合剂的存在阻碍氢氧化锌沉淀的形成，所以采用中和沉淀法处理锌废液很难达到排放的标准。

化学沉淀法是应用较普遍的一种含锌废水处理方法，能处理不同浓度、不同种类的含锌废水，尤其当锌离子在水溶液中浓度较高时，应首先考虑化学沉淀法。目前有色企业中最常用和最经济的重金属废水处理方法是混凝沉淀法和硫化物沉淀法。另外，铁氧体法作为一种新技术也被逐步应用到含锌废水的处理当中。锌是一种两性元素，它的氢氧化物不溶于水，并具有弱碱性和弱酸性，故其化学式可写作：碱式：$Zn(OH)_2$，酸式：H_2ZnO_2。由于它呈两性，故在强酸或强碱中能溶解。在锌酸盐溶液中加适量的碱可析出 $Zn(OH)_2$ 白色沉淀，再加过量的碱，沉淀又复溶解；在锌酸盐溶液中，加适量酸也可析出 $Zn(OH)_2$ 白色沉淀，再加过量的酸、沉淀又复溶解：

$$Zn^{2+} + 2OH^- \rightleftharpoons Zn(OH)_2$$

$$Zn(OH)_2 + 2OH^- \rightleftharpoons ZnO_2^{2-} + 2H_2O$$

$$ZnO_2^{2-} + 2H^+ \rightleftharpoons Zn(OH)_2$$

$$Zn(OH)_2 + 2H^+ \rightleftharpoons Zn^{2+} + 2H_2O$$

锌的氢氧化合物为两性化合物，pH 值过高或过低均能使沉淀返溶而使出水超标。所以在用化学沉淀法处理含锌废水的过程中，要注意 pH 值的控制。

8.3.2 硫化物沉淀法

硫化物沉淀法利用弱碱性条件下 Na_2S、MgS 中的 S^{2+} 与重金属离子之间有较强的亲和力，生成溶度积极小的硫化物沉淀而从溶液中除去。硫加入量按理论计算过量50% ~80%。过量不仅带来硫的二次污染，而且过量的硫与某些重金属离子会生成溶于水的络合离子而降低处理效果，为避免这一现象可加入亚铁盐。

硫化锌沉淀的溶度积常数（6.9×10^{-26}）比氢氧化锌沉淀的溶度积（4×10^{-17}）小，相差9个数量级，因此硫化物沉淀操作中只需加入少量的沉淀剂即可使废水中锌离子达到排放标准。硫化物沉淀法操作中应该注意以下几个方面：（1）硫化锌沉淀比较细小，易形成胶体，为便于分离应加入高分子絮凝剂协助沉淀沉降；（2）沉淀剂会在水中部分残留，残留的沉淀剂是一种污染物，会产生恶臭等，而且 S^{2-} 遇到酸性环境时产生有害气体 H_2S，会形成二次污染。为防止二次污染问题，英国学者研究出改进的硫化物沉淀法，即在需处理的废水中有选择性地加入硫化物离子和一种重金属离子，这种重金属离子与所加入的硫化物离子形成一种硫化物，该硫化物的离子平衡浓度比需除去的重金属污染物的硫化物的平衡浓度要高。由于加进去的重金属的硫化物比废水中的重金属离子的硫化物更易溶解，这样废水中原有的重金属离子就比添加进去的重金属离子先分离出来。

8.3.3 铁氧体沉淀法

铁氧体即为铁离子与其他金属离子组成的氧化物固溶体，该工艺最初由日本电气公司（NEC）研制成功。根据铁氧体形成的工艺条件，可分为氧化法和中和法，氧化法需要加热和通气氧化，要求添加新的设备，而中和法可以通过适当控制加入废水中亚铁离子和铁离子的浓度等条件形成铁氧体，可以不必增加设备，投资费用较低。其形成铁氧体的原理如下：

$$Zn^{2+} + Fe^{2+} + Fe^{3+} + OH^- \longrightarrow Zn \cdot Zn(OH)_2 \cdot Fe(OH)_3 + Fe(OH)_2 \longrightarrow \text{复合铁氧体}$$

在形成铁氧体的过程中，锌离子通过包裹、夹带作用填充在铁氧体的晶格中，并紧密结合，形成稳定的固溶物。汤兵等人研究了铁氧体法处理含锌、镍混合废水的工艺条件。在 pH 值为 8.0～10.0，$2\% \leqslant Fe^{2+} : M^{2+} \leqslant 8\%$（$M^{2+}$ 以废水中总离子含量计），外加磁场强度为 0.4A/m 的条件下，锌、镍离子能够同时去除，其去除率可达 99% 以上，沉渣沉降时间可缩短为 10min。

8.3.4 絮凝沉降法

絮凝法有快速分离、快速沉淀的优点。絮凝沉淀法的原理是在含锌废水中加入絮凝剂（石灰、铁盐、铝盐），在 pH 值为 8～10 的弱碱性条件下，形成氢氧化物絮凝体，对锌离子有絮凝作用，而共沉淀析出。一般铁盐的去除效果比铝盐好。在实际含锌废水处理中以下三方面问题需加以注意：（1）含锌废水经絮凝沉淀处理后废水的 pH 值较高，需经过处理后才能排放；（2）由于锌为两性元素，高 pH 值时有再溶解的倾向，处理操作时必须严格控制 pH 值；（3）溶液中共存的卤素、氰根、腐殖酸、腐殖质等可以和锌离子形成络合物，对中和法有较大影响，有时甚至不形成沉淀，中和之前要进行预处理；（4）有些沉淀颗粒细小，不易沉降，时常需加入絮凝剂协助沉淀生成，在实际操作中也应用晶种循环法使沉淀晶体结实粒大，便于沉降。尹庚明等人采用絮凝沉淀法对江门粉末冶金厂锰锌铁氧体生产废水进行处理，处理规模为 30～80m^3/d。实验室实验和工厂实际运行结果表明，该法土建及设备投资少，工艺简便，运行费用低，处理效果好。悬浮物去除率可达 99.9%，浊度去除率可达 99%，悬浮物由 200～500mg/L 降为 0.002～0.005mg/L，浊度由 600～1200 度降为 6～8 度，且出水和废水中的金属氧化物均可回收利用。

张小燕等人[14]进行了用水溶性氨基二硫代甲酸型螯合树脂（DTCR）处理含锌废液的研究，探讨了 DTCR 添加剂、$FeCl_3$ 加入量、反应时间及体系 pH 值等对锌去除率的影响。实验结果表明，在锌废液中，当 Zn 的浓度为 10.6mg/L，反应时间为 60min，$FeCl_3$ 与 DTCR 的体积比为 1.7∶1.0 的条件下，处理后废液中残留锌的质量浓度为 0.13mg/L，低于国家环保排放标准 1.0mg/L，去除率大于 98%，且污泥十分稳定，不会引起二次污染。

以上四种方法均为化学沉淀法。化学沉淀法作为含锌废水的一种主要处理方法，工程化比较普通，但由于化学法普遍要加入大量的化学药剂，以沉淀物的形式沉淀出来，这就决定了化学法处理后存在大量的二次污染。如大量废渣的产生，而这些废渣的处理目前尚无较好的处理方法，对其在工程上的应用和以后的可持续发展有巨大的负面作用。

8.3.5 离子交换法

与沉淀法和电解法相比，离子交换法在从溶液中去除低浓度的含锌废水方面具有一定的优势。离子交换法在离子交换器中进行，此方法借助离子交换剂来完成。在离子交换器中按要求装有不同类型的交换剂（离子交换树脂），含锌废水通过交换剂时，交换剂上的离子同水中的锌离子进行交换，达到去除水中锌离子的目的。这个过程是可逆的，离子交换树脂可以再生，一般用在二级处理。废水的 pH 值一般调到中性至偏酸性较好，用强碱性离子交换树脂和螯合型树脂都较好。一次的交换容量可达 0.4 ~ 0.6mg/mL。树脂的洗脱用 40 倍树脂体积的浓盐酸，洗脱率达 90%。

陈文森等人利用静态吸附方法，研究两性离子交换树脂处理含锌废水，这有助于提高选择性，同时也有可能形成内盐，有助于解吸附。实验结果表明，酸的存在对树脂吸附 Zn^{2+} 影响很大，酸度越大吸附量越小，盐的存在在一定范围内有利于 Zn^{2+} 的吸附，但超过一定浓度则不利于 Zn^{2+} 的吸附。不溶性淀粉黄原酸酯是一种优良的重金属离子脱除剂，受到各国广泛的重视。张淑媛等人探讨了用不溶性淀粉黄原酸酯脱除废水中锌离子的方法和最佳条件、脱除效果和影响因素。该法脱除率高，经一次处理脱除率大于 98%，锌离子残余浓度小于 0.2mg/L，反应迅速，适应范围广，残渣稳定，无二次污染。脱除锌离子反应式为：

$$2\text{starch}-O-\overset{\overset{\displaystyle S}{\|}}{C}-S-Na + Zn^{2+} \longrightarrow \text{starch}-O-\overset{\overset{\displaystyle S}{\|}}{C}-Zn-\overset{\overset{\displaystyle S}{\|}}{C}-O-\text{starch} + 2Na^{+}$$

但该法受废水中杂质的影响以及交换剂品种、产量和成本的限制。

电镀废水中含有大量的 Zn^{2+}，严重污染环境，危及人类健康，必须进行有效的处理方可排放。为此，罗道成等人[15]在静态条件下，采用含醚键离子交换树脂对含 Zn^{2+} 的模拟电镀废水进行了吸附处理，探讨了树脂用量、废水 pH 值、吸附时间、吸附温度对 Zn^{2+} 去除效果的影响。结果表明，在废水 pH 值为 4.0，Zn^{2+} 浓度为 0 ~ 100mg/L，吸附时间为 90min，吸附温度为 25℃ 的条件下，按 Zn^{2+} 与含醚键离子交换树脂质量比为 1∶20 投加含醚键离子交换树脂进行处理，Zn^{2+} 去除率可达 98% 以上；含 Zn^{2+} 的电镀废水经含醚键离子交换树脂吸附后，废水中 Zn^{2+} 的含量低于国家一级排放标准。

8.3.6 膜分离法

刘泽英等人研究了乳状液膜体系处理含锌废水，改进了破乳器，提高了电极网的使用寿命，解决了破乳过程与硅体制乳同步连续正常运行的问题。宝钢冷轧电镀锌废水处理采用中和—薄膜过滤工艺，由冷轧电镀锌机组排出的高锌深度废水进入中和反应池，以工业消石灰为中和剂中和，废水 pH 值由 1 ~ 2 提高到

8.5～9，然后经薄膜液体过滤器作固液分离，过滤后滤液达标排放。

8.3.6.1 纳滤—反渗透法

茆亮凯等人[16]采用纳滤（NF）—反渗透（RO）组合工艺浓缩回收电镀含锌废水，研究了运行压力、进水含量、pH 值、水温对膜分离效果的影响。结果表明，NF－RO1812 膜对 Zn^{2+} 具有良好的截留效果，产水电导率在 25μS/cm 以下，产水 Zn^{2+} 的质量浓度均低于 0.7mg/L，累计回收率高达 85.6%，可直接回用于镀件的清洗；浓缩液经 RO 二级浓缩后，Zn^{2+} 的质量浓度由 454.8mg/L 浓缩至 1500mg/L，可用于电镀槽液的配制。

含锌废水 NF－RO 组合工艺流程如图 8－1 所示。含锌废水间歇排入进水箱，经提升泵依次进入微滤（MF）、NF 和 RO 装置。RO 产水收集回用，NF、RO 浓缩液均回流至进水箱，不断分离浓缩，直至 RO 产水电导率不能满足回用要求（大于 25μS/cm）后，排空进水箱内浓缩液，开始下一批次运行。收集的浓缩液经 RO 膜二级浓缩后返回镀槽回用，产生的淡水进入 NF－RO 工艺的进水箱，可以实现废水的零排放。与传统膜法回收工艺相比，该工艺具有水回收率高、溶质浓缩倍数大、投资成本及运行费用低等优点，产水及浓缩液均具有回收利用价值。

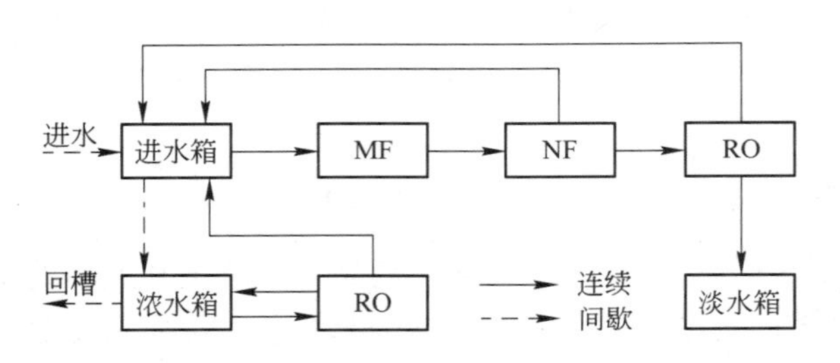

图 8－1 含锌废水 NF－RO 组合工艺流程

试验采用美国某公司的 RO1812 芳香聚酰胺 RO 膜，截留相对分子质量为 50～100，pH 值适用范围为 4～10；NF 膜组件采用该公司 NF1812 膜，截留相对分子质量为 500～1000，pH 值适用范围为 3～11。两种膜组件均为卷式，有效膜面积均为 0.8m^2。试验用微滤膜孔径为 0.5μm。

膜分离技术可实现电镀漂洗废水的零排放和资源化回用，对污染的减排和企业降低生产成本具有重要意义。

8.3.6.2 乳状液膜法[17]

乳状液分为水包油型和油包水型两种，在化工分离应用中用的较多的是后者。处理含锌废水的乳状液膜体系由外相（废水料液），内相（反萃液）以及膜相组成。膜相一般由膜溶剂、表面活性剂（乳化剂）和萃取剂（萃取锌的流动载体）组成。

图 8－2 所示为 Zn^{2+} 通过液膜的传质过程。萃取反应为：

$$Zn^{2+} + 1.5(RH)_2 \rightleftharpoons ZnR_2RH + 2H^+$$ （RH：二(2－乙基己基)磷酸）

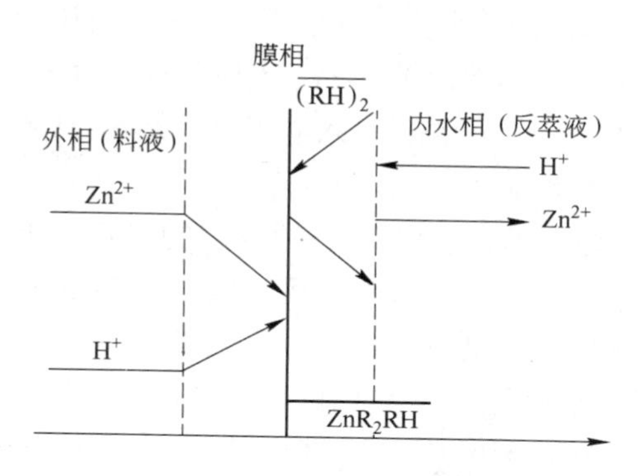

图 8－2　Zn^{2+} 通过液膜的传质过程

乳状液膜分离技术处理含锌废水在实现过程中包括制乳、液膜萃取以及破乳三个过程。这三个过程相互影响，只有在相互协调的情况下，才能达到稳定操作状态。图 8－3 所示为乳状液膜分离技术处理含锌废水流程。

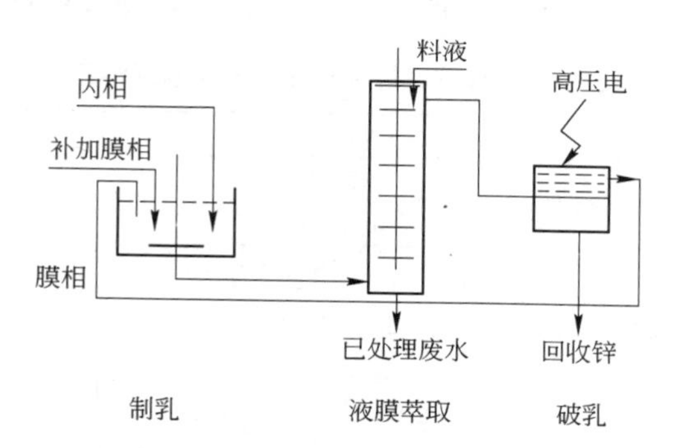

图 8－3　乳状液膜分离技术处理含锌废水流程

8.3.7　溶剂萃取法

8.3.7.1　锌萃取的主要方法

根据萃取剂的类型及被萃组分的形态，锌萃取的主要方法可分为：阴离子萃取、中性分子萃取和阳离子萃取。

阴离子萃取法时，锌以络阴离子形式与萃取剂中阴离子发生交换，而实现锌的萃取。其主要特点是介质酸度高，Cl^- 脱出困难。所用的萃取剂主要是胺类萃取剂。这种萃取方法较多地应用于氯化锌液的萃取，也可用于硫酸锌液的萃取。

中性分子萃取法时，锌以中性盐分子（$ZnSO_4$、$ZnCl_2$ 等）的形式被萃取，所用的萃取剂主要有 TBP（磷酸三丁酯）等。主要特点是介质接近中性，Cl^- 脱除困难，中性分子易聚集沉淀，三价铁萃取率高，影响选择性，反萃困难。这种萃取方法较多用于高 pH 值、低浓度锌液的萃取。

阳离子萃取法时，锌以简单阳离子的形式被萃取，所用的萃取剂主要是磷类萃取剂。主要特点是可通过简单地调节体系 pH 值，选择性萃取除去多数阳离子杂质，且有效地阻止了 Cl^- 等有害阴离子进入电解液，免去了电解液脱 Cl^- 的烦恼。

8.3.7.2 常用锌萃取剂

萃取剂是开发新萃取过程的关键，一种理想的工业萃取剂应该萃取容量大、萃取选择性好、萃取平衡速度快、化学性质稳定、溶解损失小且价格便宜。锌的萃取剂种类繁多，常用的萃取剂可以分为以下四类：

（1）胺类萃取剂。萃取过程中常用的胺类萃取剂有伯胺、仲胺、叔胺和季铵盐。其中 N235 和 Alamine336（三异辛胺）是用得最多的碱性萃取剂。它们的工业产品为淡黄色油状液，见光变黄色，其物理性质见表 8 - 4。胺类萃取剂属于阴离子萃取剂，其萃取能力与水相中锌离子形成络阴离子的能力有关，一般来说，胺类萃取剂从氯化物介质中萃取金属离子能力的大小依次为季铵 > 叔胺 > 仲胺 > 伯胺。有研究表明，从氯化物介质中分离锌铁，季铵是一种理想的萃取剂。也有研究表明，在低 pH 值的条件下，N503、N235 和 N263 萃取分离锌铁的效果理想。

表 8 - 4 N235 和 Alamine336 的物理性质

萃取剂名称	N235	Alamine336
平均相对分子质量	387	392
密度 d_{25}	0.815	0.81
黏度 η_{25}/Pa·s	10.4×10^{-3}	10.4×10^{-3}（30℃）
表面张力/N·cm^{-1}	2.82×10^{-4}	5.3×10^{-4}
折光率 D_{20}	1.4500	
闪点/℃	189	168
燃点/℃	226	210

（2）中性萃取剂。中性萃取剂是由于萃取剂的电子给体与中性无机分子或络合物发生溶剂化作用，使无机物质在有机相的溶解度增加，实现对无机物的萃取。其萃取过程的特性是：萃取机和被萃物质均为中性分子，萃取产物即金属萃合物也是中性络合物。这类萃取剂有两种主要基团：一是氧—碳键有机萃取剂，如醚、酯、醇和酮等；二是氧或硫与磷键结合的萃取剂，如烷基磷酸酯或烷基硫代磷酸酯。TBP（磷酸三丁酯）是最早获得工业应用的中性磷萃取剂，其结构式如下，物理性质见表 8 - 5。

$$R_1R_2R_3P{=}O \quad (R_1 = R_2 = R_3 = C_4H_9O)$$

表 8 – 5 TBP（磷酸三丁酯）的物理性质

相对分子质量	322
密度 d_{25}	0.97
黏度 η_{25}/Pa · s	34×10^{-3}
折光率 D_{20}	1.4417
闪点/℃	206
沸点/℃	233

TBP 可以在常温高酸度条件下从硫酸、盐酸和硝酸的盐类体系中萃取锌。它通过≡P＝O 键氧原子上的孤对电子与中性无机物分子中的金属原子配位，产生溶剂化作用，实现对金属离子的萃取。因此在锌萃取过程中萃取平衡不受溶液酸度的影响。文献研究了从氯盐介质中萃取分离锌、镉，萃合物主要是 $ZnCl_2\cdot2TBP$ 和 $CdCl_2\cdot2TBP$；用 TBP 可以从高浓度锌液的盐酸介质中萃取分离锌、锰，锌的萃取率为 99.02%，但 TBP 萃取过程中能同时强烈萃取铁，而且从有机相反萃锌比较困难，不得不采取多级反萃。ACORGAZNX50 是英国化学工业特别为卤化物溶液中萃取锌而开发生产的一种嘧啶酯类萃取剂，可以从硫化矿的氯化浸出液中高效萃取锌，且具有很好的选择性。在低酸度条件下不易发生质子化，不会萃取 Fe^{3+}，但是会优先萃取铜。因此，在萃取锌前必须先除铜。其萃取锌的反应式如下：

$$Zn^{2+}+L（萃取剂）+2Cl^{-}=LZnCl_2$$

锌与氯形成中性络合离子进入有机相，因此在氯离子浓度下有利于锌的萃取，但在氯浓度大于 6mol/L 时，会形成 $ZnCl_3^-$ 或 $ZnCl_4^{2-}$，抑制了锌的萃取。在低氯离子浓度下用水或废电解液就可以反萃锌。

（3）酸性萃取剂。用于锌萃取的酸性萃取剂主要是酸性磷萃取剂，如 D2EHPA（P204）、PC – 88A（P507）和 Cyanex272 等。D2EHPA 化学名为二 –（2 – 乙基己基）磷酸，国内简称 P204，物理性质见表 8 – 6，它是应用的最广泛的烷基磷类萃取剂。从酸性溶液中萃取回收锌，国内外以 P204 为主，其结构式如下：

```
          H    H2
   C4H9—C————C—O
          |         \    O
          C2H5       \  //
                       P
          H    H2    /  \
   C4H9—C————C—O       OH
          |
          C2H5
```

表 8-6 D2EHPA（P204）的物理性质

相对分子质量	322
密度 d_{25}	0.97
黏度 η_{25}/Pa·s	34×10^{-3}
折光率 D_{20}	1.4417
闪点/℃	206
沸点/℃	233
表观相对分子质量（乙酸中）	305
pKa（75%乙醇水溶液）	3.42
毒性	低毒性

PC-88A（P507）化学名为2-乙基已基磷酸单2-乙基已基酯，酸性弱于P204，主要用于稀土、钴镍工业。Cyanex272 化学名为二（2,4,4-三甲基戊基）磷酸，酸性弱于 P507，是优良的钴、镍分离萃取剂。

酸性磷类萃取剂分子中既有与金属离子发生反应的羟基（—OH），又有能与金属离子形成本位键的磷酰基（≡P=O）。一般低酸度时只有离子交换反应，高酸度时磷酰基参与配位，增强萃取能力。酸性磷萃取剂对离子的选择性随平衡pH 值的不同而不同。在低 pH 值下会优先萃取 Fe^{3+}；随 pH 值的提高，更多的离子可被萃取。因此，可以通过简单地调节溶液的 pH 值，达到锌与其他金属离子的分离。在非极性溶剂中通常以二聚物或多聚物的形式存在，这种分子间的聚合性质对金属的萃取产生一定影响。在萃取过程中释放一定量的酸，因此萃取率难以提高。故在进行萃取时，需对有机相进行皂化或对溶液进行中和。设酸性磷类萃取剂以 HR 表示，其以二聚体或多聚体形式萃取锌的反应如下：

$$Zn_{aq}^{2+} + H_2R_{2(org)} \Longrightarrow ZnR_{2(org)} + 2H^+$$

$$Zn_{aq}^{2+} + nH_2R_{2(org)} \Longrightarrow ZnR_2 \cdot (2n-2)(HR)_{(org)} + 2H^+$$

（4）螯合萃取剂。螯合萃取剂是一种选择性较强的萃取剂，它含有的给体基团与金属离子生成双本位络合物。适合锌的螯合萃取剂有以 β-双酮类为活性基团的 Henkle 公司的 Lix54。DK16 是德国 Hodtarex 公司生产的一种 β-双酮萃取剂，其煤油溶液可以从硫酸铵溶液或硫酸铵-氨溶液中萃取铜、钴、镍和锌。但硫酸铵浓度高时锌的萃取率会降低，因为锌与氨络合物降低了自由锌离子浓度。

8.3.7.3 锌萃取工艺

用溶剂萃取法提取、分离物质时，想要获得良好的效果，一方面要选择合适的萃取体系，控制萃取条件；另一方面就是要选择合适的萃取技术。锌的萃取方式有单级萃取、多级错流萃取、多级逆流萃取和分馏萃取。

A 单级萃取

单级萃取是水相 F 和有机相 S 仅经过一次接触的萃取过程，是液-液萃取中最简单的操作形式，其流程如图 8－4 所示。

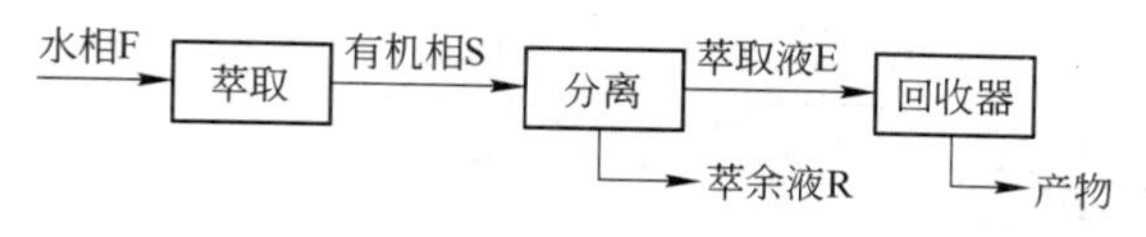

图 8－4 单级萃取流程示意图

单级萃取的设备和操作简单，适用于分配比和分离系数较大的物质的萃取分离，萃取容量大，对料液的适应性广。间断作业生产处理量小，溶剂损耗较大。当两种被分离的物质分离系数不大时，采用单级萃取往往达不到分离要求。在科学研究中，单级萃取常用于萃取参数的测定和萃取机理的研究。

B 多级错流萃取

多级错流萃取是由几个萃取器串联组成，水相 F 经第一级萃取（每级萃取由萃取器与分离器组成）后分离成两个相；萃余液 R 流入下一个萃取器，与加入的新鲜有机相 S 继续萃取；萃取液分别由各级排出，混合在一起，再进入回收器回收有机相 S，回收得到的有机相仍可以循环使用。图 8－5 所示为多级错流萃取示意图。多级错流萃取用于提取分离系数较大的物质效果好，一般经过 3～5 级即可获得纯度很高的物质。但是每级都需要加入一份新的有机相，所以有机试剂的用量大。同时由于得到多份萃取液，因此反萃取和有机试剂的回收工作量也增大。所以，这种萃取技术在工业上应用不广。

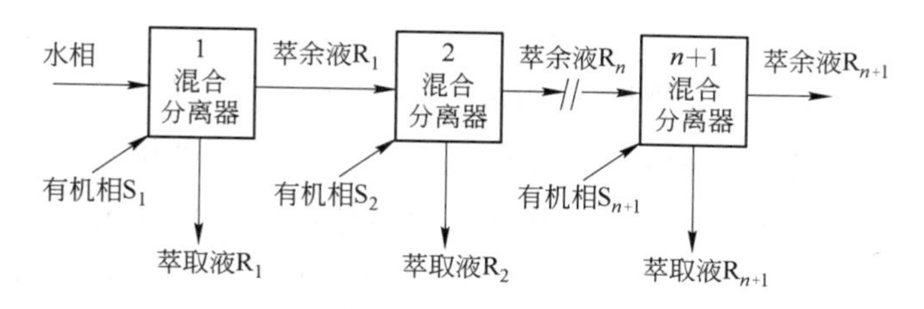

图 8－5 多级错流萃取流程示意图

C 多级逆流萃取

在多级逆流萃取操作中，包括若干萃取级，水相 F 与有机相 S 分别从两端加入，萃取液 E 与萃余液 R 逆向流动，操作连续进行，其流程如图 8－6 所示。一般说来，逆流萃取的级数越多，达到稳定状态所需的排数越多（首尾两只分液漏斗各排出一份萃取液和一份萃余液为一排）。试验的经验表明，达到稳定状态所需的排数一般为萃取级数的两倍左右。

多级逆流萃取只需要在第一级加入一份有机试剂，因而可减少有机试剂的用量，并可获得纯度较高的难萃组分产品，且最终也只得到一份负载有机相，因此反萃取的工作量也小。但是由于有一定数量的难萃组分被萃入有机相，因此从有机相中得不到纯度较高的易萃组分产品。同时难萃组分的收率也不高。

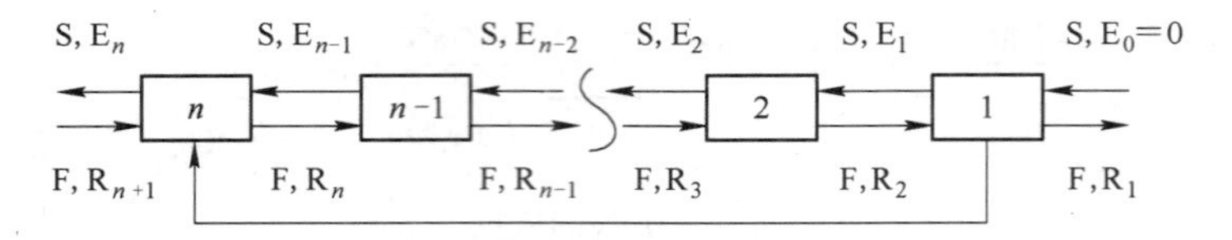

图 8-6　多级逆流萃取流程示意图

D　分馏萃取

分馏萃取即在逆流萃取流程中增加洗涤段的萃取技术。把经过多级逆流萃取后排出的萃取液，用某种洗涤液经多级逆流洗涤把萃入有机相的难萃组分洗涤下来（相当于反萃取），从而使出口的有机相中易萃组分的纯度大大提高。图 8-7 所示为分馏萃取流程的示意图。

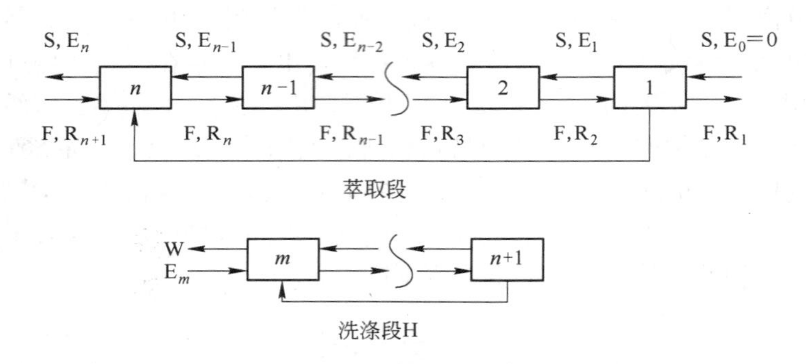

图 8-7　分馏萃取流程示意图

在分馏萃取过程中，水相 F 由中间第 n 级加入，有机相 S 和洗涤液 W 分别由首尾两级加入。其中萃取段的作用是把水相中易萃组分绝大部分萃入有机相，使第一级出口水相中得到纯度很高的难萃组分物质。由于难萃组分也有部分被萃入有机相，因此由萃取段排出的负载有机相中含有一定量的难萃组分，经过洗涤段的洗涤作用把它洗下来。这样从 m 级排出的有机相可得到纯度高的易萃组分。因此分馏萃取是一种有效的萃取分离技术，广泛用于工业生产中。

8.3.7.4　萃取设备的开发

高效率的萃取设备对实现良好的萃取工业具有重要意义，它不仅关系到萃取过程能否实现，而且影响着萃取工厂的经济效益。理想的萃取设备应当结构紧凑、使用可靠、操作灵活、容易放大、效率高、经济和安全。萃取设备主要有三种：混合-澄清器、萃取塔和离心萃取器。其中发展较快的是混合-澄清器。如英国戴维公司研制的联合式混合-澄清器（CMS），减小了箱体体积，节省了有机溶剂的储存量。法国的克雷伯斯混合-澄清器在两个方面得到了突破：采用锥形双桨叶轮使级效率提高到 90% 以上；巧妙地在澄清室顶部增设混合相溜槽，

使澄清速度提高到 $14m^3/(m^2 \cdot h)$ 以上。

8.3.7.5 萃取法从含锌废水中萃取回收锌的应用

在众多的研究及工艺试验的报道中，大多以除去微量锌杂质为工业背景。随着锌废水的排放量的增加，每日流失的锌造成了资源的巨大浪费，因此从含锌废水中回收锌的研究促进了二次资源综合利用的发展。

低品位硫化锌矿、氧化锌矿等酸浸、氨浸或细菌浸出液中锌含量低，一般在几克每升到十几克每升，远没有达到电解锌的浓度要求。采用溶剂萃取法可以从低浓度的浸出液中富集锌离子，且除杂效果好。文献研究了用 D2EHPA(P204) 从硫化矿的细菌浸出液（Zn^{2+} 6.51 ~ 10g/L）中萃取回收锌。在 40% D2EHPA - 20% TOA 萃取体系中，锌单级萃取率达 99.84%，经四级反萃后有机相中的锌浓度仅为 0.0033g/L。反萃后进入水相的锌富集到 89.89g/L，满足了锌电积的要求。结果表明，该体系能显著改善硫酸锌溶液中锌的萃取富集和铁的去除性能。锌的最大饱和容量增加约 12%，负锌有机相只需用 0.25mol/L 的稀硫酸经一级即可达到完全反萃，负铁有机相可以用 4mol/L 硫酸反萃除去。

张永真等人[18]对胺类萃取剂 N503 萃取含锌退镀废液中锌的工艺进行了探讨，并进行了全逆流混合澄清槽台架实验。实验表明锌总萃取率达 99.97%，锌 - 铁能得到较好分离。

通过对几种国产萃取剂进行筛选，得出了胺类萃取剂 N503 和 N235 的萃取效果较佳。其中 N235 对锌有相当高的萃取能力，单级萃取率高达 99.95%。

N503 是我国自行合成的一种萃取剂。其成分主要为 N，N - 二（1 - 甲基庚基）乙酰胺。它合成容易，耐酸、碱，稳定性好，已大量用于含酚废水回收和含镉废液处理。

唐双华等人[19]研究了用 D2EHPA 从含锌浸出液中萃取锌。结果表明，以皂化后的体积分数为 20% 的 D2EHPA 钠盐作萃取剂，260 号溶剂油作稀释剂，在相比 V_o/V_a 为 3:2，料液初始 pH 值为 2.0，搅拌强度 200r/min，萃取时间 10min 的条件下从锌质量浓度 18g/L 的浸出液中萃取锌，静置分层 10min 后，锌的单级萃取率达 72.81%。用 180g/L 硫酸进行反萃取，锌的反萃取率为 88.67%，可以实现锌、铁分离。

8.3.8 吸附法

含锌废水处理方法包括化学法、物理化学法和生物法，但都存在一定的局限性。如中和沉淀法处理后，若废水 pH 值过高，需要中和处理后才可排放；同时可能多种重金属共存，当废水中含有 Zn、Pb、Sn、Al 等两性金属时，pH 值偏高，有再溶解的倾向，因此要严格控制 pH 值，实行分段沉淀，并且一般含锌废水在多数情况下含有配合剂，配合剂的存在将阻碍氢氧化锌沉淀的形成，所以采用中和沉淀法处理含锌废水很难达到排放标准。硫化沉淀法中，若加入过量的硫，不仅带来硫的二次污染，而且过量的硫与某些重金属离子会生成溶于水的络合离子而降低处理效果。铁氧化法在形成铁氧体过程中需要加热（约 70℃），能耗较高，处理后盐度高，而且有不能处理含汞和络合物废水的缺点[20]。近年来，利用天然产物对含重金属离子废水进行吸附处理已经逐渐成为研究热点。

8.3.8.1 黏土

价廉的黏土吸附剂，如凹凸棒土和膨润土等在脱色、去除有机污染物和重金属离子危害等方面卓有成效。如果对黏土进行活化改性改型等处理后吸附分离性能可大大提高。

凹凸棒黏土是指以凹凸棒为主要成分的一种黏土矿物。它是一种具有独特性能的层链状分子结构的含水富镁铝硅酸盐矿物。它具有独特的层链状晶体结构和十分细小（约 0.01μm×1μm）的棒状、纤维状晶体形态。凹凸棒黏土具有独特的分散、耐温、耐盐碱等良好的胶体性质和较高的吸附脱色能力，具有一定的可塑性和黏结力，使其在各行各业得到广泛应用。凹凸棒土在净化重金属污水及印染废水的脱色中用量小，并且适用的 pH 值范围广，效率高，是一种价格低廉的废水处理剂。

付桂珍等人[21]以凹凸棒石和粉煤灰为原料，添加一定量的黏结剂混合造粒制成复合颗粒吸附剂，用于处理含 Zn^{2+} 废水。实验研究了吸附材料的投加量、吸附反应时间及 pH 值对颗粒复合材料对锌离子吸附去除率的影响。通过正交试验研究得出凹凸棒石/粉煤灰颗粒复合材料优化吸附工艺条件为：颗粒吸附材料投加量为 0.05g/mL，溶液 pH 值为 8，吸附反应时间为 60min。处理含锌离子浓度为 13.86mg/L 的电镀废水，锌离子去除率达到 87.79%，处理后残留锌离子浓度为 1.692mg/L。

黄德荣[22]用凹凸棒土或膨润土制备 5 种吸附剂，分别与一种混凝剂连用以治理含锌电镀废水。结果表明，废水 pH 值对锌去除率影响是值得注意的。当 Zn^{2+} 初始质量浓度为 5150mg/L 时，最佳 pH 值为 9.0，改性膨润土用量 1g/L 时，锌和色度去除率高达 99.8% 以上。该法比传统的方法，如单纯中和法和沉淀法，要好得多。

8.3.8.2 硅藻土

硅藻土是古代单细胞低等植物硅藻的遗体堆积后，经过初步成岩作用而形成的一种具有多孔性的生物硅质岩。它是由硅藻的壁壳组成的，壁壳上有多级、大量、有序排列的微孔。这种独特的结构，赋予它许多优良的性能，它性能稳定、耐酸、孔容大、孔径大、比表面积大、吸附性能强。因此硅藻土在废水处理方面的应用日益广泛。

A 硅藻土的应用

王代芝等人[23]采用化学沉降和硅藻土吸附组合工艺处理高浓度含锌废水，

以硅藻土为原料，氢氧化钠为中和剂，探讨了达到最佳处理效果时碱液的投加量和硅藻土吸附废水中 Zn^{2+} 的影响因素及最佳条件。硅藻土对 Zn^{2+} 的吸附符合 Freundlich 模式，吸附等温式 $q = 0.3523C_e^{0.1746}$，（q 为吸附量，C_e 为平衡时液相浓度）单层吸附，与不均匀表面吸附理论所得的吸附量与吸附热关系相符，特征常数 $1/n$ 介于 0.1 ~ 0.5 之间，吸附特性良好，吸附过程易于进行。处理后的水中 Zn^{2+} 浓度达标，处理效果得到提高。

该研究利用化学沉降硅藻土吸附法处理高浓度电镀含锌废水，将吸附法与化学沉降法有机结合起来，在避免了中和沉淀法的种种弊端的同时，利用天然硅藻土而无需改性处理就可达到较好的处理效果。先用化学法沉降大部分 Zn^{2+}，以 $Zn(OH)_2$ 沉淀的形式除去，可煅烧生成 ZnO，从而制成 $Zn(NO_3)_2$ 或 $ZnCl_2$ 等试剂，有较高的回收利用价值。然后用硅藻土进行吸附处理，使其达到排放标准，这样不仅可以使水资源得到循环利用，减轻水危机带来的压力，而且可望实现固体废物的资源化，提高资源的利用率，达到循环经济的目的，减少了污染与土地的占用，提高处理效果，具有较大的理论价值和实用价值。

硅藻土在含 Zn^{2+} 溶液中的吸附反应机理为：

$$Zn^{2+} + (Diat)^{n-} \rightleftharpoons (Zn - Diat)^{2-n}$$

$$K = c_{(Zn-Diat)^{2-n}} / (c_{Zn^{2+}} \cdot c_{(Diat)^{n-}}) \cdot (Diat)^{n-}$$

式中，K 为平衡常数；$c_{Zn^{2+}}$ 为 Zn^{2+} 的质量浓度，mg/L；$c_{(Diat)^{n-}}$ 为带负电的硅藻土的质量浓度，mg/L；$c_{(Zn-Diat)^{2-n}}$ 为吸附 Zn^{2+} 后的硅藻土的质量浓度，mg/L。

由试验结果可以看出，溶液中 Zn^{2+} 浓度一定时，增加硅藻土投加量，硅藻土对 Zn^{2+} 的去除率随之提高。根据吸附反应机理，在其他条件不变的情况下，K 为常数，增加吸附剂投加量有利于反应向右进行，溶液中剩余的 Zn^{2+} 浓度降低，所以表现为随着吸附剂投加量的增加去除率也随之增加。当吸附剂投加量大于 0.2g/L 时，去除率略有降低，考虑到硅藻土吸附容量有限和实际应用时的处理费用，试验采用最佳吸附剂投加量为 0.2g/L。

B 改性硅藻土的应用

李门楼[24]为了高效廉价地处理电镀废水，对天然硅藻土进行处理制备成改性硅藻土。在静态条件下，对改性硅藻土处理含锌废水进行了试验研究，探讨了改性硅藻土用量、废水 pH 值、吸附时间、温度对除锌效果的影响。结果表明，在废水 pH 值为 4.0 ~ 7.0、锌浓度为 0 ~ 100mg/L 范围内，按锌与改性硅藻土质量比为 1/30 投加改性硅藻土进行处理，锌去除率可达 98% 以上，且处理后废水近中性。含锌电镀废水经改性硅藻土处理后，废水中锌含量显着低于国家排放标准。

a 改性硅藻土吸附 Zn^{2+} 的机理

硅藻土经过提纯、溴化十六烷基三甲铵改性及活化、灼烧扩容处理后，改性硅藻土的孔容、孔径、比表面积变得更大，且改性硅藻土存在游离的羟基和羟基基团，它吸附 Zn^{2+} 的能力更强，这种吸附属于离子交换吸附；同时它的 N 电位负值变得更小，绝对值变得更大，对带正电荷的 Zn^{2+} 可发生电中和凝聚作用，同时具有筛分作用和深度效应。因此，改性硅藻土对 Zn^{2+} 的吸附主要为离子交换吸附。

b 改性硅藻土的制备

称取一定量的硅藻土，加入质量分数为 10% 的溴化十六烷基三甲铵溶液，在常温下以 100r/min 的速度搅拌 2h，抽滤后，放入马弗炉中 450℃ 下焙烧 2h，经过研磨，过 100 目筛，即得改性硅藻土。然后将制备的改性硅藻土置于干燥器中待用。

c 静态吸附试验

准确称取一定量已制备的改性硅藻土和 100mL 含 Zn^{2+} 浓度为 40mg/L 的溶液置于 250mL 锥形瓶中，用 1.0mol/L 的 HCl 和 1.0mol/L 的 NaOH 溶液调整溶液的 pH 值为 5.0，在 20℃ 于振荡器上振荡 4h，稍放置过滤。取适量滤液测定残余锌含量，并按下式计算锌去除率：

$$去除率 = (c_0 - c)/c_0 \times 100\%$$

式中，c_0 为处理前溶液中锌浓度，mg/L；c 为处理后溶液中锌浓度，mg/L。

d 电镀废水处理试验

取武汉市某电镀厂电镀废水，用化学方法测定其中含 Zn^{2+} 的初始浓度为 31.4mg/L，pH 值为 5.9。将该电镀废水 100mL 置于 250mL 锥形瓶中；加入改性硅藻土和天然硅藻土各 120mg，在 20℃ 于振荡器上振 4h 后，分别测出废水中 Zn^{2+} 浓度。

e 改性硅藻土的再生利用

改性硅藻土在达到饱和吸附量时，必须洗脱吸附在改性硅藻土上的 Zn^{2+}。将吸附过 Zn^{2+} 的改性硅藻土先用清水洗涤 2～3 次，再用 1.0mol/L HCl 溶液浸泡 8h，每隔 30min 振动 1 次，然后用纯水洗至无氯离子，烘干。脱附出的 Zn^{2+} 可加碱沉淀回收，洗脱率可达 94% 以上，而经过洗脱再生的改性硅藻土可重新投入使用。在 pH 值为 5.0，吸附温度为 20℃ 时，向浓度为 1000mg/L 的 Zn^{2+} 溶液中加入 1.0g 经过洗脱再生的改性硅藻土吸附剂，振荡吸附 4h 后，测定溶液中 Zn^{2+} 的浓度，洗脱再生的改性硅藻土对 Zn^{2+} 的吸附效果略有下降。

8.3.8.3 沸石

天然沸石是一类含结晶水的呈架状结构的碱金属或碱土金属铝硅酸盐矿物，所含的阳离子和水分子有较大的移动性，可进行阳离子交换。由于沸石独特的内部结构和晶体化学性质，被广泛应用于建材工业、农业、轻工业、环保及国防等领域。将天然沸石粉与优质煤粉按一定比例混合，在高温下灼烧成多孔质高强度的改性沸石颗粒应用于电镀废水的处理，得到很好的试验结果。

8.3.8.4 纤维素

淀粉和纤维素是一种来源既便宜又广泛的天然高分子。这些物质经过改性对处理重金属废水起到了举足轻重的作用。天然纤维素材料是地球上广泛存在的一种可再生资源，具有比表面积大、良好的亲水性和多孔结构等特点，在工业废水处理方面正日益得到重视和应用。天然纤维素可分为纤维素及其衍生物和含纤维素的农业副产品如谷类、壳类、木材等两大类。离子螯合纤维素是以纤维素聚合物为骨架，连接有螯合基团，与溶剂中金属离子作用，通过离子键和配位键形成多元环状络合物，而在条件合适时，将络合的离子释放出来，不同的螯合基团对金属离子有不同的选择性。目前，螯合纤维素又可分为含硫螯合纤维素、含磷螯合纤维素、含氮螯合纤维素和含硫、氮螯合纤维素等。

唐志华[26]制备并研究了改性纤维素对 Cu^{2+}、Zn^{2+}、Ni^{2+} 三种重金属离子的捕集效果。研究了反应时间、药剂用量、pH 值、反应温度对其效果的影响。结果表明，在 pH 值为中性或碱性，反应温度为25℃时，改性纤维素对重金属离子具有较好的捕集效果。今后可进一步根据物质结构与性能的关系对天然高分子进行改性，并加强应用的研究。

8.3.8.5 壳聚糖

壳聚糖来自天然虾、蟹壳等，资源丰富，价格低廉，提取工艺操作简单，成本低。壳聚糖无毒、无味，可生物降解，且对金属离子具有优良的吸附性能，若用于电镀废水处理，不仅效率高，而且不会造成二次污染。

A 壳聚糖及其衍生物对重金属离子的吸附[27]

Muzzarelli 曾指出，壳聚糖与金属离子通过离子交换、物理吸附和化学吸附三种方式结合，而化学吸附中的配位吸附的结合力最强。由于碱金属和碱土金属离子半径较小，壳聚糖并不与它们配位，因此，壳聚糖可在存在这些离子的水溶液中配位分离重金属离子。

壳聚糖是一种天然碱性高分子多糖，它是由海洋生物中甲壳动物提取的甲壳素经过脱乙酰基处理得到的。壳聚糖是由 β－(1，4)－2－氨基－2－脱氧－D－葡萄糖单元和 β－(1，4)－2－乙酰胺基－2－脱氧－D－葡萄糖单元组成的共聚体，其结构式如下[28]：

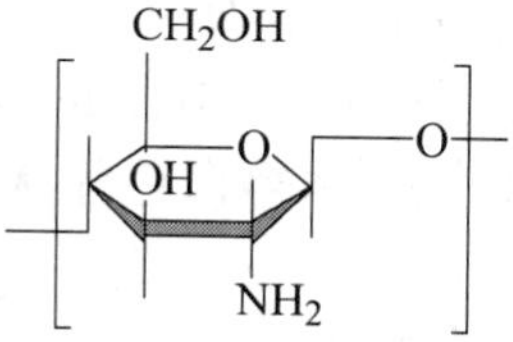

CH_2OH OH O O NH_2

其分子中含有大量游离—NH_2，—NH_2 邻位是—OH，这两个基团可以成为壳聚糖与金属离子发生螯合吸附作用的活性基，故壳聚糖及其衍生物能够作为金属离子的富集剂或吸附剂，有效地去除电镀废水中的重金属离子。研究证实，壳聚糖具有复杂的双螺旋结构，螺距为0.515nm，每个螺旋平面由6个糖残基组成。此外，壳聚糖可以完全被生物降解，不造成二次污染。因此，以壳聚糖为母体的吸附剂的制备及其吸附处理电镀废水中的重金属离子的研究有着广阔的应用前景。

由于壳聚糖分子中存在羟基、氨基等活性基团，可借氢键或盐键形成类似网状结构的笼形分子，因此可以与金属离子发生螯合作用，从而吸附溶液中的金属离子。电镀废水中常含有 Cu^{2+}、Zn^{2+} 及 Cd^{2+} 等金属离子，壳聚糖对上述重金属离子均具有较好的吸附作用。

B 壳聚糖对电镀废水中 Zn^{2+} 的吸附

电镀废水中的 Zn^{2+} 可以通过加入壳聚糖除去，并取得了较好的效果。近年来，许多研究者对壳聚糖吸附 Zn^{2+} 的外部条件以及壳聚糖自身的特性对吸附的影响进行了研究，也有人对吸附机理进行了探讨。李和生等人研究了壳聚糖吸附 Zn^{2+} 的条件，结果表明，壳聚糖对 Zn^{2+} 的吸附受温度、pH 值的影响，当温度升高时，壳聚糖对 Zn^{2+} 吸附量增大；当 pH 值为 2 ~ 6 时，壳聚糖对 Zn^{2+} 的吸附量随 pH 值的增大而增大。黄晓佳等人研究了相对分子质量、脱乙酰度、粒度等壳聚糖自身的特性对吸附量的影响，结果表明，在相对分子质量较大（>100000）时，壳聚糖对 Zn^{2+} 的吸附量与相对分子质量无关；而壳聚糖的脱乙酰度对吸附量有较大影响，脱乙酰度越高，对 Zn^{2+} 的吸附量较大；在吸附时间较长时，壳聚糖对 Zn^{2+} 吸附与其粒度大小无关，但在较短时间内，粒度越小，吸附越容易达到平衡。Baohong Guana 等人研究了水溶性壳聚糖对 Zn^{2+} 的吸附，主要通过红外光谱（FTIR）对其吸附机理进行探讨，认为壳聚糖对 Zn^{2+} 的吸附过程可分为三个阶段，即壳聚糖对金属离子的螯合、金属氢氧化物沉淀的形成、金属氢氧化物与壳聚糖－金属离子配合物的共沉淀的形成。

陈盛等人将壳聚糖降解到平均为十糖，与 Zn^{2+} 配位，所得产物即可补锌，又有低分子壳聚糖保健作用，一举两得。黄晓佳等人全面研究了壳聚糖对 Zn^{2+} 的吸附情况，指出最佳条件为：壳聚糖脱乙酰度100%，最合适的锌盐是 $ZnSO_4$，Zn^{2+} 溶液 pH 值为6.0，起始浓度 4 ~ 5mg/mL。以 Zn^{2+} 为模板合成的戊二醛交联壳聚糖树脂对 Zn^{2+} 具有较高的吸附量。曹佐英等人用微波辐射法研究了这种配合物的制备，发现能加速反应，提高锌的结合量。郭振楚等人利用壳聚糖最终水解产物 D－氨基葡萄糖吸附 Zn^{2+}，制得白色片状晶体——氨基葡萄糖－Zn^{2+}，并初步确定了其组成和结构。

李爱阳等人[29]利用麦饭石负载壳聚糖制备了一种价廉的复合吸附剂。通过 X 射线衍射（XRD）和扫描电子显微镜（SEM）对其结构进行了表征，研究了不同 pH 值、不同吸附时间、不同吸附剂投加量对复合壳聚糖吸附 Zn^{2+} 的影响。结果在 pH 值为 6~8、吸附时间为 40min、复合吸附剂的投加量为 4.0g/L 的条件下，复合吸附剂对 Zn^{2+} 的吸附率达到 95% 以上，达到国家污水综合排放标准。通过对试验数据运用相关数学模型拟合，复合吸附剂对 Zn^{2+} 的吸附符合 Langmuir 吸附等温式，其相关系数 R_2 为 0.9651。因而复合吸附剂麦饭石－壳聚糖可有效地处理含锌废水。

复合吸附剂麦饭石－壳聚糖吸附机理如下：（1）复合吸附剂可以发生共同吸附，麦饭石中含有大量高岭石、蒙脱石和云母等，水溶液中麦饭石层状结构中的金属阳离子在水分子作用下很容易扩散和溶出，使麦饭石表面带有负电荷，因而对金属离子有较好的吸附作用；而壳聚糖分子含有大量的氨基及部分酰胺基，能够选择性地配位或吸附重金属离子。（2）进行复合后，壳聚糖负载在较大面积的麦饭石上，使其具有更大的活性吸附点，能更高效地与 Zn^{2+} 作用，从而提高其吸附性能。（3）复合后，壳聚糖分子进入麦饭石层间，增大了麦饭石层间距，使麦饭石晶层膨胀，产生较大亲水表面，有利于 Zn^{2+} 的吸附，故吸附性能得到明显提高。

李和生等人[30]研究了壳聚糖对锌（Ⅱ）离子的吸附动力学、吸附等温线及 pH 值、壳聚糖脱乙酰度、温度等因素对壳聚糖吸附的影响。结果表明，壳聚糖对锌（Ⅱ）离子的吸附行为符合 Langmuir 模型，壳聚糖对锌（Ⅱ）离子吸附规律均遵从单分子层吸附规律。温度、pH 值和脱乙酰度对吸附量有显著影响，随温度的升高，壳聚糖对锌（Ⅱ）离子吸附量增加；在 pH 值为 2~6 范围内，壳聚糖对锌（Ⅱ）离子吸附随 pH 值的增大而增大；脱乙酰基程度高的吸附量较大。

周利民以共沉淀法制备纳米 Fe_3O_4，通过在颗粒表面接枝羧甲基化壳聚糖，制备出新型的磁性纳米吸附剂。当磁性纳米吸附剂平均粒径为 18nm，羧甲基化壳聚糖的含量为 5% 时，对 Zn^{2+} 的吸附速率很快，在 2min 内基本达到平衡，能有效地去除 Zn^{2+}，等温吸附数据符合 Langmuir 模型，饱和吸附容量为 20.4mg/g[31]。

近年来，国内外对壳聚糖作为吸附处理剂的研究和应用取得了很大进展，壳聚糖及其衍生物未来的研究方向是通过进行适当改性或复合，合成力学性能、吸附性能均优良的壳聚糖吸附剂，同时深入研究其对复杂的工业废水的处理能力。壳聚糖及其衍生物系列产品进一步功能化、系列化之后，将在电镀废水处理方面具有更加广泛的应用前景。

8.3.8.6 风化煤

风化煤价格低廉，煤中含有腐殖酸、芳香族、羧基、羟基、酚羟基、羰基等活性基团，可与水中金属离子发生离子交换、络合和螯合反应。

梅建庭等人[32]用分光光度法分析研究了风化煤对水中 Pb^{2+}、Cu^{2+}、Ni^{2+}、

Zn^{2+}的吸附与解吸。在20℃，滤速为4mL/min，pH=4时，浓度分别为20mg/L的Pb^{2+}、Cu^{2+}、Ni^{2+}、Zn^{2+}溶液经风化煤吸附后，其去除率均达97%以上。电镀废水经风化煤二级吸附后，达到国家排放标准。

8.3.8.7 腐殖酸

腐殖酸是由生物体在土壤、水和沉积物中转化而成，腐殖酸的结构复杂，至今并未确定它的结构，许多研究已证明其分子内主要含有大量羧基、醇基和酚基等官能团，因而它具有弱酸性、亲水性、吸附性和络合性，它能够与许多有机物和无机物发生相互作用，特别是对其与金属离子的相互作用研究很多。

李莉[33]用正交实验研究了活性炭处理稀碱腐殖提取液，同时进一步研究腐殖酸对Zn^{2+}的吸附条件及吸附性能。研究发现，在实验条件下，腐殖酸几乎不能被活性炭吸附，而且腐殖酸对Zn^{2+}的吸附率可达99.65%，吸附基本属于Langmuir型，吸附的最佳条件是等量的Zn^{2+}和腐殖酸在pH为13，45℃，1h。

马淞江等人[34]利用泥炭为原料制备腐殖酸树脂。在动态条件下，研究了腐殖酸树脂对重金属离子Zn^{2+}、Ni^{2+}的吸附效果及吸附条件并探讨了吸附与解吸再生机理：主要吸附形式为离子交换吸附和络合吸附。实验结果表明，在20℃，流速为4mL/min，pH值为5.0~7.0条件下，含Zn^{2+}、Ni^{2+}质量浓度均为70mg/L的废水，经腐殖酸树脂处理后，Zn^{2+}、Ni^{2+}去除率可达98%以上，且处理后废水近中性。含Zn^{2+}、Ni^{2+}质量浓度分别为32.5mg/L和29.4mg/L，pH值为5.9的电镀废水，经腐殖酸树脂处理后，废水中Zn^{2+}、Ni^{2+}含量显著低于国家排放标准允许值。

由泥炭和含有木质素磺酸盐的酸性造纸废液为原料制备的腐殖酸树脂，性似弱酸性阳离子交换树脂，其分子结构中含有腐殖酸、羧基、羟基、甲氧基、羰基等活性功能基团，这些活性功能基团可与重金属离子（如Zn^{2+}、Ni^{2+}）进行交换、络合等反应。其主要反应为：

$$(R\text{-}COO)_2Ca + Me^{2+} \rightleftharpoons (R\text{-}COO)_2Me + Ca^{2+}$$

$$R\begin{matrix} \diagup COOH \\ \diagdown COOH \end{matrix} + Me^{2+} \rightleftharpoons R\begin{matrix} \diagup COO \diagdown \\ \diagdown COO \diagup \end{matrix} Me + 2H^+$$

$$R\begin{matrix} \diagup OH \\ \diagdown COOH \end{matrix} + Me^{2+} \rightleftharpoons R\begin{matrix} \diagup O \diagdown \\ \diagdown COO \diagup \end{matrix} Me + 2H^+$$

同时呈球形质点的腐殖酸分子在酸性介质中通过缔合作用，可形成类似葡萄串多孔团聚体，使其具有很大的比表面积，对重金属离子还具有一定的表面吸附作用。但主要的吸附形式应为离子交换吸附和络合吸附。

被腐殖酸树脂吸附的重金属离子，可用酸来解吸脱附，经过解吸脱附的腐殖酸树脂可用醋酸钙溶液或氯化钙石灰水混合液进行再生后循环利用。其主要反应为：

$$(R\text{-}COO)_2Ca+Me^{2+} \rightleftharpoons (R\text{-}COO)_2Me+Ca^{2+}$$

$$R\begin{matrix} \diagup O \diagdown \\ \diagdown COO \diagup \end{matrix} Me+2H^+ \rightleftharpoons R\begin{matrix} \diagup OH \\ \diagdown COOH \end{matrix} +Me^{2+}$$

$$R\begin{matrix} \diagup COO \diagdown \\ \diagdown COO \diagup \end{matrix} Me+2H^+ \rightleftharpoons R\begin{matrix} \diagup COOH \\ \diagdown COOH \end{matrix} +Me^{2+}$$

$$2R\text{-}COOH+Ca^{2+} \rightleftharpoons (R\text{-}COO)_2Ca+2H^+$$

8.3.8.8 粉煤灰

将改性粉煤灰用于含锌废水的处理，取得了较好的结果，为实现以废治废、改善环境提供了一条切实可行的途径。

王大军等人[35]利用改性粉煤灰吸附混凝作用，研究了含锌离子浓度为50～200mg/L的模拟废水去除锌离子的一般规律。研究结果表明，以氧化钙为改性剂改性的粉煤灰对含锌废水具有良好的吸附性能，在含锌离子浓度为50～250mg/L，改性粉煤灰用量每100mL为20g，pH值为4～11的实验条件下，锌离子的去除率最高可达99.7%。

付桂珍等人以蒙脱石、粉煤灰为原料，添加一定量的黏结剂混合造粒制成复合颗粒吸附剂，用于处理含Zn^{2+}废水。实验研究了吸附反应时间、吸附剂投加量、废水初始浓度及介质pH值对吸附性能的影响。研究结果表明，蒙脱石/粉煤灰复合颗粒吸附剂的最佳吸附工艺条件为：在室温下，吸附反应时间50min，吸附剂投加量5.0g/L，初始浓度40mg/L，溶液pH值为5。在此条件下处理含Zn^{2+}废水，吸附去除率为95.77%，处理后残余浓度为1.69mg/L，达到国家一级排放标准（2.0mg/L）。

8.3.8.9 陶粒

陶粒是一种人造轻质粗集料，主要用于配制轻集料混凝土、轻质砂浆及耐酸耐热混凝土集料。它是由页岩等黏土质材料先破碎到一定粒度，或用黏土、粉煤灰掺黏土等做成球，再在高温下（一般为1050～1350℃）烧胀或烧结而成。由于其内部多孔，比表面积较大，化学和热稳定性好，使之具有较好的吸附性能，易于再生，便于重复利用，是一种廉价的吸附剂。

王士龙等人[36]对陶粒处理含锌废水进行了试验研究，探讨了陶粒用量、废水酸度、接触时间、温度等因素对除锌效果的影响。结果表明，在废水pH值为4～10、Zn^{2+}浓度为0～200mg/L范围内，按锌与陶粒质量1∶80的比例投加陶粒处理含锌废水，锌的去除率达99%以上，处理后的含锌废水达排放标准。

8.3.9 电解法

根据电极反应发生的方式不同，废水的电化学治理可分为电凝聚、电气浮、电沉积法、内电解法、电化学氧化、电混凝法等。由于电化学方法处理废水的独特优势，在各行业的废水处理中已日趋重要。在电化学处理废水的几种类型中，电混凝与电气浮运用比较成熟。其中，电混凝法主要是通过电解金属阳极 M（如 Fe、Al 等低电位金属电极），使之以金属离子 M^{n+} 的形式溶解在待处理的废水中，M^{n+} 在溶液中发生水解、聚合，形成多种羟基络合物，进而形成高分子多核羟基络合物与氢氧化物，这些高分子多核羟基络合物和氢氧化物对污染物的去除发挥着压缩双电层作用、电性中和作用、吸附架桥作用和沉淀物网捕作用。电混凝装置结构简单，自动化程度高，操作简便，占地面积小，具有很好的推广应用价值。

储金宇等人[37]针对电镀废水对生态环境的严重污染问题，提出了铝板作为极板的电絮凝设备处理电镀废水中的重金属离子 Cr^{n+}、Cu^{2+}、Zn^{2+}，研究了初始 pH 值、电流密度、电极间距等因素对处理效果的影响。试验结果表明，在电絮凝过程中，初始 pH 值在 4 ~ 8 之间时，金属离子的去除率最好，但当初始 pH 值超过 8 时，铬的去除率有所下降；并且随着电流密度、电解时间的增加，金属离子的去除率不断增加；电极间距的减小，使得重金属离子取得较好的去除效果。在初始 pH 值为 6，电流密度为 $5.45A/dm^2$，电极间距为 1cm，通电时间为 30min 的工艺条件下，电镀废水中 Cr^{n+} 去除率为 96.22%，Cu^{2+} 去除率为 99.86%，Zn^{2+} 去除率为 99.13%。

何闪英等人[38]利用电混凝法处理含 Cu^{2+} 和 Zn^{2+} 的电镀废水，系统地考察了电解电压、进水 pH 值、极板间距、电解时间等因素对废水处理效果的影响，确定了最佳的电解条件。实验结果表明，电混凝法处理的电镀废水出水水质较好。当电压为 80V，pH 值为 5，电解时间为 30min，极板间距为 10mm 时，处理后的废水中 Zn^{2+} 浓度为 0.36mg/L，去除率达到 97.9%，Cu^{2+} 浓度为 0.0049mg/L，去除率达到 99.9%，均可达到国家规定的排放标准，且该法运行方便，处理时间短，是较理想的电镀废水处理工艺。

8.3.10 生物法

8.3.10.1 生物法处理含锌废水

与传统物理化学方法相比，用生物法处理含锌废水具有速度快、选择性高、吸附容量大、处理费用低等优点，而且不造成二次污染，已成为公认最具发展前途的方法。

A 生物吸附

用失活生物体作为吸附剂去除废水中重金属的研究已经取得了很大的进展。大量的研究结果表明，细菌、真菌和藻类等生物体对重金属都有很强的吸附能力。目前，用霉菌作为生物吸附剂去除 Zn^{2+} 的研究较多。有资料表明，将含曲霉、毛霉、青霉和根霉的丝状真菌菌丝培育物干燥、磨碎并经过筛分，使其成为可储存的生物体，在废水 pH 值为 7 时，其可去除废水中 97% 的锌，其中 1kg 毛霉和根霉粉末可以净化锌质量浓度为 10mg/L 的废水（pH 值为 7）5000L。酒曲霉对锌的吸附也有报道，取发酵工厂的酒曲霉，用灭菌剂使其停止生长，清洗后在减压条件下进行干燥，粉碎后用分子筛筛分，在吸附平衡质量浓度为 33mg/L 时，其对锌的吸附量达 50mg/g。Addour 等人的研究结果表明，失活链霉菌对锌也有吸附去除作用，1g 细胞（干重）可吸附 2.9mg 锌，而且该吸附剂经浓度为 0.1mol/L 的 HCl 再生后可回收 90% 的锌，吸附剂的质量损失只有 20%。

藻类也是一种重要的吸附剂。莫健伟等人把绿藻洗净、晒干，用它对锌等多种金属离子进行吸附实验，在溶液 pH 值为 6～7，锌的初始质量浓度为 15mg/L 的条件下，吸附 6h 后锌的去除率达到 79%。Esteves 等人将马尾藻在 40℃温度下烘干、过筛，取直径为 0.56～0.85mm 的颗粒作吸附剂，用浓度为 0.1mol/L 的 NaOH 处理后，用其处理锌质量浓度为 98mg/L 的工业废水，锌的去除率可达 99.4%。

Pinghe Yin 等人从淀粉废水中培养得到真菌团用于处理含镉废水的处理试验中发现，R. Arrhizus 对锌离子的吸附量为 34.45mg/g。Vinta V. Panchanadikar 等人从大自然中分离得到 P. aeruginosa 菌种，并用于处理含锌工业废水，试验证明 P. aeruginosa 菌种对锌离子的吸附量为 30mg/g。B. W. Atkinson 等人研究了剩余活性污泥处理电镀废水，电镀废水主要含有锌，其质量浓度达到 110mg/L，同时还含有少量的 Cu^{2+}、Cd^{2+}、Ni^{2+}、Cr^{3+} 和 Cr^{6+}，其研究结果表明，活性污泥对锌的去除率高达 96%，其他金属的质量浓度均在 50mg/L 以上，其平均去除率为 80%。生物吸附法由于其吸附容量一定、选择性高等特点，应用范围限制在低质量浓度（1～100mg/L）、单组分的含锌废水的处理。

B 活体吸附

生物活细胞作吸附剂时还会包括生物积累，即通过生物新陈代谢作用产生的能量把锌离子输送到细胞内部。因此去除效果可能比单纯的生物吸附好。陈明等人从多个土壤和污泥样品中分离筛选出 40 余种对重金属离子具有吸附活性的微生物菌株，其中菌株 A－7 为革兰氏阳性菌，对锌具有较高的吸附活性。用 A－7 对锌质量浓度为 64.8mg/L 的废水进行吸附，锌去除率可达 96.9%。

瞿建国等人采用污水厂厌氧硝化污泥处理含锌废水，试验 48h 之后，菌株对锌的去除就已达到 80% 左右，大大缩短了反应周期。结果显示，菌体的生长量在 200～400mg/L 去除锌的能力强，并得出菌液的光密度与去除率之间存在一定的线性相关性的结论。

田建民则利用硫酸盐还原菌（SRB）的代谢产物对含锌的化纤废水进行处理实验，由于硫酸盐还原菌还原 SO_4^{2-} 为 S^{2-} 再与 Zn 结合生成 ZnS 沉淀，SRB 可同时去除废水中的有机物和锌。实验结果显示，SRB 不仅能使废水中的锌质量浓度由 60 ~ 100mg/L 下降到小于 1mg/L，同时可使废水的 COD 由 1000mg/L 左右下降到 400mg/L 左右[39]。

C 生物絮凝

生物吸附剂除微生物菌体外，还包括如壳聚糖等的生物材料。生物絮凝法去除重金属就是先从微生物中提取壳聚糖分子，再利用该分子中的氨基和羟基与重金属形成稳定的螯合物，然后沉淀下来，最终达到去除重金属离子的目的。到目前为止，已开发出的对重金属离子有絮凝作用的生物有细菌、霉菌、放线菌、酵母菌和藻类等 12 个品种，絮凝活性高，生长快、絮凝作用条件粗放，大多不受离子强度、pH 值及温度的影响，易于实现工业化等特点。因此用絮凝法处理含锌废水也是极具发展前景的。

马晓航等人研究了用硫酸盐还原菌处理含锌废水的厌氧污泥床工艺及影响运行的主要因素。结果表明，该工艺可在进水 COD 和锌质量浓度分别为 320mg/L 与 100mg/L 时有效运行，有机物和 Zn^{2+} 的去除率分别达到 73.8% 和 99.63%。在水力滞留时间降至 6h 时，Zn^{2+} 的去除率仍可达 94.55%。进水 Zn^{2+} 质量浓度低于 500mg/L 时装置可以稳定运行，而当质量浓度达到 600mg/L 时，硫酸盐还原菌受到 Zn^{2+} 的明显毒害。当进水 COD 1500mg/L、Zn^{2+} 500mg/L，水力滞留时间为 9h 时，装置的 Zn^{2+} 容积去除率可达 1329mg/(L·d)。

华尧煦等人研究了 SRB 厌氧污泥床处理含锌废水，锌的去除率可达 99%。但废水中锌的最高允许质量浓度为 500mg/L，超过这一浓度后，虽然反应器中有一定的缓冲作用，SRB 仍受到毒害，影响处理效果。

Jong Tony 考察了上流式厌氧序批式反应器在 25℃ 条件下，运行了 14 天，SRB 混合细菌群对含有 Cu、Zn、Ni、Fe、Al、Mg、As 的硫酸盐废水进行处理。在硫酸根离子质量浓度为 7.43kg/(d·m^3) 和 3.71kg/(d·m^3)，硫酸根的去除率均大于 82%，Cu、Zn、Ni 的去除率大 97.5%，As 的去除率为 77.5%，Fe 的去除率为 82%，而溶液中 Al、Mg 的浓度不变。以硫酸盐还原菌为代表的生物沉淀法处理含锌废水具有处理费用低、去除率高的优点。在研究取得进展的同时，也暴露了营养源不能被生物充分利用，导致出水的 COD 值高；金属离子的毒害作用影响处理效果等缺陷。

8.3.10.2 生物法除锌的机理研究

随着生物法除锌应用的研究取得了一定的成果，生物法除锌机理方面的研究也取得了一定的进展[40]。

A 生物絮凝法

生物絮凝法是利用微生物或其代谢物进行絮凝沉淀的一种方法。微生物絮凝剂是一类由微生物产生并分泌到细胞外，具有絮凝活性的代谢物。一般由多糖、蛋白质、DNA、纤维素、糖蛋白、聚氨基酸等高分子物质构成，这些高分子中含有多种官能团，能使水中胶体悬浮物相互凝聚沉淀。生物絮凝法除重金属是从微生物中提取聚壳糖分子，利用该分子中的氨基和羟基与重金属离子形成稳定的螯合物而沉淀下来。

B 生物吸附法

细菌对金属离子的吸附是一个物理化学反应共同作用的结果。物理吸附如静电吸附，反应速率一般都很快，吸附物与吸附剂一经接触就会发生吸附，而化学吸附表面络合和酶促反应等反应速率较慢。

C 表面络合机理

微生物能通过多种途径将重金属吸附在其表面。细胞壁是金属离子的主要积累场所，细胞壁主要是由甘露聚糖、葡聚糖、蛋白质和甲壳质组成，细胞壁上与金属离子相配位的官能团包括—COOH、—NH_2、—SH、PO_4^{3-}。由于 pH 值的大小会影响某些官能团的质子化，所以当 pH 值增大时细胞壁上能暴露出更多负电的基团，有利于金属离子与之相结合而被吸附。但细胞壁并不是螯合金属的唯一地方，现已发现金属可以和细胞器结合或是在原生质中形成结晶。但是细胞壁是与金属接触最早的部分，同时也证明大多数金属都是螯合在细胞壁上。

J. V. Estevesa 等人认为马尾藻用于吸附金属的原因可以由软硬酸金属原则来解释。属于硬酸的金属容易和含氧原子等的硬配位体结合，形成稳定的化合物，比如容易和藻酸盐中的——COOH 结合。而属于软酸的金属，容易和含氮、硫原子等软配位体结合，比如多聚糖中的磺酸盐基团。Zn^{2+} 属于软硬酸金属的交界酸，所以它既可和硬配位体结合也可和软配位体结合，但是形成的配合物不够稳定。Anastasios 等人的研究表明酵母对 Cu^{2+}、Zn^{2+} 和 Ni^{2+} 三种离子吸附能力为 $Cu^{2+} > Zn^{2+} > Ni^{2+}$，但由于它们属于交界酸，用软硬酸理论来推测生物体对金属离子的吸附性质时，很难对这三种金属离子与配位体结合的差别做定量的解释。Cu^{2+} 和 Ca^{2+} 对 Zn^{2+} 与微生物的键合有影响，具体原因可能也跟软硬酸金属规则有关。

D 离子交换机理

Brandy 等人研究非活性少根根霉对 Sr^{2+}、Mn^{2+}、Zn^{2+}、Cd^{2+}、Cu^{2+} 和 Pb^{2+} 的吸附时，发现 Ca^{2+}、Mg^{2+} 和 H^+ 从生物体上被交换下来进入溶液。金属离子的吸附量越大，释出的这三种离子的总量也越大。但是通过离子交换被吸附的金属离子只占被吸附总量的很小一部分，至于具体的定量关系还有待进一步的研究。

E 细胞内生化反应机理

活性生物细胞对金属的吸收可能与细胞上某种酶的活性有关。Blackwell 等人报道了啤酒酵母内积累的 Sr^{2+}、Mn^{2+} 和 Zn^{2+} 分别有 70%、90% 和 60% 在液泡内，其余的存在于细胞质或者细胞膜上，液泡似乎是细胞内金属积累的主要场所。Volesky 等人认为这主要是因为细胞内的磷酸酶将重金属移入了细胞，磷酸酶是通过在细胞培养过程中引入一种“磷酸供体”（如甘油磷酸酯）而产生的。近年来，国内外学者加强了对细胞内重金属硫蛋白（MT）的研究。该蛋白基本特征是低相对分子质量，富含半胱氨酸，能够结合 Cu、Cd、Zn 等重金属。除此之外，又有人分离到一种多肽，仅由三种氨基酸组成，这类多肽被称之为 Phytochelations，同时能结合这三种重金属。金属硫蛋白或类似多肽的主要生理功能是储备、调节和解毒胞内的重金离子，而且有可能用于治理重金属污染的生物净化技术中。

F 利用 SRB 代谢产物去除锌

SRB 能够在有氧和无氧条件下把 SO_4^{2-} 还原为 S^{2-}。其原理为：硫酸盐在微生物的作用下形成硫化氢，溶于水中的 H_2S 气体呈二元酸状态分级电离：

$$H_2S \rightleftharpoons HS^- + H^+$$

$$HS^- \rightleftharpoons H^+ + S^{2-}$$

电离产生的 S^{2-} 与废水中的重金属离子结合形成难溶的金属硫化物沉淀。金属硫化物是比氢氧化物有更小溶度积的难溶解沉淀物。

所以利用硫酸盐还原菌的代谢产物 H_2S 和 Zn^{2+} 结合生成稳定的不溶于水的化合物 ZnS，能够达到比吸附法更好的除锌效果。在去除锌的同时，还可以去除废水中的硫酸根离子，特别是从煤矿等处排出的酸性废水，经过硫酸盐还原菌的处理，pH 值可以从 4.5 左右提高到 7.0 左右，能够达到正常 pH 值排放。同时微生物利用废水中可降解的有机物（COD）作为营养物质和能量，不仅保证了微生物的正常繁殖，还能去除废水中的有机物。

Utgikar V. P. 等人研究了锌和铜对硫酸盐还原菌的毒性常数和抑制常数。毒性常数即细菌中毒以至于没有硫酸盐还原作用时，锌的最小浓度为 188mg/L；抑制常数即暴露在金属溶液中的细菌数量开始减少同时硫酸盐降解的新陈代谢速率降低时锌的浓度（1638mg/L ± 65mg/L）。

此研究结果表明，锌对微生物有一定的毒性作用，会对去除锌的效果有影响。所以利用微生物除锌时，锌离子浓度应限制在一定的范围。

8.3.10.3 SRB 的生理特性及其检测[41]

硫酸盐还原菌（SRB）属于厌氧型还原菌，它广泛分布于土壤、水稻田、海水、盐水、自来水、温泉水、地热地区、油井和天然气井、含硫沉积物、河底污泥、污水、绵羊瘤胃、动物肠道等环境中，它们生长的适宜的 pH 值范围为 6.5 ~7.5，温度范围为 36 ~38℃。

SRB 代谢利用硫酸盐，使环境中的硫酸盐减少或耗尽。S^{2-}，HS^- 与氢结合生成反应的终产物 H_2S，使体系的氧化还原电位下降。SRB 的合成代谢很少，但对其分解代谢已有人做了不少研究，可以简单地将 SRB 的代谢过程分为 3 个阶段：分解代谢、电子传递、氧化，如图 8 -8 所示。

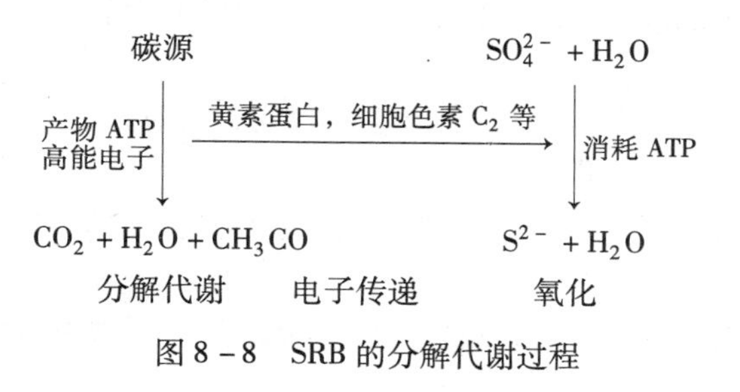

图 8 -8 SRB 的分解代谢过程

从图 8 -8 这一过程可以看出，SRB 利用 SO_4^{2-} 作为最终电子受体，将有机物作为细胞合成的碳源和电子供体，同时将 SO_4^{2-} 还原为硫化物。SRB 的不同菌属生长所利用的碳源是不同的，最普遍的是利用 C_3、C_4 脂肪酸（乳酸盐、丙酮酸、苹果酸），国外也有许多研究者曾利用乙酸、丙酸、丁酸和一些长链脂肪酸以及初沉池污泥、剩余活性污泥、糖蜜、经过气提的奶酪乳清和橡胶废水等作为碳源进行过研究。钱泽澍等人研究表明，SRB 利用丙酸盐、丁酸盐、乳酸盐、乙酸盐的硫酸盐还原强度依次降低。

8.3.11 植物修复法

植物具有生物量大且易于后处理的优势。植物修复适用于大面积、低浓度的污染位点。因此利用植物对金属污染位点进行修复是解决环境中重金属污染问题的一个很有前景的选择。

虞华芳等人报道麦芽富锌具有价廉、方便、周期短的优点。得到的富锌麦芽不仅可以为缺锌人群补锌食用，而且也可为麦芽功能性食品的研制提供一定的参考价值。王旭明等人研究了草本植物两栖蓼在实验室静态条件下对含锌废水的净化。实验结果表明，两栖蓼对含锌污水有较高的净化和富集锌的能力。其富集量为：根 > 茎 > 叶，且随着植株含锌量的升高，CAT 活性降低，MDA 含量升高。

用植物处理污水的优点是成本低、不产生二次污染，吸入重金属的植物可作为工业用材和建筑用材。可以定向栽培，在治污的同时，还可以美化环境，获得一定的经济效益，尽管植物修复法也有一定的局限性，但有显著的优点，使此技术有广阔的前景，也是未来的发展方向。

参考文献

[1] 查立敏. 从废弃防腐涂料中回收锌的工艺研究［D］. 西安：西北大学，2009：1 ~9.

[2] 蔡鲁晟．含锌电镀废水生物吸附处理技术研究［D］．赣州：江西理工大学，2007：2～16.

[3] 高俊松．电去离子技术净化电镀漂洗水与浓缩回收重金属［D］．杭州：浙江大学，2010：12，13.

[4] 罗道成，刘俊峰．双波长分光光度法测定电镀废水中微量锌［J］．化学试剂，2011，33（7）：637～639.

[5] 卢抗美，张文全，朱建丰．锌试剂－环己酮分光光度法测定水中锌［J］．中国卫生检验杂志，2001，11（6）：687.

[6] 陈文宾，王丽萍，马卫兴．二溴邻硝基偶氮胂微乳液分光光度法测定水中锌［J］．环境监测管理与技术，2009，21（4）：45～47.

[7] 唐娟．萃取法从含锌废水中回收锌的技术及机理研究［D］．长沙：中南大学，2008：17.

[8] 陈德泉，刘春风．直接吸入火焰原子吸收分光光度法测定废水中锌含量的研究［J］．福建分析测试，2003，12（2）：1755～1757.

[9] 罗道成，刘俊峰．用催化褪色光度法测定镀锌废水中的 Zn^{2+}［J］．材料保护，2011，44（1）：75，76.

[10] 罗道成，刘俊峰，张进军．用催化光度法测定电镀废水中的微量锌［J］．材料保护，2008，41（12）：75，76.

[11] 石帮辉．双硫腙分光光度法测定水中微量锌［J］．华南预防医学，2004，30（5）：56，57.

[12] 李小忠，苏晓梅，包建松，等．一种电解处理含锌电镀废水并回收锌的方法［P］．中国：CN 101717134A，2010－06－02.

[13] 唐宁．内聚营养源 SRB 污泥固定化技术处理高浓度含锌废水［J］．长沙：中南大学，2005：1～8.

[14] 张小燕，党酉胜，卢荣．螯合絮凝法处理含锌污水［J］．西安石油学院学报，2002，17（3）：39，40.

[15] 罗道成，刘俊峰，郑李辉．含醚键离子交换树脂对电镀废水中 Zn^{2+} 的吸附条件［J］．材料保护，2010，43（3）：69～71.

[16] 茆亮凯，张林生，陆继来，等．电镀含锌废水的纳滤－反渗透处理回用研究［J］．水处理技术，2011，37（3）：105～111.

[17] 陈靖，王士柱．乳状液膜法处理含锌废水的研究进展［J］．水处理技术，1995，21（4）：187～190.

[18] 张永真，丁洪，何慧丽．N－503 溶剂萃取退镀锌废液中锌的工艺［J］．天津化工，2001，（3）：15～17.

[19] 唐双华，覃文庆．从硫酸锌溶液中萃取锌的实验研究［J］．湿法冶金，2008，27（2）：96～100.

[20] 王代芝，张雪莲．化学沉降沸石吸附法处理高浓度电镀含锌废水的研究［J］．污染防治技术，2011，24（5）：24～27.

[21] 付桂珍，武素华．凹凸棒石复合吸附剂处理含锌电镀废水的研究［J］．武汉理工大学学报，2010，32（19）：98～101.

[22] 黄德荣，温力，封文彬．用改性黏土的吸附混凝去除 Zn^{2+}［J］．南京化工大学学报，2001，23（4）：62～65.

[23] 王代芝，周沫．化学沉降和硅藻土吸附法处理高浓度电镀含锌废水的研究［J］．工业用水与废水，2011，42（5）：23～27.

[24] 李门楼．改性硅藻土处理含锌电镀废水的研究［J］．湖南科技大学学报，2004，19（3）：81～84.

[25] 罗道成，易平贵，陈安国．改性沸石对电镀废水中 Pb^{2+}、Zn^{2+}、Ni^{2+} 的吸附［J］．材料保护，2002，35（7）：41～43.

[26] 唐志华．改性纤维素对电镀废水中 Cu^{2+}，Zn^{2+}，Ni^{2+} 的捕集［J］．新疆环境保护，2008，30（1）：33～37.

[27] 袁彦超，王培秋，陈炳稔．壳聚糖及其衍生物的吸附特性研究进展［J］．江苏化工，2002，30（4）：23～26.

[28] 党明岩，郭洪敏，谭艳坤．壳聚糖及其衍生物吸附电镀废水中重金属离子的研究进展［J］．电镀与精饰，2012，34（7）：9～11.

[29] 李爱阳，蔡玲，蒋美丽．复合吸附剂麦饭石－壳聚糖的制备及对 Zn^{2+} 的吸附性能［J］．材料保护，2009，42（3）：84～87.

[30] 李和生，洪瑛颖，李道超．壳聚糖对锌离子和铜离子的吸附特性与比较研究［J］．食品科技，2007，32（7）：154～157.

[31] 姚瑞华，孟范平，张龙军．改性壳聚糖对重金属离子的吸附研究和应用进展［J］．材料导报，2008，22（4）：65～69.

[32] 梅建庭．风化煤对电镀废水中 Pb^{2+}、Cu^{2+}、Ni^{2+}、Zn^{2+} 的吸附与解吸［J］．材料保护，2000，33（6）：15～16.

[33] 李莉．活性炭处理的腐殖酸对锌离子的吸附研究［J］．湖北民族学院学报，2003，21（1）：56～59.

[34] 马淞江，李方文．腐殖酸树脂处理含重金属离子废水可行性探讨［J］．煤化工，2008，3：63～66.

[35] 王大军，许弟军，单连斌，等．改性粉煤灰处理含锌废水的研究［J］．环境保护科学，2005，31：19～21.

[36] 王士龙，张虹，柯亚萍．用陶粒处理含锌废水［J］．污染防治技术，2003，15（1）：23，24.

[37] 储金宇，史兴梅，杜彦生．电絮凝法处理电镀废水中 Cr^{n+}、Cu^{2+}、Zn^{2+} 的试验［J］．江苏大学学报，2011，32（1）：104～106.

[38] 何闪英，陈昆柏．电混凝法处理电镀废水中的 Cu^{2+} 和 Zn^{2+} [J]．能源工程，2009，(1)：43～47.

[39] 方艳，闵小波，唐宁．含锌废水处理技术的研究进展 [J]．工业安全与环保，2006，32(7)：5～8.

[40] 李二平．内聚营养 SRB 污泥固定化连续处理含锌废水的研究 [D]．长沙：湖南大学，2010：2～20.

[41] 方艳，闵小波，柴立元．硫酸盐还原菌生理特性及其在废水处理中的应用 [J]．工业安全与环保，2006，32，(5)：17～19.

9 电镀污泥中有价金属提取工厂实例

9.1 有价金属提取工艺流程

电镀污泥中有价金属提取工艺流程如图 9 - 1 所示。

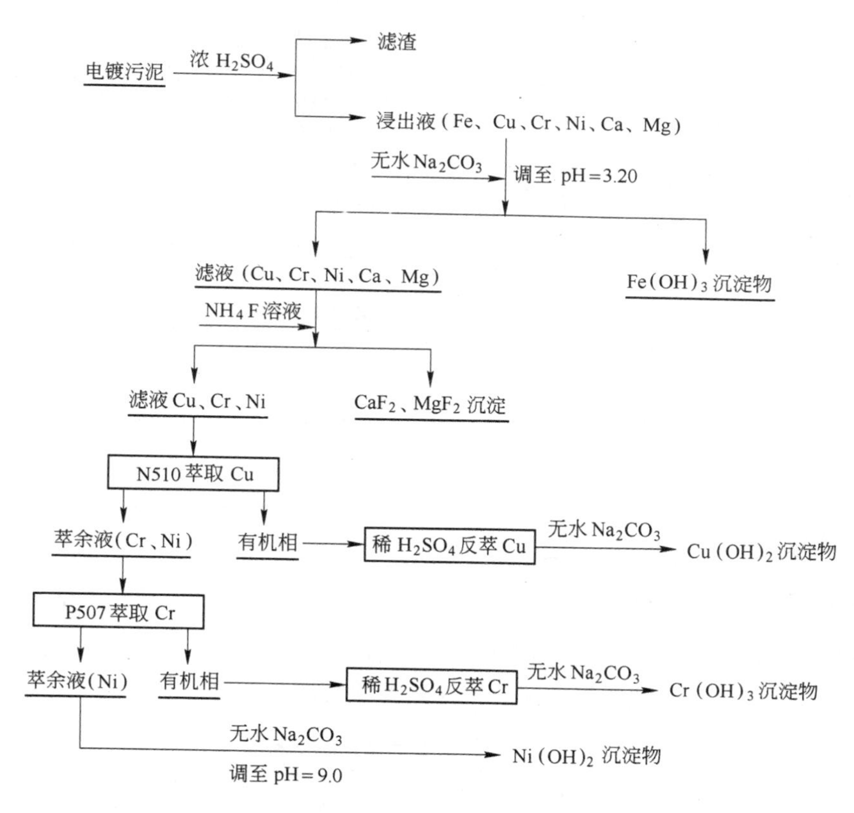

图 9 - 1 电镀污泥中有价金属提取工艺流程

9.2 电镀污泥中有价金属提取工艺所需设备

9.2.1 主要工艺设备

电镀污泥中有价金属提取技术需要大量的工艺设备，见表 9 - 1。

表 9 – 1 主要工艺设备

编号	名 称	规 格	单位	数量
1	皮带运输机	带宽：500mm，$N=1.5$kW	台	1
2	起重机	起重量：2t，$N=3.1$kW	台	1
3	卧式螺旋卸料沉降离心机	处理量：10 ~ 30m^3/h	台	1
4	污泥脱水机	650 型混合液处理量 45 ~ 60m^3/h	台	1
5	沉降池	5.0m × 5.0m	个	6
6	潜水搅拌机	QJB5/12 型，$N=2$kW	座	4
7	内回流泵	$Q=190$L/s，$H=0.9$m	台	4
8	周边传动刮泥机	$D=33$m，$N=1.5$kW	座	6
9	初沉池排泥泵	$Q=10m^3/h$，$H=10$m	台	3
10	污泥浓缩脱水机	$Q=42m^3/h$	台	3
11	潜水回流污泥泵	$Q=1000m^3/h$，$H=8$m	台	4
12	剩余污泥泵	$Q=80m^3/h$，$H=8$m	台	3
13	铜萃取箱	PVC 萃取箱	件	2
14	铬萃取箱	PVC 萃取箱	件	2
15	过滤器	HD 型塑料过滤器	套	5
16	插板闸门	渠宽 $B=0.76$m	台	2
17		渠宽 $B=1.5$m	台	3
18		渠宽 $B=1.44$m	台	6
19	鼓风机	$N=160$kW	台	3
20	进气过滤器		台	4
21	进气消声器		台	4
22	出口消声器		台	4
23	放空消声器		台	4

注：N—功率；H—扬程；Q—流量。

9.2.2 配备监控仪器与设备

在处理电镀污泥过程中，需要对原料、滤渣及滤液中的金属及非金属的含量进行测定。表 9 – 2 为整个工艺流程中所需要用到的大部分监控仪器及设备。

表 9 – 2 主要配备监控仪器与设备

序号	仪器设备名称	数量/台（套）	序号	仪器设备名称	数量/台（套）
1	高温炉	2	8	精密天平	2
2	电热恒温干燥箱	3	9	万能电炉	2
3	电热恒温水浴锅	3	10	电冰箱	3
4	分光光度计	2	11	高压蒸汽消毒仪	1
5	酸度计	2	12	COD 测定仪	2
6	溶解氧测定仪	3	13	物理天平	2
7	水分测定仪	2	14	生物显微镜	1

9.3 经济效益分析

9.3.1 电镀污泥资源化中试试验

小试实验结果表明电镀污泥经硫酸浸出后，可将其中的有价金属提取出来。将实验的最佳工艺条件应用到中试阶段。在中试试验中，电镀污泥的处理量为100kg（各金属的含量分别为：Fe 1.41%，Cu 6.63%，Cr 5.38%，Ni 5.98%，Ca 12.74%，Mg 2.98%，Zn 0.53%），主要对Fe、Cu、Cr、Ni四种金属进行回收，电镀污泥经过硫酸浸出后，Fe、Cu、Cr、Ni的浸出率分别为91.06 %、98.87 %、93.55 %、99.88 %，即溶液中各金属的含量为1.27%、6.57%、4.93%、5.74%。

9.3.2 生产成本

在整个电镀污泥的资源综合回收及无害化处理试验中，需要消耗硫酸、碳酸钠、烧碱、氟化铵、N510萃取剂、P507萃取剂等。在实际生产中，由于电镀污泥来源的广泛性，其污泥的成分、金属含量不同，因此各种试剂的消耗量、总的处理成本也是不同的。试验的成本预算是以处理1t湿电镀污泥作为计算基础[1~6]。处理1t电镀污泥所需的成本见表9－3。

表9－3 处理1t电镀污泥的成本情况

原料（工业纯）	用 途	用量/kg	单价/元·t^{-1}	合计价格/元
H_2SO_4	浸出	900	400	360
Na_2CO_3	中和	450	1900	855
NH_4F	沉淀Ca、Mg	5	8000	40
NaOH	皂化	5	2100	10.5
N510萃取剂	萃取	2	70000	140
P507萃取剂	萃取	3	50000	150
电镀污泥及运输费用				1000
水 电				400
人 工				100
其 他				300
合 计				3355.50

9.3.3 直接效益

回收的金属是Cu、Ni、Zn、Cr和Fe，从工艺中分离出的所有金属都制成符合相应标准的化学产品。处理1t线路板污泥所得到的产品及产值见表9－4。

表9－4 处理1t线路板污泥回收产品的价值

产　品	质量/kg	单价/元·t^{-1}	产值/元
氧化铁	7.12	6000	42.72
氢氧化铜	255.69	46500	11889.59
氢氧化铬	205.85	25000	5146.25
氢氧化镍	80.47	78000	6276.66
合　计	549.13		23355.22

从表9－3及表9－4的数据可以知道，电镀污泥经过硫酸浸出，采用化学沉淀法及萃取法处理1t电镀污泥可生产资源化产品的产值总共为23355.22元，除去总成本3355.50元，可实现利润为19999.72元。由于研究的资源化产品都属于国内外市场较为紧缺的资源类物质，其价格将会逐步走高，因而处理电镀污泥所带来的利润水平也会不断提高。通过以上分析可知，建立电镀污泥资源化、无害化处理工艺可以创造较高的经济效益。

综合回收电镀污泥中的铁、铜、铬、镍及对电镀污泥进行无害化处理的工艺，在处理成本上取得利润是有较大空间的。虽然考虑到要进行购买设备等一系列的投资，但由于这都属于环保投资范畴，主要用于废水的治理及固体废物的综合利用，因此投资不但物有所值，在经济上是有回报的，而且也是很有意义的。有关企业对电镀污泥进行治理，使处理的污泥能达到国家和地方安全处置要求，同时减少了Fe、Cu、Cr、Ni等重金属污染物的排放，在对资源进行二次利用的同时，也可为企业节省一大笔排污费，从而也间接为企业创造了经济效益。污染物的排放除了会造成直接的经济损失，如排污费的增加、能量的消耗，也会有间接的经济损失，如人群健康损失价值。因此，所有的环保措施都能减少这方面的损失，对电镀污泥进行处理也是如此。综上所述，对电镀污泥进行合理的处理，是具有显著的经济、环境和社会效益的。

9.4 社会效益分析

由于电镀污泥中含有铁、铜、铬、镍等重金属以及其他污染物，如果不经处理，将对水与土壤环境产生较大的影响[7,8]。而同时，电镀污泥中的Fe、Cu、Cr、Ni等又是宝贵的工业原料，也是我国较为稀缺的矿产资源，我国每年从国外进口大量的Fe、Cu、Cr、Ni等金属原料以满足经济发展的需求。开发低成本、零污染、全回收的电镀污泥的资源化处理技术，将电镀污泥集中进行处理，消除其对环境的危害，提取其中的金属资源，使这种工业废弃物变害为宝，一方面回收工业资源，另一方面消除环境污染，这对于兼顾环境、资源和经济三者的协调、稳定的发展具有重要的意义。

电镀污泥处理行业中不同金属分离是一个关键性难题，对其开展研究推进了电镀污泥处理技术的发展和进步，使得电镀污泥处理行业在杜绝二次污染的前提下，走向了产业化和市场化，带动了环保产业的发展。建立的电镀污泥资源化、无害化处理工艺，具有处理成本低、全回收的特点，完全可以依靠成本优势，通过市场竞争机制淘汰粗放型的、二次污染严重的处理工艺，为电镀污泥处理行业的健康发展提供了技术保证。这对于保护环境、节省资源、提高节能减排水平、促进经济可持续发展，都具有重要的意义。

9.5 清洁生产

9.5.1 清洁生产的目的和意义

清洁生产最初是由谢苗诺夫、彼德良诺夫等苏联的院士于 20 世纪 70 年代提出来的，它是指一种能使所有的原料和能量在生产—消费—二次资源的循环中都得到最合理和综合利用，尽可能减少废物产生和实现资源循环利用的方法。它包括生产过程的每一个环节，从原料采集到产品最后消费的整个过程以及包含在其中的软件设备。其实清洁生产并不是说工艺过程中无废物产生，而是一种废物减量化和循环使用工艺。

推行清洁生产，实施污染预防已得到国际社会的普遍响应，成为一种环保潮流，是我国政府提倡的环境保护政策之一。清洁生产是通过过程控制减少污染物的排放，有利于提高企业的经济效益，保护人类生存环境，实现经济和环境的可持续发展。

电镀行业在 21 世纪必须从人类总体的、当代和后代需求统一的角度去考虑自身的协调发展，即实现可持续发展，而清洁生产就是实现可持续发展的核心。在电镀行业中开展清洁生产，有利于确保资源使用的可持续性，确保能源使用的可持续性，清除毒害，确保人身安全，减少生态危害，具体的说就是投入最小化，排出最小化，资源能源的使用效率最大化，环境影响最小化。

9.5.2 电镀企业清洁生产的内容

电镀行业在推行清洁生产的过程中，大致需要包括以下四个部分的内容：

（1）产品设计。一般来说，任何产品设计必然包括成分、使用性能和最佳生产工艺的内容，但对清洁生产概念的电镀产品设计，其关键是在这一阶段要充分注意电镀生产周期全过程无害化、生态化的要素，而不是只注意其产品的使用性能。

（2）电镀原料的准备。电镀原料制造所需资源的开采、提纯、加工和输送主要包括能源、水、金属和非金属矿物与其他生产相关原材料。这一环节的关键是“精料”与制造过程的无污染。例如，采用清洁能源，必须充分关注开拓新的水资源与避免浪费；矿产资源有用成分的富集和综合利用；尾矿的无害处理与资源化处理等。

（3）电镀过程。电镀过程的清洁生产关键是高效率、高质量的合格率，以最低的消耗，以“零排放”为目标，污染物尽量在生产过程内被吸收、被利用。

（4）排放物无害化、资源化处理。排放物资源化、无害化处理就是通常人们所说的环保或环境治理。主要内容是电镀行业生产排出的大量水和渣的处理，关键是无害化、资源化。电镀生产排放物中很多是重要的工业原料，排放物的高附加值利用是尤为应予以关注的。

9.6 环境评价分析

环境评价是环境影响评价和环境质量评价的简称。从广义上说，环境评价是对环境系统状况的价值评定、判断和提出对策[9~12]。

9.6.1 环境评价重点

环境评价重点有：

（1）预测与评述电镀污泥处理厂建设前后地表水体、水质、水量变化以及水质改善与达标情况。

（2）预测与评价电镀污泥处理厂的恶臭对周围环境空气的影响，并对电镀污泥处理厂厂界恶臭达标情况做出评价，同时确定恶臭卫生防护距离。

（3）结合本市电镀污泥处理厂特点通过类比分析进一步核定污泥处理厂污泥性质与组分，并对污泥去向与处置方法做出评述。

（4）评述电镀污泥处理厂厂址选择的合理性，评价其对城市规划的影响。

9.6.2 环境评价范围

环境评价范围有以下几类：

（1）地表水评价范围。电镀污泥处理厂排污口上游1.5km及下游3.5km。

（2）大气评价范围。以污泥处理厂为中心，以评价区域年主导风向为主轴，边长4000m的正方形区域范围。

（3）噪声评价范围。厂界外1m及延伸的200m范围内。

9.6.3 环境评价采用的主要技术方法

9.6.3.1 环境质量现状评价技术方法

对项目所在地区地表水环境、环境空气质量现状评价采用单因子标准指数评价方法；声环境质量现状评价采用监测结果与标准值直接对照法。

在采用单因子标准指数方法时，以超过标准倍数（大于1）确定地表水、环境空气质量的变化、污染程度及水平。

环境噪声现状评价采用以等效声级是否超标，即超标分贝数表达声环境的质量状况。

9.6.3.2 环境影响预测评价技术方法

环境影响预测评价技术采用类比调查、类比测试、系统分析、环评技术导则推荐的预测模型、经验公式等技术方法，预测主要特征污染物排放负荷及浓度，并对其迁移扩散变化所产生的环境影响程度进行评价。

9.6.3.3 环境污染监测

环境污染监测主要采用国家对环境污染监测统一规定的技术方法：

（1）大气、地表水、噪声、恶臭、底泥环境监测技术规范及污染监测技术规定。

（2）国家标准中规定的监测分析方法。

（3）国家环境污染监测数据统计与处理的技术规定。

9.6.4 环境影响因子识别和评价因子筛选

9.6.4.1 环境影响因子的识别

结合项目污染特征，项目管网工程建设施工期和污泥处理厂运行期对周围环境的影响因子和可能影响的程度见表9－5。

表9－5 各影响因子的可能影响程度

工期	项目	地表水	地下水	空气质量	土壤质量	植被	可恢复性	美观	公众健康	居民生活	社会经济	城市基础设施	城市发展规划
施工期	占地				(－1)	(－1)	(－1)	(－1)		(－1)			
	土石方堆积	(－1)			(－1)	(－1)	(－1)	(－1)		(－1)			
	扬尘			(－1)			(－2)		(－1)	(－1)			
	噪声						(－1)		(－1)				
运行期	处理水排放	+3	+3					+3	+3	+3	+3	+3	+3
	恶臭			－1					－1	－1			
	污泥堆放		－3					－2					
	废气			－2									
	噪声									－1			

注：“+”表示有利长期正影响；“－”表示不利长期负影响；（+）表示有利短期正影响；（－）表示不利短期负影响；“1”表示影响轻微；“2”表示影响程度一般；“3”表示影响较大。

由表9－5可见，管网工程施工期土石方挖掘占地等引起的环境改变和局部环境的恶化，在施工结束后即可得以恢复，但对城市基础设施和社会经济将起到较大的促进作用。电镀污泥处理厂投产运行后，污泥堆放对周围环境产生一定负影响。因此，地表水、污泥将是项目运行期的主要影响因素。污泥处理厂建成后，将对环境及地区社会经济持续发展产生长期的正面影响。

9.6.4.2 评价因子的筛选

通过上述工程污染分析，结合本地区环境特点，筛选出评价因子，具体筛选结果见表9－6。

表9－6 评价因子筛选结果

环境影响要素		地表水	环境空气	固体废物	声环境
评价因子	现状评价	pH、COD_{Cr}、BOD_5、SS、氨氮、总磷、石油类等	NH_3、H_2S、三甲胺、甲硫醇、甲硫醚、烟尘、SO_2	排污口底泥重金属	厂界和环境噪声Leq[dB(A)]
	影响评价	COD_{Cr}、BOD_5、SS、氨氮、总磷	施工期：TSP；运行期：NH_3、H_2S、三甲胺、甲硫醇、甲硫醚	污水厂污泥处置中重金属	

9.6.4.3 固体废物排放预测

A 污泥排放量

电镀污泥中有价金属的提取主要是浸出过程，它关系到各金属回收率的大小。主要实验步骤有：初沉淀回收$Fe(OH)_3$沉淀物，然后用不同的萃取剂从浸出液中萃取铜和铬，最后用化学沉淀法沉降浸出液中的Ni，电镀污泥经酸浸出后，预测得到的滤渣中主要为$CaCO_3$、$CaSO_4$等，有价金属基本上已经全部回收，此部分滤渣可用来制砖、铺路等。

B 污泥成分

根据环境监测站对主要对电镀污泥监测，确定污泥成分，其主要污染指标为重金属，污泥处理前及处理后结果见表9－7。

表9－7 电镀污泥监测结果 (mg/L)

种类	Fe	Cr	Cu	Ni	Zn
污泥处理前	143.0	535.0	662.0	596.0	55.0
污泥处理后	1.0	0.5	0.3	0.5	0.7
国家允许排放标准 GB 21900—2008	5.0	1.5	1.0	1.0	2.0

由表9－7可见，电镀污泥经过处理后，其中大部分有价金属全部去除完毕，且达到国家允许排放的标准。

C 噪声

项目噪声主要来自于施工期施工噪声和运行期污泥处理厂设备运行噪声，类比同类项目，其噪声源及源强情况见表9－8。

表9－8 项目噪声源及源强情况 (Leq[dB(A)])

项 目	序 号	主要设备	声 级
施工期	1	挖掘机	79
	2	推土机	75
	3	混凝土振捣器	80
	4	混凝土搅拌机	79
运行期	1	污水提升泵	90
	2	鼓风机	105
	3	污泥提升泵	92
	4	污泥脱水机	85
	5	空压机	92
	6	污水截流泵	90

9.6.5 环境空气质量现状评价

9.6.5.1 环境空气质量现状监测

按照功能区结合主导风向，在评价区域布设三个监测点，具体位置：1号污水处理厂厂址；2号主导风向上风向500m；3号主导风向下风向500m。

根据该地区的污染情况和大气污染物排放情况，确定监测项目如下：

(1) 常规项目：SO_2、NO_2、TSP。

(2) 特征项目：H_2S、NH_3、甲硫醇、甲硫醚、三甲胺、臭气浓度。

监测时间为：连续监测三天。

监测频率为：特征项目每天监测四次（07：00、14：00、19：00、02：00），每次采样45min。常规项目每天监测一次，每次采样16h。

9.6.5.2 环境空气质量现状评价

评价采用单项污染指数法，计算公式如下：

$$I_i = \frac{C_i}{S_i} \tag{9-1}$$

式中，I_i 为污染物单项指数；C_i 为污染物实测浓度，mg/m^3；S_i 为污染物标准浓度，mg/m^3。

评价标准为：

(1) 常规项目执行《环境空气质量标准》(GB 3095—1996) 中的二级标准

限值。

（2）特征项目 NH_3、H_2S 参照执行 TJ 36—79《工业企业设计卫生标准》中关于居民区大气中有害物质最高允许浓度的要求。三甲胺、甲硫醇、甲硫醚按环评大纲要求参考执行国外已有标准。

9.6.6 环境经济损益分析

根据项目工程分析，污染物排放预测、环境影响分析和污染防治措施，确定项目的损失和效益，项目的环境经济损失主要表现为治理项目污染所需要的环保投资和工程占地损失，而综合效益则表现为项目建成运行后所带来的环境、经济和社会三效益的总和，项目环境经济损益识别分析见表 9－9。

表 9－9 项目环境经济损益识别分析

类别	损益因子	环境影响	损益体现
环境经济损失	事故排放	河流污染	污染防治费用
	恶臭	影响环境空气质量	污染防治费用
	污泥	处置不当影响地下水和周围土壤	污染防治费用
	噪声	影响周围声环境	污染防治费用
	占地	永久性占地，失去土地价值	资金补偿
环境经济效益	减少污染物排放总量污水实现达标排放	改善城市景观生态环境及河流水质环境质量	间接经济效益
	环境质量改善	促进社会进步，为人民提供良好的工作、生活、娱乐环境	社会效益
	经济效益	水质改善促进渔业及旅游业发展，减少污染损失及赔偿，节省污染费用	直接经济效益

综上所述，电镀污泥处理方案符合城市发展和环境规划；污泥处理厂位于城郊地区，地处城市排水系统、河流下游；厂址附近无环境敏感点；处理后的废水可以达标，就近排入地表水体。项目厂址选择和截流排水管网走向及其污水处理工艺方案合理、可靠，在采取提出的污染防治与环境保护的措施与对策后，不会对城市地表水体、大气环境、声环境和附近居民生活带来不良影响。该项目本身是一项治理污染、保护环境的公益性建设项目，实施后将改善水环境质量和生态环境，有明显的环境、社会和经济效益。因此，从环境保护方面来说，该项目的建设是可行的。

参考文献

[1] 朱伟明，徐瀛．首钢污水处理厂经济效益分析［J］．北京水利，2003（5）：31，32.

[2] 冯思静，马云东，关晓玲．城市生活垃圾的减量化管理经济效益分析［J］．环境科技，2010（1）：75～78.

[3] 李世密，寇巍，张晓健．生物质成型燃料生产应用技术及经济效益分析［J］．环境保护与循环经济，2009（7）：47～49.

[4] 高泉平．低碳理念下绿色建筑的经济效益分析［J］．武汉理工大学学报，2010（15）：189～192.

[5] 曹洪勋，刘秋欣．轧钢废水全循环综合利用经济效益分析［J］．辽宁城乡环境科技，2001（3）：30～32.

[6] 朱芸．基于最优控制的企业废旧产品回收再利用经济效益分析［J］．2012（3）：84～87.

[7] 张青，李武成．建筑节能经济与社会效益分析［J］．职业时空，2006（12S）：9.

[8] 张新勇．城市消防远程监控系统的社会效益分析［J］．价值工程，2012（1）：182，183.

[9] 万斌，桂双林．城市污水处理厂环境影响评价探讨［J］．江西科学，2010（2）：221～223.

[10] 李梦瑶．中国污染场地环境管理存在的问题及对策［J］．中国农学通报，2010（24）：338～342.

[11] 李静，雪铭，刘自强．基于城市化发展体系的城市生态环境评价与分析［J］．中国人口资源与环境，2009（1）：156～161.

[12] 姚圣．企业环境评价与监管研究——基于会计控制的视角［J］．上海立信会计学院学报，2010（6）：31～38.